Crashtest Mobilität

Frederic Vester

Crashtest Mobilität

Die Zukunft des Verkehrs

Fakten – Strategien – Lösungen

Wilhelm Heyne Verlag
München

Umschlaggestaltung: Wolfgang Lauter
unter Verwendung eines Fotos von J. H. Darchinger
Herstellung: Hans Widmann
Satz: Kort Satz GmbH, München
Druck und Bindung: Ueberreuter, Korneuburg
Printed in Austria

ISBN 3-453-08875-1

Inhalt

Vorwort 9

Mobil sein im Denken 11

Das dynamische Netz • Der Schritt auf eine neue Organisationsstufe • Der Hang zum linearen Denken • Falsche Kriterien des Fortschritts • Die acht Grundregeln der Biokybernetik

Teil I: Wie wir den Verkehr ändern müssen . . 21

Zur Kybernetik des Teilsystems Verkehr • Das Gesamtsystem »Mobilität«

Verkehrsentstehung – der beharrliche Teufelskreis 25

Hier regelt das Angebot die Nachfrage • Zuflucht zu den Sekundärfunktionen des Autos • Die bisherige Raumplanung hat ihr Ziel nicht erreicht • Die Entwicklung zur globalen Stadtlandschaft • Beschwichtigender »Umweltschutz« • Sinkende Lebensqualität als Impuls für eine Neuorientierung • Der Risikodialog hat begonnen • Verkehrsstörungen als Zivilisationskrankheit

Das Mißverhältnis zwischen Aufwand und Funktion 36

Kybernetische Verkehrstechniken • Höhere Dichte, mehr Abgase, weniger Streß • Je weniger Verkehr, um so besser erfüllt er seine Funktion • Symptombekämpfung statt Basisinnovation • Trügerische Verkehrsleitsysteme • Systemwirrwarr durch Einzellösungen • Die Ambivalenz der Park-and-Ride-Systeme • Verlagerung auf »immateriellen« Verkehr • Telearbeit – ein Beitrag zur Verkehrsreduzierung • Isolierte Strategien werden erfolglos sein

Straße und Güterverkehr 49

Produktionsstruktur als Ansatzhebel • Die Straße als Lagerplatz • Absurde Transportvorgänge • Billiger Transport bringt Arbeitslosigkeit • Energiesteuer statt Subventionierung • Der Alptraum des Transitverkehrs

Das Angebot der Schiene 60

Falsche Weichenstellung • Verkehr verlagern, nicht vermehren • Ein ganzheitliches Marketingkonzept tut not • Das unangebrachte »Profit-Center-Denken« • Die Kleinen als innovatives Vorbild • Die neuen Superzüge – unsinnige Prestigeobjekte? • Der Transrapid – ein politisches Kuckucksei • Projekte auf der Basis ökonomischer Illusionen • Es geht auch ohne Nachahmung des Tempo-Irrwegs • Eine neue Service-Philosophie fürs Mobilsein mit der Bahn • Zeit genutzt, ist Zeit gewonnen

Symbiose statt Konkurrenz 80

Neue Ansätze auch für den Güterverkehr • Gemeinsame Innovation von Systemlösungen • Die Straßenlobby hinkt hinterher • Beginnt die Bahn mitzuspielen? • Vor- und Nachteile der Privatisierung und Liberalisierung

Verkehr und Städtebau 89

Stadtplanung versus Verkehrsplanung • Ganzheitliche Verkehrsplanung heißt, »weiche Daten« mit einzubeziehen • Bürgernaher Planungsprozeß statt fertiger »Lösungen« • Negativbeispiele für Funktions-Entmischung • Die verlorene Symbiose zwischen Wohnen und Sicherholen • Beispiel Davis als Vorreiter • Ökologischer Stadtumbau lädt zum Verweilen ein • Die autofreie Stadt der Zukunft • Fahrradwege befreien die Stadt • Defizite in der Aufklärung • Mit dem Fahrrad am schnellsten • Zur Renaissance des städtischen Schienen-Verkehrs • Die Untertunnelung des Stadtverkehrs • Autoverkehr gegen lebendige Stadtatmosphäre

Verkehr und Gesundheit 111

Streß und Scheinmobilität • Die Folgen der Belastung mit ihrer Ursache bekämpfen? • Anpassung der Technik an den Menschen • Das »alarmierende« Ozon • Bravourstücke einer »Lobbykratie« • Die Einsicht der Bürger wird unterschätzt • Ozon – der mißverstandene Abgasindikator • Was der Schutz unserer Gesundheit erfordert

Verkehr und Umwelt 125

Weniger Energieverbrauch stärkt die Volkswirtschaft • Organisatorische Bionik • Das heutige Kraftfahrzeug – ein Rückschritt in der Evolution • Was ist Fortschritt in der Energiewirtschaft? • Die verdrängte Sonne • Ein öffentliches Netz von Solartankstellen • Im direkten Verbund mit der Sonne • Energie aus der Lärmschutzwand • Mehr Kernenergie, mehr Abwärme, mehr Ölverbrauch • Das Gesamtspektrum der Emissionen des Straßenverkehrs • Autoverkehr, Luftbelastung und Energieverbrauch • Mobilität um jeden Preis? • Acht Mark pro Liter Benzin – eine Utopie? • Die Rechnung des Flugverkehrs • Eine umweltfeindliche Subventionspolitik • Die Ökonomie schlägt zurück • Ökologische Steuerreform – eine wirtschaftliche Notwendigkeit

Freizeit und Tourismus – die entartete Erholung 162

Die eigentliche Freizeitfunktion wird zur Randerscheinung • Ursache und Folgen der Funktionstrennung • Erholungsgebiete als Testräume für Innovationen • Qualität über Quantität • Hochrechnungen als Basis von Fehlplanungen • Massentourismus mit zerstörter Natur bezahlt • Eine neue Art von Verkehrsplanung • Projekt Autofreie Kurorte • Die Bedeutung flankierender Maßnahmen • Neue Mobilität mit innovativer Infrastruktur • »Autofrei« wird zum Schlagwort im modernen Tourismus • Das Verweilen muß attraktiver als das Reisen werden

Teil 2: Wie sich das Fahrzeug ändern muß 177

Am Anfang war das Rad 178

Wenn Fortschritt zum Rückschritt wird

Das Automobil im Systemzusammenhang 181

Das Wirkungsnetz des Individualfahrzeugs • Die zweite Autogeneration ist fällig • Keine Flucht in Scheinlösungen • Auf dem Weg zu systemverträglichen Lösungen

Das Fahrzeug und seine Funktion 189

Funktion und Weglänge • Tempolimit sorgt für freie Fahrt • Die Vernetzung von Fahrzeugdichte und Fahrzeugstrom • Überholen blockiert den Verkehr • Eine Fülle von Funktionskonflikten • Sinkende Transportleistung durch Betonung sekundärer Funktionen • Der Tourenwagen – ein Konzept, das sich selbst im Wege steht • Phantasielosigkeit gefährdet die Branche • Evolution durch Über-Bord-Werfen veralteter Kriterien

Kriterien für ein Ökomobil 202

Weder Explosionsmotor noch fossile Treibstoffe • Isolierte Lösungen für Teilaspekte, aber nicht fürs Ganze • Ein Prototyp für den kybernetischen Ansatz

Probleme der Marktstrategie 209

Ein grundlegend falsches Marketing? • Quo vadis, »Tour de Sol«? • Die Verführung zum Kompromiß

Der alternative Automobilsalon

Die Superleichten • Zwei schicke Mittelgewichtler • Umgerüstete Kleinwagen-Klassiker • Die »Utopie« aus Japan • Umweltfreundliche E-Mobile für Erholung und Freizeit • Abgasfreie Nutzfahrzeuge

Die Automobilindustrie im Abseits? 226

Kommt das Swatch-Auto? • Halbherzige Großversuche bremsen die Entwicklung • Kontraproduktive Entwicklungen der Autoindustrie • Prototypen der Auto-Zukunft? • Woanders wird der Trend erkannt

Der fehlende Wagemut 234

Unbefriedigende Teillösungen • Metamorphose im Design • Erfolg durch Überwindung von Tabus

»Stop and go« in der Förderung von Alternativen

Unsere Subventionspolitik scheut die Innovation • Der Hamburger Großversuch • Keine Frage des Stromverbrauchs • Der Schweizer Großversuch

Bauform und Werkstoff 246

Umschichtung der menschlichen Tätigkeit • Nur nach oben ist noch Platz • Das neue Spiel mit den Werkstoffen • Werkstoffe im falschen Verbund • Noch ein Wort zur Abwrackprämie • Bionik als Ideenquelle • Ein multifunktionaler Einheitskunststoff • Leichtgewicht contra Sicherheit?

Fahrzeug und Sicherheit 255

Erfolge in der Medizin – aber nicht der Fahrzeugtechnik? • Die Philosophie von Kampf und Krieg • Auswege aus einer komplexen Verstrickung • Technische Verbesserungen werden abgepuffert • Sicherheit und Tempolimit • Zehn Meilen schneller – 50 Prozent mehr Unfälle • Suggestionen der Hersteller machen Restriktionen nötig • Vorstoß in die Elektronik • Gefährliche Vollautomatisierung • Aufgaben eines Bordcomputers • Prestigeprojekte als falsche politische Weichenstellung

Alternative Verbrennungsmotoren 271

Eine neue Art von Effizienz • Der Stirlingmotor – ein lange verkannter Champion • Freie Wahl für umweltfreundliche Energieträger • Wie ein Stirling funktioniert • Solarstirling für Kraft-Wärme-Kopplung • Ein Range Extender für E-Mobile • Eine Renaissance des Zweitakters?

Treibstoffe der Zukunft 278

Fossile Treibstoffe sind bald schon »out« • Katalysator als Lückenbüßer • Nachwachsende Rohstoffe und Biosprit • Nur scheinbare ökologische Vorteile • Dreifacher Nutzen beim Einsatz organischer Abfälle • Erdgas und Flüssiggas • Methanverbrennung als atmosphärische Entlastung • Aspekte der Wasserstofftechnologie • Stickoxide entstehen auch im Wasserstoffmotor • Viele Wege führen zu H_2 • Aussichten für die Brennstoffzelle?

Zur Zukunft der Elektromotoren 289

Strom tanken und speichern • Das Ende des Batterierennens? • Tankstelle Parkuhr • Stromspeicher der dritten Art • Neue Solarstromtechniken • Ein permanenter Speicher-Kreislauf • Stationäre Motoren – ein neues Geschäft • Eine neue Produktpalette für die Autoindustrie • Enorme Marktchancen im »Motorenbau«

Hybridantriebe und Muskelkraft 302

Bei herkömmlichen Karosserien keine Zukunftslösung • Hybridlösungen für den ÖPNV • Mehr Chancen mit neuartigen Kombinationen • Jede Einsatzart verlangt ihren optimalen Antrieb • Ein Trimm-dich-Bus für Kurzstrecken • Schwungradantrieb – nicht nur für Spielzeugautos • Das Ende des Explosionsmotors?

Der Siegeszug des Fahrrades 313

Neues Radeln in die Zukunft • Chinas Straßenverkehr am Scheideweg • Eine Fahrradkultur, die es in sich hat, ist bedroht • China als Schrittmacher? • Mehr Freiheit ohne Auto – ein persönliches Streiflicht • Ohne Anpassung keine Systemlösung, auch nicht fürs Fahrrad • Beginnende Kooperation mit den anderen Verkehrsträgern

Nur Verbundsysteme haben Zukunft 324

Abschied von isolierten Lösungen • Fehlschläge mit Einzelvorstößen werden verständlich • Auf jedem Bahnhof mit dem Stadtmobil in den Intercity • Laufender Wechsel zwischen Individual- und Massenverkehr – ohne Umsteigen • Querverladung als motivierende Übergangslösung zum Wechselauto • Huckepack und Bahnverbund • Abwegiges Marketing der Bahn? • Umsteigen ohne Umladen hat Priorität • Trailer statt Container

Warum kein öffentlicher Individualverkehr? 334

Erhöhte Transportleistung durch Mehrbesetzung • Automatische Belohnung fürs Mitnehmen • Versandhaus contra Supermarkt • Individuelle Zubringerdienste im Aufwind • Öffentliche Wechselautos haben Zukunft • Die USA setzen auf den »People-Mover« • Die unübertroffene Hängebahn

Utopien, die keine mehr sind 342

Der rollende Bürgersteig • Die Personen-Pipeline • Zeit für eine neue Sicht der Dinge • Crashtest Mobilität

Anmerkungen 349

Literaturhinweise 367

Register 369

Vorwort

Der Vorläufer dieses Buches ist das 1990 erschienene Werk »Ausfahrt Zukunft«, das auf einer im Auftrag des damaligen Vorstandsvorsitzenden von Ford Deutschland, Daniel GOEUDEVERT, durchgeführten ganzheitlichen Systemuntersuchung basiert.[1] Die Aufgabe der mit unserer biokybernetischen Methodik durchgeführten wissenschaftlichen Studie war es, die Rolle der Automobilindustrie zu untersuchen und welche Möglichkeiten zu einer Evolution sich dieser volkswirtschaftlich so weit verzweigten Branche in unserer durch Umweltbelastungen zunehmend veränderten Welt in Zukunft noch bieten.

Mit dem vorliegenden Buch bin ich dem Wunsch des Verlages und vieler Leser meiner Bücher nachgekommen, das von weiten Kreisen als brennend empfundene Thema unserer aus den Fugen geratenen Mobilität und die Wege zu ihrer Neugestaltung erneut zu behandeln, diesmal jedoch aus einer Sichtweise der Mobilität als Ganzem. Dazu galt es, ihre wirtschaftlichen, technischen, sozialen, ökologischen und psychologischen Aspekte in ihren Wechselwirkungen aufzuzeigen.

Die Erfahrung zeigt, daß diese vernetzte Betrachtungsweise – so unvollkommen sie im Hinblick auf die komplexe Wirklichkeit auch immer noch sein mag – Fachleuten wie Laien gleichermaßen hilft, die Notwendigkeit einer grundlegenden Umgestaltung dieses zum Krebsgewebe unserer Gesellschaft gewordenen Bereichs zu erkennen und sie zu einer Verhaltensänderung zu bewegen.

Diese unterschiedlichen Ebenen spiegeln sich auch im Duktus des Buches wider, indem mal wissenschaftlich, mal pragmatisch, mal auch rein politisch argumentiert wird, harte Daten und Fakten ebenso ins Spiel gebracht werden wie Visionen und Emotionen, die ja keineswegs weniger real sind als das, was wir messen können.

Meine Hoffnung ist, daß das Buch in dieser Form nicht nur den interessierten Laien, sondern auch Verkehrsplaner, Gemeinden und last not least die beteiligten Industrien anregt, das Ihre dazu beizutragen, unsere Mobilität auf eine neue Qualitätsstufe zu heben und unseren Lebensraum und das Verhalten in ihm wieder lebenswerter zu machen. Vor allem hoffe ich, daß es von Politikern als ein Appell verstanden wird, nicht länger einer unzeitgemäßen Verkehrsstruktur nachzutrauern, die sich inzwischen selber im Wege steht, sondern – vielleicht gerade noch rechtzeitig – die unumgängliche Weichenstellung für eine neue Mobilität anzugehen. In der Fahrschule lernen wir, den Blick beim Fahren nicht direkt vor die Stoßstange, sondern weit nach vorne zu richten. Unsere Verkehrspolitik schaut leider oft nur auf die Kühlerhaube.

Mit dem Anspruch, all dies einem breiteren Publikum zugänglich zu machen, mußte versucht werden, das Gesamtgeschehen unserer heutigen Mobilität trotz seiner Komplexität allgemeinverständlich darzustellen, die beteiligten Faktoren einer ganzheitlichen Bewertung zu unterziehen, gangbare Auswege aus der nicht mehr länger tragbaren Verkehrsbelastung vorzustellen und grundsätzliche Kriterien für umwelt- und menschenfreundliche Fahrzeuge aufzuzeigen.

Für ihre engagierte Hilfe bei dieser schwierigen Aufgabe danke ich in erster Linie meiner Frau Anne, ohne deren redaktionelle Bearbeitung das Buch ganz sicher weniger verständlich geworden wäre; weiterhin meiner Mitarbeiterin Gabi Harrer, deren gewissenhafte Recherchenarbeit den neuesten Stand garantierte und die mich auf manche Ungereimtheit im Manuskript aufmerksam machte, desgleichen Andreas Ege für die Bearbeitung der Grafiken sowie unserer Sekretärin Sonja Herbrich, die nicht nur die umfangreiche Schreibarbeit ausführte und kritisch kommentierte, sondern auch während der langen »Klausurzeit« für dieses Buch ein ungestörtes Arbeiten möglich machte. Nicht zuletzt bin ich auch vielen Einzelpersonen, Firmen und Behörden für ihre bereitwilligen Auskünfte und die zur Verfügung gestellten Unterlagen dankbar – oft verbunden mit kritischer Durchsicht der sie betreffenden Passagen.

Frederic Vester — München, im Januar 1995

Mobil sein im Denken

Mobilität heißt Beweglichkeit, Lebendigkeit, Wandel. Das gilt für Körper, Seele und Geist. Mobilität wird vielfach als Symbol unserer Zeit angesehen. Doch wie mobil sind wir wirklich in diesem Zeitalter der Mobilität? Unser Körper bewegt sich weniger denn je – rollende oder fliegende Kisten und nicht zuletzt Flimmerkisten machen die Arbeit für uns, täuschen Eigenbewegung vor, und indem wir diese technischen Surrogate benutzen, scheint nicht nur unser Körper, sondern auch unser Geist immer unbeweglicher zu werden, sich ängstlich gegen jede Änderung zu stemmen. Die Sackgasse, in die wir fahren, wird immer enger. Gesundheit und Lebensbasis sind bedroht. Wie in einem Kokon verpuppen wir uns in unsere Fahrzeuge, deren Hersteller die überfällige Metamorphose blockieren. Innovation wird ebenso zum Fremdwort wie Evolution. Der Falter scheint nicht mehr schlüpfen zu können. Bei dem Crashtest zwischen Fahrzeug und Verkehr bleibt die wahre Mobilität auf der Strecke.

Doch die Umwelt, in der dies alles stattfindet, verändert sich. Nicht zuletzt durch genau jenes pervertierte Mobilitätsverständnis. Und da wir selbst untrennbar dieser veränderten Umwelt angehören und somit all unsere Eingriffe in die Biosphäre – wenn auch oft mit Verzögerung – auf uns selbst zurückwirken, gilt es die Phase der Verpuppung, den Winterschlaf zu beenden und uns auf einen Wechsel vorzubereiten, um mit dieser Umwelt wieder in Einklang leben zu können.

Intuitiv haben die meisten Menschen – und dies quer durch alle Gesellschaftsschichten – die Notwendigkeit einer solchen Metamorphose erfaßt. Und doch geschieht – außer Einzelvorstößen – praktisch nichts, weil unsere Prioritäten die gleichen geblieben sind. Nach wie vor sind sie auf Wachstum und Vermehrung des eigenen Wohlstands, auf Rationalisierung, Gewinnmaximierung, Umsatzsteigerung und andere kurzfristige Ziele programmiert. Dabei garantieren uns diese

Zielsetzungen längst keine soziale Sicherheit oder einen Zuwachs an individueller Lebensqualität mehr. Die Ökologie als Basis unseres gesamten Wirtschaftens kommt auf Gipfelgesprächen nach wie vor nur als Randthema vor, obgleich ihre Auswirkungen für die Industrieländer wie für die Dritte Welt weit einschneidender sind. Dabei könnte gerade sie uns Antworten geben, die auch die wirtschaftlichen Probleme vor unserer Haustür wie Arbeitslosigkeit, Rezession oder steigende soziale Kosten weit besser lösen helfen, als wenn wir sie ignorieren. Es gilt also unsere Prioritäten neu zu setzen, Mobilität dort zu beweisen, wo sie lebenswichtig ist: in unserem Denken, und nicht aus geistiger Unbeweglichkeit heraus einer materiellen Scheinmobilität zu unterliegen, die immer groteskere Formen annimmt. Wir müssen davon Abstand nehmen, um kurzfristiger ökonomischer Vorteile willen eine Mobilität zu praktizieren, deren ökologische – und damit langfristig ökonomische – Kosten der Allgemeinheit und den nachfolgenden Generationen die Lebensgrundlagen entziehen.

Das dynamische Netz

Inzwischen beginnt sich zwar herumzusprechen, daß unsere Welt als ein großes vernetztes System gesehen werden muß. Daß diese Vernetzung jedoch kein starres Gefüge ist, sondern voller Dynamik und jeder der unsichtbaren Fäden, die die Dinge miteinander verbinden, Bewegung, Wirkung und Rückwirkung bedeutet – wobei diese Fäden oft wichtiger sind als die Dinge selbst –, stellt an unsere geistige Mobilität neue Anforderungen: Die Welt muß neu erfaßt werden, wir müssen eine neue Sicht der Wirklichkeit erlernen, um vernetzte Strategien entwickeln zu können, Leitbilder, die aus dem Systemzusammenhang heraus entstehen und die der Komplexität unserer Umwelt gerecht werden.

Erst wenn wir dies begriffen haben, beginnt das wirklich ökologisch orientierte Denken, das weit mehr ist als die bloße Einsicht in einen verstärkten Umweltschutz. Denn Ökologie, als die Lehre vom Haushalten, befaßt sich weit weniger mit den Zahlen, Meßdaten und Definitionen der Dinge selbst als vielmehr mit deren Beziehungen zueinander, mit der Art und Weise, wie die einzelnen Komponenten eines

Ökosystems miteinander verbunden sind, sich gegenseitig regulieren, gelegentlich ausschalten oder verstärken. Sie verlangt ein im wahren Sinne des Wortes mobiles Denken, das die Realität des Lebendigen zu verstehen versucht und das, da die Realität immer interdisziplinär ist, von vornherein alle Fachgrenzen überschreiten muß.

Der Verkehr, gerne als Ausdruck unserer Mobilität gesehen, bekommt dann ebenfalls ein ganz neues Gesicht. Heute oft Selbstzweck, würde er wieder Mittel zum Zweck werden. Seine Effizienz ist gefragt, nicht sein möglichst großer Umfang. Da er selbst nicht im mindesten wertschöpfend ist, sollte er den wertschöpfenden Anteil einer Volkswirtschaft erhöhen und ihn nicht, wie heute, für sich ursurpieren. Ein Ziel, das jener Vernetzung Rechnung trägt, kann daher nur auf der Basis eines solchen vernetzten Denkens erfolgreich angegangen werden.

Was heißt das für unser konkretes Planen und Handeln? Wenn wir unsere Probleme aus dem Systemzusammenhang heraus angehen, so erkennen wir zum Beispiel sehr rasch, daß es in der Tat wenig Zweck hat, nur an diesen Problemen selber herumzudoktern. Oft sind flankierende Maßnahmen ausschlaggebend. Bloße Symptombekämpfung – sei es Straßenbau gegen Autostau, Subventionen für die Landwirtschaft, Tiefwasserbrunnen gegen die Trockenheit, Rationalisierung gegen schrumpfende Märkte, globale Arbeitsteilung gegen hohe Löhne – ist oft das kurzsichtigste, was wir tun können. Meist führt es an anderer Stelle zu noch größeren Problemen.

Es geht vielmehr darum, kranke Systeme – seien sie klein oder groß – wieder *lebensfähig* zu machen. Und dazu müssen wir uns, wie gesagt, ein ganz anderes Bild von der Wirklichkeit machen, uns eine andere Sichtweise zulegen, als sie uns durch die Art unserer fächerorientierten Schulbildung anerzogen wurde. Denn diese Wirklichkeit besteht nicht aus abrufbaren Fakten, aus heterogenen Einzelkomponenten, sondern sie ist ganz real ein vernetztes Gefüge von Wirkungen und Rückwirkungen. Ein Gefüge, das sich meist ganz anders verhält, als wir aus einem noch so genauen Studium seiner Einzelteile ablesen können. Deshalb mein Plädoyer für ein Denken in Systemzusammenhängen – so wie es dem Gehirn eines komplexen lebenden Organismus, wie wir es sind, im Grunde ja auch entspricht.

Der Schritt auf eine neue Organisationsstufe

Es ist nichts Neues, daß die Menschen in der Lage sind, ihre Sicht der Wirklichkeit, ihr Paradigma zu ändern, und es ist auch ist nicht neu, daß das mit dem Verkehrsgeschehen zusammenhängt. Vor etwa sechs- oder achttausend Jahren – nämlich beim Übergang von der Steinzeit, der Wirtschaftsform des Jägers und Sammlers, zur Wirtschaftsform des Pflanzers und Hirten – zwang die angestiegene Populationsdichte und immer häufigere Überlappung der Reviere die Menschen schon einmal zu einem radikalen Umdenken. Ganz ähnlich stehen wir auch heute wieder vor einer neuen Dichteschwelle und weltumspannenden Systemvernetzung, mit der wir aus der bisherigen Sicht der Dinge ebensowenig fertig werden, wie damals die umherstreifenden Jäger und Sammler mit ihrer auf den täglichen Nahrungsbedarf ausgerichteten Sichtweise. Auch für sie war die Umstellung gewaltig.

Um mit weniger Lebensraum auszukommen, mußten sie auf die seßhafte Wirtschaftsform des Pflanzers und Hirten umschwenken – mit sehr viel weniger Verkehrsbewegung, aber einem weit größeren Zeithorizont in der Vorsorge. Sie mußten von ihrer Eintagesplanung auf eine 365mal längere Jahresplanung übergehen, den Samen in den Boden setzen, statt ihn gleich zu verspeisen, Tiere leben lassen und sogar füttern, bis sie wieder Junge hatten, statt sie gleich zu töten und zu verzehren.

Eine gewaltige Bewußtseins- und Verhaltensänderung, hervorgerufen durch die angestiegene Populationsdichte und die damit engere Vernetzung. Ähnlich sind auch wir heute durch die gegenwärtige Bevölkerungsdichte wieder auf einer neuen Stufe der Systemvernetzung angelangt, die mit dem gleichzeitig gewaltig angewachsenen weltweiten Umherstreifen – sprich Verkehr – nicht mehr zurechtkommt. Vielleicht verlangt dies, ähnlich wie damals, eine erneute Ausdehnung unseres meist immer noch einjährigen Planungshorizonts, diesmal auf weit über hundert Jahre, und damit eine erneute Umorganisation unserer Wirtschaftsweise zu mehr lokaler Kleinräumigkeit unter Minimierung der Transportvorgänge und ihrer negativen Auswirkungen auf Umwelt und Energieverbrauch.

Die Einbeziehung der nächsten drei Jahrhunderte in unsere Vorsorge erscheint heutzutage den meisten Menschen genauso absurd wie damals wohl vielen in den Tag hinein lebenden Zeitgenossen die für uns selbstverständlich gewordene Jahresplanung. Und doch müssen wir heute wohl wieder einen solchen Sprung wagen; wir müssen weit größere Zeiträume einbeziehen als bisher und das Spiel komplexer Zusammenhänge beachten. Nur dann werden auch die Entscheidungen für den nächsten Tag bereits evolutionär sinnvoll sein. Daß zu dieser Langzeitplanung auch eine neue Einstellung gegenüber der ungehemmten Vermehrung der Weltbevölkerung gehört, sei hier nur am Rande vermerkt. Denn deren Weiterwachsen würde über die dann zu erwartenden Katastrophen und biologischen Rückwirkungen in Form unkontrollierbarer Epidemien unweigerlich zu einem allgemeinen Zusammenbruch führen, der uns alle sonstigen Bemühungen vergessen lassen kann.

Der Hang zum linearen Denken

Leider leben unsere Entscheidungsträger in Politik und Wirtschaft – vielleicht mit Ausnahme von Forstleuten und Lebensversicherungsgesellschaften – nach wie vor in trautem Einklang mit der jährlichen Haushaltsplanung der ersten Pflanzer und Hirten. Sie konzentrieren sich auf die kurzfristige Lösung von Einzelproblemen, meiden langfristige Strategien und machen einen großen Bogen um vernetzte Zusammenhänge. Deren Komplexität macht ihnen Angst. Sie glauben, für ganzheitliche Betrachtungen eine Unsumme von Daten zu benötigen und das Zusammenspiel dennoch nie durchschauen zu können. Also geht man weiterhin linear vor, versucht einzelne Mißstände aufzuspüren und sie in einer Art Reparaturmechanismus dort zu lösen, wo sie auftreten, ohne jedoch die Folgen jener Reparaturen zu beachten. So werden mit der Lösung des einen Problems vielfach gleich wieder drei neue geschaffen.

Durch diese auf isolierte Objekte gerichtete Planungs- und Handlungsweise, die die realen Vernetzungen ignoriert, ist seit der industriellen Revolution ein Flickwerk entstanden, bei dem die Systemstruktur unserer Lebensräume von Jahr zu Jahr mehr von ihren selbstregulierenden Fähigkeiten verloren hat. Aus lebensfähigen Systemen sind immer mehr »Nekrosen« und »Krebsgewebe« entstanden, die nur noch mit steigendem Aufwand und nicht mehr durch natürliche Regeneration vor dem Zerfall bewahrt werden können – ein Aufwand, bei dem immer größere Löcher aufgerissen werden, um die kleineren damit zu stopfen. Die Ergebnisse sind eine explodierende Staatsverschuldung und sich zuspitzende Haushaltsrisiken, galoppierende Inflation, reihenweise Firmenpleiten und Massenentlassungen, sinkende Kaufkraft und eine rapide anwachsende Arbeitslosigkeit.

Falsche Kriterien des Fortschritts

Trotz aller Warnsignale gehen auch Wissenschaft und Technik meist noch genauso unvernetzt vor. Man glaubt nach wie vor, Forschung und Entwicklung nach den gleichen Kriterien ausrichten zu müssen wie bisher, bei denen Fortschritt oft nichts anderes bedeutet als mehr, schneller, größer, lauter, stärker, höher und so weiter – Eigenschaften, denen man ein Wertmaß zugedichtet hat, das sie von Hause aus gar nicht besitzen.

Viele Politiker, Manager und Fachexperten meinen zudem, daß wirtschaftliche, soziale und Umweltschäden, die durch die technische Entwicklung des Industriezeitalters entstanden sind, nur durch *noch* mehr Technik behoben werden könnten, und daß sich etwaige Rückschläge – wie in der Energieversorgung, der Abfallszene, im Luft- und Wasserhaushalt oder bei der Bekämpfung des Hungers in der Dritten Welt – durch einen entsprechend größeren Einsatz von Technik und Energie reparieren ließen.

Als Mittel zur Steigerung des Bruttosozialprodukts kurzsichtigen Politikern willkommen, sind diese Reparaturen, die den Systemzusammenhang oft noch weniger berücksichtigen als der ursprüngliche Eingriff selbst es tut, bald jedoch nicht mehr bezahlbar. In vielen Fällen ziehen sie nur weitere Folgeschäden und Abhängigkeiten nach sich: So werden die negativen Rückwirkungen verstärkt und einer sehr viel sinnvolleren Prophylaxe die Mittel entzogen. Das gilt nicht zuletzt für den reparierenden Umweltschutz, der natürlich ebenfalls vollends einem linearen Denken entstammt. Denn er erlaubt – ohne den heilsamen Zwang zur Innovation –, genauso wie bisher weiterzumachen und Mißstände oft nur zu kaschieren, statt ihre Ursachen anzugehen. Bei einem offenen komplexen System kann man jedoch nicht wie bei einer Maschine vorgehen, wo man einen Mißstand wie einen gebrochenen Bolzen an Ort und Stelle beseitigen kann. Da führt dann diese Ersatzteilmentalität, ähnlich wie eine Symptombehandlung in der Medizin, zu einem Abbau der Selbstregulation. Und das bedeutet meist einen galoppierend steigenden Aufwand bis zum Zusammenbruch.

Was wir in dieser Situation brauchen, ist ein sinnvolles Systemmanagement. In keiner Branche, auch nicht in der Automobilindustrie, kann es darum gehen, die jeweils durch ihre Produkte auftauchenden Schäden immer weiter zu reparieren und damit den Ereignissen hinterherzuhinken. Auch der Katalysator, so notwendig er heute ist, konnte nur eine vorübergehende Notlösung sein, genauso wie viele andere Umweltschutzmaßnahmen einer »End-of-Pipe«-Technik: Filter, Siebe, Schallschutzwände, Klärwerke und Müllverbrennungsanlagen, die ja an der grundlegenden Wirtschaftsweise nicht das geringste ändern, sondern die auf eine unkybernetische, mit Mensch und Umwelt nicht in Einklang stehende Technik noch eine weitere unkybernetische Technik draufsetzen. Auch das läßt sich irgendwann nicht mehr bezahlen noch von der Umwelt verkraften. Doch dann mag es für eine Umkehr zu spät sein.

Hier sind Metamorphose und Innovation angesagt. Eine Absage an die Produktverkrampfung. Wenn wir der Kostenschere entschlüpfen wollen, müssen wir durch systemrelevante Planung und politische Steuerung die Weichen für ganz neue Konstellationen stellen, in denen solche Schäden und ihre Rückwirkungen auf die Wirtschaft erst gar nicht auftreten können.

Für Unternehmen, die ihr Vorgehen im Systemzusammenhang planen, gilt es dann nicht mehr, ihre Strategie – sozusagen über die sich wandelnden Bedürfnisse von Gesellschaft und Umwelt hinweg – auf ein spezielles, selbst gesetztes Unternehmensziel auszurichten. Sie werden vielmehr von den Bedürfnissen des Menschen – denn schließlich ist er der Käufer ihrer Produkte – und seinem Anspruch auf einen intakten Lebensraum ausgehen. *Daraus* werden sie dann ihre Strategien entwickeln, was, nebenbei bemerkt, zugleich die einzige Möglichkeit ist, auf Dauer wirtschaftlich erfolgreich zu sein.

Wenn das Thema Mobilität in diesem Buch aus einer ganzheitlichen Sichtweise heraus angegangen wird, um die tieferen Gründe für die

Mißstände und Schwachstellen darzulegen, so wird gleichzeitig aufgezeigt werden, welche Möglichkeiten gerade diese ganzheitliche Sicht bietet, um aus der Misere herauszukommen. Das wachsende Umweltbewußtsein wird außerdem dazu führen, daß in wenigen Jahren eine neue Generation von Verbrauchern, die völlig anders denken wird als wir heutzutage, das Verkehrsverhalten und damit zum Beispiel auch den Fahrzeugmarkt bestimmen wird.[1] Allein aus diesem Grunde lohnt es sich, schon jetzt neue und vielleicht auch ungewohnte Möglichkeiten anzugehen, um die Probleme unserer Mobilität noch rechtzeitig in den Griff zu bekommen.

Die acht Grundregeln der Biokybernetik

Da im folgenden des öfteren die von uns entwickelten acht Grundregeln der Natur zur Sprache kommen werden, die als eine erste Checkliste für eine Bewertung der Systemverträglichkeit dienen können, seien diese in dem umseitigen Kasten kurz erläutert. Ihre Basis ist die Biokybernetik, die Wissenschaft von den Steuerungs- und Regelungsvorgängen innerhalb lebender Systeme. Es sind sozusagen die Managementmethoden der Biosphäre – immerhin ein »Unternehmen«, das die Brauchbarkeit seiner Überlebensstrategie über vier Milliarden Jahre hinweg bewiesen hat. Auch künstliche Systeme lassen sich mit großem Gewinn nach den Gesetzen der Biokybernetik beurteilen, so daß bei ihrer Anwendung schon gleich die gröbsten Fehler vermieden werden können.[2]

Auf diesen Grundregeln – und damit auf einer quasi unbestechlichen bionischen Bewertungsinstanz – basieren daher auch weitgehend die in den folgenden Kapiteln skizzierten Möglichkeiten, die den Weg zu einer neuen systemverträglichen Mobilität ebnen sollen.

Die nebenstehenden Management-Prinzipen sind aus den erfolgreichen Organisationsformen der lebenden Natur abgeleitet. Für die langfristige Lebensfähigkeit eines komplexen Systems ist die Einhaltung dieser Grundregeln Bedingung.

Die acht Grundregeln der Biokybernetik

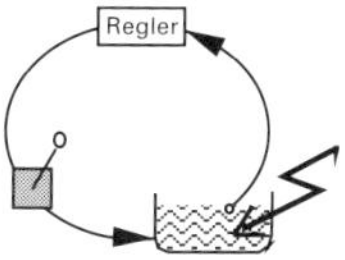

1 Negative Rückkopplung muß über positive Rückkopplung dominieren.

Positive Rückkopplung bringt die Dinge durch Selbstverstärkung zum Laufen. Negative Rückkopplung sorgt dann für Stabilität gegen Störungen und Grenzwertüberschreitungen.

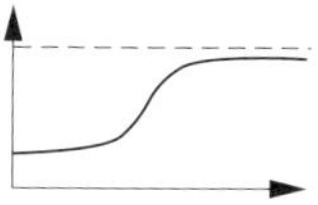

2 Die Systemfunktion muß unabhängig vom quantitativen Wachstum sein.

Der Durchfluß an Energie und Materie ist langfristig konstant. Das verringert den Einfluß von Irreversibilitäten und das unkontrollierte Überschreiten von Grenzwerten.

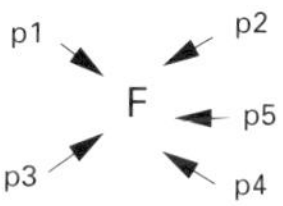

3 Das System muß funktionsorientiert und nicht produktorientiert arbeiten.

Entsprechende Austauschbarkeit erhöht Flexibilität und Anpassung. Das System überlebt auch bei veränderten Angeboten.

4 Nutzung vorhandener Kräfte nach dem Jiu-Jitsu-Prinzip statt Bekämpfung nach der Boxer-Methode.

Fremdenergie wird genutzt (Energiekaskaden und -ketten), während eigene Energie vorwiegend als Steuerenergie dient. Profitiert von vorliegenden Konstellationen, fördert die Selbstregulation.

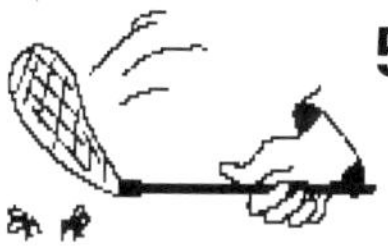

5 Mehrfachnutzung von Produkten, Funktionen und Organisationsstrukturen.

Reduziert den Durchsatz. Erhöht den Vernetzungsgrad, verringert den Energie-, Material- und Informationsaufwand.

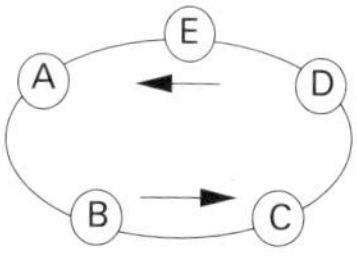

6 Recycling. Nutzung von Kreisprozessoren zur Abfall- und Abwasserverwertung.

Ausgangs- und Endprodukte verschmelzen. Materielle Flüsse laufen gleichförmig. Irreversibilitäten und Abhängigkeiten werden gemildert.

7 Symbiose. Gegenseitige Nutzung von Verschiedenartigkeit durch Kopplung und Austausch.

Begünstigt kleine Abläufe und kurze Transportwege. Verringert Durchsatz und externe Dependenz, erhöht interne Dependenz. Verringert den Energieverbrauch.

8 Biologisches Design von Produkten, Verfahren und Organisationsformen durch Feedback-Planung.

Berücksichtigt endogene und exogene Rhythmen. Nutzt Resonanz und harmonisiert die Systemdynamik. Ermöglicht organische Integration neuer Elemente nach den acht Regeln.

Teil 1

Wie wir den Verkehr ändern müssen

Das Verkehrsgeschehen spielt in unserer Gesellschaft eine in der Menschheitsgeschichte noch nie dagewesene Rolle. Es gibt fast keinen Bereich, der nicht davon tangiert wird. Selbst unsere großen, menschheitsbedrohenden Gefahren wie die Abnahme der schützenden Ozonschicht, der beginnende Treibhauseffekt, das Waldsterben, die Meeresverseuchung und die sich häufenden Stürme und Überschwemmungen, aber auch Rohstoffverschwendung und Abfallprobleme entstehen zum großen Teil entweder direkt oder indirekt aus unserem schier grenzenlosen Mobilitätsbedürfnis. Ohne dieses hätte es keine Ölkrise und keinen Golfkrieg gegeben, keine Havarie von Supertankern und schließlich auch nicht den durch den künstlich billig gehaltenen Gütertransport ins Absurde übersteigerten Warenaustausch aufgrund der Internationalisierung der Produktion, und natürlich auch nicht die wiederum damit zusammenhängenden Produktionsverlagerungen in Billiglohnländer, die die Wegrationalisierung von Arbeitskräften möglich machten und so eine wachsende Arbeitslosigkeit in den Industrieländern nach sich zogen.

Zur Kybernetik des Teilsystems Verkehr

Die nachstehende Grafik soll stark vereinfacht das Netzwerk darstellen, in das unsere Mobilität eingebettet ist. Sie soll veranschaulichen, daß sich die im folgenden behandelten zwei Teilsysteme Verkehr und Fahrzeug, nicht nur gegenseitig durchdringen, sondern durch ihre Verflechtung mit Umwelt, Mensch und Wirtschaft gegenüber der restlichen Welt und ihren Einflüssen niemals abgeschlossen, sondern offen sind.

Die enge Beziehung dieser Teilsysteme zueinander und zu den drei übergeordneten Systemen Umwelt, Mensch und Gesellschaft macht Insellösungen somit unmöglich. Wenn sich an der Gesamtkonstellation etwas ändern soll, können kleine Einzelschritte zwar bereits in die richtige Richtung weisen, doch zum Ziel führen sie nur dann, wenn sie koordiniert werden und das gesamte Geschehen in einer Art Verbund durchdringen. Alles andere bleibt Flickwerk und wird nicht helfen, das katastrophale Krebswachstum des Verkehrsgeschehens zu stoppen.

Erst auf der Basis dieser Vernetzung läßt sich herausfinden, wo man die Hebel ansetzen muß, um sinnvolle Änderungen zu erreichen. Wenn wir das Teilsystem Verkehr dann in seine wichtigsten Komponenten aufgliedern, wie wir das in unserer Systemuntersuchung »Ausfahrt Zukunft« getan haben, so ergibt das daraus entstehende Wirkungsgefüge mit seinen über 30 Einzelfaktoren aufschlußreiche Einblicke in die Struktur der Zusammenhänge und läßt auch bereits typische Problemfelder erkennen, die in einzelnen Szenarien näher untersucht werden können. Berechnet man nun aus dem im Computer gespeicherten Muster aller Querbeziehungen die Verteilung der

Das Gesamtsystem »Mobilität«

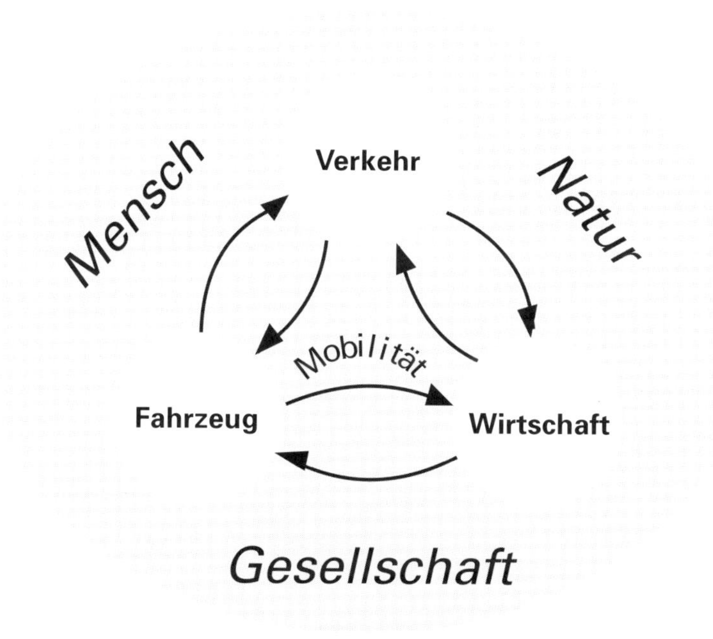

Die enge Beziehung der drei Teilsysteme Verkehr, Fahrzeug und Wirtschaft zueinander und ihre Einbettung in die übergeordneten Systeme: Mensch, Natur und Gesellschaft läßt im Hinblick auf eine Erneuerung unserer Mobilität Veränderungen und Verbesserungen allein am Fahrzeug, am Verkehr oder an der Struktur der Wirtschaft von vorneherein als obsolet erscheinen.

© 1994 sbu München

gegenseitigen Beeinflussung, so erhält man aus solch einer »Einflußmatrix« schon gleich eine auffallende kybernetische Aussage: daß nämlich das Verkehrsgeschehen eine überraschend hohe Trägheit und Pufferkapazität besitzt. Eine Unbeweglichkeit und Resistenz gegen jede Veränderung ausgerechnet bei demjenigen System, das selbst gewöhnlich als die Basis unserer Mobilität angesehen wird. Es ist also beileibe kein Wunder, daß auch die darin stattfindende Mobilität immer häufiger zu Immobilität führt.

Wenn wir nach Lösungen suchen, die diese Tendenz umkehren, so können diese demnach kaum aus dem Teilsystem Verkehr selbst kommen, sondern wohl nur aus einer Betrachtungsweise, die über den Verkehr hinausgehende Zusammenhänge einbezieht. Dazu gilt es zunächst einmal darzulegen, warum eine Abhilfe durch die meisten – zumeist auch sehr teuren – typischen Verkehrsmaßnahmen eine Illusion bleiben muß. Erst wenn wir einsehen, daß diese nichts bringen können, wird auch die Bereitschaft größer sein, uns neuen Wegen zuzuwenden.

Verkehrsentstehung – der beharrliche Teufelskreis

Seit Jahrzehnten wächst der Straßenverkehr unbeirrt an. Man kann machen, was man will, er behält seinen Wachstumskurs bei, trotz aller gutgemeinter Maßnahmen und trotz eines immer wieder alarmierendem Chaos. Versucht man, wenigstens die schlimmsten Auswüchse zu beseitigen, erntet man doch bald wieder die gleiche Verkehrsdichte. Eine bleibende Verkehrsreduzierung erscheint kaum möglich, da die natürlichen Regelmechanismen hier offenbar versagen.

Die meisten unserer Verkehrsplaner versuchen in ihrer fachspezifischen Orientierung in der Tat immer wieder mit den klassischen Methoden – das heißt aus dem Verkehr selbst heraus – eine Lösung zu finden. Das trifft insbesondere für Einzelaktionen zur Aufhebung von Engpässen zu – wie durch Verbreiterung von Fahrspuren, Straßenausbau, Auffangparkplätze, Umgehungsstraßen, elektronische Verkehrsleitsysteme oder grüne Wellen durch Feedback-Ampelsteuerung. Solche Maßnahmen mögen zwar vorübergehend lokale Verbesserungen bewirken, das System als Ganzes puffert all dies jedoch unerbittlich ab. Es reagiert zwar sehr rasch, erreicht dann aber durch interne Rückkopplungen ebenso rasch wieder den gleichen Zustand wie zuvor, nur meist mit mehr Fahrzeugen.

Um diesen eigenartigen Prozeß besser zu verstehen, sollen in diesem Kapitel zunächst einige der dafür typischen Mechanismen aufgezeigt werden. Nur wenn man diese kennt und weiß, was zu tun und was zu unterlassen ist, kann man sich von Scheinlösungen fernhalten.

Verkehr und Infrastruktur schaukeln sich gegenseitig hoch

Die Erfahrung, daß das Angehen einer desolaten Verkehrssituation mit den oben erwähnten Maßnahmen meist automatisch zu noch stärkerem Verkehr führt, statt ihn zu entlasten, ist zwar hinreichend bekannt und in der Praxis nachgewiesen[3], wird aber bei neuen Projekten immer wieder ignoriert. Schon in einer 1989 erschienenen Dissertation zu diesem Thema kam der Schweizer Verkehrsspezialist Eugen MEIER[4] zu dem Ergebnis, daß der Aus- und Neubau von Straßen in manchen Fällen bis zu dreißig Prozent (!) mehr Neuverkehr zur Folge hatte. In der Schweiz wird auch an der Richtigkeit dieser These – außer vielleicht in der dort inzwischen gegründeten »Autopartei« – nicht mehr gezweifelt. Denn weder der Straßentunnel durch den St. Gotthard – den man kurz nach seiner Eröffnung am liebsten wieder zugeschüttet hätte[5] – noch die Stadtautobahn von St. Gallen oder die Umgehungsstraßen in Zürich haben die Situation verbessert. Sie führten nach kurzfristiger Entlastung bisweilen zum Teil sogar in ein Chaos.

Hier regelt das Angebot die Nachfrage

Betrachtet man dieses Problem im Systemzusammenhang, ergibt sich aus den leicht zu verfolgenden Rückwirkungen sehr rasch, daß jede neue Straße weiteren Verkehr anzieht und das Verkehrsaufkommen erhöht und nicht etwa senkt. Denn das Verhalten der Menschen orientiert sich – ähnlich wie im Bereich der Fahrsicherheit – am Angebot und kompensiert dann bald wieder den erreichten Effekt. Ähnliches gilt für die Schaffung von Park-and-Ride-Möglichkeiten, deren Nutzen im Einzelfall sorgfältig abzuwägen ist.[6]

Während zum Beispiel im einen Fall (kein öffentliches Verkehrsmittel vom Umland bis zum Parkgelände) wenigstens das Stadtinnere entlastet wird, erhöht ein Auffangparkplatz im anderen Fall (öffentliche Verkehrsmittel auch vom Umland bis in die Stadt) den Gesamtverkehr, weil jetzt viele Leute, die den öffentlichen Nahverkehr bisher *durchgehend* benutzten, das Park-and-Ride-Angebot annehmen und nun zumindest bis dorthin wieder das Auto nehmen. Anders als in der sonstigen Wirtschaft, wo die Nachfrage das Angebot regelt, regelt im Verkehrsgeschehen offenbar grundsätzlich das Angebot die Nachfrage.

GOEUDEVERT hat mit seinem Ausspruch »*Wer Straßen und Parkplätze sät, wird Verkehr und Stau ernten*« einige Verkehrspolitiker wohl regelrecht geschockt. Offenbar ist es politisch hochbrisant, durch eine solche Feststellung die immer noch verbreitete umgekehrte Meinung als Denkfehler zu entlarven, der ähnlich wie beim Tempolimit (GOEUDEVERT: »*mit Tempo 100 könnte ich als Autohersteller gut leben*«) sehr wohl erkannt wird. Trotzdem wird das Vorurteil, daß ein fehlender Straßenneubau oder die Einführung eines Tempolimits die endgültige Verstopfung der Autobahnen zur Folge hätte (in Wirklichkeit ist es natürlich umgekehrt), von der Straßenbaulobby eifrig gepflegt.

Aus diesem Grund basieren viele Planungen – vor allem in den neuen Bundesländern – nach wie vor auf der irrigen Annahme, daß mehr Straßen den Verkehr entlasten würden. Wenn das der Fall wäre und wir uns einmal vor Augen halten, was in den letzten dreißig Jahren an Straßen gebaut wurde, dann müßten wir heute doch eigentlich paradiesische Verkehrszustände haben! Aber unsere Straßen sind genauso – oder sogar noch mehr – verstopft wie eh und je, nur daß es jetzt viel mehr verstopfte Straßen sind. Der Mensch geht eben immer bis an die Grenze des Erträglichen. Wird mehr angeboten, wird auch mehr genutzt. Obwohl die Zusammenhänge auf der Hand liegen, werden sie von unseren politischen Entscheidungsträgern meist dennoch ignoriert – an der Spitze die Verkehrsminister, die, festgefahren in der Denkweise der sechziger Jahre, sich immer noch als Straßenbauminister mißverstehen.

Zuflucht zu den Sekundärfunktionen des Autos

Einen zweiten Grund für das Scheitern einer natürlichen Regulation liefert uns die meist stoische Hinnahme der Verkehrsbelastung durch den Autofahrer selbst. Er müßte sein Auto doch als erster aufgeben, wenn es die eigentliche Funktion nicht mehr erfüllt. Die meisten aber benutzen es unbeirrt weiter und nehmen alle Nachteile wie Zeitverluste, Lärm und Streß als gottgewollt in Kauf. Dieses verblüffende Verhalten beruht auf einer besonderen Kompensation: Obwohl der Handlungsspielraum des einzelnen durch mehr Verkehr, Staus und Chaos immer mehr eingeschränkt ist, wird seine mit wachsender Verkehrsdichte verringerte Mobilität durch eine verstärkte Zuflucht zu den Sekundärfunktionen des Autos aufgewogen, und zwar zu jenen, die unter allen Verkehrsmitteln eben bisher nur das Auto bieten kann: Statussymbol, Prestigegewinn, Beeindruckung anderer, Luxusgefühl, Potenzersatz und so fort. Denn diese oft irrationalen »Leistungen«

eines Fahrzeugs sind ja in jedem Fall erfüllt, auch wenn das Auto im Stau steht. Hinzu kommt die im Vergleich zum Auto geringe Attraktivität des öffentlichen Verkehrs, der gerade solche Sekundärfunktionen in seiner heutigen Form ja nicht befriedigt. Dies läßt den Individualverkehr im Verhältnis zum Gesamtverkehrsaufkommen noch weiter ansteigen.

Die unflexible Modellpolitik der Automobilhersteller wirkt zusätzlich als zementierender Faktor, was bei steigender Verkehrsdichte schließlich zu Konflikten zwischen den primären und sekundären Funktionen des Autos führt. So hindert die Tatsache, daß das Auto seine Primärfunktion – nämlich die Transportleistung – immer unzureichender erfüllt, die Hersteller nicht daran, weiterhin das gleiche veraltete Konzept zu verfolgen, ja die bisherigen Kriterien sogar noch zu forcieren – gegebenenfalls bis zur Immobilität.

Als erste Automarke schien übrigens FIAT diese »Zeichen der Zeit« erkannt zu haben: Hier soll der Fahrgastraum künftig durch einen Fernseher, gegenüberliegende Sitze, einen Klapptisch zum Kartenspielen, in die Türen eingelassene Bar und ähnliche Spielereien auch für längere Staus umfunktioniert werden. Damit wird die Perversion der Mobilität auf die Spitze getrieben, die Immobilität des Gesamtverkehrs wäre perfekt. Keiner fährt mehr – und keiner merkt es. Das Problem ist gelöst. Fasziniert von den Sekundärfunktionen seines Autos ist vom Durchschnittsautofahrer selbst jedenfalls nur wenig Bereitschaft für neue Formen der Mobilität zu erwarten – selbst wenn er mehr im Stau steht, als daß er fährt. Er wird lediglich nach breiteren Straßen rufen.

Die bisherige Raumplanung hat ihr Ziel nicht erreicht

Besonders schwer bei diesem kontraproduktiven Selbstverstärkungsprozeß wiegt ein dritter Mechanismus: der Einfluß des Verkehrs auf den Flächenverbrauch. Bei der Festlegung der Raumstruktur genoß er lange Zeit höchste Priorität, was in manchen Regionen eine fortschreitende Zersiedlung nach sich gezogen hat, mit immer längeren Wegstrecken zwischen Wohnung und Arbeit – und einem dadurch anwachsenden Verkehrsaufkommen. »*Die Stadt verfällt als Organismus immer mehr und löst sich im Umland auf*«, lautete kürzlich eine Schlagzeile in der *Süddeutschen Zeitung*. In der Tat entartet unser

Lebensraum nach und nach zur Transitstrecke. Durch dieses Nachgeben gegenüber dem Verkehrsdruck wird über die oben geschilderte Eigendynamik des Gesamtverkehrsaufkommens leider immer weniger Rücksicht auf die Menschen und die Gegebenheiten ihres Lebensraums genommen.

Im Grunde müßte die kontinuierliche Urbanisierung – der Anteil der Stadtbevölkerung nimmt weltweit ständig zu und führt die Menschen auf immer kleinerem Raum zusammen – den Bedarf an Mobilität verringern. Durch eine unkybernetische Verkehrsplanung jedoch nimmt die Verkehrsdichte sowohl in Ballungsgebieten als auch im überlasteten Fernverkehr immer erdrückendere Ausmaße an.

Denn das Auto wird auch da, wo es als Verkehrsmittel völlig ungeeignet ist, weiterhin favorisiert und der Gütertransport über die Straße subventioniert.

Hinzu kommt, daß die durch die Verkehrsnetze geschaffene Siedlungs- und Industriestruktur durch diese dann weitgehend festgelegt und außer durch Straßenrückbau kaum mehr zu verändern ist. Auf diese Weise wird die Gestaltung unseres Lebensraums von der Eigen-

Die Entwicklung zur globalen Stadtlandschaft

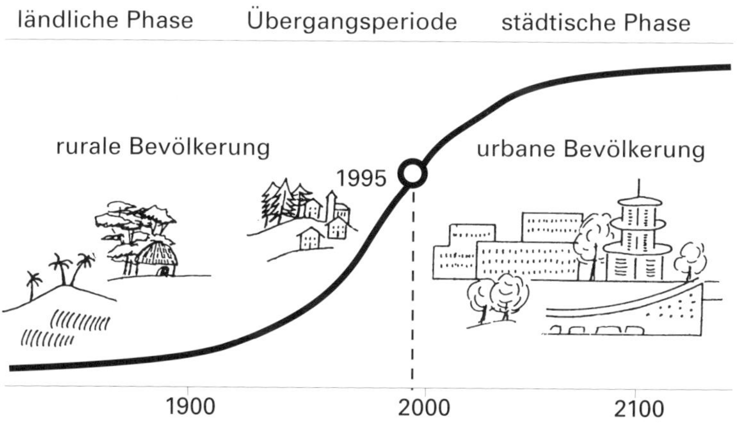

Der Anteil der Stadtbevölkerung nimmt bis zum Ende des nächsten Jahrhunderts weltweit noch zu und führt die Menschen auf immer engerem Raum zusammen. Um die Mobilität nicht kollabieren zu lassen, werden zunehmend dezentrale Strukturen erforderlich.

dynamik des Verkehrsgeschehens dominiert und die Raumplanung praktisch zum Krisenmanagement degradiert. Sie schwingt zwischen »gewähren« und »verhindern« hin und her, getrieben von einer Entwicklung, die – unbeirrt von der schrittweisen Denaturierung der Umwelt – ihren eigenen Weg zu gehen scheint.

Unserem Verkehr wiederum fehlt jede Möglichkeit, dem Prozeß aus sich selbst heraus eine andere Richtung zu geben und damit eine Metamorphose einzuleiten. Eine bleibende Entlastung der zunehmend desolaten Verkehrssituation kann sich also auch nicht allein aus einer besseren Raumplanung ergeben.

Beschwichtigender »Umweltschutz«

Einen weiteren Mechanismus gilt es zu erkennen und ihm entgegenzuwirken: die negative Rückkopplung zwischen dem Aktivwerden der Betroffenen und den dadurch erreichten Verbesserungen. So hat sich das Aufschaukeln des Verkehrswachstums zunächst bis etwa in die siebziger Jahre hinein ohne nennenswerten Widerstand aus der Bevölkerung vollzogen. Als dann das kritische Verhalten der Bevölkerung erwachte, kam es in Form zahlreicher Bürgerinitiativen und mit Unterstützung durch die Partei *Die Grünen* zu einem Besinnungsprozeß, der große Hoffnungen erweckte. Stärkere Identifizierung mit Wohnort oder Stadtteil und somit mehr Funktionsmischung und Dezentralisierung wurden gefordert. Mit einem anhaltendem Bemühen um eine kleinteilige Siedlungs- und Industriestruktur sollte eine allmähliche Stabilisierung erreicht werden. Individualverkehr und Pendlerbewegungen sollten reduziert und damit Hand in Hand auch Stoffumsatz und Energieverbrauch verringert werden. Doch eine solche Entwicklung läuft Gefahr, durch den ihr innewohnenden Automatismus wieder ins Stocken zu geraten.

So zeigte unsere Untersuchung, daß die Aktivitäten von Bürgerinitiativen mit dem Eintreten einer verminderten Raumbelastung (Fußgängerzonen, verkehrsberuhigte Gebiete) und geringeren Emissionen (Kohlenmonoxid, Stickoxide, Blei und Lärm) automatisch nachlassen, also über den erreichten Teilerfolg wieder dämpfend auf sich selbst zurückwirken. Ein Prozeß, der das erwachte kritische Verhalten der Bevölkerung erneut einschlafen läßt, wie es zum Beispiel nach Einführung von bleifreiem Benzin, Katalysator und Lärmschutzmaßnahmen auch prompt der Fall gewesen ist.

Hier existiert ein Regelkreis, der, sobald er einmal eine Umweltverbesserung bewirkt hat, ein kontinuierliches Fortschreiten verhindert. Wache Bürger sollten also gerade nach einem Erfolg sofort nachhaken, um die sanfte Metamorphose in Gang zu halten. Andernfalls – das heißt bei einer weitgehend ungestörten Fortsetzung der bisherigen Verkehrspolitik und unserer energieintensiven Wirtschaftsweise – wird eine Reaktion der Bevölkerung erst wieder auf höherer und für alle einschneidenderen Ebene erfolgen. Möglicherweise geschieht dies aber erst, wenn irreversible Rückwirkungen der langfristig induzierten, dann aber plötzlich akuten Klimaverschiebung eingetreten sind.

Sinkende Lebensqualität als Impuls für eine Neuorientierung

Eine kritische Einstellung und politischer Druck großer Teile der Bevölkerung reichen für eine Umstellung des Verkehrs auf ein niedrigeres Niveau also noch lange nicht aus, wenn kein permanentes Bemühen dahintersteht. Nun haben wir es jedoch nicht nur mit Umweltproblemen durch den Verkehr zu tun, sondern auch mit solchen aus den übrigen Lebensbereichen unserer Zivilisationsgesellschaft. Die sich daraus ergebende Gesamtbelastung und sinkende Lebensqualität wird langfristig eine immer stärkere Rückwirkung auf das Verhalten und die Wertvorstellungen von Bevölkerung und Politikern haben. Die ehemals reine Wachstumsorientierung der Gesellschaft dürfte dann durch eine Zuspitzung der Probleme an allen Fronten von konkreten umweltpolitischen Forderungen abgelöst werden.

Mit dem fortschreitenden Verfall unserer ökosozialen Lebensbedingungen werden daher auch auf dem Verkehrssektor umweltpolitische Entscheidungen wie Tempolimits, autofreie Städte, hohe Treibstoffpreise und entsprechend deutliche Auflagen für die Industrie durchsetzbar sein und einen raschen Akzeptanzverlust gängiger Fahrzeuge nach sich ziehen. Doch ein solch selbstregulierender Prozeß braucht viel Zeit, vielleicht zu viel für eine rechtzeitige Reaktion unserer Biosphäre.

»Der technische Umweltschutz erfreut sich deshalb so großer Akzeptanz, weil er keine Verhaltensänderung voraussetzt.«

Mario Keller, Infras, Bern

Hier drohen Umkippeffekte, ticken Zeitbomben, die das augenblickliche Tempo der Schädigungen exponentiell beschleunigen können, sobald wir uns – vor allem im Klimabereich – bestimmten Schwellenwerten nähern. Sei es durch einen Anstieg des Meeresspiegels, eine Verlagerung des Golfstroms oder drastische Ernteausfälle infolge von Stürmen, Erosion, Trockenperioden oder Überschwemmungen. Es wäre fatal, die augenblickliche Entwicklung einfach weiterlaufen zu lassen. Die Folgen – auch die politischen – wären unabsehbar.

Der Risikodialog hat begonnen

Diese Gedankengänge sind zumindest einer Branche vertraut, die – von der Öffentlichkeit kaum registriert – von den Vorzeichen einer solchen Entwicklung bereits massiv betroffen ist: die Versicherungen und Rückversicherungen. Im Rahmen des Projektes *Risiko-Dialog* – einer Stiftung, welche durch Versicherungen und Industrieunternehmen getragen wird – fand unter anderem auch ein Dialog mit GREENPEACE zur Frage der Klimaveränderungen statt.[7] Man war sich einig, die Position der Assekuranz angesichts der in den letzten zehn Jahren auf das Fünf- bis Achtfache angestiegenen Schadenssummen – durch die Häufung von klima- und waldschadensbedingten Bergrutschen, Überschwemmungen, Stürmen, Havarien und ähnlichem – zu überdenken. Indessen haben vor allem die Rückversicherer die Klimaproblematik vertieft bearbeitet[8], und man beginnt, die Weichen für ein neues Selbstverständnis der Assekuranzen zu stellen. Zur Klärung der zugrundeliegenden Vernetzung werden im Gemeinschaftsprojekt *NERIS* (Netzwerk Risiko im Sensitivitätsmodell) von einer Gruppe von schweizerischen, deutschen und österreichischen Versicherern auch die von uns entwickelten neuen Möglichkeiten der kybernetischen Systemerfassung genutzt.[7]

Neben dem Rückgang des Ozonschildes und den damit verbundenen gesundheitlichen Schäden wird sich nach Berechnungen des *Max-Planck-Institutes für Meteorologie* die Erdatmosphäre in den nächsten hundert Jahren um fünf Grad erwärmen. Der erwähnte Anstieg des Meeresspiegels und die Verschiebung von Meeresströmungen mit ihren jeweils katastrophalen Folgen sind also durchaus zu erwarten. Fachleute der großen Rückversicherungen wie der MÜNCHENER RÜCK oder der SCHWEIZER RÜCK zweifeln nicht daran, daß die Vorläufer dieser Entwicklung schon heute in den drastisch angestiegenen Schäden zu spüren sind[8], obwohl die Welttemperatur bis jetzt erst um ein halbes Grad angestiegen ist (Abbildung Seite 161).

Ähnliches gilt für die Folgen der zunehmenden Versiegelung der Landschaft. Gerade die letzten nun schon im Jahresabstand wiederholten Überflutungen im Rhein-, Main- und Moselgebiet wie auch die Überschwemmungskatastrophen in der Gegend von Turin, die ganze Städte wie Alessandria, Asti und Cuneo in Wasser und Schlamm versinken ließen, machten deutlich, daß die verheerende Wirkung dieser Unwetter vor allem der Begradigung der Bachläufe, Einebnung und Verbauung mit Straßen zu verdanken ist, mit denen »Italien in der letzten Zeit zubetoniert wurde«, wie es der Präsident des Italienischen Geologenverbandes, Floriano VILLA, beklagt.

Wenn die Versicherungen die sich daraus ergebenden Konsequenzen in die Tat umsetzen, wird sich auch die Politik zu radikaleren Maßnahmen entschließen müssen. Selbst wenn der Wille dazu derzeit noch aus Angst vor jeglichem Anecken bei der einen oder anderen Lobby noch fehlt, werden es eben solche äußeren Entwicklungen sein – zu denen der heutige Straßenverkehr ja nicht unwesentlich beigetragen hat –, die unsere Mobilität in Richtung auf eine weit geringere Umweltbelastung steuern. Diese »höhere« Rückkopplung, die bei einer Wirtschaftsweise, die weiterhin auf quantitatives Wachstum und Gewinnmaximierung fixiert ist, bald eintreten wird, dürfte für eine Reihe von Unternehmen fatale Folgen haben – sofern diese ihre Strategie nicht rechtzeitig darauf umstellen.

Verkehrsstörungen als Zivilisationskrankheit

Angesichts der erstaunlichen Beharrlichkeit des Verkehrswachstums und der Art seiner womöglich fatalen Beendigung kann man sich des

Eindrucks nicht erwehren, daß sich unser Verkehrssystem wie ein lebender Organismus verhält, der – sozusagen in Analogie zu den Kreislaufkrankheiten – allmählich, aber unaufhaltsam der Verkalkung und dem Infarkt und – in Analogie zum Krebs – dem wuchernden Zerfall unter Zerstörung seines Wirtsorganismus zusteuert. Wie beim Verkehr erscheint auch hier eine Therapie nur durch eine Änderung der gesamten Lebensweise möglich, also in Wechselwirkung mit den anderen Bereichen. Beim Organismus sind es die falsche Ernährung, der Bewegungsmangel, das Rauchen, Hetze und Streß und die Beziehung zu den Mitmenschen; beim Verkehr beginnt die Gesundung mit einem Umdenken in der Industrie, mit einer neuen Generation von Fahrzeugen und mit einer an diesen Möglichkeiten orientierten und vielleicht auch durch sie motivierten Verhaltensänderung des einzelnen gegenüber Natur und Gesellschaft.

Gefragt sind daher keine bloßen Verkehrsmaßnahmen, die, wie oben ausgeführt, Engpässe lediglich so lange beseitigen, bis ein neuer Engpaß – nur mit mehr Fahrzeugen – entsteht, vielmehr eine umweltbewußte Politik und Gesetzgebung, aber auch eine neue Denkweise in der Industrie und im Siedlungswesen, die am ehesten in der Lage sind, über eine Symptombehandlung hinaus Impulse zu geben. Sie können die Weichen neu stellen und auf diese Weise bleibende Wirkungen erzielen. Drastische Steuerungshebel wie Tempolimits und hohe, die Vollkosten deckende Benzinpreise gehören ebenso dazu wie progressive Energiesteuern und ein intelligenter Ausbau des öffentlichen Verkehrs. Wie dadurch und in Wechselwirkung mit der Schrittmacherrolle einer zukunftsorientierten Automobilindustrie ein Gesundungsprozess unseres Gesamtsystems in Gang gesetzt werden kann, wird an späterer Stelle im Buch noch genauer ausgeführt werden.

Da »Verkehrsbewegungen« als Basis des Stoff- und Informationsaustausches ein Wesensmerkmal aller lebenden Systeme sind und sich die Mobilitätsprobleme in einer Zelle oder einem Organismus grundsätzlich nicht von denen in übergeordneten Organismen, wie einem Lebensraum, unterscheiden, können die folgenden Analogien manchmal recht aufschlußreich sein. Sie lassen Zusammenhänge besser erkennen und beleuchten die Dinge von einer anderen Warte.

Der Vergleich zwischen dem Organismus Mensch und dem Organismus Lebensraum mag daher die Dringlichkeit einer Weichenstellung noch einmal besonders deutlich ins Bewußtsein rufen.

Erkrankung im Organismus Mensch		**Erkrankung im Organismus Lebensraum**
Kreislaufstörungen		**Verkehrsstörungen**
Gefäßverengungen durch Ablagerung von beförderter Materie (Cholesterin, Kalk, Thrombozyten).	◄─►	Straßenverengung und Stauungen durch haltende und parkende Fahrzeuge
Versagen des Kreislaufsystems als Todesursache Nr. 1 für den menschlichen Organismus	◄─►	Versagen des Verkehrs als Todesursache für die Industriegesellschaft.
Krebswachstum		**Verkehrschaos**
Ungehemmte Teilung und Vermehrung der Zellen zu Lasten des Gesamtorganismus.	◄─►	Ungehemmte Automobilproduktion zu Lasten der Gesamtleistung der Gesellschaft.
Herauslösung des Krebswachstums als eigenständiger Faktor aus dem übergeordneten Regelsystem.	◄─►	Herauslösung des Verkehrswachstums als mächtiger Wirtschaftsfaktor aus der Kontrolle der Gesellschaft.
Tod – auch des Krebses – durch Überlastung, Vergiftung und damit Zerstörung des biologischen Wirtsorganismus.	◄─►	Zusammenbruch – auch der Autoindustrie – durch Überlastung (Rohstoffe, Energie), Vergiftung (Abgase, Lärm) und Zerstörung des sozialen Wirtsorganismus.

Das Mißverhältnis zwischen Aufwand und Funktion

Wenn es um eine Gesundung des Verkehrsgeschehens geht, sollten wir den Ansatz zu einer Therapie zunächst einmal gar nicht im Verkehrsbereich selbst, sondern in den Grundregeln überlebensfähiger Systeme suchen (siehe Kasten auf Seite 19). In dem Bemühen, den wachsenden Verkehr zu bewältigen, wird nämlich meist die simple Frage vergessen, inwieweit das derzeitige Verkehrsgeschehen – als Teil unserer Gesamtkommunikation – überhaupt eine Funktion erfüllt, wenn ja, wie hoch der Aufwand dafür ist und wie dieses Verhältnis womöglich verbessert werden kann.

Kybernetische Verkehrstechniken

Aus dem Systemzusammenhang heraus ergeben sich dann nicht nur planungspolitische Maßnahmen, sondern zum Beispiel auch Ansatzhebel für ein verstärktes Engagement der Industrie, etwa im Hinblick auf andere Transporttechniken und eine effizientere Logistik. Wir werden später noch sehen, daß das derzeitige Mißverhältnis zwischen Aufwand und Ergebnis nicht nur über eine Neuregelung des Güterverkehrs im Verbund mit der Bahn und einem Containerservice, sondern gerade auch beim Personenverkehr verbessert werden könnte. Dies könnte durch neue, Zeit und Raum sparende Leasingsysteme, Kabinen- und Sammeltaxis, intelligentere Park-and-Ride- und Bike-and-Ride-Systeme, neuartige Huckepackdienste, solarbetriebene Wechselautos und Laufbänder sowie durch das Angebot neuer logistischer Dienstleistungen erfolgen (vergleiche die Abbildung auf Seite 58). Inwieweit dann solche Ansatzhebel tatsächlich zur besseren Funktionserfüllung genutzt werden können, läßt sich anhand positiver und negativer Rückkopplungskreise zwischen Verkehrsbelastung, Zahl der

Fahrzeuge, Art der Fahrzeuge und anderen Faktoren sehr rasch aufzeigen.

So herrscht zwischen der Verkehrssteuerung, dem Verkehrsaufkommen und dem Verkehrschaos ein Regelkreis mit ambivalentem Charakter. Je nach der Art der Verkehrssteuerung, wie etwa durch elektronische Leitsysteme, kann das Verkehrsaufkommen weiter erhöht (Beispiel: Anlockung durch computergesteuerte Wegführung und grüne Wellen) oder auch verringert werden (Beispiel: fehlende Parkplätze, Fußgängerzonen, Vorfahrt für Fahrräder und den öffentlichen Personennahverkehr). Im ersten Fall wird sich der Kreisprozeß nur weiter aufschaukeln, im zweiten Fall höchstens auf ein Gleichgewicht einpendeln.

Höhere Dichte, mehr Abgase, weniger Streß

An dieser Stelle gilt es, einen zweiten weitverbreiteten Irrtum richtigzustellen. Eine erste Korrektur an den gängigen Vorstellungen im Verkehrswesen, die sich aus einer unvernetzten Denkweise ergibt, haben wir ja bereits beschrieben: Mehr Straßen und Parkplätze bedeuten kei-

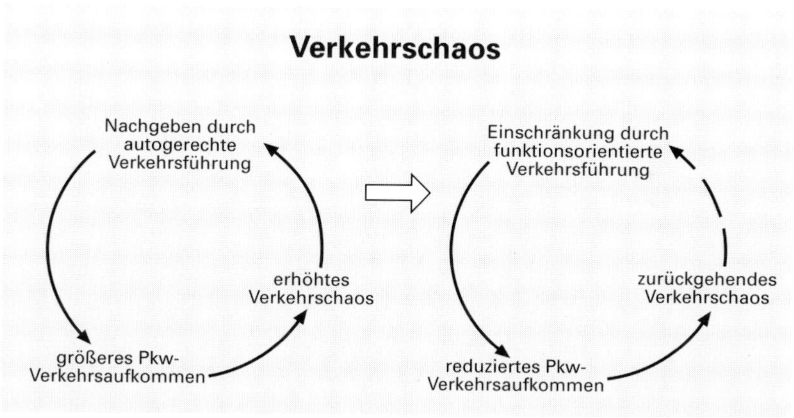

Zwischen Verkehrsführung, Verkehrsaufkommen und Verkehrschaos herrscht ein Regelkreis mit ambivalentem Charakter: Je nach der Art der Verkehrssteuerung, etwa durch elektronische Leitsysteme, kann sich das Verkehrsaufkommen entweder noch weiter aufschaukeln, oder – wenn auch durch das negative Feedback nicht reduziert – doch zumindest im Gleichgewicht gehalten werden.

neswegs eine Entlastung des Verkehrs, sondern im Gegenteil nur noch mehr Fahrzeuge und Staus. Dazu gesellt sich ein zweiter Irrglaube: an die Verkehrsentlastung durch grüne Wellen, wie beispielsweise durch vom Verkehr selbst gesteuerte Feedback-Ampel-Anlagen, in deren Installation leider immer wieder viel Hoffnung und auch Geld investiert wird.

Ähnlich wie beim Straßenbau erhöhen solche computergesteuerten Feedback-Anlagen mit Magnet- oder Kontaktschleifen vor Kreuzungen zunächst zwar ebenfalls die Straßenkapazität und machen den Verkehr flüssiger, aber wie wir in einer Untersuchung für München nachweisen konnten, locken sie doch binnen kurzer Zeit aufgrund des nunmehr besseren Durchkommens weitere Fahrzeuge an, bis bei höherer Verkehrsdichte schließlich wieder die gleiche Zähflüssigkeit wie vorher erreicht ist. Mit dem Unterschied, daß zwar etwas weniger Streß und Lärm verursacht wird – aufgrund der auch dann immer noch geringeren Halte- und Anfahrvorgänge –, daß aber dafür die Abgasbelastung durch die erhöhte Zahl der Fahrzeuge drastisch ansteigt. Ein kleiner Trost: Um den gleichen – sinnlosen – Effekt durch Straßenbau zu erzielen, muß etwa die zehnfache Summe aufgewendet werden.[9]

Schlechteres Durchkommen dagegen hat noch immer den Verkehr verringert. Da ist dann der Mechanismus umgekehrt: Zuerst ein noch größeres Chaos, nach wenigen Tagen dann ein Rückgang in der Anzahl der Fahrzeuge. Dies zeigen zum Beispiel deutlich die Verkehrszählungen nach der Verkehrsberuhigung des Klinikviertels, in dem mein Münchner Institut liegt. Hier ist die Fahrzeugzahl um dreißig Prozent zurückgegangen, weil die erschwerte Zufahrt den öffentlichen Verkehr plötzlich sehr viel attraktiver machte. Nun läßt man das Auto möglichst gleich zu Hause und fährt mit der Straßen- oder U-Bahn. Eine Entlastung, die dadurch natürlich auch weit über das Klinikviertel hinausgreift.

Je weniger Verkehr, um so besser erfüllt er seine Funktion

Die Einführung solcher Maßnahmen, von der Autolobby dem Bürger als »Behinderungen« und »Schikanen« suggeriert, scheuen aber unsere Verkehrsplaner wie der Teufel das Weihwasser. Für viele heißt die Zielgebung immer noch, dem Autofahrer alle Steine aus dem Weg zu räumen und dem – angesichts der vierzig Millionen Autos ohnehin utopischen – Motto »Freie Fahrt für freie Bürger« zu folgen. Dabei zeigt die Entwicklung, daß gerade das den Verkehr in ein immer größeres Desaster stürzt. Der Haupttrend der Verkehrspolitik geht leider immer noch dahin, daß die Wachstumsprognosen des Verkehrs als gegebene Größe hingenommen werden.

So heißt es in einem Wirtschaftskommentar der *Süddeutschen Zeitung* noch im Juni 1994: »*In 10 oder 20 Jahren werden Menschen und Gesellschaften andere Bedürfnisse haben als heute. Vor allem werden immer mehr Systemlösungen gefragt sein, wenn dann z. B. 50 Millionen Autos auf die deutschen Straßen drängen: sparsamere Antriebe, alternative Energien, Verkehrsleitsysteme, phantasievolle Bauweisen, so umweltentlastend und human wie möglich. Dies alles wird man suchen. Der Schöpferkraft von Erfindern, Entwicklern, Fertigungsspezialisten, Designern und Verkäufern sind keine Grenzen gesetzt.*«[10]

Symptombekämpfung statt Basisinnovation

Die Basis dieses noch weit verbreiteten Denkens ist interessanterweise in einer Studie der Daimler-Benz-Stiftung zum Lebensraum Stadt recht gut zum Ausdruck gebracht worden: »*Bisher aufgestellte Prognosen wurden immer als Anlaß zur Anpassung und nicht als Anregung zum Nachdenken genommen. Umgekehrt antizipieren die Unternehmen natürlich die verkehrspolitischen Weichenstellungen und tragen somit dazu bei, daß ihre unter diesem Gesichtspunkt gefällten Investitionsentscheidungen einen entsprechenden Handlungsdruck auf die Träger der Verkehrspolitik erzeugen.*«[11] Natürlich ist man sich auch im klaren, daß der Verkehr auf diese Weise bald an sich selbst ersticken wird. Doch statt die Basis anzugehen und umzudenken, stürzt man sich in trügerische Scheinlösungen, investiert in Verkehrsleitsysteme wie *Daisy* (VW), *Storm* (Daimler-Benz), *Euroscout* (Siemens), Hightech-Parkdecks (*Porsche*) und Park-and-Ride-Terminals (BMW), nicht zu vergessen das staufreundliche Auto von FIAT.[12]

Trügerische Verkehrsleitsysteme

Ein ganzes Bündel solcher Scheinlösungen versucht man seit 1986 im Rahmen eines milliardenschweren Forschungsprogramms unter dem Namen *Prometheus* (»Program for a European Traffic with highest Efficiency and unprecedented Safety«) zu entwickeln. Initiiert wurde es von der Automobilindustrie, die damit natürlich nicht die Belastungen *durch* den Verkehr angeht, sondern die Belastungen *des* Verkehrs aufgrund seiner eigenen Zunahme – mit dem Ziel, das Gedränge zu beseitigen, damit noch mehr ihrer umweltbelastenden Produkte auf die Straßen gebracht werden können. Der Umstieg auf den öffentlichen Verkehr würde durch die solcherart zementierte Infrastruktur aber nur noch schwieriger.

Ungeachtet der gewiß exzellenten Ingenieursarbeit und der darin enthaltenen guten Logistik-Ideen befassen sich jedoch fast alle der rund hundert Forschungsprojekte des vom Bundeswissenschaftsministerium geförderten *Prometheus*-Programms mit der Optimierung – also der bloßen Weiterentwicklung – des herkömmlichen Autoverkehrs: Staus vermeiden, einige Sekunden oder Minuten schneller sein, den Abstand verringern, mehr Fahrzeuge durch die Straßen beziehungsweise bis an die Stadt schleusen.[13] Einige dieser hochgelobten Verkehrsleitsysteme wie das VW-Projekt »Convoi«, bei dem die Fahrzeuge auf gesonderten Leitspuren dicht hintereinander über die elektronisch ausgestattete Autobahn geführt werden, sind wie manch andere solch unreflektierter High-Tech-Träume allerdings bereits wieder aufgegeben worden.

Verkehrsleitsysteme mögen zwar einerseits das Fahren komfortabler, auch wirtschaftlicher, vielleicht sogar sicherer und umweltfreundlicher machen, aber gewiß vermögen sie den Autoverkehr, der immer noch zu 97 Prozent Personen transportiert, nicht als solchen zu reduzieren und in vernünftige Bahnen zu lenken – es sei denn, aus dem Individualverkehr wird tatsächlich ein Massenverkehr im Konvoi nach dem schon erwähnten VW-Projekt, womit dann aber das Auto seine Eigenschaft als Individualfahrzeug verlieren und sich selbst ad absurdum führen würde. Schon jetzt kann auf manchen Stadtautobahnen, wo weder ein Anhalten noch Abbiegen möglich ist und sich Fahrzeug an Fahrzeug vorwärtsschiebt, von Individualverkehr kaum noch die

Rede sein. Dann schon besser per Huckepack mit der Bahn, in der man sich im bequemen Waggon frei bewegen kann. *Prometheus* wird also keine Zukunftslösung bringen, sondern das bisherige Verkehrskonzept eher noch zementieren. Und auch bezüglich einer Zunahme an Fahrsicherheit beginnen sich unter Fachleuten ernsthafte Zweifel auszubreiten, worauf wir in Teil 2 dieses Buches noch näher zu sprechen kommen. Daß dennoch unsere Verkehrsminister hier immer wieder mitspielen und weitere Forschungsgelder locker machen, ist ein trauriges Zeichen unserer Lobbykratie.

Systemwirrwarr durch Einzellösungen

Durch die Vielfalt der Vorschläge – mit und ohne Radar, mit und ohne Navigations- und Funkwarnsystem –, bei denen jeder versucht, seine hauseigenen Normen an den Mann zu bringen, wird die Verkehrsleittechnik ohnehin in einem heillosen Systemwirrwarr enden, bei dem auf den Straßen dann mehr Streß herrschen dürfte als je zuvor. Die Zeitschrift *HighTech* schrieb in einer Übersicht über solche Systeme, daß so gut wie alle Entwicklungsprogramme, die unter anderem auf eine bessere Fahrsicherheit abzielten, heute noch herstellerbezogene Einzellösungen seien, »die vorrangig dem Zweck dienen, Absatz und Marketing der eigenen Fahrzeuge zu fördern«.[14] Die übrigen Lebensbereiche wie Umweltbelastungen oder das menschliche Verhalten werden nach wie vor nicht mit einbezogen. So sind die meisten Vorschläge der beteiligten Verkehrsplaner im eigenen betriebsblinden Denken befangen, das zwar für »gute Zeiten« etwas taugt und zu Spitzenprodukten führt, in Zeiten des Wandels jedoch äußerst fragwürdig ist.

Wenn auch erkannt wird, daß der Lebensraum bereits bis zum äußersten zugepflastert ist, und daß für die zu erwartende Zunahme an Autos – an der natürlich nicht gerührt wird – nur dann Platz zu finden ist, wenn die Fahrzeuge kleiner werden und ihr Abstand durch Elektronik minimiert werden kann, ist das Ganze letztlich doch nur ein Nachgeben gegenüber dem Verkehrsdruck, sozusagen theoretischer Straßenbau, der nur immer mehr Verkehr anzieht, bis es dann wiederum nicht mehr weitergeht. Und was dann? Wenn wir nicht das Ziel anstreben, irgendwann überhaupt nur noch im Auto zu leben, kann die Therapie dieser Krebswucherung doch wohl keinesfalls darin bestehen, immer mehr und mehr Fahrzeuge hin- und herlaufen zu lassen, sondern nur darin, Wege zu finden, um diese Art Verkehr mehr und mehr überflüssig zu machen.

So bestechend und innovativ die Ideen im einzelnen auch sein mögen, und selbst wenn sie gelegentlich sogar gewisse Anzeichen einer Basisinnovation am Fahrzeug erkennen lassen – Kutschenform, Sitzweise gegenüber, Hinterachseneinheit als Benzin- oder Elektromotor austauschbar und so fort –, so ist doch noch nichts davon zu spüren, daß das ganze System unserer Mobilität etwa damit neu angegangen wird. Unsere Verhaltensweisen und Konsumgewohnheiten müssen sich von Grund auf ändern, wobei einige der angesprochenen Innovationen höchstens notdürftige Übergangslösungen sind. Statt Prophylaxe zu betreiben, wird auch hier momentan nur zu reparieren versucht – ein Weg, der sich, wie gesagt, bald als unbezahlbar herausstellen dürfte.

Zu solchen Notlösungen zählen im Prinzip auch elektronische Mautanlagen, von denen zur Zeit zwölf mit großem Aufwand im Feldversuch auf der A 55 zwischen Köln und Bonn getestet werden, obwohl sie – ganz abgesehen von den Irrtums- und Fälschungsmöglichkeiten bei der Buchung – nur mit Kosten in Milliardenhöhe installiert werden könnten. Verglichen mit einer einfachen schrittweisen Benzinpreiserhöhung, die praktisch kostenlos erfolgen kann, aber den gleichen – und im Hinblick auf die Vollkosten einen sicher weit gerechteren – Effekt hätte, ist dieses absurde Unterfangen nur als ein Schildbürgerstreich anzusehen, da es angesichts seiner unbestrittenen Hightech-Raffinesse außer seinen Herstellern höchstens noch einige Elektronik-Freaks begeistern dürfte.

Die Ambivalenz der Park-and-Ride-Systeme

Bei den eine Zeitlang hoch im Kurs stehenden Park-and-Ride Plänen, an deren Entwicklung auch die Autoindustrie arbeitet, ist zumindest andeutungsweise ein Bemühen um ganzheitliche Verkehrslösungen zu erkennen. So wird etwa in den von Porsche oder von BMW vorgestellten integrierten Park-and-Ride-Decks deutlich der Verbund mit dem öffentlichen Nahverkehr angestrebt, wie es zum Beispiel durch die Verlängerung der Münchner U-Bahn um nur eine Station weiter nach Norden und direkt an die Nürnberger Autobahn gelungen ist. Hier fängt ein – für U-Bahn-Fahrer kostenloses (!) – Parkhaus über tausend Fahrzeuge ab. Betrachtet man dagegen die aus der Automobilindustrie stammenden Entwürfe genauer, so zielen diese wieder nur auf den Erhalt des verkehrsmäßigen Status quo, wenn nicht gar wieder auf eine »autogerechte Stadt«, indem die Einfallstraßen den Lebensraum regelrecht zerschneiden. So begrüßenswert es ist, daß sich Autofirmen wie BMW seit einiger Zeit über die Herstellung von Fahrzeugen hinaus auch über den Stadtverkehr der Zukunft Gedanken machen, sich zu der einen oder anderen autofreien Altstadt bekennen und eigene Forschungsmittel dafür einsetzen – das Ziel beschränkt sich letztendlich nur wieder darauf, ein Verkehrschaos in der *Innenstadt* zu vermeiden. An der Gesamtzahl der benutzten Pkws ändert sich nichts (vergl. dazu die Abbildung auf der folgenden Doppelseite).[13]

Nach einer Erhebung der STUDIENGESELLSCHAFT NAHVERKEHR konnte durch den Bau von Park-and-Ride-Anlagen zwar rund ein Drittel neuer Bus- und Bahnfahrer hinzugewonnen werden, doch gleichzeitig wechselte ein Drittel der bisherigen Nutzer des öffentlichen Verkehrs zum Konkurrenten Auto. Die Erklärung liegt auch hier in einer indirekten Rückwirkung: Park-and-Ride-Systeme führen meist dazu, daß die Verbindungen des öffentlichen Personennahverkehrs (ÖPNV) in den Randbereichen der Stadt nicht ausgebaut, sondern aufgegeben werden! Das zwingt bisherige Bus- und Bahnfahrer aus dem Umland für den fehlenden Streckenabschnitt erneut ins Auto. Die Folge ist, daß man dann halt gleich die ganze Strecke mit dem Pkw fährt.[15] Kein Wunder, daß viele Vorschläge, die von dieser Seite kommen, dann von der Behauptung ausgehen, daß das Auto in der Fläche unersetzbar sei – was, wie wir noch sehen werden, nicht der Fall ist –, und daß somit gar nichts anderes übrigbleibe, als dem Tourenwagen freie Fahrt zu geben, selbst wenn die bestehende Abgaslawine dadurch unbekümmert anwächst.

Verlagerung auf »immateriellen« Verkehr

Stellen wir die Funktion in den Vordergrund, dann kommt man sehr rasch von der Verkehrs*lenkung* zur Verkehrs*vermeidung*. Nimmt man

TECHNIK
Auto-Zukunft

Guten Morgen

»Wie stellt sich eine Entwicklungsabteilung heute das Auto von übermorgen vor?« fragte auto motor und sport bei Autofirmen an. Porsche, Fiat, Opel und Ford antworteten mit den Entwürfen einer zweiten Generation.

Titelseite einer Autozeitschrift mit typischer Zukunftsvision, wie sie eine an überholten Kriterien orientierte Verkehrsplanung hervorbringt. Die Innenstadt wird zwar entlastet, die Gesamtzahl der benutzten Pkw durch die zusätzlichen »Facilities« jedoch eher noch erhöht.

Aus *Auto Motor Sport* 21/1991

zum Beispiel die Funktion des Einkaufens und löst man sich einmal von der Frage, wie man den Verkehr dahin am besten bewältigt, so kommt man von Verkehrsleitsystemen auf »Einkaufsleitsysteme«. Allein schon der Einsatz der für einen Stop-and-Go-Betrieb so idealen Elektrofahrzeuge könnte im Verbund mit einer besseren Telekommunikation bei Einkauf und Lieferung eine spürbare Entlastung bringen. Das hieße: *eine* Verkaufswagen-Tour in *einem* einzigen Mehrzweckauto zu *vielen* Kunden, anstatt daß – wie heute – *viele* Kunden in *vielen* Autos zu *einem* Supereinkaufsmarkt fahren. Oder es hieße: Telefax statt Briefverkehr, elektronische Übermittlung von Unterschriften, Kundenberatung und Bestellungen per Bildtelefon und ähnliches mehr, anstatt sich jeweils selbst plus zwei Tonnen Blech durch den Verkehr zu quälen. Erste »Call-a-Supermarket«-Dienste per Telefon- oder Fax-Einkauf nach amerikanischem Vorbild beginnen jedenfalls auch in Deutschland, wenngleich noch zögernd, Fuß zu fassen.

In einer Prognose der EG-Kommission wird vermutet, daß sich der Anteil der Telekommunikation am Sozialprodukt bis zum Jahr 2000 mehr als verdoppeln wird und die Telekommunikationsindustrie somit in zehn Jahren bedeutsamer sein dürfte als gegenwärtig die Automobilindustrie. Warum sollte diese also nicht mit dem Strom schwimmen und diesen »immateriellen« Sektor des Verkehrsgeschäfts mitbetreuen? Viele der schon 1980 in meinem Buch »Neuland des Denkens« entwickelten Visionen zu diesem Sektor sind ja inzwischen, rein technisch gesehen, größtenteils verwirklicht worden. Damit solche Dienste allerdings auch im großen Maßstab anlaufen können, müßten sie durch eine effiziente »Stadtlogistik« ergänzt werden – wie zum Beispiel durch die in der Schweiz schon recht weit gediehene Entwicklung von Güterverteilzentren, von denen aus die Sammelfahrten gut ausgelastet starten könnten. Durch eine entsprechende Streckenkoordination würden viele der sonst erforderlichen Fahrten überflüssig werden.[16]

Telearbeit – ein Beitrag zur Verkehrsreduzierung

Ein bislang nur selten praktiziertes Modell des materielosen Verkehrs scheint in der Tat Schule zu machen: das sogenannte »Hoffice« (aus *home* und *office*). Neu daran ist, daß die Mitarbeiter zu Hause arbeiten können und dennoch fest angestellt sind. Das bringt eine Reihe von Vorteilen – nicht nur im Hinblick auf den dadurch reduzierten Pendlerverkehr. Britische Arbeitswissenschaftler haben sogar herausgefunden, daß diese Mitarbeiter motivierter als die im Unternehmen anwesenden sind und bis zu dreißig Prozent mehr Leistung erbringen. Firmen wie IBM, HEWLETT PACKARD, die NÜRNBERGER ALLGEMEINE VERSICHERUNG oder die HYPOBANK MÜNCHEN haben das System in bestimmten Sektoren bereits mit Erfolg eingeführt oder sind auf dem Weg dazu.

»Die City von morgen wird der vorindustriellen Großstadt gleichen. Zum Arbeitsplatz zu pendeln, muß in der Tat als überholt gelten. Es ist heute unendlich einfacher, billiger und schneller, die Informationen und damit die Büroarbeit dorthin zu befördern, wo die Menschen sind. Die notwendigen technischen Hilfsmittel gibt es heute schon. Auch die Akzeptanz ist hervorragend. Beispiel hierfür ist der Boom bei den Faxgeräten in den letzten Jahren.«

Peter F. Drucker[17]

Die Banken tendieren schon heute immer mehr dazu, ihre Filialen von teuren Fachkräften zu entlasten und die betreffenden Geschäfte von der Hauptgeschäftsstelle aus per Telekommunikation dort zugänglich zu machen. Verkehrsentlastende Video-Konferenzen sind ebenfalls im Vormarsch. Arbeiteten vor zwei Jahre etwa 150 deutsche Firmen mit eigenen Studios, so sind es mittlerweile bereits 400. Grund dafür ist unter anderem eine Gebührensenkung auf ein Viertel der früheren Kosten, was durch die digitale ISDN-Technik möglich wurde.[18]

Isolierte Strategien werden erfolglos sein

Alle Lösungen, die das Geschehen permanent in Richtung auf mehr Effizienz und eine Entlastung der Straße verschieben, könnten im Prinzip die Basis dafür schaffen, daß sich das Verkehrsaufkommen ohne

Beeinträchtigung der wirtschaftlichen Funktionen oder der Lebensweise allmählich auf einem erträglicheren Niveau stabilisiert. Das würde unseren Lebensraum sowohl ökologisch als auch ökonomisch bedeutend attraktiver machen und bei der großen Mehrzahl der Bürger garantiert auf große Akzeptanz stoßen. Es ist daher unverständlich, daß diese Möglichkeiten in Richtung einer weniger aufwendigen Mobilität nicht vom Gesetzgeber ergriffen werden, bevor es in der Bevölkerung zu einem Umkippen der Akzeptanz, wenn nicht gar zum Aufruhr gegen die Untätigkeit der Regierungen kommt. Allerdings muß selbst dann darauf gedrängt werden, an mehreren Hebeln parallel anzusetzen – allerdings auf richtige Weise im Sinne unserer Funktionsorientierung –, was, wie das nächste Kapitel zeigt, nicht unbedingt immer der Fall ist.

Straße und Güterverkehr

Der grenzüberschreitende Lkw-Verkehr nach Deutschland hat sich in den letzten dreißig Jahren in einer exponentiellen Entwicklung versechsfacht, der Transit ausländischer Lastkraftwagen, die jährlich über unsere Straßen brummen, sogar vervierzehnfacht.

Produktionsstruktur als Ansatzhebel

Nach dem Zusammenwachsen der Europäischen Union und der Öffnung der Ostblockstaaten spielt der Güterverkehr auf der Straße eine noch problematischere Rolle als zuvor, weil sein Anteil im Vergleich zur Schiene und den Wasserwegen beängstigend zunimmt. So passieren pro Jahr etwa 10 Millionen Lastwagen allein die deutschen Grenzen. Obgleich sich Umweltorganisationen und die europäischen Verkehrsminister, unterstützt von einer breiten Öffentlichkeit, über die Notwendigkeit einer Änderung einig sind und sich immer öfter zusammensetzen, um eine Trendumkehr zu einem umweltfreundlicheren Gütertransport zu erreichen, kommt eine gemeinsame Lösung vorläufig wohl nicht zustande. Auch hier setzen die Bemühungen offenbar am falschen Hebel an.

So sind dem Trend entgegenwirkende Einflußmöglichkeiten sicher nicht im Verkehrsgeschehen selbst zu suchen. Auch gilt es weder eine zu sture Straßenlobby noch eine unengagierte Bahn zu bekehren oder dem Druck der Nutzfahrzeughersteller oder gar den Forderungen der sich mit Minimaltarifen abrackernden Brummifahrer entgegenzuwirken. Die bestimmenden Faktoren kommen hier eindeutig aus der produzierenden Wirtschaft, deren veränderte Strukturen im Gefolge der allgemeinen Globalisierung diesen selbstverstärkenden Prozeß in der letzten Zeit angekurbelt haben. Hand in Hand mit einem Konsumverhalten, das den weltweiten Warenaustausch mit seinen Billigangeboten nur allzu gerne hinnimmt, ist es vor allem die heutige Organisation von Produktion und Warenverteilung, die dem Güterverkehr mit einer – vom Systemansatz her gesehen – zum Teil absurden Logistik den Stempel aufdrücken. Genau hier liegt daher auch der Ansatzhebel, und genau hier sind in der Tat die ersten Erfolge zu verzeichnen. Schauen wir uns also zunächst einmal an, was es mit dieser so bedeutsamen Logistik auf sich hat.

Sergio BOLOGNA, der Leiter des Mailänder Forschungszentrums für Verkehrsprobleme, sieht den einzigen Ausweg sehr klar in einer Änderung der Organisation unserer Produktions- und Verteilungsstruktur, aber auch unserer Konsumgewohnheiten und unserer Mentalität: *»Wir erleben heute weltweit den Übergang einer zentralisierten Produktionsweise zu einer zersplitterten, fragmentierten Produktion. Die Märkte werden einerseits immer globaler. Andererseits gibt es immer mehr Produkte, deren Herstellungsprozeß immer beweglicher wird. Die großen Fabriken verschwinden. Das kapitalistische System ist transportintensiver geworden.«*[19] Aber nicht nur die auseinandergerissenen Produktionsstätten und der erhöhte Warenaustausch sind für den wachsenden Güterverkehr verantwortlich, sondern indirekt auch die veränderten Methoden der Lagerhaltung.

Die Straße als Lagerplatz

Der Soziologe Peter ATTESLANDER schreibt in einem Artikel unter der Überschrift »Hauptlager Landstraße«: *»Es ist in Zukunft damit zu rechnen, daß* (als Auswirkung langer Transportwege) *noch mehr öffentlicher Verkehrsraum – Straßen und Schienen – nicht für den Verkehr, sondern im Grunde für Lagerung von Gütern verbraucht wird. Lagerkosten werden also in einem unübersehbaren Ausmaß teilweise dem Steuerzahler aufgebürdet, während dadurch ermöglichte Einsparungen an Lagermiete privatisiert werden.«*[20]

Dies ist ein erstaunlicher und von der Allgemeinheit bisher noch kaum beachteter Faktor beim Verkehrsaufkommen. Obwohl gerade die Automobilindustrie ein besonderes Interesse daran haben müßte, die Landstraßen und Autobahnen für die von ihnen gebauten schnellen Wagen freizuhalten, behindern die langgestreckten Autotransporter nicht nur deren »freie Fahrt« – obwohl einige Firmen wie BMW ihre Neuwagen aus diesem Grund mehr und mehr mit der Bahn verschicken –, sondern die Autofirmen tragen auch mit ihren übrigen Transporten weitgehend zu dieser Entwicklung bei.

Ein besonderes Kapitel ist dabei die Versorgung der Branche mit Zulieferteilen, deren pünktliche Ankunft mit dem Just-in-time-Modus mithalten muß. Bei der immer geringeren Fertigungstiefe und Auslagerung von Produktionsstufen spielt das natürlich eine immer größere Rolle. Da nun weder die Zulieferer über genügend Lagerfläche verfügen, um zu jedem Zeitpunkt die abzurufende Menge bereitzuhalten, noch die Automobilfabriken zu früh angelieferte Teile vor ihrem Fließband, der Assembly Line, stapeln können, begann man die Lagerhaltung zunehmend auf die Straße zu verlegen und interne Kosten auf diese Weise zu Lasten der Volkswirtschaft und der Verkehrsleistung zu externalisieren. Die vorgefertigten Teile werden losgeschickt, und die Laster »umkreisen« solange ihr Ziel, bis über Sprechfunk die Anweisung kommt, daß um soundsoviel Uhr soundsoviel tausend Teile am Band benötigt werden.[21] Als Ausrede dafür, warum das Ganze nicht über billige Zwischenlagerplätze und über die Schiene ablaufen könnte, wurde dann angeführt, daß die Bahn zwar viele Stärken habe, aber eben nicht gerade diejenige der Flexibilität.

Das mag früher so gewesen sein, inzwischen aber hat auch die Bahn die Just-in-time-Logistik offenbar voll im Griff. So beliefert sie über ein Pufferlager die Volkswagenwerke in Emden und Brüssel mit Stanzteilen in »mundgerechten« Portionen, und das mit einer Pünktlichkeit und Flexibilität, mit der die Logistiker von VW nicht gerechnet hatten. Die Begründung der Bahn: Wir sind so zuverlässig, weil unser System so einfach ist. Schon 1990 transportierte beispielsweise *Ford* Köln seine täglich benötigten rund 200 000 Kunststoffteile statt wie bisher mit 24 Jumbo-Lkws nun auf einem Zug mit zwölf Waggons. Allerdings erst, nachdem die Laufzeit der Züge durch entsprechende Absprachen von 36 auf 16 Stunden reduziert worden waren. Jährliche Einsparung an Lkw-Kilometerkosten: 3,2 Millionen DM.

Wenigsten einen anderen, besonders grotesken Zustand haben die Transportminister im Rahmen der Liberalisierung inzwischen in Angriff genommen: die gut 20 bis 30 Prozent Leerfahrten. Manche Speditionsfachleute vermuten, daß es europaweit sogar 44 Prozent sind, die zum Teil dadurch zustandekamen, daß die leere Rückfahrt bisher an gesetzliche Auflagen gebunden war. EU-Lastwagen dürfen nun auch in ihren Zielländern Fracht aufnehmen, um Leerfahrten zu vermeiden. Einzelne Speditionsfirmen konnten durch neue Logistik-Software wie *Dispo-Speed*[22] zunächst ihre eigenen Leerfahrten drastisch reduzieren, wollen dies aber auch anderen Transportunternehmen zugänglich machen. Eine Schweizer Frachtenbörse, die TF TELEFRACHT, hat so im November 1994 als Partnerin der europäischen TELEROUTE ihren Betrieb aufgenommen und vermittelt Transportgut zur Vermeidung von Leerfahrten. Allerdings mag es auch hier wieder zu einer nachteiligen Rückwirkung kommen, denn nun sind noch tiefere Dumpingpreise möglich, der Konkurrenzdruck wird weiter verschärft und der Transport auf der Straße gegenüber der Schiene insgesamt nochmals attraktiver.

Falls sich unsere Behörden und im Gefolge auch unsere Industrie nicht ernsthaft mit dem Problem der tagelangen öffentlichen Lagerung von Gütern in geparkten oder über große Strecken transportierenden Lastzügen befassen, dann gerät – zumal wenn alle Transporte in Europa in Zukunft »grenzenlos« rollen – das gesamtdeutsche Verkehrssystem unter eine noch stärkere Belastung. Erst recht dürfte auch die über GATT zu erwartende Liberalisierung des Handels zu einer weiteren widersinnigen Erhöhung der Ferntransporte führen. Ohne wirksame Gegensteuerung würde das Transportaufkommen auf diese Weise bis zum Jahr 2000 – nach einer IFO-Untersuchung – um rund ein Drittel zunehmen.[23] Und dann wird auch keine Schwerverkehrsabgabe und kein Mautsystem mehr helfen.

Absurde Transportvorgänge

Wir haben nun einige Mechanismen beleuchtet, die den Anstieg des Güterverkehrs auf der Straße erklären, obwohl sich die breite Öffentlichkeit ebenso wie unsere Entscheidungsträger in Politik und Wirtschaft seit Jahren einig sind, daß er reduziert werden muß. Die dazu aufgezeigten Ansatzhebel, die durch eine Umstellung der Logistik im Transportwesen und in der Produktion am ehesten Erfolg versprechen, werden allerdings nicht zum Tragen kommen, solange sich nicht auch die Konsumgewohnheiten des einzelnen ändern und wir in Zukunft zum Beispiel saisonale Früchte und Gemüse – die einen ja auch den jahrezeitlichen Rhythmus der Natur miterleben lassen – oder Milcherzeugnisse aus der eigenen Region eher als schick und »in« empfinden als etwa spanische Erdbeeren im Februar oder als der Flensburger die Allgäuer Milch und der Bayern die Butter aus Irland. Während hier weniger eine Verteuerung der Transportkosten als vielmehr eine Änderung in der Mentalität und im Prestigedenkens etwas bringt – nämlich daß man sich wegen dieses umweltbelastenden Luxuskonsums ähnlich zu genieren beginnt, wie es inzwischen beim Kauf eines Ozelots oder Persianers der Fall ist –, hätten höhere Transportkosten sehr wohl auf einem anderen Sektor höchst positive Auswirkungen. Sie würden in der Fertigung von Konsumgütern viele groteske Bewegungen uninteressant machen, wie sie etwa Stefanie Böge in ihrer vielfach zitierten Diplomarbeit anhand der 7000 km langen Lkw-Gesamtstrecke aufgezeigt hat, die bis zur Fertigstellung eines Bechers Erdbeer-Joghurt aus seinen Roh- und Vorprodukten über zehn verschiedene und weit verteilte Zulieferer zurückzulegen waren.[24]

Da nicht nur der Transport als solcher zu billig ist, sondern der Staat Transporte ins Ausland auch noch zusätzlich subventioniert, kommt es in der Tat zu einer Fülle absurder Güterschübe quer durch Europa. Daß das obige Beispiel kein Einzelfall ist, soll folgende Zusammenstellung verdeutlichen, die von Greenpeace mit »verquere Transporte« bezeichnet wird:[25]

- Belgische Schweine, bis 400 000 Tiere jährlich, werden nach Parma gefahren, dort mit Milch aus Hamburg aufgezogen, dann geschlachtet und als Parmaschinken auf der Straße zurück nach Belgien geschafft.
- Deutsches Salz wird ans Mittelmeer gebracht, obwohl dort eine der größten Salinen mit Bergen von Salz existiert.
- Der Autohersteller Opel kutschiert *Kadetts* nach Italien, wo den Fahrzeugen das Dach weggeschweißt wird, um sie daraufhin als Cabrios zurück nach Deutschland zu transportieren.
- Die Schweizer Firma Calida läßt in Portugal fertige Stoffteile nähen, die ein Lastwagen jede Woche über 2000 Kilometer transportiert. Nach der Verarbeitung werden die Textilien zur Kontrolle, Verpackung und Vermarktung wieder in die Schweiz zurückgeführt.
- Die Coop bringt holsteinische Milch und irische Butter nach München und am gleichen Tag Allgäuer Milch nach Hamburg.

- Schweine aus Portugal werden in Westfalen zu Wurst gemacht, die über die Firmen HERTA und ARTLAND in Frankreich und England verkauft wird.
- Kartoffeln aus der Wetterau werden in Italien gewaschen und dann wieder in deutschen Supermärkten verkauft.

Die Liste solcher Auswüchse ließe sich beliebig fortsetzen. Sie veranschaulicht ein Mißverhältnis zwischen Aufwand und Nutzen, das nur dadurch entstanden ist, daß der ganze Irrsinn sozusagen von der Allgemeinheit subventioniert wird. Somit ist die billige Ware auch nur scheinbar so »preiswert«.

Billiger Transport bringt Arbeitslosigkeit

Ähnlich wie eine Reihe großer deutscher Unternehmen sich derzeit brutal und ungeniert durch Entlassungen und infolgedessen über eine ständig zunehmende Arbeitslosigkeit zu sanieren versuchen, wobei sie die dabei entstehenden Sozialkosten auf die Allgemeinheit abwälzen, hat auch der vordergründig ökonomisch so attraktive billige Transport einen alarmierenden Effekt. Die indirekte Subvention der volkswirtschaftlichen Vollkosten des Lkw- und Flugverkehrs trägt nicht zuletzt erheblich zu der zunehmenden Produktionsverlagerung in Billiglohnländer und damit zu Entlassungen im eigenen Land bei. Auf diese Weise ist auch ein Teil unserer Arbeitslosigkeit durch den zu billigen Transport zustandegekommen und damit eine weitere, diesmal indirekt durch ihn erzeugte Externalisierung von Sozialkosten, die die Allgemeinheit obendrein zu tragen hat. Die weiteren Folgen: die Kaufkraft geht zurück, die Pleiten häufen sich – und damit trifft es auch die »Reichen« beziehungsweise die Wirtschaft selbst.

Energiesteuer statt Subventionierung

Die oben skizzierten Zusammenhänge untermauern die Ansicht, daß angesichts der immer knapper werdenden öffentlichen Mittel und angesichts der gleichzeitig steigenden Umweltbelastung jede Subventionierung, die heute nicht in innovative Entwicklungen – und damit in die so dringend nötige Metamorphose unseres Wirtschaftens –

gesteckt wird, für die Überlebensfähigkeit des Systems gefährlich ist. Die so dringend notwendige und von den Politikern immer wieder hinausgeschobene Einführung einer Energiesteuer wäre demnach im eigentlichen Sinne gar keine Steuer, sondern nichts anderes als eine Übertragung der Vollkosten auf diejenigen Prozesse, die sie verursachen. Sie würde für eine weit gerechtere Verteilung als jetzt sorgen, während derzeit *jeder* von uns – auch der Ärmste – diese Belastung mitträgt, ob er nun Treibstoff verbraucht oder nicht.

Eine Studie des *Deutschen Instituts für Wirtschaftsforschung* im Auftrag von GREENPEACE über eine ökologische Steuerreform widerlegte den von allen Parteien – außer den GRÜNEN – immer wieder vorgeschobenen Einwand, die Einführung einer progressiven, also stufenweise ansteigenden Energiesteuer im Alleingang sei in der EU nicht möglich. Die Studie stellte weiterhin fest, daß auch keine Gefährdung der Wettbewerbsfähigkeit der deutschen Wirtschaft zu erwarten sei. Im Gegenteil, dies würde – wie auch von uns schon vermutet – einen positiven Effekt für den Arbeitsmarkt haben.[26]

Die folgende Graphik aus einer *Prognos*-Studie soll in diesem Zusammenhang noch einmal die Unterschiede im Energieverbrauch beim Güterverkehr – je nach Art des Verkehrsträgers – deutlich machen. Im genau gleichen Verhältnis sind natürlich auch die damit zusammenhängenden Belastungen durch Abgase und Lärm und deren verheerende Folgen für Umwelt und Gesundheit zu sehen, die in den nächsten Kapiteln noch näher beleuchtet werden. Ein solcher Vergleich zwischen den verschiedenen Verkehrsarten wird bei einer isolierten Betrachtungsweise erst gar nicht angestellt, was dann zu einer ungebremsten Vorfahrt für ein stupides und dadurch um so gefährlicheres Wachstumsdenken bei Konsum, Produktion und Transport verleitet.

Der Alptraum des Transitverkehrs

Trotz dieser krassen negativen Ökobilanz des Lkw-Verkehrs verlieren Wasserweg und Schiene seit Jahren ständig Marktanteile an die Straße. Während beispielsweise der Gesamttransport zwischen Nordeuropa und Italien seit 1965 von 34 Millionen Tonnen auf 97 Millionen Tonnen im Jahre 1992 angestiegen ist und die Bahn dabei ihren Anteil

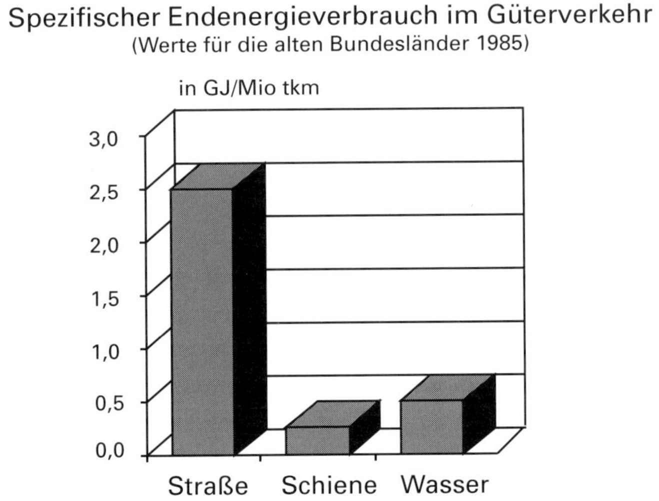

Was die derzeit immer noch wachsende Verlegung von Gütertransporten auf die Straße allein für den Energieverbrauch bedeutet, zeigt ein Vergleich der drei Haupttransportwege. Die Vorteile der Binnenschiffahrt müssen allerdings insofern relativiert werden, als der damit verbundene Ausbau der Wasserwege auch verheerende ökologischen Folgen nach sich ziehen kann. Beim Personenverkehr ist natürlich auch die sprichwörtliche Umweltfreundlichkeit der Bahn nur bei guter Auslastung gegeben und nicht, wenn etwa 5 Passagiere und 2 Koffer mit einem 400 Tonnen schweren Zug transportiert werden.

von 47 auf 33 Prozent zurückschrauben mußte, vergrößerte die Straße im selben Zeitraum ihren Anteil von 9 auf 36 Prozent, womit sie in diesem Verdrängungswettbewerb deutlicher Sieger blieb. Dieses Ergebnis verwundert kaum, wenn man die jährlichen Investitionen in die Infrastruktur vergleicht. Selbst in der bahnfreundlichen Schweiz ist seit den sechziger Jahren ein Mehrfaches der Gelder, die in die Schiene geflossen sind, in den Straßenbau gesteckt worden.

Wie wir zu Anfang dieses Kapitels gesehen haben, ist heute ein großer Teil des Verkehrsaufkommens dem Transitverkehr zuzuschreiben, wobei die Alpenländer besonders betroffen sind. Die Schweiz und Österreich ziehen daher inzwischen mit immerhin recht mächtigen Bürgerinitiativen gegen die Auswüchse des Transitverkehrs zu Felde, sei es im Zusammenhang mit der NEAT[27], weil deren enorme Investitionskosten dem Regionalverkehr den finanziellen Boden entziehen würden, oder mit der sogenannten *Alpeninitiative*, die, um die Transitstraßenkapazität nicht mehr zu erhöhen, den Gesamtgüterverkehr bis zum Jahre 2005 auf die Schiene verlagern will (was andererseits der NEAT überhaupt erst einen Sinn geben würde).

Auch diese Projekte zeugen davon, daß der Verkehr immer noch verwaltet wird, statt daß man ihn endlich gestalten würde. Kein Wunder also, daß hier die Argumente noch hart aufeinanderprallen. Allein die Kosten sprengen jeden vernünftigen Rahmen. Für die NEAT werden über 30 Milliarden Schweizer Franken, für den Brenner-Basistunnel über 20 Milliarden veranschlagt – für den allerdings inzwischen eine Umweltverträglichkeitsprüfung gefordert wird. Mit Recht, denn noch weit problematischer als ihre Finanzierung sind die ökologischen Konsequenzen solch gigantischer Pläne: Sie bedeuten eine Zementierung des zugrundeliegenden Systems, das, wenn man das Übel nicht an der Wurzel packt, in der Tat einen immer massiveren Ausbau erfordert, um den sensiblen Alpenraum nicht unter Lärm und Abgasen zusammenbrechen zu lassen. So aber kann unsere Industrie weiterhin dort produzieren lassen, wo die Löhne am niedrigsten sind; man wird weiterhin den Ausbau des öffentlichen Nahverkehrs vernachlässigen, weil hierzu, wie in der Schweiz bereits errechnet, die Mittel fehlen werden, und last but not least werden dadurch auch keine neuen Arbeitsplätze geschaffen. Im Gegenteil, das alles wird eher noch zu ihrem weiteren Abbau beitragen.

Soweit einige Beispiel dafür, wie komplex das Problemfeld des Gütertransports ist und wie wenig auch hier eine Lösung durch reine Verkehrsmaßnahmen zu erwarten ist. Das Lastwagengewerbe kämpft um jedes Kilogramm Fracht, was inbesondere seit der Liberalisierung eine Flut kleiner und kleinster – zum Teil nur aus einer Person bestehender – Unternehmen auf die Straße brachte, die mit Tiefstpreisen den Gütertransit zum bloßen Überlebenskampf gemacht haben. Hier läßt sich nur durch das Zusammenspiel mehrerer Seiten eine Änderung bewirken. Einmal von der erwähnten Umstellung in der Logistik unserer Produktions- und Vertriebsstrukturen her, zum anderen durch ein attraktives Angebot der beschriebenen Verbundlösungen und drittens durch eine progressive Energiesteuer, die den beiden ersten Änderungen den nötigen Impuls geben könnte. Damit ist jedoch der Staat, der sich mit der Liberalisierung des Transports ja aus diesem Gewerbe zurückziehen wollte, durch die Folgen eben dieser Liberalisierung nunmehr erneut gezwungen – diesmal aus ökologischen Gründen –, regulierend einzugreifen.

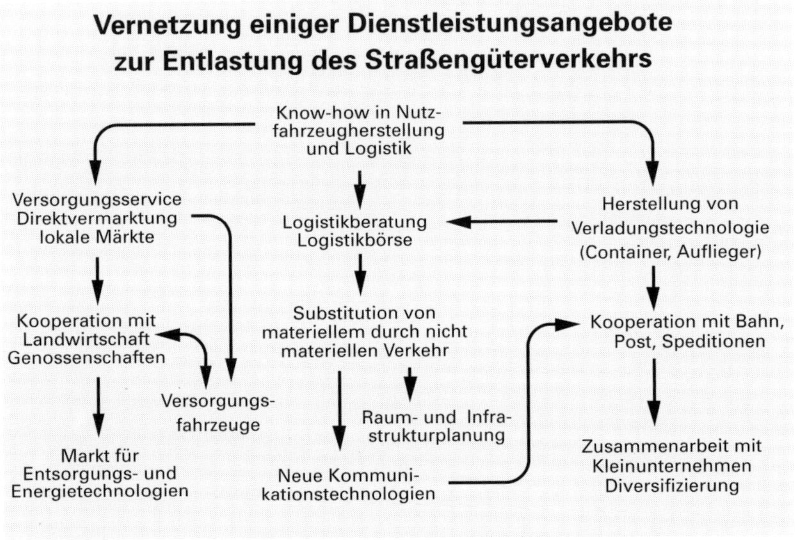

Im komplexen Problemfeld des Gütertransportes dürfte erst eine Vernetzung der verschiedenen Dienstleistungsangebote mit gleichzeitigen Vorteilen für die Wirtschaft den Straßengüterverkehr spürbar entlasten. © 1995 sbu München

Noch viel nötiger scheint dies allerdings im Personenverkehr zu sein. Denn bei allen Problemen des Alpentransits entfallen doch 70 Prozent des dortigen Verkehrs auf Einheimische, 20 Prozent auf den Tourismus und nur zehn Prozent auf den hier erörterten Transitverkehr. Trotzdem gerät dieser verständlicherweise als erster in die Schußlinie, da er mit der Region selbst weder als Start- noch als Zielpunkt etwas zu tun hat und somit nur belastet und nichts bringt. Wenn also der »Dachgarten Europas« – der neben den 8000 Kilometern an Bahnstrecken bereits durch 500 000 Kilometer an Straßen und Wirtschaftswegen erschlossen ist, zu denen noch 12 000 Seilbahnen und 300 Flugplätze hinzukommen – in seiner ökologischen Funktion erhalten werden soll, wie es die Internationale Alpenschutzkommission (CIPRA) fordert, dann gehört dazu ein gemeinsames Verkehrskonzept aller Alpenanliegerstaaten. Ein Konzept, das die gesamte dortige Mobilität – und die betrifft vor allem die Alpenbewohner selbst – auf ein neues Qualitätsniveau hebt.[28]

Das Angebot der Schiene

Falsche Weichenstellung

Mit der Privatisierung der Bundesbahn und ihrem Übergang in die Deutsche Bahn AG war ein großes Bündel von Hoffnungen verknüpft, die zunächst im großen und ganzen unerfüllt geblieben sind. Ja, die Privatisierung schien zum Teil sogar die Ziele einer stärkeren Verlagerung auf die Schiene zu konterkarieren. Tut die Bahn zu wenig? Tut sie das Falsche? Sträubt sie sich gar, den umweltbelastenden Güterverkehr an sich zu ziehen?

Aus der folgenden Grafik geht hervor, daß offenbar trotz aller gegenteiligen Beteuerungen doch noch ein großer Teil des Güterverkehrs mit Container-, Huckepack- oder Trailerzügen von der Straße auf die Schiene verlagert werden kann und der heutige Anteil der Schiene von 6 auf 40 Prozent gesteigert werden könnte – wobei dies natürlich möglichst durch eine effizientere Logistik und nicht nur durch eine dichtere Zugfolge zustandekommen sollte.[29] Vergleicht man dann noch in beiden Fällen die tatsächlichen Gesamtkosten, das heißt die Abnutzung der Verkehrswege wie auch die Unfall- und Umweltkosten – langfristige Klimaeinflüsse nicht einmal mitgerechnet –, dann kommen wir beim Straßenverkehr auf 2,36 DM pro Tonnenkilometer (tkm), aber schon beim herkömmlichen Huckepackverkehr, also der »rollenden Landstraße« auf lediglich 0,71 DM/tkm (An- und Abfahrt zum Verladebahnhof miteingerechnet).

Das würde eine Einsparung von jährlich 14 Milliarden DM bedeuten[30] – eine Summe, mit der sich über die dazu nötigen Einrichtungen hinaus noch eine Menge anderes im Verkehrsbereich tun ließe. Die Tatsache, daß dies erst andeutungsweise geschieht, ist wohl das Erbe einer falschen politischen Weichenstellung, die es versäumt hat, die einzelnen Verkehrsträger anteilmäßig nach der realen Vollkostenrechnung zu belasten. Eine folgenschwere Fehlentwicklung, der ein

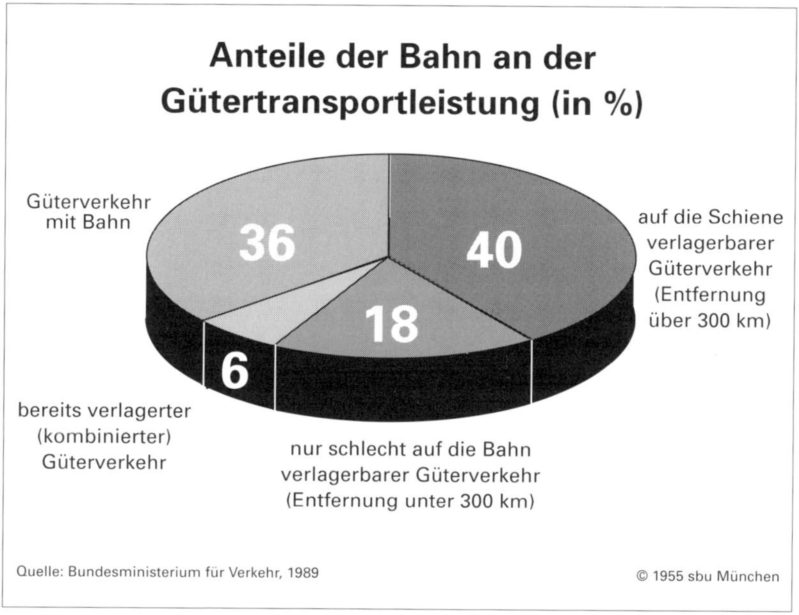

Durch effizientere Logistik scheint sich der bisherige Anteil der Bahn am Gütertransport vor allem bei größeren Entfernungen noch um ein beträchtliches erhöhen zu lassen, die Verlagerung von der Straße auf die Schiene also keinesfalls an ihrem Ende angelangt zu sein.

unfähiges Management der Bahn entgegenkam. Daß die dadurch bedingte Mehrbelastung unserer Straßen mit Schwertransporten darüber hinaus auf die zunächst anscheinend begünstigte Automobilindustrie zurückschlagen dürfte, sei hier nur am Rande erwähnt.

Verkehr verlagern, nicht vermehren

Das Konzept, Güter und Menschen durch erhöhte Attraktivität auf die Schiene zurückzubringen, stimmt zwar als solches, aber natürlich trifft auch bei der Bahn das schon beim Straßenbau erwähnte Prinzip der »Verkehrszunahme durch ein besseres Angebot« zu. Und das gilt unabhängig davon, ob es sich um ein erwünschtes *Weglocken* von der Straße oder um ein zusätzliches *Anlocken* von Gütern oder Personen handelt, die sonst vielleicht gar nicht verschickt worden beziehungsweise gar nicht erst verreist wären! Dies kann natürlich keinesfalls das Ziel des Ganzen sein.

Vor allem den Anwohnern von Engpaßregionen, wie etwa des Inntals, ist es ein großes Anliegen, daß eine Verlagerung von der Straße auf die Bahn auch tatsächlich Verlagerung bedeutet und sich der Gütertransport nicht insgesamt erhöht. Denn durch das Hineinquetschen zweier zusätzlicher Bahngleise würden dann die Anwohner wohl vollends entnervt werden. Zwar ist der Schienenverkehr von der geringeren Bodenversiegelung und Abgasemission her umweltfreundlicher als der heutige Straßenverkehr, aber in der ganzen Diskussion wird oft die Lärmbelästigung für die Anwohner entlang der Trassen vergessen.[31] Eine Zuggeneration mit einem wesentlich leiser rollenden Material ist daher die Grundvoraussetzung für eine Verkürzung der Taktzeiten. Daß dies im Prinzip technisch möglich ist, hat insbesondere die französische SNCF mit einigen Flüsterzügen schon vorexerziert.

Das Image der Eisenbahn als umweltfreundliches Verkehrsmittel – was ja eben nur eine *relative* Umweltfreundlichkeit gegenüber dem Straßenverkehr bedeutet – wäre ansonsten bei einer häufigeren Zugfolge nicht mehr gültig. Ein zunehmender Tourismus bedeutet schließlich nicht nur durch die Fahrt selbst, sondern auch am Zielort eine zusätzliche Umweltbelastung. Mit diesen Einschränkungen, die nicht unerwähnt bleiben durften, ist jedoch jede Erhöhung der Attraktivität des Schienenverkehrs ein ökologischer und volkswirtschaftlicher Gewinn.

Ein ganzheitliches Marketingkonzept tut not

Was aber heißt »attraktiv«? Einmal abgesehen von der Preisgestaltung, betrifft die Attraktivität der Bahn nur zum Teil die Ausstattung der Züge selbst. Wichtiger ist da schon die Verbesserung des allgemeinen Service, auf den wir noch zu sprechen kommen werden. Am wichtigsten jedoch ist wohl ein Ineinandergreifen des Gesamtangebots von Hauptlinien und eine weitgehende Flächendeckung, wobei gerade letztere über Jahrzehnte hindurch immer mehr abgebröckelt ist, was die Bahn gegenüber dem Auto schließlich immer unattraktiver gemacht hat.

Hier gilt es, ein bei den Verantwortlichen der Bahn immer noch herrschendes Mißverständnis auszuräumen. Dort ist man offenbar der Ansicht, daß eine mit wenigen Zügen bestückte Strecke eine bestimmte Fahrgastzahl aufweisen muß, um als rentabel zu gelten. Also wird zunächst die Zugfolge beschnitten und dann, bei dadurch logischerweise noch weiter sinkenden Fahrgastzahlen, schließlich die gesamte Strecke aufgegeben – für viele Menschen oft eine schwere Einbuße. Denn nun fällt oft auch der Bus zum aufgelassenen Bahnhof weg, und es bleibt nichts anderes übrig, als die ganze Strecke auf der Straße zurückzulegen.

Das Beispiel der Baseler Straßenbahn soll den zugrundeliegenden Denkfehler einmal näher beleuchten. Dort waren die Fahrgastzahlen bei einem Zwanzig-Minuten-Takt ständig zurückgegangen und die Wagen nur noch halbvoll gewesen. Statt nun die Straßenbahn noch seltener fahren zu lassen – im Glauben, daß sie durch einen Vierzig-Minuten-Takt wieder voll würde –, haben sich die Baseler Stadtväter genau das Gegenteil einfallen lassen (was von unseren Bahnexperten sicher nicht verstanden worden wäre): Man hat die Frequenz erhöht und die Bahnen ganztägig im Sechs-Minuten-Takt fahren lassen. Das Ergebnis: Nun waren die Wagen wieder ausgelastet. Zusammen mit einem sogenannten »Öko-Abonnement« hat man sage und schreibe 18 Prozent der Baseler Autofahrer zum Umsteigen bewegen können – ein Konzept, das inzwischen von einer Reihe anderer Städte nachgeahmt wird.[32]

Wie schon gesagt, beim Verkehr wird die Nachfrage – und damit auch die Wahl des Verkehrsmittels – durch die Attraktivität des Angebots bestimmt. Übertragen auf die wenig befahrenen Nebenstrecken, bedeutet dies für die Eisenbahn: Wenn ein Zug nur zweimal am Tag fährt, ist dies für die meisten Verkehrsteilnehmer uninteressant, und man nimmt lieber gleich das Auto. Kein Wunder, daß die Bahn als solche dann aus dem Gedächtnis verschwindet und man sie selbst dann nicht benutzt, wenn es praktischer wäre. Weiß man dagegen, daß etwa alle Stunde ein Zug fährt, wird man diesen auch benutzen.

Offenbar aus dieser allmählich doch dämmernden Erkenntnis heraus hat die Deutsche Bundesbahn 1994 erstmals einen integralen Taktfahrplan für ein ganzes Bundesland, nämlich Rheinland-Pfalz, für Nebenstrecken eingerichtet, bei dem auch Güterbahnhöfe für den

Personenverkehr herangezogen wurden. Allerdings hatte es hier erst eine hartnäckige Bürgerinitiative geschafft, die Bundesbahn zum Einstieg zu bewegen. Bisher wurden Nebenbahnen in der Tat nur von kommunalen oder ländereigenen Betreibern reaktiviert. Ein typisches Beispiel dafür ist der den touristischen Grenzverkehr am Bodensee versorgende »Seehas«, der wie eine S-Bahn im Halbstundentakt um den Konstanzer Raum hoppelt und – da er mit seiner intelligenten Verkehrsführung 26 Bahnhöfe versorgt – den Autoverkehr um den Bodensee spürbar entlastet.

Ob das Pfälzer Beispiel der DB von einem ernstzunehmenden Trend zeugt, bleibt abzuwarten. Vieles läuft hier noch widersprüchlich. Denn anstatt gerade auf Nebenstrecken grundsätzlich für bessere Taktzeiten zu sorgen und Personen- wie Güterverkehr flächendeckend auf die Schiene zu locken, hat die DEUTSCHE BAHN AG trotz parlamentarischer Proteste alle Frachtverträge mit den Kunden von neun Nebenbahnen zum Herbst 1994 gekündigt. Dieser erneute »Kahlschlag beim Schienentransport« ist eine der nun offensichtlich werdenden Konseqenzen einer fehlgelaufenen Privatisierungspolitik der Bahn. Schon lange wäre hier der erst kürzlich begonnene Modal-Split angebracht gewesen, bei dem der Service und rollendes Material privatisiert werden, Trasse, Oberbau und Sicherheitssysteme aber Gemeingut bleiben. Bundesverkehrsminister WISSMANN sieht die Dinge offenbar immer noch anders. Ihm zufolge hat die Bahn nach der Privatisierung *»keine gemeinwirtschaftlich auferlegte Beförderungspflicht mehr«* und kann *»als gewinnorientiertes Privatunternehmen auch im Güterverkehr frei entscheiden, wie sie verfahre«*.[33]

Daß andererseits jedoch keineswegs marktwirtschaftlich verfahren wird, zeigt der selbst in der DB-Zentrale als »Schwachsinn« eingestufte Bau der neuen ICE-Trassen München – Ingolstadt – Nürnberg – Erfurt, in den sich der Vorstand um Heinz DÜRR verbissen hat. Dabei verschlingt allein der Abschnitt Nürnberg – Erfurt einen ganzen Jahresumsatz des Fernverkehrs und hinterläßt noch dazu ein ökologisches Desaster quer durch den Thüringer Wald. Und all das für einen lächerlichen Zeitgewinn, der für einen Bruchteil der Mittel auch mit den noch zu besprechenden Zügen mit Neigetechnik erreicht werden könnte. Würden die eingesparten Milliarden in den Nahverkehr gesteckt werden, könnten sie dort eine neue Ära einleiten. Aber

Gigantismus – selbst wenn er Pleiten produziert – zählt anscheinend noch immer mehr als ein Denken im Zusammenhang.

Das unangebrachte »Profit-Center-Denken«

Was diesen Trend zusätzlich stützt, ist ein hier völlig verfehltes Profit-Center-Denken, nach dem sich jeder Teil eines komplexen Systems alleine rentieren müßte. Ein kybernetischer Unsinn, bei dem die Verflechtung der Teile glattweg negiert wird, und der sich im Gesamtsystem katastrophal auswirken kann. So mag ein kleiner Bahnhof allein zwar ein Zuschußbetrieb sein, aber durch seine Präsenz ermöglicht er es überhaupt erst, das Umland an die Hauptstrecken anzubinden, die Bahn wieder ins Bewußtsein zurückbringen und ihr so einen um so größeren Profit zuführen.

Die meisten Berechnungen darüber, wieviel der Nahverkehr kostet, entspringen genau jenem Profit-Center-Denken. In fast allen Städten defizitär – die Kostendeckung beträgt meist nur zwischen 30 und 40 Prozent –, würden jedoch bei einer ganzheitlichen Kostenrechnung im Vergleich zum Straßenverkehr ganz andere Zahlen herauskommen.[34] Die Verlotterung der Nebenbahnstrecken und das unattraktive, beständig weiter abbröckelnde Nahverkehrsangebot scheuchten in der Tat immer mehr Fahrgäste zurück ins »billige« Auto. Ein Trend, der immer noch anhält. Dadurch aber werden die volkswirtschaftlichen Kosten durch Schadstoffbelastung, Waldsterben, Bodenversiegelung und Klimakatastrophen mit ihren sozialen Belastungen und steigenden Betriebskrankentagen weit mehr erhöht, als jene paar hundert Millionen Mark jährlicher Zuschuß für den Erhalt und Ausbau des Nahverkehrs ausmachen.[35] Im Kapitel »Verkehr und Umwelt« wird diese Bilanz, die der Bayerische Städtetagspräsident Josef Deimer als *»ökologische Wahrheit des Preises«* apostrophiert, noch eingehender beleuchtet.

Unter diesem Gesichtspunkt ist auch die im Zuge der Bahnreform vorgesehene Regionalisierung des Schienenverkehrs eindeutig als Rückschritt anzusehen. Denn damit behält der Staat die einträglicheren Brocken für sich und schiebt den Ländern die Verantwortung für die defizitären Strecken zu. Er aber wäre der einzige, der durch eine angemessene Mineralölsteuer die nötigen Mittel mit Leichtigkeit lockermachen und damit der »ökologischen Wahrheit« zu ihrem Recht verhelfen könnte. So aber stiehlt er sich aus der Verantwortung und macht den Kostenausgleich praktisch unmöglich. Eine sektorale betriebswirtschaftliche Rechnung für den Schienenverkehr – wie auch immer sie aufgemacht wird – ist kontraindiziert und müßte endlich der Vergangenheit angehören.

Auch in anderen Wirtschaftsbereichen sind nicht-profitable Systemteile für die Prosperität des Ganzen, ja oft sogar für dessen Existenz unentbehrlich. Ihre Entfernung aus dem System, nur weil sie selbst keinen Profit machen, wäre also fehl am Platze. Denkt man diesen Gedanken weiter, dann müßten sich auch alle Schulen und Universitäten in einem Lande selbst tragen, müßten Forschungsabteilungen selbst Profit abwerfen und müßten beispielsweise Zimmerpflanzen sofort aus einem Restaurant verschwinden, da sie ja nicht nur Platz für weitere Tische wegnehmen, sondern sogar noch gepflegt und gegossen werden müssen.

Die Kleinen als innovatives Vorbild

Obwohl erste Anzeichen einer Besinnung zu spüren sind – etwa bei der Neueröffnung der Inntalbahn, die wie ein Volksfest begangen wurde, oder bei dem neuen Einstundentakt ins Garmischer oder Oberstdorfer Feriengebiet –, wird es sicherlich noch eine Weile dauern, bis sich das schwerfällige Management der großen Staatsbahnen diese Erkenntnis zunutze macht. Und daran wird auch das privatwirtschaftliche Label »Bahn AG« so schnell nichts ändern. Wie bei so vielen anderen Fällen in der Wirtschaft haben wieder einmal kleine Privatunternehmen als erste die Initiative zu einer Neuorientierung ergriffen. Von diesen sollen hier einige kleine, aber um so beachtlichere Projekte als Beispiele genannt werden.

Als erstes sei die Wiederbelebung der *Florianerbahn* bei Linz erwähnt, die vor 20 Jahren stillgelegt worden war. Ein engagierter Verein von Ingenieuren hat sich des Wiederaufbaus angenommen und will die neun Kilometer lange Strecke in zwei Jahren fertigstellen – es sei denn, eine im September 1994 plötzlich in die Diskussion geworfene Autobahn parallel zur Trasse der Florianerbahn würde dieser doch noch den Boden entziehen. Für Linz wäre dies ein beschämender

Schritt zurück in die Steinzeit der unsinnigen Anziehung von Neuverkehr durch weitere Straßenkapazitäten. Jedenfalls verkehrt auf dem ersten befahrbaren Stück inzwischen bereits eine Zugfolge, die häufig auch für Kaffeefahrten und als »rollender Biergarten« gemietet wird und dabei das Vergnügen am Eisenbahnfahren wiedererweckt.

Die restaurierte Bahnlinie steht gleichzeitig als Testgelände für Zulieferer der Eisenbahnindustrie zur Verfügung und dient als ideale Versuchsstrecke für innovative Entwicklungen wie neue Schweißroboter zur Herstellung endlosgeschweißter Schienen oder neue Sensorschleifleisten zur Erkennung von Fahrleitungsfehlern – allesamt neue Techniken, die selbst Experten der japanischen Staatsbahn und amerikanische Schienenspezialisten nach Linz kommen lassen, wo sie sich über die innovativen Verfahren informieren. Hier ist auf kreative Weise eine Symbiose zwischen historischer Romantik und Erneuerung, zwischen Nostalgie und moderner Technik zustandegekommen. Hatten die Initiatoren anfänglich noch sehr zu kämpfen, so wird das Projekt nunmehr, nachdem es über die Grenzen hinaus Interesse geweckt hat, auch im Rahmen der Kulturförderung (!) vom Land Oberösterreich unterstützt.[36]

Ähnlich bedient die Karlsruher Straßenbahn im Verbund mit dem Schienennetz der Bundesbahn seit Ende 1992 die 30 Kilometer lange Strecke nach Bretten und erzielte dadurch im Ansehen der Bürgerschaft einen Imagegewinn, der auch sonst ihrer fleißigen Benutzung zugutekommt. Das Fahrgastaufkommen stieg in der Tat um fast 500 Prozent![37] Dieses Zweisystemwagen-Konzept dehnt sich inzwischen auch auf die Strecke nach Baden-Baden und Bruchsal aus und findet als verblüffend neues Stadtbahnmodell internationale Nachahmer. Ganz klar, daß die Kooperationsbereitschaft von Bundesbahn und Gemeinden und die Überwindung des üblichen Kompetenzgerangels das A und O zur Einführung solcher Zwittersysteme ist. Oder nehmen wir die einst defizitäre Strecke der Dürener Kreisbahn, die zum symbolischen Preis von einer Mark von einem Dürener Busbetrieb übernommen worden ist, der daraus ein höchst cleveres Verbundsystem aus Rufbus und privater Kleinbahn geschaffen hat.

Das gleiche Schicksal wie seinerzeit die Florianerbahn erlitt übrigens zu ungefähr der gleichen Zeit die Königsseebahn, die Berchtesgaden mit dem weltbekannten Touristenziel verband. Seit die Trasse verwaist

ist, quält sich in den Ferienmonaten eine luftverpestende Autoschlange zum Königssee, und wildes Parken entlang des gesamten Straßenrandes ist an der Tagesordnung. Selbst für die Anlieger an den Berghängen ist die Lärmbelästigung durch das ständige Suchen und An- und Abfahren schier unerträglich. Leider hat sich hier bisher noch kein Interessent gefunden, um diese ideale Kleinbahn wiederzubeleben. Dabei sind der ständig wachsende Autoverkehr und der damit verbundene Parkplatzbedarf – ganz abgesehen von der Abgaskonzentration in dem engen Königsseekessel – kaum mehr zu bewältigen. Anstatt mit der Wiederbelebung dieser idealen Bahnverbindung zur Verkehrsentlastung beizutragen und gleichzeitig eine neue Attraktion zu schaffen, wird weiterhin in eine gigantische Parkplatzinfrastruktur investiert.

Vielleicht ermutigt die erfolgreiche Pioniertat der Kirnitzschtal-Bahn zur Nachahmung. Sie versorgt den Fremdenverkehr um Bad Schandau auf einer 8,3 Kilometer langen Strecke im Nationalpark der Sächsischen Schweiz und fährt seit Juni 1994 mit Solarstrom. Mit der Wiederinbetriebnahme dieser traditionsreichen Kleinbahn wurde gleichzeitig das größte Solarkraftwerk Sachsens – auf dem Dach eines Straßenbahndepots – eingeweiht. Das innovative Projekt kam mit lediglich 4,6 Millionen Mark öffentlichen Fördermitteln aus und zeigt, daß zukunftsträchtige Lösungen bei neuen Ideen und gutem Willen weit weniger Geld benötigen als die stupide Fortschreibung bestehender Fehlinvestitionen.[38]

Mit der Wiederinbetriebnahme der 8,3 km langen Kirnitzschtalbahn im sächsischen Bad Schandau wurde auf dem Dach des Betriebsgebäudes das größte Solarkraftwerk Sachsens eingeweiht. Mit seiner Leistung deckt es 40% des Strombedarfs der Bahn. Foto: Oberelbische Verkehrsgesellschaft Pirna-Sebnitz mbH

Die neuen Superzüge – unsinnige Prestigeobjekte?

Kleinbahnen und Nebenstrecken sind jedoch nicht prestigeträchtig. Man verschuldet sich lieber mit ins Auge fallenden kostenintensiven Großprojekten, anstatt auf dezentrale kleine Einheiten zu setzen. Das ist durchaus vergleichbar mit der Entwicklung auf dem Energiesektor. Hier wie dort steht der Megatrend immer noch im Vordergrund: je größer, je schneller und je teurer, desto besser. So wird die Versorgung in der Fläche für – vermeintlich – fortschrittliche Superzüge geopfert, während sich die Bahn aus ihrer sozialen Verantwortung verabschiedet.

Der *ICE*, der seit 1991 mit 250 km/h zunächst zwischen Hamburg und München fuhr und nach schrittweisem Trassenausbau nun auch auf anderen Strecken verkehrt, hat sich bei aller Eleganz der Ausstattung durch seinen hohen Energieverbrauch – pro Passagier 4,6 Liter Erdöl auf 100 Kilometer, eine Bilanz, die man bei der nächsten *ICE*-Generation zu verbessern hofft – und durch technische Pannen wie blockierte Türen, Stromausfall, lahmgelegte Restaurants und Telefone sowie etliche Defekte mehr als eine geräuschvolle Rappelkiste entpuppt, deren Vibration es Geschäftsreisenden nur noch unter Mühen gestattet, die Fahrtzeit zum Schreiben zu benutzen oder sich Notizen zu machen. Folgerichtig hat er sich auch für den Export bisher als unverkäuflich erwiesen. Trotz massiven Drucks von SIEMENS und anderen Herstellern, die selbst den Bundeskanzler bei seinen Auslandsbesuchen für ihre Zwecke einspannten, konnte der *ICE* weder an Korea noch an Kanada oder in die USA verkauft werden. Kein Wunder, denn rechnet man die Gesamtkosten inklusive der Schulden und Zinsen aus, so kostet uns der *ICE* für eine Minute Zeitersparnis beispielsweise auf der Strecke Hannover – Würzburg 130 Millionen Mark und auf der Strecke Mannheim – Stuttgart 179 Millionen Mark.[39]

Überhaupt nicht mehr nachvollziehbar ist das schon erwähnte Hickhack um die ICE-Neubaustrecke München – Ingolstadt – Nürnberg, bei der ein Zeitgewinn von acht Minuten (!) mit 3,2 Milliarden Mark erkauft werden müßte. Doch weder der Verkehrsminister noch die BAHN AG selbst wollen etwas von einem genauso schnellen Neigezug, der keine neue Trasse benötigt, oder einer wesentlich billigeren ICE-

Strecke über Augsburg nach Nürnberg wissen, die weit weniger gravierend in den Naturhaushalt eingreifen würde.

Die Vermutung, daß unsere Demokratie dabei ist, immer mehr einer Lobbykratie zu weichen, ist nicht von der Hand zu weisen. Denn schon steht ein weiteres unsinniges Prestigeobjekt zur Diskussion: die Magnetschwebebahn *Transrapid*. Mit den geplanten 500 km/h hat sie wohl das Optimum an rationeller Funktion überschritten und muß wie so viele andere Riesenprojekte auch mit Riesenkosten und unerwarteten Problemen rechnen – ganz abgesehen von der hierfür völlig neu zu verlegenden Trasse, die allein eine Menge Umweltprobleme aufwirft.

War schon die Anlage eines *ICE*-Netzes anstelle des Ausbaus der Bahn in der Fläche ein wirtschaftlicher und ökologischer Sündenfall, so erscheint der *Transrapid* in der Tat als eine gänzlich verantwortungslose Entwicklung – die gigantische Verschwendung von Steuergeldern nicht einmal berücksichtigt. Obwohl das Projekt weder wirtschaftlich noch verkehrspolitisch, noch umweltpolitisch den geringsten Sinn macht und deshalb Ende 1989 unter Verkehrsminister ZIMMERMANN schon einmal ad acta gelegt worden war, wurde es auf Betreiben seines inzwischen gefeuerten Nachfolgers KRAUSE – trotz Warnungen vieler Verkehrsexperten – von der Bundesregierung wieder aufgegriffen und erneut beschlossen. Kurz darauf hat sich dann auch der Vermittlungsausschuß von Bundestag und Bundesrat für ein eigenes »Planungsgesetz zur Magnetschwebebahn« ausgesprochen, so daß dessen parlamentarischer Verabschiedung im Herbst 1994 nichts mehr im Wege stand. Daher soll hier noch etwas ausführlicher auf die oben angedeutete Problematik eingegangen werden.

Der Transrapid – ein politisches Kuckuksei

Die am Bau interessierten Industrieunternehmen wie AEG, VEBA, SIEMENS oder THYSSEN stellen die Sache natürlich in rosigen Farben dar.[40] Aus ihrer Sicht ist das Projekt gewiß höchst interessant, tragen sie doch praktisch kein Risiko, da sie nur für einen Bruchteil der schon jetzt auf 9,6 Milliarden Mark geschätzten Gesamtkosten aufkommen müssen, von denen allein auf die Trasse fünf Milliarden Mark entfallen sollen. In einem Kommentar von Rolf KREIBICH heißt es dazu: »*Wenn hier letztlich eine Summe von weniger als einer Milliarde an echtem*

Privatkapital eingebracht wird, dann schrumpft das Risiko der Industrie angesichts der zu erwartenden milliardenschweren Bau- und Technikaufträge gegen Null – ein wirtschaftliches Innovationskonzept besonderer Art.«[41] Neben Forschung und Entwicklung wird also praktisch auch die Produktion vom Staat finanziert. Und sollte der *Transrapid* einmal ins Ausland verkauft werden – obgleich es kaum vorstellbar erscheint, daß jemand dieses teure Konzept übernehmen will –, dann wird der Staat, wie man hört, sogar noch den Absatz subventionieren. Und wenn sich das Projekt nach dem Bau als wirtschaftlich unrentabel herausstellen sollte – was bei den erforderlichen 15 Millionen Fahrgästen pro Jahr sehr wahrscheinlich ist –, müßte sogar der Abriß der Strecke aus Steuermitteln finanziert werden. Die Industrie hat sich auch hier abgesichert.[42]

Den Politikern, die im März 1994 den Bau der Transrapidstrecke Hamburg – Berlin beschlossen haben, wurde von der Lobby vorgegaukelt, daß es sich um die Technik der Zukunft handle. In Wirklichkeit muß man den *Transrapid* wie schon den *ICE* als einen Rückschritt betrachten – als Rückfall in die alte energieintensive Gigantomanie, bei der Prestige und Profilierung mit spektakulären Projekten alles andere überwiegen. Das Ganze ist typisch für einen reinen Aktionismus, der wohl über die Ideenlosigkeit bei der Lösung unserer *eigentlichen* Verkehrsprobleme hinwegtäuschen soll.

Projekte auf der Basis ökonomischer Illusionen

So wie bei vielen anderen Flops, etwa beim *Airbus*, bei dem die Produktion nur durch Zuschüsse läuft, bei dem Überschalljet *Concorde*, dem Riesenwindkraftwerk *Growian*, dem Hochtemperaturreaktor, dem *Schnellen Brüter* – alles teure Prestigeobjekte –, werden auch die neuen Hochgeschwindigkeitszüge der Volkswirtschaft nichts bringen, dafür aber Milliardensummen von sinnvollen und dringend notwendigen Projekten abziehen. Und das nur, weil die Lobbyisten einiger Firmen der Großindustrie den Bauauftrag haben wollen und einflußreich genug sind, ihr Anliegen gegenüber uninformierten oder ängstlichen – oder gar korrumpierten? – Poltikern entgegen jeglicher Vernunft durchzuboxen. Daß nun auch noch trotz der Proteste von 50 namhaften Physikern des In- und Auslandes der ebenfalls milliardenteure, mit atombombenfähigem Uran betriebene neue Forschungsreaktor Garching genehmigt wurde, paßt in die Landschaft. Und dies, wo auf der anderen Seite gerade wieder die Lohnzuschüsse für Forschungsvorhaben der mittleren Technologie gekippt werden.

Genauso schlecht sieht es bei der Rendite unseres Superzuges aus. Zum einen ist kaum anzunehmen, daß noch ein anderes Bundesland oder ein Land außerhalb Deutschlands sich solch ein Monster anschaffen will. Die Transrapidstrecke Hamburg – Berlin wird daher wohl eine einsame Strecke bleiben, ein weiteres Monument zukunftsloser Technik. Aber auch der Betrieb wird sich nicht auszahlen. Die berechneten Passagierzahlen, die die Rendite erbringen sollen, sind mit 15 Millionen fast doppelt so hoch gegriffen wie der *gesamte* bisherige Intercity-Verkehr! Das von Merkwürdigkeiten strotzende Projekt ist inzwischen sogar noch um eine Groteske reicher: Derselbe Verkehrswissenschaftler, der die obige Prognose aufstellte, auf der das gesamte Finanzierungskonzept basiert, hatte plötzlich an seiner eigenen Vorhersage Zweifel. Nach einer neuen Berechnung seien »nur« noch elf Millionen Transrapidfahrer pro Jahr zu erwarten. Auch das ist natürlich noch eine stark überhöhte Annahme. Denn wer, außer einer kleinen Zielgruppe, pendelt schon zwischen Berlin und Hamburg hin und her, zumal in Zukunft ohnehin die Geschäftsreisen mehr und mehr durch Fax und Konferenzschaltung ersetzt werden!

Und schließlich scheint mir der *Transrapid*, ganz abgesehen von Umweltbelastung, Energieverbauch und Ökonomie, auch vom verkehrspolitischen Aspekt her ein Unding zu sein. Längst haben sich die europäischen Eisenbahnen gegen das Magnetschwebekonzept und für Rad und Schiene entschieden. Auch aus diesem Grund bliebe der *Transrapid* ein Unikum. Die mangelnde Kompatibilität mit den übrigen Verkehrsträgern hat jedoch noch weitere Auswirkungen. So sind bereits die Einfahrten in die beiden Städte ungeklärt. Wenn der *Transrapid* nämlich wirklich Flugzeug und Auto ersetzen soll, müßte die Stelzentrasse bis in die Städte hineinreichen, was praktisch nicht machbar ist. So wird man die wenigen Stationen der Hochgeschwindigkeitszüge – ein öfteres Halten würde den durch die hohe Spitzengeschwindigkeit erreichten Zeitgewinn wieder zunichtemachen – nur von Städten aus erreichen können, die an die Magnettrasse angeschlossen sind; von allen anderen Orten aus wird man aufgrund fehlender Anschlüsse dann gleich mit dem Auto an seinen Zielort fahren. Das Gesamtergebnis wird beschämend sein: ein finanzielles Desaster, während mit dieser Milliardeninvestition in anderen Bereichen über hunderttausend Dauerarbeitsplätze geschaffen werden könnten. Die wirklich desolate Nahverkehrssituation wird dadurch um keinen Deut verbessert, ganz abgesehen davon, daß der Güterverkehr von dieser Superbahn nicht im mindesten profitiert. Die Obergroteske an diesem unsäglichen Projekt aber ist die, daß Heinz DÜRR schon jetzt vom Staat einen finanziellen Ausgleich für die seiner Bahn AG vom Konkurrenzunternehmen *Transrapid* abspenstig gemachten Kunden einfordert.

Nach all dem kann man Peter BÖLKE nur recht geben, wenn er im *Spiegel* schreibt: »*Alle Argumente für den Transrapid sind verlogen.*« Es sei die »*Arroganz der Macht*«, die auch den *Transrapid* – als ein neues Beweisstück für eine verwilderte Demokratie – gegen alle Vernunft und Bürgerproteste vielleicht doch noch auf die Strecke bringen werde.[43] Zu einer ersten Koalitionskrise im rot-grünen Hessen hatte die Zustimmung der SPD zum *Transrapid* jedenfalls schon geführt.[44]

Es geht auch ohne Nachahmung des Tempo-Irrwegs

Zu den erfolgreichen Versuchen der europäischen Bahnen, ihr Angebot auf neue Weise attraktiv zu machen, gehört zum Beispiel der seit 1992 rollende Hotelzug *Pablo Casals*, bei dem man auf Wagen des spanischen Herstellers TALGO zurückgreift, die bereits zwischen Paris und Madrid verkehren. Er soll eine weitere Angebotslücke füllen. Auch mit dem neuen *InterCityNight*, der ebenfalls auf dem *Talgo*-Prinzip der Kurvenneigung beruht, hat die Deutsche Bahn AG sicher einen Schritt in die richtige Richtung getan. Trotz mancher Unvollkommenheit im Detail wird er sicherlich durch die gleichen Vorteile wie bei anderen Hotelzügen – gesparte Übernachtungskosten, Nutzung der Schlafzeit als Fahrzeit – manchen Auto- und Flugzeugbenutzer mit der Zeit auf die Schiene locken.

Keine Frage, daß auch der französische *TGV 500* – er verbraucht übrigens pro Passagier auf 100 Kilometern je nach Auslastung nur 0,5 bis 3,3 Liter Erdöl – eine Attraktion für sich ist. In seiner neuen verbesserten

Version ist er dem deutschen Hochgeschwindigkeitszug *ICE* technisch und in der Ausstattung ebenso wie im Energieverbrauch weit überlegen. Nicht umsonst hat er bisher auch im Exportgeschäft die Nase vorn, so etwa in Spanien, wo der aus dem *TGV-Atlantique* abgeleitete hochkomfortable *AVE* (»Vogel«) die Strecke Madrid–Sevilla mit zwölf Zügen pro Tag bedient und damit die fliegende Konkurrenz weit hinter sich läßt.

Doch während die französische SNCF gegen den massiven Protest von Bürgerinitiativen eine Schnelltrasse für ihren TGV quer durch die schöne Provence bauen will, gehen die Italiener mit ihrem *Pendolino*, der sich ähnlich wie der *Talgo* bei Kurven elegant nach innen neigt, hier bedeutend klüger vor. Dieser Reisezug, der keine eigene Trasse braucht, geht weniger in der Spitzen- als in der Durchschnittsgeschwindigkeit und im Fahrkomfort neue Wege, da er in den Kurven rund ein Drittel schneller ist als andere Züge. Da er vor allem für kurvenreiche Berggebiete interessant ist, wurde er jetzt auch von der Deutschen Bahn AG für die bayerischen Voralpen bestellt. Bis zum Jahr 2000 sollen 60 solcher Züge laufen, nicht zuletzt, weil diese Lösung zur Erreichung besserer Fahrtzeiten weit billiger ist als jeder Streckenneubau. Hersteller des Zuges ist die Automobilfabrik Fiat. Ähnlich funktioniert ein schwedisches Modell mit Neigetechnik, der *X 2000*, der zwischen Köln und Frankfurt in Zukunft nur noch eine Stunde Fahrzeit benötigen wird.[45] Auch in den USA haben die Vorteile der genialen Neigetechnik gegenüber höheren Spitzengeschwindigkeiten anderer Zugsysteme wie dem *ICE* deutlich überwogen: für die bedeutende Verbindung Boston–Washington hat der *X 2000* den Zuschlag erhalten.

Man fragt sich in diesem Zusammenhang, warum sich die Autoindustrie, so wie Fiat beim *Pendolino*, nicht grundsätzlich mit neuen Zugkonzepten an der Entwicklung und dem zu erwartenden Milliardenmarkt beteiligt.[46] Denn die Attraktivität der Bahn läßt sich auch ohne kostspielige neue Hochleistungszüge erhöhen, die man offenbar in Nachahmung des Tempo-Irrweges der Autoindustrie nun auch bei der Bahn – hier offenbar in Konkurrenz zum Flugzeug – als neuen Kundenfang betrachtet. Wie schon angedeutet, würde die Bahn weitaus mehr erreichen, wenn sie ihren normalen Service endlich einmal marktgerecht ausbaute.

Eine neue Service-Philosophie fürs Mobilsein mit der Bahn

Wenn man die Vernetzung der am Verkehr beteiligten Komponenten, inklusive des menschlichen Verhaltens, in verschiedenen Wirkungsgefügen analysiert, stellt sich immer wieder die mangelnde Attraktivität der öffentlichen Verkehrsmittel als Schlüsselkomponente heraus und damit die manchmal schon groteske Kundenfeindlichkeit von Bahn und öffentlichem Nahverkehr – ob es nun die eine oder andere technische Einrichtung oder auch den Service betrifft.

Die Bahnen müssen sich daher den Vorwurf gefallen lassen, daß sie im Hinblick auf Service ihre Kunden bisher eher abgeschreckt haben, anstatt sie, was das Gebot der Stunde wäre, auf die Schiene zu locken. Dieser Mangel ist offenbar auch eine Frage der Art der Schulung und Ausbildung, und diese wiederum eine der hiesigen Mentalität. Wer einmal die Vereinigten Staaten als Service-Paradies erlebt hat – wo von Schalterbeamten bei Post oder Bahn bis hin zu Verkäuferinnen und Kellnern jeder sich um das Wohl des Kunden sorgt, und wo statt zur Schau gestellter Unwilligkeit ein selbstverständliches »How can I help you?« dem Gast die Wege ebnet –, sieht in diesem Punkt hierzulande noch große Entwicklungsmöglichkeiten.

Und in punkto Zeitersparnis kann eine bessere Koordinierung des öffentlichen Nahverkehrs mit dem Fernverkehr für die Gesamtreisezeit eines Reisenden mehr bringen als teure Superzüge. Denn was helfen mir 20 Minuten Ersparnis auf der Hauptstrecke, wenn ich anschließend mit dem Bus oder Taxi eine halbe Stunde im Stau stecke? Eine grundsätzliche Vorfahrt durch eigene Bus- und Trambahnspuren und entsprechende Ampelschaltungen schafft mit einem Bruchteil des Geldes den gleichen Zeitgewinn – und dies für weit mehr Menschen, als je im Fernverkehr unterwegs sein werden.

Statt also auf den unsinnigen Ausbau von ein paar Hochgeschwindigkeitsstrecken zu setzen und sich damit sogar an den Rand des finanziellen Ruins zu manövrieren, wäre es für die Bundesbahn und ihre Kunden gewiß lohnender gewesen – und würde sich heute noch immer lohnen –, wenn sie unter Nutzung einer verbesserten Logistik eine noch engere Symbiose mit dem angeschlossenen Nahverkehr eingegangen wäre und wenn sie ihren Kundendienst ein wenig nach amerikanischem Vorbild ausgerichtet hätte. Die Bahn täte gut daran, sich folgende Vorschläge zu Herzen zu nehmen, die diesen letztgenannten Punkt noch einmal zusammenfassen sollen – und das beginnt schon bei der Logistik am Bahnhof selbst:

- die Schalter so anlegen, daß sie ohne jedes Umherirren zu finden sind;
- den Kartenkauf vereinfachen und ein Schlangestehen ausschließen, Umwelt-Abos anbieten, die komplizierten Preissysteme bei den Kurzstreckenautomaten abschaffen;
- moderne Kundenbetreuung mit geschultem Personal vornehmen, eine funktionierende Auskunft sicherstellen;
- für eine attraktivere Gestaltung der Bahnhöfe sorgen, die oft ein »Schmuddel-Image« und den Geruch von Kriminalität ausstrahlen;
- freie Gepäckkarren zur Verfügung stellen, ohne daß man nach Münzen suchen muß;
- verständliche Ansagen über Lautsprecher, die dem aktuellen Stand der Technik entsprechen;
- die Fahrpläne der gesamten Bahn, wie schon beim *Eurocity,* grundsätzlich logistisch besser aufeinander abstimmen – auch auf den (häufiger verkehrenden) Nahverkehr;
- schon in den Bahnhöfen, wie zum Beispiel in Rosenheim, auf großen Tafeln verständlich über die Buslinien und deren Standplätze informieren;
- das bewährte Schlafwagenkonzept, das Zeit und Hotelkosten spart, über den bereits fortschrittlichen *InterCityNight* hinaus weiter ausbauen;
- die Gepäckunterbringung im Zugabteil von oben nach unten verlagern;
- nicht nur reservierbare Abteile für Kinder schaffen, sondern diese auch als Spielzimmer ausstatten;
- das Komfortangebot der Intercitys über Telefon, Fax und Computer hinaus auf Zeitungsverkauf und andere Kioskdienste ausdehnen;
- bessere Restaurants sowie Film- und Musikabteile anbieten und, wie schon in den Interregio-Zügen, vernünftige Arbeitstische integrieren;

- den wegen mangelnder Nachfrage wieder abgeschafften Friseursalon auf neue Art beleben – möglicherweise mit Kosmetik und Massage;
- Pflanzen und Grünzonen einführen, die gleichzeitig die Klimatisierung beträchtlich verbessern;
- Fenster zum Öffnen einführen und Klimagebläse, die man abschalten kann;
- den Verbund mit den anderen Verkehrsträgern ernst nehmen und insbesondere durch die Einführung entsprechend ausgestatteter Doppelstockwagen die Mitnahme sowohl vieler Fahrräder als auch, wie an späterer Stelle noch eingehender erläutert wird, quergestellter kurzer Citymobile anbieten;
- an den Bahnhöfen ein eigenes neues Mietwagensystem mit Citycars und Solarmobilen installieren, die mit Kreditkarten in Betrieb zu setzen sind – sogenannte Wechselautos, auf die wir im Kapitel über neue Individualfahrzeuge noch zurückkommen werden;
- Bundesweite Fahrplanauskunft aller öffentlichen Verkehrsmittel, wie sie in Deutschland erst für 11 Städte existiert, in Holland aber seit Ende 1994 unter einer gemeinsamen Telefonnummer verwirklicht ist. Dort findet der Computer in wenigen Sekunden die beste Verkehrskoordination zwischen zwei Adressen.

Zeit genutzt, ist Zeit gewonnen

Aus der obigen Aufstellung kristallisieren sich zwei bis heute nur wenig genutzte Ansatzhebel heraus, mit denen der öffentliche Verkehr auch im Hinblick auf den Gesamtzeitaufwand des Reisenden an Attraktivität gewinnen kann: Zum einen kann eine bessere Verkehrslogistik von und zum Bahnhof der bloßen Geschwindigkeit auf der Fernstrecke durchaus den Rang ablaufen, zum anderen entscheidet auch das, was man während der Reise tun – oder nicht tun – kann, über die Vor- und Nachteile einer Bahnfahrt. In dem Moment, wo im Zug gearbeitet, geflirtet, konferiert, billig (!) telefoniert, eingekauft, gegessen, geschlafen und der Körper gepflegt werden kann, ja die Zugfahrt zum Freizeitvergnügen wird, spielt die Fahrzeit als solche – und damit auch die Geschwindigkeit – keine Rolle mehr. Ganz ähnlich, wie das auf Schiffsfähren schon immer der Fall war, und weshalb diese sich trotz ihrer Langsamkeit so großer Beliebtheit erfreuen. Viele Fachleute glauben übrigens, daß der Fährbetrieb gerade aufgrund dieser Vorteile in Zukunft auch bei der Überquerung des Ärmelkanals neben einer Zugfahrt durch den neuen, im April 1994 eröffneten Tunnel noch eine genügend große Rolle spielen wird. Für die Lkw-Fahrer ist die Überfahrt auf dem Schiff nicht nur billiger, sondern zugleich auch entspannender und unterhaltsamer als eine Huckepackfahrt durch die Röhre.

In der Tat blieb der große Ansturm zunächst aus. Dann begann sich auf einmal das Blatt zu wenden, und alle Erwartungen an Transportzahlen – wenn auch nicht an Einnahmen – wurden übertroffen. Ein Preiskampf zwischen Fähre, Tunnel und Luftbrücke hatte eingesetzt. Die Anfangstarife durch den Tunnel wurden um 40 Prozent reduziert, und die Zugfolgen des *Eurostar* mußten in kurzer Zeit verdoppelt und vervierfacht werden. Auch der TGV Paris–London – Reisezeit 3 Stunden – zog mit und beförderte die Tagesausflügler für 790 Francs hin und zurück. 300 000 Passagiere in den ersten zwei Monaten. Panik bei den Shuttles der fünf Fluggesellschaften, denen die Bahn trotz der drei Zugstunden (gegenüber einer Flugstunde) den Rang abzulaufen droht.

Obwohl der Tunnel damit in kurzer Zeit ein gutes Drittel der Transkanal-Fracht an sich gezogen hat, ist es natürlich fraglich, ob eine Tilgung der Milliardeninvestitionen bei diesen Dumpingpreisen möglich sein wird. Die Aktien lagen nämlich Anfang 1995 trotz des Booms mit 27 Francs noch weit unter dem Emissionskurs, so daß die Befürchtungen, daß das Jahrhundertbauwerk zum Flop des Jahrhunderts werden könnte, längst nicht ausgestanden sind. Die Kanal-Fähren haben jedenfalls noch nicht resigniert. Sie gehen auf High-Speed-Schiffe und andere Strecken wie Portsmouth–Bordeaux über und setzen auf den Komfort an Bord.

Auch in einem anderen Fall läßt die nach wie vor große Attraktivität des Schiffverkehrs hoffen, daß eine Verkehrsverlagerung von der Straße aufs Wasser Erfolg hat: Auf der 18 Kilometer langen Strecke zwischen der Bremer City und Vegesack sollen ab Sommer 1995 fünf neue, katamaranartige Wasserbusse mit Tempo 70 über die Weser gleiten und die Stadt im Zwanzig-Minuten-Takt vom Autoverkehr entlasten. Platz für Fahrräder, Kinderwagen und Rollstühle ist ebenfalls vorgesehen.[47]

Der Grund, der den Menschen bei der Wahl seines Verkehrsmittels oft lieber zum Auto greifen läßt, ist ja vor allem der Wunsch, während der Fahrt möglichst wenig Zeit zu verlieren, das heißt, während dieser Zeit nicht untätig sein zu müssen. Beim Hantieren mit Lenkrad und Gaspedal ist man tätig – allerdings auf eine unproduktive Art. Für eine Fahrt mit der Fähre gilt dasselbe, wenngleich auf andere Weise. Im Zug dagegen langweilt man sich – selbst wenn er weitaus schneller ist. Hier eine Umkehr zu schaffen durch das Bewußtsein, während der Fahrt etwas für seine Bildung, den Körper oder den Geist tun zu können – zu arbeiten, zu lesen, zu genießen, die Freizeit aktiv zu erleben –, dies käme letztlich billiger und würde mindestens ebenso interessante technische Herausforderungen bedeuten wie die stupide Anlegung einer gewaltigen Trasse für einen Zug, der eine Tausendkilometerstrecke zwei Stunden schneller bewältigt. Anstatt Milliardeninvestitionen braucht es dazu nur ein wenig mehr Phantasie.

Da, wie auch aus dem Wirkungsgefüge auf Seite 184/185 hervorgeht, Verkehrsaufkommen, Fahrzeugtechnik und eine dem jeweiligen Verkehrsgut entsprechende Transportart über eine große Zahl von Regelkreisen mit dem menschlichen Verhalten zusammenhängen – sich also gegenseitig bedingen –, wird eine isolierte Strategie ohne ein gleichzeitiges Angehen der übrigen Faktoren, die humanökologischen eingeschlossen, stets erfolglos blieben. Was wir hier brauchen, ist ein Verbund und keine Abschottung, Symbiose und keine Konkurrenz.

Symbiose statt Konkurrenz

Eine Voraussetzung für alle Verbundlösungen ist die Umwandlung der bisher so unseligen Konkurrenz der verschiedenen Verkehrsarten in eine Partnerschaft, eine *Symbiose* und damit die Erfüllung einer weiteren unserer Grundregeln der Biokybernetik. Über die schon erläuterte Regel von der *Funktionsorientierung* hinaus bedeutet Symbiose, daß alle am Kommunikationsgeschehen Beteiligten gerade durch ihre Verschiedenheit voneinander profitieren – insbesondere die unterschiedlichen Träger des materiellen Verkehrs, der ja auch bei effizienter Funktion immer noch einen beträchtlichen Umfang haben wird. Diesen gegenseitigen Nutzen macht man allerdings zunichte, wenn man sich nicht aufeinander abstimmt. Allein die Beseitigung von Inkompatibilitäten und die Schaffung besserer Schnittstellen zwischen den bestehenden Verkehrsträgern wäre daher schon ein wirksamer Beitrag für unsere zukünftige Hauptaufgabe, die Verkehrsvermeidung. Wie später noch ausgeführt wird, könnte sich auch die Automobilindustrie mit einträglichem Erfolg daran beteiligen. Der dann verbleibende Verkehr hält immer noch genügend Aufgaben für jeden parat.

Eine Abstimmung aufeinander bedeutet, daß für jede Teilfunktion der dafür effizienteste Verkehrsträger genutzt wird und die anderen dies im eigenen Interesse unterstützen. Effizient wiederum bedeutet gesamtwirtschaftlich gesehen, daß ein solcher Verbund nicht zu noch mehr Auto- und Flugverkehr führen darf, wie es die SNCF-Politik mit der TGV-Anbindung an Flughäfen und Autobahnen betreibt – sozusagen die Bahn als Zulieferer für Auto und Flugzeug, sondern um gerade den Strom möglichst von diesen auf die Bahn zu locken. »Effizient« ist eben nicht nur mit einem optimalen Aufwand an Investition gleichzusetzen, sondern ebenso mit verminderter Raumbeanspruchung, geringerer Umweltbelastung und geringerer Störung der übrigen Verkehrsteilnehmer. Nicht zuletzt gehört auch eine neue Einstellung des

Einzelhandels dazu, der – ähnlich wie die Betriebe das mit ihrer gleitenden Arbeitszeit vorexerziert haben – darauf hinwirken muß, daß die Ladenschlußzeiten entzerrt werden. Deren derzeitige strikte gesetzliche Regulierung stellt eine Zwangsjacke dar, die Staus geradezu produziert.

Neue Ansätze auch für den Güterverkehr

Wie wir gesehen haben, kommt es bei der Bahn nicht primär auf möglichst schnelle Züge an, sondern auf ein gutes Netz von Verbundmöglichkeiten mit anderen Fahrzeugen, die dann die kleinräumige Verteilung in der Fläche bestreiten. Einem solchen Verbund im Güterverkehr kommen neue technologische Entwicklungen wie die schon erwähnten »Trailerzüge« oder die holländische Anlage »Translift« entgegen, mit der die Verladung eines Containers weniger als eine Minute dauert. Darüber hinaus lassen sich bestimmte Rangieraufgaben ideal mit neuartigen Kleinstlokomotiven lösen, die sowohl auf der Straße (!) als auch auf der Schiene eingesetzt werden können. Stationäre Verladeeinrichtungen werden hierdurch überflüssig, denn selbst kleinste Bahnhöfe können damit bedient werden.

»Der kombinierte Verkehr bleibt auf die hohe Effizienz jedes Partners und die Kooperation aller Beteiligten angewiesen. Er wird nicht wettbewerbsfähig sein, wenn nur ein Beteiligter der Transportkette ungenügende Leistungen erbringt.«

Manfred Carstens, Staatssekretär im Bundesverkehrsministerium[48]

Allerdings wird es in Zukunft wohl gerade daran hapern. So hat die Bundesbahn in ihrem – auch hier wieder völlig unangebrachten – »Profit-Center-Denken« 1990 die Schließung von weiteren 106 Mini-Güterbahnhöfen allein im Bereich München–Nürnberg bekanntgegeben, was Bayerns Straßen Tausende zusätzlicher Lkw-Fahrten pro Tag beschert haben dürfte. Der seit den siebziger Jahren anhaltende Trend einer ständigen Reduzierung von Bahnstrecken, Bahnhöfen, geleisteten Personen- und Tariftonnenkilometern hält also trotz aufkeimender Einsicht und erster gegensteuernder Maßnahmen an. In Frankreich wurde in den letzten zehn Jahren jeder achte Bahnhof aufgegeben, und auch in der Schweiz baut man den Regionalverkehr entgegen den Versprechungen, die vor der Abstimmung über die »Bahn 2000« gegeben worden sind, drastisch ab.[49] Auf bestimmten Linien sollen ab sofort nur noch Busse verkehren, auf 38 Linien wurde jeder zwölfte Zug gestrichen, und für 1995 kündigt die SBB sogar noch einschneidendere Maßnahmen an. Einzig Holland spricht nicht von Abbau, konnte man dort doch durch die offensive Unternehmenspolitik der niederländischen Eisenbahnen und ihr ausgesprochen benutzerfreundliches Angebot allein von 1986 bis 1990 einen Zuwachs an zurückgelegten Personenkilometern von 22 Prozent verzeichnen.[50] Dieses Beispiel zeigt, daß und wie es geht, und es bleibt zu hoffen, daß es nun auch bei uns Schule macht.

Anderenfalls würde – nach einer der letzten *Prognos*-Studien – der Güterverkehr auf der Straße bis zum Jahre 2000 um weitere 40–45 Prozent zunehmen – ohne eine nennenswerte Verlagerung auf die Bahn, selbst wenn diese ihr Angebot wesentlich verbessern würde. Bis zum Jahr 2010, so das *Deutsche Institut für Wirtschaftsforschung*, sei sogar mit einer Zunahme um 100 Prozent zu rechnen. Um diese Schreckensvisionen nicht Wirklichkeit werden zu lassen, brauchen wir neben einem Wiederauf- und Ausbau des Bahnnetzes in erster Linie logistische Dienstleistungen und entsprechende neue Techniken, die Zeit und Kosten sparen und sich dadurch quasi selbst finanzieren.

Gemeinsame Innovation von Systemlösungen

Wir werden an späterer Stelle noch eingehender darauf zu sprechen kommen, daß sich sowohl die Produktion von Techniken zur Containerverladung als auch entsprechende Dienstleistungen für Nutzfahrzeughersteller wie Mercedes-Benz, MAN oder Ford in idealer Weise anbieten. Gleichzeitig könnte sich auch für den Personenverkehr ein neuartiger technischer Verbund mit der Bahn ergeben, indem diese anstelle der aufwendigen Huckepackzüge der alten Art eine Querverladung kurzer Stadtfahrzeuge in doppelstöckigen Waggons anbietet und damit den Umstieg eines Teils des urbanen Autoverkehrs auf umweltfreundliche Elektromobile erleichtert. Trotz deren kurzer Reichweite könnte man auf diese Weise gelegentlich auch längere Strecken zurücklegen, so daß man sich in dieser Beziehung auch mit einem reinen Citymobil nicht ausgeschlossen fühlt.

Im eigenen Interesse der Hersteller lohnt es sich jedenfalls, die vielen Anpassungs- und Koppelungsprobleme gemeinsam innovativ zu lösen – vom Flugzeug bis zum Fahrrad, von der Rolltreppe und dem Fließbandtrottoir bis zur Pipeline, vom Garagentor und Solardach bis zum Container, vom Müllschlucker bis zur Recyclinganlage und einer dezentralen regenerativen Energieversorgung. Die Umstellung auf eine neue Mobilität erfolgt schließlich immer dann am leichtesten und unter dem geringsten Kraft- und Kostenaufwand, wenn nicht nur die Änderung einer, sondern möglichst mehrerer der beteiligten Komponenten simultan angegangen wird, wobei sich diese gegenseitig unterstützen.

Die Straßenlobby hinkt hinterher

Daß davon bei manchem Beteiligten noch nichts zu spüren ist – und auch nichts von wirklicher Gemeinsamkeit bei der Lösung unserer Transportprobleme –, dokumentiert unter anderem unsere Straßenbaulobby, indem sie die Tatsachen in ihren Publikationen und Anzeigen mit absurden Behauptungen auf den Kopf stellt. Etwa mit jenem längst widerlegten, aber offenbar nicht auszurottenden Argument, daß mehr Straßen den Verkehr entlasten würden und eine stärkere Verlagerung auf die Bahn unsere Straßen höchstens um zwei Prozent entlasten könne. Die *Deutsche Straßenliga* – in trautem Verein mit dem rückständigen *Verband der Automobilindustrie* (VDA) – scheint bei der weiteren Zubetonierung unserer Landschaft keine Grenzen zu kennen – getreu dem Motto: Machet Euch die Erde untertan – pflastert sie mit Straßen zu![51]

Da klingt es schon ganz anders, wenn aus dem *Verband der Schweizer Straßenbauunternehmer* (VESTRA) – den natürlich auch kein einheimischer Automobilverband bedrängt – zu hören ist, daß man sich hier, weit einsichtiger und verantwortungsvoller als die deutschen Straßenbauer, einer »*Mobilität in vernetzten Verkehrssystemen*«

keineswegs verschließt und die Zukunft eher in einem Straßenumbau als in einem Straßenneubau sieht.[52]

»Der Ausbau der Verkehrswege hat in Deutschland mit dem Verkehrswachstum nicht Schritt gehalten ... Der Streckenneu- und -ausbau für alle Verkehrsträger ist daher auch für Bayern unverzichtbar.«

Aus einem Memorandum des Landesverbandes der Bayerischen Industrie (LBI) 1995

Beginnt die Bahn mitzuspielen?

Angesichts ihres bisherigen Handelns weckt die von der Bundesbahn herausgegebene Parole »Schiene und Straße« zunächst allerdings falsche Hoffnungen. Denn nur allzu lange hat ja die Bahn selbst die zunehmende Verlagerung des Personen- und Güterverkehrs auf die Straße betrieben und war mit der in ihrem Eigentum befindlichen Spedition SCHENKER sogar zum größten Busunternehmer und Lkw-Spediteur der Bundesrepublik geworden. In die gleiche Richtung zielte die Auflösung vieler Kurswagen, die einem bis dahin das beschwerliche Umsteigen erspart hatten, wodurch viele Reisende wieder zum Auto- oder Busfahren genötigt wurden. Im Bonner Finanzministerium gab es vor ein paar Jahren sogar Strategiepapiere, in denen eine vollständige Verlagerung des Nahverkehrs auf Bus und Auto geplant wurde – von einem Verbund also keine Spur, statt dessen ein kontraproduktives Handeln der Bahn und der Ministerien.

Dies hat sich inzwischen deutlich geändert. Während die Bahn – wie wir im letzten Kapitel gesehen haben – im Alpentransitverkehr durch den Verdrängungswettbewerb weiterhin Boden an die Straße verliert, beginnt sich diese unselige Konkurrenz auf anderen Strecken aufzulösen. Hier hat sich nach Erscheinen meines Buches »Ausfahrt Zukunft« eine Menge in der dort aufgezeigten Richtung verbessert. So entstand etwa das neuartige Programm »Radeln mit der Bahn«, mit dem man zum Beispiel in Bayern für wenige Mark innerhalb bestimmter Zonen kreuz und quer fahren kann, in gemeinsamer Ausarbeitung der Bundesbahn mit dem *Allgemeinen Deutschen Fahrrad-Club*. Die allerdings typischerweise noch unnötig komplizierte Berechnung der Fahrtstrecken und Geltungszeiten wird wenigstens durch eine komplett mit Wegskizze und Fahrplanvorschlägen ausgearbeitete Broschüre wieder wettgemacht.

Ging die den Autoverkehr vermindernde Initiative in diesem Fall von der Bahn aus, so haben nun interessanterweise auch die Automobilfirmen selbst begonnen, die Bahn zu bevorzugen. Noch im November 1991 hat man in Wolfsburg überlegt, den Transport von Neuwagen zu den Händlern ganz auf die Straße zu verlagern, da die Spediteure mindestens zehn Prozent preiswerter sind. Inzwischen werden jedoch über 80 Prozent des Werksverkehrs der deutschen Autohersteller vom Lkw weg auf Logistikzüge umgeladen. OPEL etwa bringt jetzt die Teile für den *Corsa* aus Südfrankreich sogar streckenweise mit der privaten Hörseltalbahn nach Eisenach und macht damit über 8000 Lkw-Fahrten überflüssig. Und einmal pro Woche bringen Shuttlezüge 20 Güterwagen mit *Krombacher Pils* nach Halle und das Leergut wieder zurück und verlagern so pro Jahr 2000 Lkw-Ladungen auf die Bahn. Ähnliche Arrangements haben Bremer Kaffeeimporteure getroffen, zum Beispiel die Firma JACOBS, die pro Jahr 18 0000 Tonnen über die Bahn verladen will. Einsparung: 15 000 Lkw-Touren. Genauso COCA-COLA, von deren Abfüllanlage Dünkirchen eine Gesamtladung von jährlich 150 000 Tonnen nach Mitteleuropa geschleust wird, was die Straßen von 12 000 Lkw-Fahrten entlastet.

Eine neue Organisation, die *»Unternehmer Colloquium Spedition«* (UCS), ist dabei, mit der Bahn eine übergreifende Symbiose einzugehen und will ab 1995 immerhin 9 Millionen Tonnen Stückgut in Direktzügen von Terminal zu Terminal befördern. Ab 1996 sollen dann der kombinierte Ladungsverkehr noch weiter verbessert und die Wartezeiten der Lkw-Zusteller durch neue Schnellumschlag-Anlagen verkürzt werden. Dies geschieht allerdings noch zögernd, da sich deren Investitionskosten nur sehr langsam amortisieren. Ein Engagement des Staates zum Ausbau solcher Terminals wäre daher für die gesamte Verkehrssituation ein lohnendes Unterfangen, da es weniger kostet und weit mehr bringt als etwa die Subventionierung teurer Schienentrassen.

Die Rechnung lohnt sich in der Tat nicht nur ökologisch – jede Verladung auf die Schiene senkt den Energieverbrauch und die CO_2-Emission gegenüber einem Lkw-Transport um 60 Prozent (!) –, sie stimmt auch in ökonomischer Hinsicht. Denn die – derzeit noch – höheren Kosten der Bahn werden durch das Wegfallen von Staus und die größere Pünktlichkeit schnell kompensiert werden. Gerade bei Just-in-time Lieferungen spielt ja – anders als beispielsweise bei Lebensmitteln – die Dauer des Transports, also die Geschwindigkeit, gegenüber der Pünktlichkeit kaum eine Rolle. Deshalb hat ja auch die langsame Binnenschiffahrt, bei der ein einziger 2000-Tonnen-Kahn die Ladung von 50 Schwerlastern aufnehmen kann, nach wie vor ihre treuen Kunden. So transportiert jetzt auch Ford von Köln aus im Jahr 500 000 Fahrzeuge per Schiff über Vlissingen in Holland auf die Britischen Inseln.

Die Überlegung, ob all diese Transporte letztlich überhaupt nötig sind oder ob sie durch stärkere Dezentralisierung von Produktionsstätten, Verteilerzentren und Abfüllstationen nicht zum Teil wegfallen könnten, steht hier natürlich nicht zur Debatte, aber ein Umstieg auf weniger lange Wegstrecken wäre zumindest ein erster positiver Schritt. So konnte zum Beispiel der Kaufhauskonzern Hertie, der 1987 seine Warenhäuser von 25 verstreuten Verladeplätzen aus über 44 Verteilerplätze kreuz und quer per Lkw belieferte, seinen Warenfluß in Zusammenarbeit mit der DB so optimieren, daß er von 1995 an nur noch von sieben regionalen Zentren aus über ganze drei Verteilerplätze geleitet wird. Das wird den Gesamttransport dieses Konzerns über die Straße drastisch reduzieren – wenn auch wohl kaum in den Innenstädten selbst.[53] In diesem Bereich dürften erst neue Wege der Warenlieferungslogistik Abhilfe schaffen, wie sie zum Beispiel von dem Logistiker Claus Berg für München entwickelt werden. So soll der Warenstrom, anstatt direkt und ungebremst jeden einzelnen Abnehmer anzusteuern, auch innerhalb der Stadt zunächst gebündelt und sortiert werden, bevor die Kleinverteilung dann zur verkehrsarmen Nachtzeit mittels leiser Elektrofahrzeuge erfolgt.[54] Natürlich sollten in ein solches System auch die städtischen Behörden eingebunden werden, denn ebenso könnten auch die S-Bahn, U-Bahn und Trambahn frühmorgens sowie in schwachen Personenverkehrszeiten Fracht transportieren und den Straßenverkehr weiter entlasten.

Vor- und Nachteile der Privatisierung und Liberalisierung

Nach der Privatisierung der Bundesbahn darf jetzt im Prinzip jeder Transporteur auf dem 41 000 Kilometer langem Schienennetz fahren, indem er Lokomotiven und Wagen mietet oder kauft. Bezahlt wird nur noch für die Benutzung der Trasse. Die schon in unserer früheren Systemstudie empfohlene Trennung der Bahn-Infrastruktur und ihrer Sicherheitsdienstleistungen (die weiterhin in der öffentlichen Hand bleiben sollte) vom rollenden Material und dem Dienstleistungspersonal für den Kunden (das von den privaten Firmen gestellt werden kann) ist damit in Gang gekommen. Mit dieser Weiterentwicklung der Neuorganisation des Schienennetzes muß man sich jedoch sputen, damit sie fest etabliert ist, wenn 1998 die gesamte Freigabe der Kabotagegenehmigungen im Straßengüterverkehr erfolgt. Nach dieser Liberalisierung wird es dann nämlich vor allem die individuelle Anpassung der Bahnangebote sein, die über die reine Transportleistung hinaus der Straße den Rang ablaufen könnte.

Unter den neuen Bedingungen will nun offenbar auch das Bundesverkehrsministerium dem Zusammenwirken der verschiedenen Transportträger Priorität einräumen, um eine dem jeweiligen Verkehrsgut – also Personen, Material oder Informationen – adäquate Mobilität zu fördern und um damit den Lebensraum, die Menschen und die Umwelt weniger zu belasten. Dies zeigte sich erstmals auf der Münchner »Transport 94«. Anders als sein Vorgänge KRAUSE stellte Verkehrsminister WISSMANN jedenfalls bei der Eröffnung der Messe die Symbiose der verschiedenen Anbieter der »verladenden Wirtschaft« in den Vordergrund. Kombinierter Verkehr, Transportzentren, Verteilersysteme, mobile Kommunikation und kooperativer Personenverkehr waren die neuen Schlagworte, und die Zielstellung: Entlastung des Straßenverkehrs.

Prompt folgt die Bahn nun ebenfalls diesem Trend mit innovativen Waggon-Technologien, die den Schienenverkehr im Rahmen eines umfassenden Aktionsprogramms der DEUTSCHEN BAHN AG – vom

»Handling am Zug« über das Rangieren bis zur Verkürzung der Umschlagszeiten – aus seinem Dornröschenschlaf erwecken sollen. Es bleibt zu hoffen, daß die Bahn dann auch die Bedeutung eines dichten Streckennetzes einsieht, mit dem allein diese angefangene »Auferstehung« erfolgreich fortgesetzt werden kann, und daß sie die knappen Mittel – anstatt sie in unsinnigen Megaprojekten zu vergeuden – in diesen weniger spektakulären, aber für die Zukunft eminent wichtigen Bereich lenkt. Die Zeit für all dies ist reif, und die Verantwortlichen auf beiden Seiten scheinen sich dem Symbiosegedanken in der Tat endlich zu öffnen. Dies gilt ebenso für einen weiteren Partner im Bunde: die Städte und Gemeinden, auf die wir im folgenden Abschnitt zu sprechen kommen.

Verkehr und Städtebau

Die frühere Regionalplanung in unseren Industrieländern hat eine räumliche Trennung von Wohnen, Leben, Arbeiten, Sichbilden und Erholen favorisiert – ein Trend, der durch die in den letzten Jahrzehnten hineingesetzten Monostrukturen wie Einkaufszentren, Büro- und Schlafstädte zunehmend verstärkt worden ist. Das führte dann, wie wir schon gesehen haben, zu einer immer weiteren Zersiedlung und zu immer mehr Verkehrswegen, die Siedlungsgebiete ja nicht nur miteinander verbinden, sondern oft weit auseinanderreißen. Eine solche Planung hat sich in der Tat lange Zeit von der Faszination eines *einzigen* Produktes, nämlich des Autos, blenden lassen – bis hin zur »autogerechten Stadt« –, aber darüber ihre eigentliche Funktion vergessen, nämlich Lebensräume bewohnbar zu machen und sie nicht zu bloßen Verkehrsflächen zu degradieren. Die daher von immer mehr Stadtplanern angestrebte »autofreie Stadt« ist, gemessen an dem, was zu einer »Renaturierung« nötig wäre, allerdings nur ein erster Schritt. Und selbst der wird durch die mit dem Auto entstandene und nun auf dessen Benutzung angewiesene Infrastruktur enorm erschwert. Noch mehr gilt dies für eine Umstrukturierung des Verkehrs im Umland.

»Der klassische Ansatz des Infrastrukturausbaus ist zumindest in historischen Städten keine Lösung mehr, weil jeder Ausbau zusätzlichen Verkehr induziert. Auch die Förderung des öffentlichen Verkehrs nach bisherigem Muster hat das Ziel, den motorisierten Individualverkehr zu reduzieren, verfehlt. Das gesamte Verkehrsvolumen nahm zu.«

René L. Frey, Präsident der Schweizer Expertengruppe »Stadt und Verkehr«[55]

Stadtplanung versus Verkehrsplanung

Nur allzu lange haben sich Stadtplanung und Verkehrsplanung wie zwei feindliche Lager gegenübergestanden und oft gegeneinander gearbeitet, nicht zuletzt deshalb, weil die Verantwortung in verschiedene Ressorts aufgeteilt ist, die oft eifersüchtig ihre Kompetenz verteidigen. Dem einen ging es vielleicht um die Erhaltung der Bausubstanz, dem anderen um einen flüssigeren Durchgangsverkehr. So manch ein Konzept – sowohl zur Verkehrsberuhigung wie auch zum Verkehrsausbau – wird daher immer noch getrennt von seinen Auswirkungen auf die vom Verkehr betroffenen Bereiche ausgearbeitet. Und solche Bereiche sind etwa das ansässige Gewerbe, die Energieversorgung, die Abfallentsorgung, die Mentalität der Bürger, der Konsens in der Gemeinde, der kommunale Haushalt, die Erholungsgewohnheiten, der Zuschnitt von Park- und Grünanlagen, von Frischluftschneisen, Naturflächen und Feuchtgebieten, der Grad der Bodenversiegelung oder eine spezielle Bevölkerungsstruktur. Die damit zusammenhängenden Faktoren fanden lange Zeit nur vereinzelt Eingang in die Planung, die dann oft lediglich auf der Basis von Verkehrszählungen, lufthygienischer Belastung, Aus- und Einpendlerströmen und der Verteilung auf die verschiedenen Verkehrsträger zustande kam. Maßgeblich waren dann Hochrechnungen – also die Fortschreibung der erfaßten Zahlen –, ohne dabei die mindestens ebenso wichtigen, wenn nicht gar ausschlaggebenden qualitativen Faktoren überhaupt nur zu erwähnen.

Ganzheitliche Verkehrsplanung heißt, »weiche Daten« mit einzubeziehen

Läßt man solche qualitativen Faktoren außen vor, nur weil sie nicht meßbar, nicht in Zahlen faßbar sind, so ergibt sich naturgemäß ein äußerst lückenhaftes und damit schiefes Bild. Da sind selbst »Wenn – dann«-Prognosen nichts als Scharlatanerie und können als Vorgabe für jede beliebige Entscheidung der jeweiligen Lobby hingebogen werden. Es genügt schon, das *Verhalten* der Verkehrsteilnehmer nicht mit einzubeziehen, damit dann solche Gleichungen herauskommen wie: *»Straßenbau verringert die Verkehrsdichte und führt zur Entlastung«*

oder »*Eine Erhöhung der Straßenkapazität durch Telematik-Systeme um bis zu 30 Prozent wird auch die Abgasemissionen und Unfälle um einen entsprechenden Prozentsatz zurückgehen lassen*«, wie sich dies Verkehrsminister WISSMANN erhofft. Daß aber vielleicht genau das Gegenteil zu erwarten ist – weil ein besseres Durchkommen und der Rückgang der Staus sofort weitere Autofahrer bis zum erneuten »Geht-nicht-mehr« in die Stadt locken würden –, muß offenbar erst wieder die Realität vor Augen führen.

Auch die bloße Verteuerung der Parkplätze allein muß nicht unbedingt zur Entlastung führen. Teure Parkgebühren halten kaum Autofahrer ab, in die Stadt zu kommen, führen aber dort zu einem höherem Umschlag der Fahrzeuge und dadurch wieder zu einem Mehrverkehr. Ein anderer typischer Fehlschluß aufgrund bloßer Zahlenwerte ist uns ebenfalls schon begegnet: die Annahme, daß sich ein Zwanzig-Minuten-Takt für eine Straßenbahnlinie, die immer nur halbvoll ist, nicht lohne, sie jedoch bei einem Vierzig-Minuten-Takt ausgelastet wäre. Als ob sich im Verlauf von 40 Minuten mehr Fahrgäste an einer Haltstelle ansammeln würden! In Wirklichkeit nehmen dann lediglich noch mehr Leute ihr Auto.

So wird in einem schon 1991 verfaßten *Integrierten Verkehrskonzept* der zum Regionalen Planungsverband München gehörenden Kommunalpolitiker gefordert, alle Maßnahmen, die den individuellen und öffentlichen Nahverkehr betreffen, aufeinander abzustimmen, wobei der öffentliche Personennahverkehr (ÖPNV) absoluten Vorrang haben und die Menge der Autos auf den Straßen reduziert werden müsse. Damit ein solches Konzept, das auch auf Faktoren der Lebensqualität Rücksicht nehmen muß, jedoch funktionieren kann, ist eine Verwaltungsreform vonnöten, die es erlaubt, die bislang auf unterschiedlichste Kompetenzen verteilten Einzelschritte zu koordinieren. Denn für ein gesamtregionales Verkehrskonzept fühlt sich bei einer solchen Organisationsform praktisch niemand verantwortlich.

Eine der ersten Behörden, die hier neue Wege gegangen sind, war der *Umlandverband Frankfurt*, dessen Chefplaner Alexander v. HESLER schon 1984 unter anderem auch qualitative Einflußgrößen in den Wirkungsnetzen des Generalverkehrsplans berücksichtigte und in vielen Anhörungen von Gemeinde zu Gemeinde die oft ausschlaggebenden

»weichen Daten« erfaßte. Doch dazu ist eben ein Sprung über die engere Verkehrsplanung hinaus zu anderen Bereichen nötig.

Die bisherige, letztlich auf bloßen Verkehrsdaten basierende Planung – die zwar die Verkehrsströme erfaßt, aber nicht danach fragt, wie sie zustande kommen – führte dazu, daß zum Beispiel im Ballungsraum Frankfurt der sternförmig auf die Innenstadt ausgerichtete Radialverkehr gut versorgt ist, während der öffentliche Tangentialverkehr völlig im argen liegt, was wiederum zur Überlastung des Radialverkehrs führt. Mittels einer ringförmigen Erschließung des Umlandes durch neue Tangentialbahnen, die zwischen Wohnung und Arbeit – auch wenn sie beide in Außenbezirken liegen – neue Direktverbindungen schaffen, versucht nun ein Projektvorschlag des UVF, das gesamte Verdichtungsgebiet vom Straßenverkehr zu entlasten.[56] Auch bei der Stadt Frankfurt selbst liegt inzwischen ein »integriertes« Verkehrkonzept mit dem hübschen Namen *Fruit* (»Frankfurt Urban Integrated Traffic Management«) auf dem Tisch. Dieser Planungsentwurf bezieht zwar noch nicht die mit dem Verkehr zusammenhängenden übrigen Lebensbereiche ein, aber doch zumindest alle Formen des Bodenverkehrs vom Schwerlaster bis zum Fußgänger.[57] Ungeachtet ihrer letztendlichen Umsetzung sind dies ermutigende Beispiele für eine neue Besinnung auf ganzheitliche Betrachtungsweisen.

Bürgernaher Planungsprozeß statt fertiger »Lösungen«

In den inzwischen zunehmend stattfindenden Bürgerversammlungen und Informationstreffen zur Verkehrsplanung vor allem kleinerer Gemeinden äußert sich die überwiegende Mehrheit der Bürger immer wieder kritisch dahingehend, daß Verkehrsplanung nur in Symbiose mit der Stadtplanung und mit den Bürgern Sinn mache. So hieß es zum Beispiel schon 1991 in einem Veranstaltungsbericht aus Bad Vilbel, »... *daß eine Verkehrsplanung, die sich nicht als Teil eines Gesamtkonzepts der Stadtplanung versteht und deren Auswirkungen nicht miteinbezieht, nicht den Namen Planung verdiene*«. Eine ganzheitliche Vorgehensweise »*dürfte aber langfristig eine Veränderung des Berufsbildes des Planers zu Folge haben*«, wie dies Charles LAMBERT, der Generalberichterstatter des Jahreskongresses des Internationalen Vereins der Stadt- und Regionalplaner, einmal ausdrückte.[58] Denn LAMBERT zufolge ist neben dem Raum der Orte auch der Raum der Flüsse und Strömungen zu erfassen und in die Planung einzubeziehen; nicht starre Entwicklungspläne, sondern flexible Prozesse und Anpassungsfähigkeit seien in Zukunft gefragt. In der Tat führen die zunehmenden Wechselwirkungen zwischen technischem und sozialem Wandel einerseits – man denke nur an die Telearbeit, den Job in den eigenen vier Wänden – und die Rückwirkungen aus der Umwelt andererseits zu einer Metamorphose unserer Infrastruktur, deren Richtung erkannt werden muß, bevor nichts mehr geändert werden kann. Solche Entwicklungen können jedoch nur aufgedeckt werden, wenn man die obigen Forderungen nach einer fachübergreifenden Planung erfüllt.

Interessant war in diesem Zusammenhang das Experiment eines Forschungsprojektes der Frankfurter Aufbau AG (FAAG) zur ganzheitlichen Stadtplanung von Jena unter Einsatz unseres computergestützten »Sensitivitätsmodells«.[59] Befragungen zur Attraktivität der Verkehrsmittel, zum Einkaufsverhalten, zur Lebensqualität wurden ebenso in die Simulationen eingebaut wie die Migration innerhalb der Stadtstruktur oder die Verkehrsströme selbst. Überraschendes Nebenergebnis: Ämter, die bisher kaum etwas voneinander gewußt und ihre Kompetenz gegeneinander abgeschottet hatten, sind durch den gemeinsamen Aufbau von Szenarien und Einflußmatrizen erstmalig miteinander ins Gespräch gekommen und sehen ihre Aufgabe seitdem in einem anderen Licht.

Das »Sensitivitätsmodell« steuerte die Diskussion und hat nach Ansicht der Stadtväter erstmals das gemeinsame Bearbeiten eines Themas der Stadtentwicklung erlaubt. Vertreter verschiedener Behörden, der Industrie, des Handwerks, der Verkehrsgesellschaften, der Regionalplanung und des Naturschutzes berieten über die Zukunft der thüringischen Universitätsstadt. Anhand des Modells konnten die Teilnehmer auch über ihr eigenes Ressort hinausgehende Themenbereiche bearbeiten, Szenarien bilden und Eingriffe und Steuerungsmöglichkeiten erkunden und bewerten und erreichten durch die Transparenz der Darstellung schließlich einen hohen Konsens über Wirkungszusammenhänge, Stärke der Einflußfaktoren und deren Rolle im System.[60]

Negativbeispiele für Funktions-Entmischung

Die Städte sind vor allem zum Überdenken ihrer für die Zukunft anzustrebenden Siedlungsstruktur aufgerufen, etwa bei der Ausweisung neuer Gewerbegebiete, um das Wohnen, Leben, Arbeiten, Sichbilden und Erholen nicht immer noch weiter voneinander zu trennen, sondern alles in einer sinnvollen Funktionsmischung allmählich wieder kleinräumig zusammenzuführen, so daß Verkehr vielfach erst gar nicht aufkommt. In der Tat gilt es hier, sich endlich von dem CORBUSIERschen Erbe der *Charta von Athen* zu lösen, die in den dreißiger Jahren – damals wohl zu Recht – die Trennung von Gewerbegebieten und Wohnflächen proklamiert hat. Seitdem die meisten Produktionsstätten und Fertigungsbetriebe jedoch viel sauberer geworden sind und sich der Anteil der Dienstleistungen enorm erhöht hat, macht diese Forderung nur noch in Ausnahmefällen Sinn. Dennoch spukt diese überholte städtebauliche Ansicht immer noch in den Köpfen mancher Planer herum, die noch nicht begriffen haben, daß es inzwischen gerade diese Entmischung ist, die durch den damit verbundenen Verkehr die größere Belastung bringt. So entschloß sich zum Beispiel in England die königliche Verkehrskommission erst 1994 zu einem grundlegenden Wandel der Verkehrspolitik.

Als Negativbeispiel für eine solch unvernetzte Planung darf das Münchner Projekt der kostspieligen Messeverlagerung aus der Stadtmitte in das ehemalige Flughafengelände bei Riem gelten. Ohne Berücksichtigung des Gesamtzusammenhangs wird hier eine Funktions-*Ent*mischung betrieben, die beispielsweise nicht einmal den Hauptanziehungspunkt der bisherigen Messe – nämlich daß man als Aussteller und Besucher mitten im attraktiven München verweilt – einkalkuliert hat. Ganz abgesehen vom allgemeinen Rückgang des Ausstellungsinteresses und der gleichzeitigen Inflation neuer Messeorte, werden sich bei einer Abschiebung ins Umland auch die Hoffnungen auf wirtschaftliche Vorteile nicht erfüllen, es sei denn, man betrachtet den dadurch zu erwartenden Zuwachs des Pendlerverkehrs als Wirtschaftswachstum.

Ein ähnlicher Kostenskandal wie beim überdimensionierten und daher nicht ausgelasteten Bereich des Flughafens *Franz-Josef-Strauß* (München II) ist daher schon vorprogrammiert. Dieser ist ebenfalls ein

Beispiel für eine Entmischung, die die Wirtschaft, wie vorauszusehen war, um keinen Deut angekurbelt hat und wohl insgesamt ein Verlustgeschäft bleiben wird – von den dramatischen ökologischen Schäden an Boden und Wasserhaushalt ganz zu schweigen. Diese Monostruktur mit ihren unvermieteten 80 000 Quadratmetern Bürofläche (1994) erinnert an den Flop der Londoner *Docklands*, und die leerstehenden Lagerhallen bis hin zu dem am Bedarf vorbei gestalteten Kempinski-Hotel lassen einen an den »Cargo-Kult« der Eingeborenen Neuguineas denken, die glaubten, man müsse nur die *Symbole* des Fortschritts – eine gerodete Fläche als Landebahn, die von rotweiß getünchten Stangen begrenzt wurde – errichten, und schon würde das »Cargo« vom Himmel herabkommen.[61] In Wirklichkeit haben sich vier der fünf amerikanischen Fluglinien wieder aus *München II* zurückgezogen, und die einträglichen Geschäftsflieger bleiben weiterhin aus. Von der ersehnten Drehscheibe des europäischen Flugverkehrs kann keine Rede sein.[62]

Die verlorene Symbiose zwischen Wohnen und Sicherholen

Wenn die Lärm- und Abgasbelastungen am Wohnort das erträgliche Maß überschreiten, dann wundert es einen nicht, daß sich Wohnen und Erholen oft nur noch schwer miteinander vereinen lassen. Wenn dann zudem auch der übrige Lebensraum durch die Verkehrsspirale immer mehr zur Transitstrecke entartet – dieser Mechanismus wird im Kapitel »Freizeit und Tourismus« noch eingehender beleuchtet werden – und eine Naherholung durch die wachsende Verkehrsbelastung immer illusorischer wird, wundert es einen ebenfalls nicht, daß die Rückeroberung der Stadt durch den Menschen zu einem Thema geworden ist, das zunehmend an Bedeutung gewinnt. Parallel zum Trend in immer weitere Ferne gibt es daher auch einen Trend zu vermehrter Stadterholung, um die verlorene Symbiose in den Wohnvierteln selbst wieder herzustellen. Leider geht dies zur Zeit Hand in Hand mit einer zunehmenden Stadtflucht der Betriebe. Diesen Exodus aus den Metropolen mit seinen negativen sozialen Auswirkungen hält auch der schon zitierte Peter DRUCKER für besonders bedenklich, da infolgedessen in der Stadt selbst immer weniger Arbeitsmöglichkeiten gefunden werden.[63] So führte zum Beispiel in Zürich die räumliche Verlagerung von Wohn- und Arbeitsplätzen zwischen 1980 und 1990 zu einer Zunahme der täglichen Berufspendler von 150 000 auf 510 000 Personen.

Wie aber wäre eine Umkehr angesichts der mittlerweile vorhandenen Komplexität unserer Ballungsräume zu schaffen? Die fast autofreien Innenstädte in Italien, wie sie etwa in Bologna nach dem Konzept des Münchner Architekten Bernhard WINKLER entstanden sind, haben ähnlich wie auch andere Vorreiter bewiesen, daß so etwas bei vorausgehender ganzheitlicher Planung möglich ist, ohne damit das Wirtschaftsleben zu belasten. Denn daß das Auto in bezug auf die Unwirtlichkeit unserer Städte die größte Rolle spielt, dürfte inzwischen niemand mehr bezweifeln. In vielen Städten ist daher die Diskussion über Verkehrsprobleme zum Schwerpunktthema geworden.

So soll nach dem Willen der Stadtplaner der fließende Autoverkehr aus der City der Hansestadt Lübeck – zunächst einmal auf Probe – völlig verbannt werden.[64] In Bremen und nun auch in München sollen ganze Wohnviertel, die neu ausgewiesen worden sind, ohne jeden Autoverkehr angelegt werden, damit sie mit dem Kraftfahrzeug gar nicht erst zu erreichen sind.[65] Die Organisation GREENPEACE will mit einem revolutionären Verkehrskonzept für Schwerin sogar ein Europa-Modell für autoarme Städte starten, das eine Durchquerung grundsätzlich nicht mehr möglich macht, so daß dann in der Tat nur noch »Anlieger« in der Stadt zu finden sind.[66] Aber selbst diese fahren – wenn sie zum Beispiel vor der Stadt parken – ohne ihr Auto billiger, da die innerstädtischen Parkgebühren für Nichteinwohner sehr hoch sein werden. Inwieweit hierdurch das Wohnen in der Stadt wieder genügend Erholung bietet, um der Stadtflucht zum Wochenende entgegenzuwirken, ist solchen Plänen allerdings nicht zu entnehmen. Außerdem haben wir schon erfahren, daß höhere Parkgebühren zwar abschrecken, was aber durch häufigeren Umschlag und mehr Suchverkehr nach freien Plätzen womöglich wieder wettgemacht wird.

Beispiel Davis als Vorreiter

Beispielhaft gelungen ist dagegen eine echte sozioökologische Renaissance in Davis, einer Kleinstadt in der Nähe von Sacramento in Kalifornien. Unter aktiver Mithilfe ihrer Bürger, darunter viele Studenten, avancierte die Gemeinde mit ihren 50 000 Einwohnern inzwischen zur Ökomusterstadt für die USA. Die Geschichte begann mit einer Vorfahrt für Fahrräder und dem Bau vieler Kilometer kreuzungsfreier Radwege, die das Auto uninteressant werden ließen, wonach dann die Stadt eine regelrechte Kettenreaktion von umweltverbessernden Innovationen erlebte. Dieses interessante Beispiel zeigt, was bei genügend Aufgeschlossenheit und Bereitwilligkeit alles möglich ist.

Die angenehme Kühlung beim Fahren unter den Alleebäumen führte zu der Idee, die gleiche Klimatisierung in den Wohnvierteln zu nutzen. 17 000 schattenspendende Bäumen wurden gepflanzt, so daß die Bewohner ihre bis zu 2000 Dollar im Jahr verschlingende Aircondition abschalten konnten. Einmal auf dem Energiespartrip, verzichtete man auch auf die Wäschetrockner im Keller und hängte die Wäsche wieder auf die Leine. Dann sprang der Funke auf den »Sozialbereich« über. Man traf sich beim Aufhängen der Wäsche auf der Wiese zwischen den Häusern; Nachbarn freundeten sich an. Von dort zu einer sinnvolleren Bodennutzung als mit englischem Rasen, nämlich mit Gemüse und Erdbeeren, war es nur ein kleiner Schritt. Zusätzlich wurde gemeindeeigenes Gelände in 40 m^2 große Parzellen aufgeteilt – die Pachtkosten: fünf Dollar pro Jahr –, auf denen man sich, ohne wegzufahren, erholen und Fitneß treiben konnte. Als nächstes war Kompostierung statt Chemiedünger die Devise, und das führte zielstrebig zur eigenen Recyclingzentrale, die der Gemeinde anstelle der früheren Müllentsorgungskosten 40 000 Dollar pro Jahr einbrachte. Ein Bauernmarkt mitten im Ort entstand; der abgelegene Supermarkt war out – kurz: Die gesamte Lebensweise erreichte ein neues Niveau, und ein gesundes Gemeinwesen unter konstanter Bürgerbeteiligung war die Folge. Doch am Beginn hatte der Abschied vom alles beherrschenden Auto gestanden, das durchaus noch weiterhin seine Dienste tut, aber eben nur dort, wo es sinnvoll ist.[67]

Ökologischer Stadtumbau lädt zum Verweilen ein

Es ist klar, daß ein solch komplettes Modell nur unter den besonderen Umständen von Davis und in dieser Form nur in einer Kleinstadt möglich ist, und eine solche will man in Davis auch unbedingt bleiben. Dennoch ist eine verkehrsberuhigte Funktionsmischung von Leben, Arbeit und Erholung auch in Großstädten keineswegs eine Utopie, wie inzwischen viele Beispiele zeigen. Sie finden sich in München, Berlin, Dresden und anderen Großstädten. Es beginnt mit Wandbegrünung und Dachbiotopen, bepflanzter Hinterhofgestaltung, neuen Baumalleen, neu begrünten Fußgängerzonen und Spielstraßen mit »Tempo 5«, Niveaugleichheit von Fahrbahn, Geh- und Radwegen, einer Offenlegung der alten Stadtbäche bis hin zu Straßenfesten und Stadtteilwochen, damit das Verweilen am Ort wieder attraktiv wird.

»Das oberste Prinzip einer Stadtplanung der Zukunft kann nur das der Umweltverträglichkeit sein. Das setzt geschlossene Kreisläufe voraus. Die Stadt der Zukunft muß mindestens in Teilen autark sein, denn es wird bald kein Land mehr geben, woher sie ihre Rohstoffe beziehen und wohin sie ihre Abfälle entsorgen kann. Das setzt neue Energie- und Verkehrskonzepte voraus. Das setzt Selbstverwaltung in überschaubaren Einheiten voraus.«

Jörg Albrecht in »Zukunft Stadt«, *ZEITmagazin* v. 10. 6. 94

Auf diese Weise kann man – eine nicht zu große und nicht zu geringe Dichte vorausgesetzt – seinen Stadtteil wieder als Dorf der kurzen Wege erleben, wo man seine Nachbarn kennt und sein Straßenviertel ohne Lärmbelästigung zu Fuß oder mit dem Rad »erfahren« kann. Der Wochenendausflug mit dem Auto wird so nicht mehr zu einem Muß, ja, er gerät mit seinen zum Teil lästigen Begleitumständen gänzlich ins Hinterteffen. Ergänzt durch eine Vorfahrt für Bus und Straßenbahn und durch kurze Fahrfolgen der Bahnen, durch Fahrradkuriere, Biergarten-Shuttles, Park-and-Bike, ist das Ergebnis keine Verkehrsverlagerung, sondern eine echte Verkehrsberuhigung ohne Verlust an Komfort oder Mobilität. Und das geschieht einfach dadurch, daß das Vernünftige attraktiver als das Unvernünftige geworden ist. Sicher ist das noch eine Zukunftsvision im Großen, dafür aber schon vielfach Wirklichkeit im Kleinen und oft in Gang gesetzt von Bürgerbewegungen.[68]

All dies zählt mehr oder weniger zum »ökologischen Stadtumbau«, wie er nun auch in größeren Städten in ersten Pilotprojekten geplant wird. So werden zum Beispiel in der Robinienstraße in Dresden von mehreren Arbeitsgruppen unter der Ägide des Stadtplaners Eckart HAHN die häßlichen Plattenbauten aus der DDR-Zeit als Grundstock für eine neue Wohnkultur genutzt, die sich gegenüber dem Wohnumfeld öffnet. Holzaufbauten, Balkonerweiterung und Ausläufer der Erdgeschoßwohnungen sowie der Anbau von Schuppen und Gartenteilen machen so aus einer toten Monotonie von Betonkasernen ein neues »Lebewesen«. Es dürfte interessant sein, die Rückwirkung auf das mobile Verhalten der Bewohner zu verfolgen, die nun nicht mehr ihrer Schlafstätte entfliehen müssen und sicherlich einen Teil ihrer Freizeit »vor Ort« verbringen werden.[69]

Die autofreie Stadt der Zukunft

Führt man Verbundlösungen zwischen der Verkehrsstruktur, Versorgung, Entsorgung, Wohnkultur und dem Gemeinwesen weiter, so käme man allmählich zu vollkybernetischen Stadtkonzepten mit Dachbegrünungen, Windpumpen, Regenwassersammlung sowie passiver und aktiver Solarenergie durch beschichtete Fensterflächen, die jedes Hochhaus zum Solarkraftwerk machen.[70]

Dazu kämen eine hauseigene Kraft-Wärme-Kopplung, ein Hausmüllrecycling, Brauchwasserkreisläufe und andere standortspezifische Verfahren, die – wie am Beispiel von Davis abzulesen ist – auch das kommunale Sozialwesen und die zwischenmenschlichen Beziehungen auf eine neue Ebene heben, »*so daß*...«, wie Alexander MITSCHERLICH sagt, »...*meine Wohnung durch diese Verzahnung mit der Mitwelt zur wirklichen Heimat wird und es bleibt, solange die lebendige Unabgeschlossenheit mitmenschlicher Beziehungen mich in sie zurückführt*«.

Während nun das Konzept von Davis auf Kleinstädte von 50 000 Einwohnern zugeschnitten ist, sieht das bei Millionenstädten natürlich anders aus. Doch auch hier gibt es Entwürfe, die die nötige Kleinräumigkeit und Autarkie durch weitgehend geschlossene Kreisläufe verwirklichen. Es sind zukunftsträchtige energie- und rohstoffsparende Systemlösungen, kybernetische Technologien, an denen die Welt mehr und mehr Bedarf hat.[71] Das zeigen auch die Neukonzeptionen ökologischer Metropolen wie etwa der bemerkenswerte Entwurf der futuristischen, wie ein Atoll angelegten, autofreien Millionenstadt *Anthropolis* von Klaus JAHN, bei der die Grundregeln der Systemkybernetik und der Humanökologie weitgehend berücksichtigt sind. Ein Ansatz, wie wir ihn auch für die neuen urbanen Großprojekte empfehlen, die derzeit in China geplant werden – entgegen dem bisherigen Boom anonymer Blockbauten, die die traditionellen chinesischen Wohnhöfe brutal zerstören. Denn es kann nicht das Ziel sein, den bisherigen Elendsmetropolen der Welt immer noch weitere hinzuzufügen, die wie Mexico City, São Paulo, Kairo oder Shanghai längst keinen Stadtkern mehr kennen, und um die sich ein Slumgürtel nach dem anderen legt, bis dort vielleicht schon in einer Generation über 30 Millionen Menschen hausen – und verkommen werden.

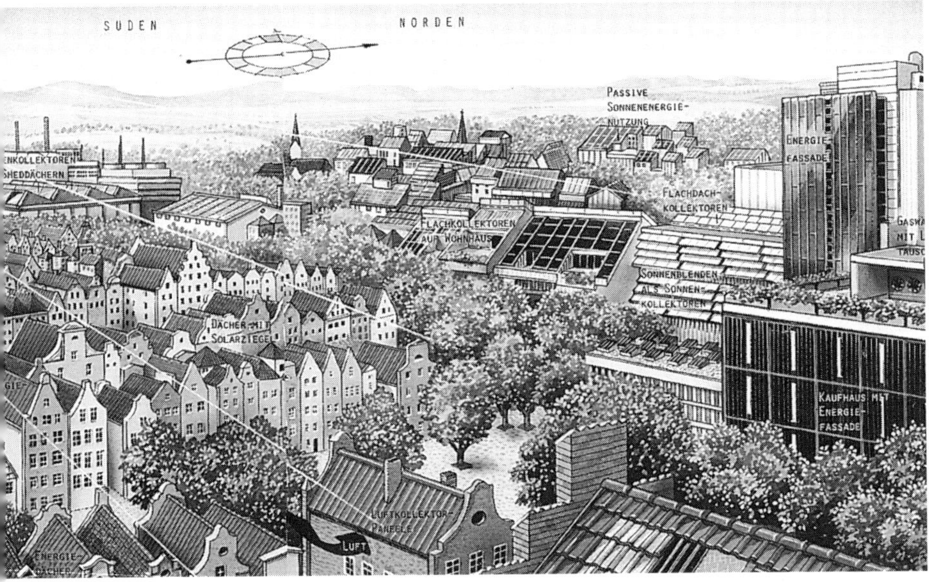

Kybernetische Techniken lassen sich durchaus auch in vorhandene städtebauliche Elemente einbinden. Mit passiver und aktiver Solarenergie auf Fassaden, Dächern und Trombewänden, mit Dachbegrünungen, Grauwasserkreisläufen, Energieboxen und anderen Verbundlösungen zwischen Versorgung, Entsorgung, Verkehrsstruktur und Wohnkultur käme man so allmählich zu vollkybernetischen Stadtkonzepten. Zeichnung: D. Lochner in *Das Haus,* Spezialheft Heizen und Sparen heute und morgen (1980)

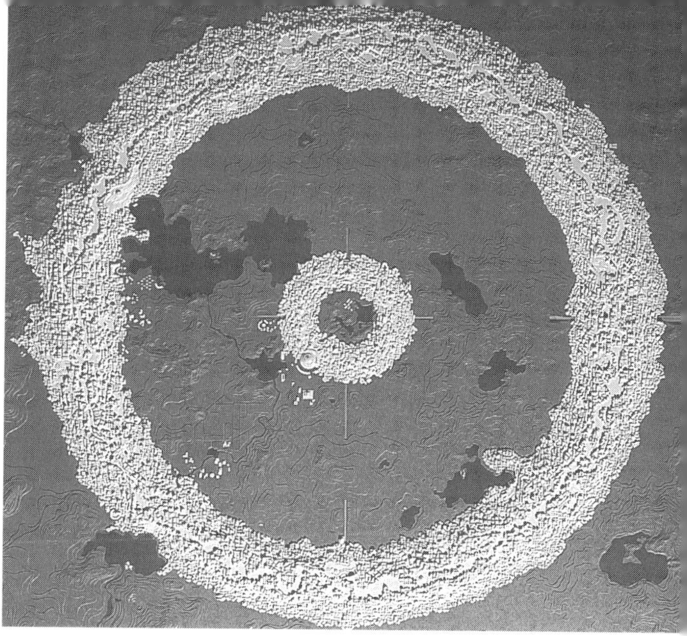

Im autofreien Stadtkonzept des Gautinger Architekten Klaus J. Jahn läuft der öffentliche Verkehr auf einem zweiten und dritten Untergeschoß. Die unregelmäßig breiten, flußbettähnlichen Straßen der Oberfläche sind ausschließlich für Schienentaxis und den Muskelkraftverkehr reserviert (Gehen, Rollschuhlaufen, Radfahren, Rikschaverkehr).

Entwurf: K. J. Jahn, Gauting

In Anthropolis ist der zentrale öffentliche Bereich mit übergeordneten Einrichtungen durch einen Grüngürtel von den ihn ringförmig umgebenen Wohn- und Lebensbereichen getrennt. In diesen sind kleinräumig immer wieder dezentrale Infrastruktureinrichtungen vorhanden. Für die täglichen Anforderungen sind nur noch kurze Wege erforderlich, das Zentrum ist durch radiale unterirdische Verkehrswege von allen Seiten her schnell erreichbar.

Entwurf: K. J. Jahn, Gauting

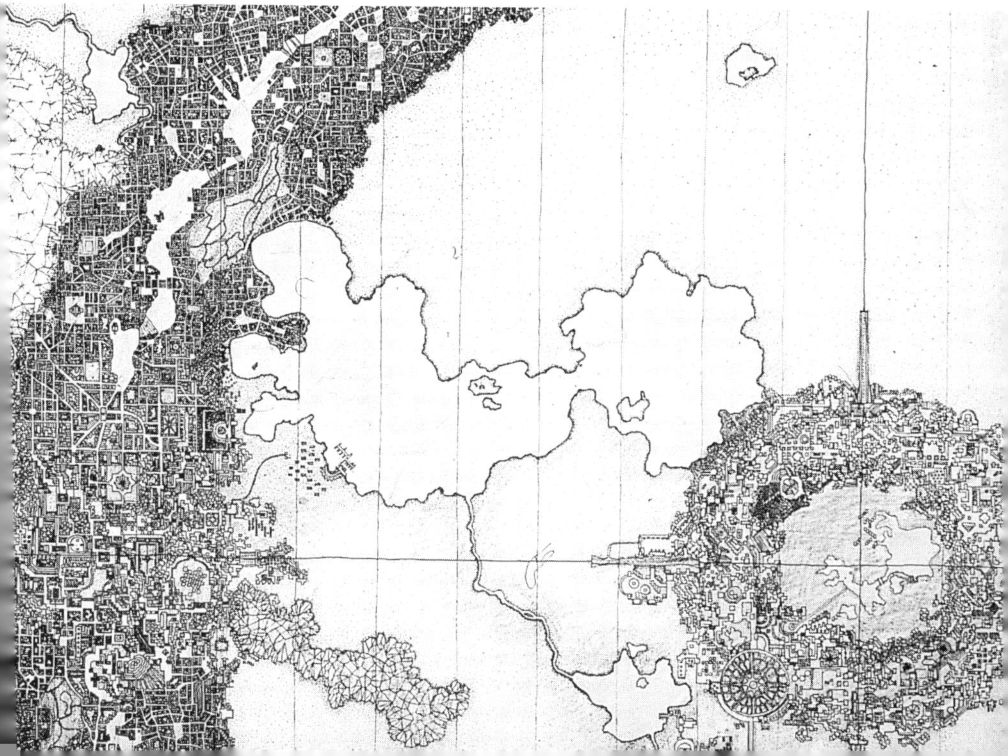

Bei den neuen Ansätzen beschränkt man sich nicht nur auf ein bis zwei Millionen Einwohner, sondern hier werden – bei gleicher Bevölkerungszahl und ohne Hochhäuser – auch nur 20 Prozent (!) der Fläche einer gleich großen Stadt wie München zugebaut. Der Rest bleibt Natur. Wesentliches Merkmal ist eine völlig neue Mobilität ohne Belastung durch das Auto – selbst keine Elektroautos –, sondern mit einem System von individuell abrufbaren »People-movern«, die über ein teilweise unterirdisches Versorgungsnetz laufen.

Ein ähnlich konsequentes ökologisches Stadtmodell, ebenfalls in Rundform und für 500 000 Einwohner, hat Richard ROGERS, der bei uns durch seinen Entwurf für den Potsdamer Platz in Berlin bekannt geworden ist, für Shanghai entwickelt, wo es in die Flußbiegung des Huang Pu hineingebaut werden soll. Nach seinen schlechten Erfahrungen wie etwa mit der Pleite der *Docklands* in London basiert nun auch ROGERS' Konzept auf einer lebendigen Funktionsmischung. Alles, was technisch zu den Projekten vorgeschlagen wird, ist übrigens im Einzelnen längst Wirklichkeit und könnte bei Neuplanungen durchaus umgesetzt werden. Doch Neuplanungen gibt es in unseren westlichen Industrieländern nur sporadisch. Wir haben es vor allem mit *bestehenden* Städten und dort eher mit dem ökologischen Stadt*umbau* zu tun, wie er jetzt für Berlin, Leipzig und Dresden in Gang gekommen ist. Mit der – mir bis heute widersinnig erscheinenden – Hauptstadtverlagerung nach Berlin ist allerdings gerade dort wieder der umgekehrte Trend in Gang gekommen, der die vielen hoffnungsvollen Ansätze in dieser Stadt konterkariert. Wenn es nach den Plänen der Regierung geht, wird Berlin als einzige europäische Metropole ins finstere Mittelalter einer autogerechten Stadt zurückfallen.

Fahrradwege befreien die Stadt

Bei all diesen Konzepten übernimmt das Fahrrad eine immer bedeutendere Rolle im Verkehrsgeschehen. Obwohl wir später noch im einzelnen auf dieses Transportmittel eingehen, dürfen hier einige Bemerkungen zu seiner Einbindung in den Gesamtverkehr nicht fehlen. Im Wettbewerb mit anderen Fahrzeugen hält das Fahrrad nämlich allein schon in punkto Energieverbrauch die Spitzenposition (siehe dazu die Abbildung auf Seite 128). Im übrigen kann man es ebenso wie andere

HPV-Konstruktionen (»human powered vehicles«) durchaus unter die Solarfahrzeuge einordnen, weil die eingesetzte Muskelkraft über die aufgenommene Nahrung letztlich auf gespeicherter Sonnenenergie beruht.

Aber offenbar ist die Bedeutung dieses umweltfreundlichsten aller Fahrzeuge längst noch nicht allen Verkehrsplanern klar, selbst denen nicht, die für mehr Fahrradmobilität eintreten. So plädiert zum Beispiel die Stadt München in Zeitungsanzeigen zwar für mehr Fahrradwege und eine zunehmende Fahrradkultur, schränkt aber gleichzeitig verschämt ihre eigene Forderung ein, indem sie zugeben zu müssen glaubt, daß das Fahrrad den Pkw natürlich nicht zu ersetzen vermag. In vielen Fällen kann es dies sehr wohl, wenngleich auch nicht in allen. Für gelegentliche Autofahrten bietet sich dann außer dem normalen Taxi das zukunftsträchtige Car-sharing an – in der Schweiz auch als »Auto-Teilet« bekannt. Die zu diesem Zweck gegründeten Vereine erfreuen sich mit ihrer gut durchdachten Organisation einer immer größeren Beliebtheit, und inzwischen wollen auch die großen Autoverleiher wie HERTZ und EUROPCAR, ja sogar der ADAC selbst in das zunächst als alternativ bespöttelte Verleihgeschäft einsteigen. Obwohl es zunächst so aussieht, als ob durch Car-sharing nur die Zahl der Fahrzeuge, nicht aber die der Fahrten selbst vermindert werden würde, ist gerade letzteres der Fall. Wenn das Auto gar nicht erst verführerisch zu Hause vor der Tür steht, wird einen das darüber nachdenken lassen, ob es nicht eine bessere Transportmöglichkeit gibt oder ob die Fahrt überhaupt nötig ist. Andererseits macht einen gerade die Möglichkeit des Car-sharing, im Notfall ein Auto zur Verfügung zu haben, die Entscheidung um so leichter, das eigene Fahrzeug abzuschaffen und auf öffentliche Verkehrsmittel oder das Fahrrad umzusteigen.[72]

Defizite in der Aufklärung

Viele Autofahrer empfinden die Investitionen für den Ausbau eines Fahrradwegenetzes als Ärgernis, weil sie das dafür ausgegebene Geld lieber in den Straßenausbau gesteckt sehen möchten.[73]

In Wirklichkeit helfen Fahrradwege dem Autofahrer weit mehr als Parkplätze und Tiefgaragen, und eigentlich müßte er jedem Radfahrer dankbar dafür sein, daß dieser nicht auch noch mit einer voluminösen Blechkiste fährt und den Verkehrsraum damit noch weiter einschränkt. Den weiterhin Auto fahrenden dürfte ihr Fortkommen im Verkehr durch die Zunahme von Fahrrädern und Fahrradwegen nicht etwa verleidet, sondern wahrscheinlich in manchen Fällen bald überhaupt nur noch dadurch ermöglicht werden. Also sollten sie diese Entwicklung begrüßen. Denn wer Fahrradwege schafft – und das Radfahren dadurch attraktiver macht –, tut mehr für die Autofahrer, als wenn er Parkhäuser und Tiefgaragen baut. Jede Benutzung des Fahrrads und jede Erledigung zu Fuß macht die Straßen für die verbleibenden Autofahrer leerer und mehr Parkplätze frei, wohingegen jedes Parkhaus und jede weitere Fahrspur mehr Autos in die Stadt lockt und so nur das Chaos verstärkt.

Mit dem Fahrrad am schnellsten

Daß man durch die Benutzung des Autos in der Stadt auf kürzeren Strecken zudem keineswegs Zeit gewinnt, sondern gegenüber dem Fahrrad als dem oft schnellsten Verkehrsmittel weit in den Rückstand

Bike-and-Ride am Hauptbahnhof München. Wenn all diese Radfahrer auch noch mit dem Auto kämen, wäre das Chaos perfekt. Foto: sbu München

geraten kann, wurde am Beispiel einer Untersuchung in den fünf Schweizer Städten Basel, Bern, Luzern, St. Gallen und Zürich durch ausgiebige Testfahrten bestätigt. Auf typischen Berufsverkehrsstrecken von jeweils rund vier Kilometern Länge wurden die Zeiten zwischen Start und Ziel von Auto, Fahrrad und Trambahn gemessen, wobei das Fahrrad mit einem Mittelwert von 20,6 Stundenkilometern schon bei der reinen Fahrstrecke in allen fünf Städten vorne lag. Rechnete man die Zeitverluste durch das Warten an den Haltestellen, die Parkplatzsuche, das Rangieren sowie das Suchen und Einwerfen von Münzen und den restlichen Fußweg mit ein, so betrugen die ermittelten Zeiten zwischen Start und Ziel beim Fahrrad 12,8 Minuten, während das Auto und die Trambahn – der hier übrigens keine Vorfahrt eingeräumt worden war – mit 17,4 beziehungsweise 26,8 Minuten weit abgeschlagen folgten. Das ist eine eindeutige Aussage, die sicherlich auch auf manche anderen Innenstädte übertragbar sein dürfte.[74]

Im Hinblick auf ein integriertes Verkehrskonzept müssen die Städte natürlich nicht nur ihr Park-and-Ride-System und ihr Fahrradwegenetz – mit entsprechenden Vernetzungspunkten zu den übrigen Verkehrsteilnehmern, beispielsweise einem Bike-and-Ride – sinnvoll gestalten. In manchen Fällen ist auch die umgekehrte Lösung, als sie mit der Abtrennung der Geh- und Fahrradwege vom Autoverkehr normalerweise vollzogen wird, denkbar, und zwar eine Nivellierung des gesamten Straßenraums ohne Bordsteine, der dadurch schon rein optisch allen Verkehrsteilnehmern die gleichen Rechte einräumen würde. In dem oberbayrischen Dorf Bayersoien war diese Lösung von Erfolg gekrönt. Hier nimmt jeder automatisch auf den anderen Rücksicht, und die Autofahrer fahren – ohne ausgeschlossen zu sein – ganz von selbst im Schrittempo. Denn jeder akzeptiert mit einem Mal, daß die Straße allen gehört.

Größere Orte sollten vor allem das Zusammenspiel ihrer Nahverkehrsmittel mit denjenigen Bedürfnissen koppeln, die durch das Auto *nicht* befriedigt werden können. Neben dem bereits geschilderten und nur beim Fahrrad möglichen direkten Ein- und Ausladen vor der Haus- oder Ladentür – ohne die Taschen und Pakete erst zwei Blocks weit dorthin schleppen zu müssen, wo das Auto geparkt ist – gehört eine Mitnahme des Gefährts in Biergärten und Parks, auf beschrankte

Betriebsgelände oder Bahnsteige mit zu den Punkten, die dem Auto vorenthalten sind – von der ausgleichenden Körperbewegung ganz zu schweigen. Bei Bus und Bahn wiederum zählt das Beisammensein in größerer Gruppe während der Fahrt, das Hin- und Hergehen, das Sitzen an Tischen, die Benutzung einer Toilette und weitere Annehmlichkeiten, wobei hier noch hinzukommt, daß man seine Aufmerksamkeit nicht auf das im Grunde ja völlig unproduktive Fahren richten muß. In einer Straßenbahn sieht man bekanntermaßen am meisten von einer Stadt, mehr als vom Auto oder auch vom Fahrrad aus – und von einer U-Bahn aus natürlich am allerwenigsten. Ob Berlin vielleicht deshalb als einzige Großstadt seine Trambahnlinien verfallen läßt, um damit die Häßlichkeit der geplanten Bauobjekte nicht gleich jedem vor Augen zu führen?

Zur Renaissance des städtischen Schienenverkehrs

Zu den Straßenbahnen als bewährtem umweltfreundlichen Stadtverkehrsmittel – etwa zur Florianerbahn oder zu den Baseler, Karlsruher und anderen Stadtbahnen[75] – wurde schon einiges gesagt. Durch neue Vorfahrtregelungen, Niederflurkonstruktionen und Zweistromsysteme könnten Straßenbahnen noch weitaus schneller werden, als es die oben zitierte Schweizer Untersuchung mit der gemessenen Durchschnittsgeschwindigkeit von zehn Stundenkilometern ergab. Das zeigt beispielsweise auch die neue Linie 20 in München, zu deren Start Oberbürgermeister Christian Ude übrigens ein konsensfähiges Wort zur Beschränkung des Autoverkehrs – die der rot-grünen Fraktion im Münchner Rathaus von den Autofreaks gerne vorgeworfen wird – gesagt hat, nämlich daß es lediglich darum gehe, die *überflüssigen* Autofahrten zugunsten der *notwendigen* zu vermeiden.

Straßenbahnen sind übrigens keineswegs ein Ausdruck europäischer Nostalgie, wie dies von den Protagonisten einer autogerechten Stadt lange Zeit behauptet wurde, die dieses Verkehrmittel am liebsten mit Stumpf und Stiel ausgerottet hätten. So besitzt zum Beispiel, wie man hier kaum vermuten wird, die australische Millionenstadt Melbourne das größte Straßenbahnnetz der Welt. In der gesamten Stadt befindet sich fast an jeder Straßenecke eine Haltestelle. Hand in Hand damit wurden die Parkplätze in der Innenstadt praktisch komplett abgeschafft, und auch neue Parkhäuser dürfen nicht mehr gebaut werden. Ein fahrbares Straßenbahnrestaurant, Ringlinien und kurze Taktzeiten sorgen inzwischen für eine so hohe Auslastung, daß die Bahngesellschaft seit 1990 aus den roten Zahlen heraus ist.

In diesem Zusammenhang soll kurz auf den Einsatz eines ganz speziellen Typs attraktiver Stadtbahnen hingewiesen werden, wie sie etwa für die Verkehrsentlastung in Erholungsorten besonders geeignet erscheinen: die fahrerlose, eventuell auch individuell abrufbare Hängebahn. Anders als in amerikanischen Städten ist dieser Typ bei uns bisher noch sehr wenig in den öffentlichen Verkehr integriert worden. Derartig leichte, fast lautlose, umweltfreundliche und preiswerte Bahnen, die keine Bodentrasse benötigen, könnten für die vor dem Smog fliehenden Gäste autofreier Kurorte eine größere Attraktion sein als zum Beispiel eine weitere, ebenso teure, dafür jedoch naturzerstörende Bergbahn – was keineswegs ausschließt, daß die Ortshängebahn von der Bergbahngesellschaft betrieben wird.

Auch die Wuppertaler Schwebebahn – bekanntlich das sicherste Verkehrsmittel Deutschlands, das seit nun beinahe 90 Jahren ohne einen einzigen Unfall in Betrieb ist – hat leider noch keine Nachahmer gefunden, obwohl die Wuppertaler selbst und jeder Fremde, der damit fährt, davon begeistert sind. Diese Ablehnung ist ein eigenartiges Phänomen, dem psychologisch vielleicht eine gewisse provinzielle Scheu zugrunde liegt, sich mit einer ungewöhnlichen Lösung lächerlich zu machen. Gewiß ist es aber kein Problem der Machbarkeit, der Technik oder der Kosten. Auf die Marktchancen dieser Bahnen genau wie der in den USA immer mehr an Boden gewinnenden »Peoplemover« und anderer Systeme eines »öffentlichen Individualverkehrs« wird an späterer Stelle noch näher eingegangen werden, wenn von Fahrzeugtechnik, Verkehrssicherheit und neuen Aufgaben der Automobilindustrie die Rede sein wird.[76]

Die Untertunnelung des Stadtverkehrs

Während man zur U-Bahn durchaus ja sagen darf, selbst wenn sie verglichen mit der Straßenbahn und der noch preiswerteren eingleisigen Hängebahn die teuerste Lösung ist, gebührt der Untertunnelung von längeren Straßenzügen ein klares Nein. Die Tieflegung des Autoverkehrs ist zwar gewissermaßen organisch – eine oberflächliche Parallele zum Blutkreislauf drängt sich auf –, aber abgesehen von der Lärmdämpfung stellt sie eine ebenso kurzsichtige Scheinlösung dar wie die Hoffnung, daß man durch acht- statt sechsspurige Autobahnen Staus vermeiden würde. Denn die Verteilerknoten und Einfallstraßen der Städte, die diesen Verkehr dann ja aufnehmen müßten, sind durch den rascheren Fahrzeugdurchsatz dann um so mehr verstopft. Auch bei einer Untertunnelung – ein großes Streitobjekt ist hier etwa der Mittlere Ring in München – müssen die Fahrzeuge ja irgendwo wieder herauskommen, und dort gibt es dann natürlich um so mehr Staus. Auch die Abgase werden dadurch keineswegs weniger, sondern nur anders verteilt. Gegen Lärm und Abgase bleibt daher nach wie vor eine an möglichst vielen Hebeln ansetzende Reduzierung des städtischen Autoverkehrs inklusive eines drastischen Tempolimits die einzig tragbare Zukunftslösung.

So hebt auch der Urbanist Dieter APEL hervor, daß das Auto zwar für den einzelnen ein wunderbares Verkehrmittel darstellt – wenn es die anderen nicht alle gleichzeitig benutzen würden –, aber für den allgemeinen Massenverkehr in der Stadt sei es das wohl am wenigsten geeignete Gerät. Der schon geschilderte Irrweg, durch eine Erhöhung der Straßenkapazität – sei es nun durch einen Ausbau oder durch Leitsysteme – Verkehrsstauungen und Umweltbelastungen zu verringern, hat daher auch bisher in keiner der großen Städte zum Ziel geführt. APEL führt neben anderen europäischen Städten auch das Beispiel von Paris an, wo schon wenige Wochen nach der Eröffnung des Stadtautobahnringes Verkehrsstauungen auftraten, während sich im Stadtinnern überhaupt keine Verbesserungen zeigten. Erst drastische Maßnahmen zur Reduktion des Autoverkehrs und eine verbesserte Leistung der Metro haben hier seit neuestem wieder Luft geschaffen.[77]

Autoverkehr gegen lebendige Stadtatmosphäre

Besonders interessant ist APELS Vergleich der beiden kalifornischen Städte Los Angeles und San Francisco aufgrund ihrer unterschiedlichen Verkehrspolitik seit 1945. So setzte Los Angeles auf die »autogerechte Stadt« und auf den Bau von breiten Straßen und Stadtautobahnen. San Francisco dagegen bremste diesen Ausbau schon nach kurzer Zeit und errichtete statt dessen ein Schnellbahnsystem. Heute ist die Fahrtenhäufigkeit mit öffentlichen Verkehrsmitteln in San Francisco nach New York die zweithöchste in den USA, die von Los Angeles eine der niedrigsten auf der Welt. Die Folgen für die Stadtentwicklung sind eindeutig: San Francisco konnte sein lebendiges Stadtzentrum erhalten, in Los Angeles hingegen setzte ein drastischer Niedergang des Stadtkerns ein – mit allen bekannten sozialen Folgen. Es muß nicht extra betont werden, daß damit der Anstieg beziehungsweise das Absinken der *Attraktivität* des Stadtzentrums – genau wie in vielen anderen Städten – völlig parallel einhergeht. Nicht umsonst sind es die am wenigsten autogerechten Städte wie Amsterdam, Groningen, München, Wien, Paris, Zürich oder Stockholm, deren Stadtzentren die höchste Attraktivität aufweisen. Vielleicht nimmt man sich beim Stadtumbau unserer neuen Hauptstadt doch noch ein Beispiel daran und vermeidet in letzter Minute die Kapitulation vor den Monomanen einer nicht mehr zeitgemäßen Verkehrsplanung.[78]

Ein Beispiel aus Holland

»Wie man den Durchgangsverkehr vermeidet, zeigt die Stadt Groningen eindrucksvoll. Dort wurden die Innenstadt in vier Tortenstücke unterteilt und die Durchgangsstraßen gekappt. Der Ziel- und Quellverkehr kann fließen, die Durchfahrt von einem Tortenstück zum anderen ist allerdings lediglich den Bussen und dem Fahrradverkehr gestattet. Dadurch hat sich der Autoverkehr in der Innenstadt so drastisch reduziert, daß ehemals vier- oder sechsspurige Durchgangsstraßen auf zweispurige Straßen mit breiten Grünstreifen zurückgebaut werden konnten. Der Fahrradverkehrsanteil in Groningen beträgt mit fast 60 Prozent das Zehnfache von Berlin. Die Geschäftsleute, die den Plan anfangs kritisiert haben, erfreuen sich heute hoher Umsatzsteigerungen.«

Aus: Michael Cramer, Überholen ohne einzuholen[79]

Daß ein größeres Angebot an öffentlichen Verkehrsmitteln, wenn es ganzheitlich koordiniert ist, fast gesetzmäßig den Autoverkehr verringert und daß hier zum Beispiel die deutschen gegenüber den schweizerischen Großstädten im Hintertreffen sind, zeigen Zürich, Basel und Bern, deren Nahverkehrsnetz doppelt bis dreimal so stark genutzt werden kann wie bei uns. Das verringerte dort auch prompt den Autoverkehr um ein Viertel bis zu einem Drittel – und damit auch die Umweltbelastung. Leider ist dieser schöne Erfolg von der generellen Zunahme des Autoverkehrs in der Schweiz inzwischen wieder im wahrsten Sinne des Wortes überrollt worden, so daß hier Maßnahmen greifen müssen, die das klassische Konzept flankieren. An erster Stelle steht dabei eine, zudem praktisch kostenlos machbare Neuregelung der Vorfahrt. Das würde eine Signalsteuerung mit Priorität für den ÖPNV, für Fahrradfahrer und Fußgänger erfordern sowie – bei den immer noch aufs Auto angewiesenen Verkehrsteilnehmern – die Förderung eines Umstiegs auf abgasfreie Fahrzeuge, unter anderem durch die Freigabe bestimmter Sperrzonen oder Busspuren für E-Mobile.[79]

Eine Umschichtung des Pkw-Verkehrs zum öffentlichen beziehungsweise nicht motorisierten Nahverkehr ist jedenfalls grundsätzlich möglich. Das zeigt Paris, wo der Pkw-Anteil am Gesamtverkehr schon heute nur noch 20 Prozent beträgt, in London sogar noch weniger, während er beispielsweise in Berlin bei über 30 Prozent liegt. So plädiert auch Apel in einem Forschungsbericht der *Daimler-Benz-Stiftung* für ein integriertes umfassendes Handlungskonzept, wie ich es in diesem Buch darzulegen versuche. Selbst ein Rückbau des Autoverkehrs um die Hälfte und dazu die fortschrittlichste Fahrzeugtechnik allein reichen nämlich nicht aus, um die Emissionen bis unter die gesundheitsgefährdenden Grenzwerte abzubauen.

Verkehr und Gesundheit

Streß und Scheinmobilität

Faktoren wie Luft- und Lärmbelastung unserer Städte, ihre anonyme Menschenmasse, der Verlust des Erholungsraumes durch die Ausbreitung von Industrie- und Verkehrsanlagen und die Massen-Wohnsilos in vegetationslosen Betonlandschaften bauen bei vielen Großstadtmenschen bereits einen Grundstreßpegel auf. Der moderne Straßenverkehr mit seinen ständigen unterschwelligen Alarmsituationen erhöht diesen noch, indem er uns fast alle Streßfaktoren gleichzeitig beschert. Diese Mechanismen habe ich in meinem Buch »Phänomen Streß« ausführlich beschrieben, deshalb seien hier nur ein paar bislang viel zu wenig beachtete und für manch einen sicherlich auch überraschende Feststellungen angeführt, die in der Diskussion über die Hauptbelastung durch Abgase und Lärm kaum erwähnt werden. Es handelt sich dabei um die bei aller Hektik herrschende Bewegungsarmut und den damit verbundenen fehlenden Streßabbau. Das Autofahren wird vom vegetativen Nervensystem auf der einen Seite als Schwerarbeit eingestuft, ohne daß jedoch auf der anderen Seite der Körper überhaupt etwas tut. Das führt zu einer biologischen Doppelbelastung: Es wird Streß erzeugt, und gleichzeitig wird seine Umsetzung in Körperleistung verhindert. So ist es vielfach gerade die Bewegungslosigkeit, die uns das Leben erschwert und die Gesundheit gefährdet. Denn diese Art Mobilität hat nicht das Geringste mit Bewegung zu tun. Nirgendwo sitzen wir bewegungsloser – zur Immobilität erstarrt – als hinter dem Lenkrad.

Das Paradoxe ist nun, daß unser natürlicher Bewegungsdrang durch die Bewegung des Fahrzeugs und der vorbeihuschenden Landschaft gestillt wird – man »bewegt« sich ja schließlich. Die Natur – die das Auto offensichtlich nicht vorgesehen hat – spielt uns hier einen Streich, indem sie uns beim Fahren eine Eigenbewegung suggeriert und dem Berufspendler das Gefühl vermittelt, daß die Bewegungslosigkeit seiner achtstündigen Büroarbeit durch das »Mobilsein« während der einstündigen Heimfahrt ausgeglichen sei. Während normalerweise längere Bewegungsarmut zu einer Gegenreaktion führt – man denke nur an die in der Pause auf dem Schulhof herumtobenden Kinder –, wird das beim Autofahren zum Teil dadurch kompensiert, daß die schon erwähnten sekundären Funktionen des Autos wie der Besitzerstolz, die PS-Zahl als Potenzsymbol, die Automarke als Symbol der Rangordnung und ähnliches immer stärker in den Vordergrund rücken.

Die Folgen der Belastung mit ihrer Ursache bekämpfen?

Eine weitere Kompensation wird nun in gesundheitsfördernden Aktivitäten gesucht. Dieses Bedürfnis versucht man jedoch vielfach wieder unter Nutzung eben dieses Autoverkehrs zu erfüllen, etwa durch Fahrten ins Grüne, zur Sauna, zum Golf- oder Tennisplatz, ans Was-

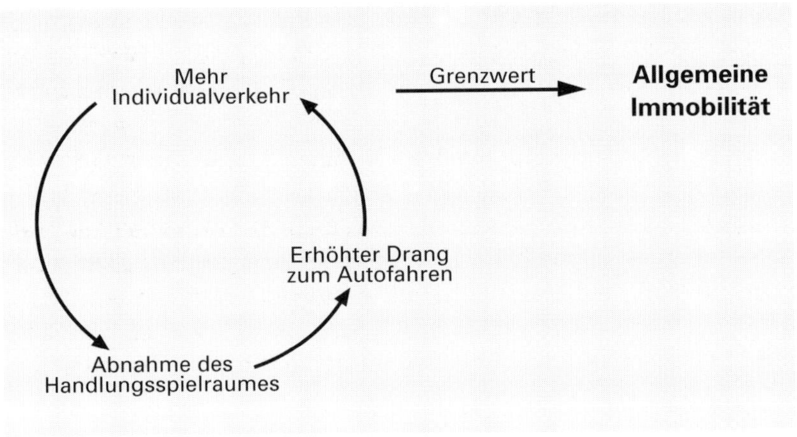

Der Kreisprozeß zwischen Verkehr, Handlungsspielraum und Mobilitätsbedürfnis zeigt eine sich immer weiter aufschaukelnde Rückkopplung: Mehr Verkehr führt zu mehr Staus unter Abnahme des Handlungsspielraums, der Drang zum »freien« Autofahren erhöht sich weiter – gegebenenfalls bis zur Immobilität des Individualverkehrs als absolutem Grenzwert.

ser, zum Joggingpfad und so weiter. Der Individualverkehr, obgleich selbst der auslösende Faktor, wird also durch seine Folgen, die man eigentlich hatte vermeiden wollen, noch weiter erhöht. So setzt man letztlich die Ursache des Übels zu seiner Beseitigung ein und verstärkt das Gesamtübel durch den erhöhten Verkehr nur noch mehr. Eine regulierende Funktion kommt dann von allein kaum mehr zustande.

Anpassung der Technik an den Menschen

Ein dritter Punkt, der mit der verkehrsbedingten Bewegungsarmut und der Verkrampfung hinter dem Steuerrad verwandt ist, betrifft die Vergewaltigung unserer Körperhaltung durch das auf hohes Tempo und Windschlüpfrigkeit ausgerichtete moderne Fahrzeugdesign. Statt daß sich die von uns geschaffenen technischen Strukturen an die vorgegebene Struktur des Menschen – und das ihn umgebende Ökosystem – anpassen, hat sich der menschliche Organismus in eine künstlich geschaffene Umwelt einzufügen, die zweifellos weniger ausgereift und weit jüngeren Datums ist als die genetische Struktur unseres Organismus. Zwar spricht man viel von »Human Engineering«, aber womöglich symbolisiert das beim Fahrzeugdesign unter diesem Begriff verfolgte Prinzip weniger eine am Menschen ausgerichtete Technik als vielmehr einen an der Technik ausgerichteten Menschen!

Soviel zu einigen über Streß, Bewegungsarmut und andere humanökologische Faktoren laufenden Beeinträchtigungen unserer Gesundheit, die bei der vorherrschenden Abgasdiskussion oft vergessen werden. Sie spiegeln die Kapitulation des Menschen vor technischen Gegebenheiten im gleichen Maße wider wie unsere Hilflosigkeit gegenüber der zunehmenden Verseuchung unseres wichtigsten Rohstoffes, der Atemluft. Daß scheinbare technische Zwänge hier immer noch die Priorität vor einer Gesundheitsvorsorge haben, zeigen beispielsweise die nicht zustande kommenden Abgasverordnungen und der Widerstand uneinsichtiger Politiker und Verbände gegen Maßnahmen bei einer Überschreitung der Ozongrenzwerte beziehungsweise deren willkürliche Heraufsetzung.

»*Ob weniger Verkehr wirklich die Menschen einschränkt oder ob seine negativen Folgen bald viel mehr einschränken, ist sicher auch eine Frage der Werthaltung. Typisch ist hier schon der Ozonalarm im Radio, der zwar vom Aufenthalt im Freien abrät, aber nicht vom Autofahren.*«

Prof. Dr. Helmut Holzapfel[81]

Das »alarmierende« Ozon

Im heißen Sommer 1994 mit seinen anhaltenden und besonders hohen Ozonwerten wurde die öffentliche Diskussion mehr denn je auf das Thema »Abgase« gelenkt. Höchst besorgt wagten Mütter es nicht mehr, ihre Kinder ins Freie zu lassen. Viele waren von Augenreizung und Husten geplagt. Aber noch gereizter reagierte ein Großteil der Bevölkerung auf die eigenartige Haltung der Politiker. Man fragte sich, wie sich jemand »Umweltminister« nennen kann, der es wie Klaus TÖPFER nicht wagte, bei der Ursache, dem Abgasausstoß, anzusetzen, sondern sich statt dessen in Empfehlungen erging, körperliche Belastungen zu vermeiden und die Kinder im Haus zu lassen. Und wie kann ein Wissenschaftsminister ernst genommen werden, der wie Matthias WISSMANN offenbar nicht weiß, was eine Symptombekämpfung ist, und damit gegen Tempolimit und Fahrverbote bei Grenzwertüberschreitungen argumentiert, daß dies nichts bringe, weil *»das Reizgas an der Quelle*

Die Form des Autos hat den Menschen mehr und mehr erdrückt. Ein zukunftsträchtiges Design verlangt jedoch die Anpassung der – von uns selbst geschaffenen – technischen Strukturen an die vorgegebene Struktur des Menschen und

und nicht an den Symptomen zu bekämpfen« sei? Wenn aber etwas an der Quelle ansetzt, dann doch wohl eine verringerte Abgasemission! Fahrverbote und Tempobeschränkungen als Symptombekämpfung und daher als unnötig zu bezeichnen, heißt jedenfalls, die Tatsachen regelrecht auf den Kopf stellen. Und daß bei einem Tempolimit zudem gleichzeitig Lärmbelastung und Unfälle zurückgehen, dürfte wohl ebenfalls kaum als negativ zu bewerten sein.

Allerdings richtet man – angesichts der komplizierten Bildungs- und Abbauprozesse des Ozons – gegen die Ozonbelastung am Ort mit einem lokalen Fahrverbot wenig aus, da sich das Reizgas meist ganz woanders verteilt (siehe auch die Grafiken auf Seite 121 und 122). *»Kleinräumige Regelungen für einzelne Ballungszentren, um die Ozonbelastung zu senken, sind Unsinn«,* sagt daher auch der Münchner Bioklimatologe und Immissionsforscher Peter FABIAN in einem Interview mit der *Süddeutschen Zeitung*. In der Tat kann hier nur ein großräumiges Tempolimit Abhilfe schaffen. Doch davor scheuen unsere Behörden auch bei eindeutigen Gesundheitsbelastungen nach wie vor zurück.

Bravourstücke einer »Lobbykratie«

Statt sich über die verständige Haltung der Autofahrer bei den Versuchen in Hessen und Baden-Württemberg zu freuen, die bei den Fahrbeschränkungen spontan mitgemacht haben, wertet unsere Regierung kurzsichtige wirtschaftliche Interessen höher als die Gesundheit der Bevölkerung und folgt damit offensichtlich dem in jenen Tagen massiv eingesetzten Druck des Verbandes der Deutschen Automobil-

nicht länger die Anpassung des menschlichen Organismus an eine künstlich geschaffene Umwelt.

Nach Otl Aicher[80]

industrie (VDA). Genauso, wie sich einige Mitglieder dieses Verbandes durch Massenentlassungen oder Produktionsverlagerung sanieren und die Folgen ihres schlechten Managements so auf die Allgemeinheit abwälzen, bedeutet auch der ängstliche Widerstand gegen einen umweltgerechten Verkehr, daß man den eigenen Handlungsbedarf auf die Allgemeinheit abschiebt. Und diese muß dann zusehen, wie sie mit den Problemen zurechtkommt. Mit der schon krankhaften Tabuisierung des Auspuffs gibt man nicht nur dem Druck einer Interessengruppe nach, es ist eine weitere Kapitulation des Menschen vor der Technik.

So wird sowohl die Wirkung des Ozons heruntergespielt als auch der Nutzen eines Tempolimits und der damit verringerte Abgasausstoß geleugnet. Dabei ist es eine physikalische Binsenwahrheit und auch in der Praxis längst erwiesen, daß die Abgasemission – ähnlich wie der Luftwiderstand und der Benzinverbrauch – im Quadrat zur Geschwindigkeit anwächst (siehe dazu die Grafik gegenüber). Diese Emissionen bilden eine Abgasglocke, die über die Fahrbahn selbst weit hinausreicht.

Aus einer seit 1990 vorliegenden Studie der *Deutschen Forschungsanstalt für Luft- und Raumfahrt* geht jedenfalls hervor, daß der Abgasschlauch entlang stark befahrener Autobahnen bei ruhigen Windverhältnissen seitwärts bis zu zwölf Kilometer und nach oben bis zu 300 Meter Höhe reicht. Dabei können die Konzentrationen in der Schlauchmitte das Zehnfache der in der Technischen Anleitung (TA) Luft vorgesehenen Grenzwerte erreichen.[82] Jetzt braucht nur noch die Sonne zu scheinen, und die Ozon-Spitzenwerte sind – auch in größerer Entfernung vom »Tatort« – vorprogrammiert, und zwar, wie gesagt, ansteigend im Quadrat zur Fahrgeschwindigkeit.

Daß darüber hinaus auch die Zeitersparnis durch ein höheres Tempo nichts bewirkt – weil der Mensch mit der gewonnenen Zeit erwiesenermaßen nicht etwa weniger, sondern nur weiter fährt –, macht die schon hysterische Abwehrhaltung gegen ein Tempolimit noch unverständlicher.

Gegenüberliegende Seite: Parallel zum Benzinverbrauch bei höherer Geschwindigkeit steigt auch der Ausstoß an Schadstoffen pro Fahrtkilometer überproportional an.

Schneller heißt mehr Schadstoffe

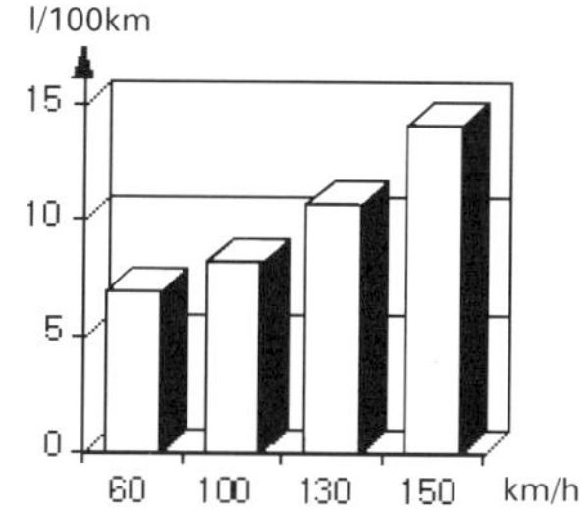

Benzinverbrauch
(in Litern pro 100 Fahrkilometer)

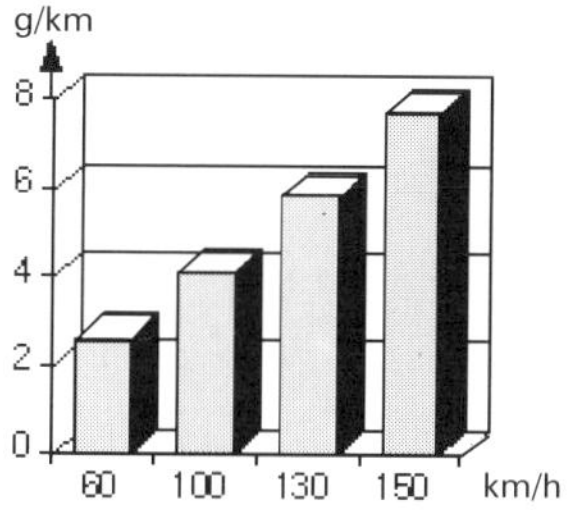

NOx - Emissionen
(in Gramm pro Fahrkilometer)

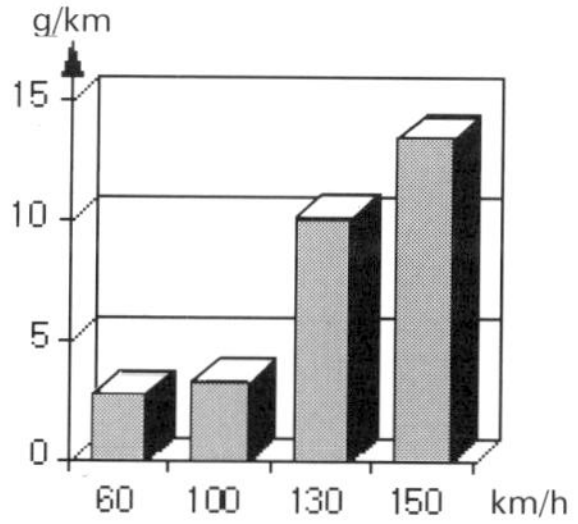

CO-Emissionen
(in Gramm pro Fahrkilometer)

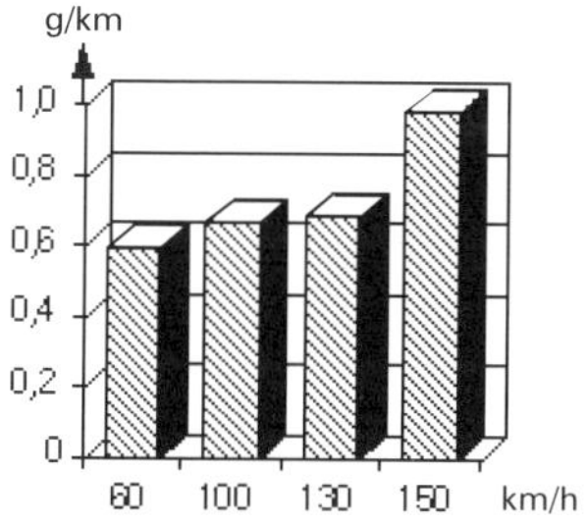

CH-Emissionen
(in Gramm pro Fahrkilometer)

Quelle: Rhein-Westf. TÜV

Die Einsicht der Bürger wird unterschätzt

Nach einer Umfrage des Baden-Württembergischen Umweltministeriums sind mehr als 80 Prozent der westdeutschen Bundesbürger bereit, zur Ozonreduzierung ein Tempolimit und ein Fahrverbot für Autos ohne Abgasreinigung zu akzeptieren. Ein nach einjähriger Vorbereitung im Juni 1994 im Raum Neckarsulm/Heilbronn durchgeführter Großversuch dieses Ministeriums[168] mit lokal begrenzten Fahrverboten für nicht schadstoffarme Fahrzeuge sowie Geschwindigkeitsbegrenzungen – auf der BAB A6 auf 60, auf den Bundes-, Landes- und Kreisstraßen auf 70 Stundenkilometer – erreichte in der Bevölkerung eine hohe Akzeptanz mit weniger als zwei Prozent Verstößen. Allerdings wurden die Fahrverbote und Tempolimits polizeilich überwacht und Übertretungen geahndet. In dem über vier Tage laufenden Versuchszeitraum hatten diese Maßnahmen neben einer Reduktion der Benzolwerte auf weniger als die Hälfte – an manchen Meßstellen von 13 auf 3 µg[83] – auch die erwartete Senkung der eigentlichen Vorläufer der Ozonbildung, also der Stickoxide (NO_X) und der flüchtigen Kohlenwasserstoffe (VOC), um jeweils rund 40 Prozent zur Folge.

Die schwierige Messung der Ozonwerte selbst, die je nach Einstrahlung und Windverhältnissen keinesfalls mit der lokalen Abgassituation korrelieren müssen, verlangt noch nach ausführlicheren Berechnungen, aber das ist für den Erfolg des Versuchs wohl eher von sekundärer Bedeutung. Weitere positive Begleiterscheinungen waren ein deutlich geringeres Fahrzeugaufkommen und das Ausbleiben von Unfällen und Staus auf dem in den Versuch einbezogenen Autobahnabschnitt. Andererseits stieg die Benutzung der öffentlichen Verkehrsmittel zwischen 10 und 55 Prozent an, und die Park-and-Ride-Plätze wurden erstmals bis zur Kapazitätsgrenze in Anspruch genommen. Der Lärmpegel sank um bis zu fünf Dezibel, was einer Reduktion um etwa 30 Prozent entspricht und den Anwohnern den Eindruck vermittelte, als wären nur halb so viele Autos wie sonst unterwegs gewesen. Allein die Einführung der Tempo-Dreißig-Zonen hat, Aussagen von Umwelsenator Vahrenholt zufolge, die Emissionen der Ozon-Vorläufer in diesen Gebieten um 15 Prozent und Begrenzungen auf Tempo 80 und Tempo 100 um zehn Prozent reduziert. Diese eindeutigen Ergebnisse sollte man für künftige umweltentlastende Verkehrsmaßnahmen gut im Auge behalten.

Inzwischen haben mehrere Bundesländer und Städte wie Hamburg die grundsätzliche Einführung von Fahrbeschränkungen und Tempolimits bei einem Ozonalarm beschlossen. Ab 1995 tritt auch eine bundesweite Regelung in Kraft – allerdings erst ab einem Grenzwert von 240 µg Ozon, den man in Bayern am liebsten auf 360 µg heraufsetzen möchte (!), was für den Schutz der Gesundheit allerdings nicht mehr viel bringt.

Ozon – der mißverstandene Abgasindikator

Nachdem sich die Ozon-Jahresmittelwerte in der Bundesrepublik in den letzten 15 Jahren von 25 auf 45 µg mehr als verdoppelt haben, ist Ozon als Indikator für die Autoabgase, aus denen es sich bildet, im öffentlichen Bewußtsein zum Smog-Schadstoff schlechthin avanciert. Leider bedeutet das nicht, daß zugleich jeder wüßte, was es damit wirklich auf sich hat. Wie groß die Begriffsverwirrung ist, zeigte sich beispielsweise in einem Kommentar des FAZ-Journalisten F. K. FROMME.[84] Abgesehen davon, daß er das hessische Tempolimit während des Ozonalarms als »*massiven Eingriff in die Rechte der Bundesbürger*« wertete, mit welchem die dortigen Behörden »*namens der Umwelt ihren ideologischen Haß gegen das Auto*« ausleben würden, mokierte er sich desweiteren darüber, Ozon als Schadstoff zu verdammen, wo doch früher »*die Heilbäder gerade damit Werbung trieben, wie ozonreich ihre Luft sei*«. Ein guter Journalist sollte es zwar besser wissen, aber andererseits schrieb er nur das nieder, was viele Leute glauben. Daher seien an dieser Stelle ein paar Anmerkungen zu der zugegebenermaßen schwierigen Materie eingefügt.

Beginnen wir mit der Tatsache, daß das Ozonmolekül O_3 eine aggressive dreiatomige Form des normalen Sauerstoffs ist, die schon immer hochgiftig war. Trotzdem hat man früher den Begriff »Ozon« fälschlicherweise als Synonym für lediglich sauerstoffreiche Luft benutzt, denken wir nur an die sogenannte »ozonreiche Waldluft«. Und was die Begriffsverwirrung um das Ozon noch weiter vergrößert, sind seine gegenüber anderen Schadstoffen ungewöhnlichen Eigenschaften und seine unterschiedlichen Funktionen in unserer Biosphäre, die in großen Höhen gänzlich anders sind als in Bodennähe.

Bodennahes Ozon ist gefährlich

Ozon und seine Verwandten sind Ätzgase, die bei Erwachsenen schon in geringsten Mengen – etwa ab 120 Mikrogramm pro Kubikmeter Luft – beginnen, die Schleimhäute und Lungenbläschen anzugreifen. Bei Kindern und auch bei manch einer Kulturpflanze setzt diese Schädigung sogar noch früher ein. Schon die Ozonbildung ist ein äußerst komplexer Vorgang, der nicht unbedingt an der Abgasquelle einsetzt, sondern oftmals erst an verkehrsfernen Orten. Dies erklärt die verwirrende Tatsache, daß die gemessene Ozonkonzentration in den Innenstädten oft niedriger als am Stadtrand ist. Eine Eigenschaft, die manchen Politikern sehr gelegen kommt, um ihr Nicht-Handeln auf gerade diese »Uneindeutigkeiten« schieben zu können. Weiterhin ist Ozon nicht die alleinige Ursache der Smogwirkung, sondern immer in Gesellschaft mit einer Reihe ähnlich wirkender Oxidantien wie der sehr aggressiven Peroxiacylnitrate, die sich alle aus den Stickoxiden und Kohlenwasserstoffen der Autoabgase durch photochemische Reaktion im Sonnenlicht bilden – und dies nicht etwa gleichmäßig, sondern je nach Wind, Feuchtigkeit, Bodenstruktur und Bewuchs in unterschiedlich hohen Konzentrationen. Das Ganze wird noch dadurch kompliziert, daß sich Ozon im Kontakt mit anderen Abgasen, mit dem Erdboden oder in einem geschlossenen Zimmer binnen kurzer Zeit wieder zersetzen kann, so daß es sich je nach den lokalen Bedingungen unterschiedlich lange hält.

Dies erklärt auch, warum die offiziellen Grenzwerte oft willkürlich festgesetzt werden und von Land zu Land, von Bundesland zu Bundesland derart unterschiedlich sind. Wenn dann bei doppelten oder noch höheren Werten von den Behörden keine Maßnahmen zu ihrer Absenkung getroffen werden oder die Grenzwerte gar einfach hochgesetzt werden, schützen die Behörden damit kaum unsere Gesundheit, sondern irgendwelche Wirtschaftsinteressen – und auch dies nur vermeintlich, wie wir gleich sehen werden.

Untersuchungen in den USA haben beispielsweise ergeben, daß der Sommersmog zu Ernteeinbußen von 15 bis 30 Prozent führt, die der amerikanischen Landwirtschaft jährlich Verluste von rund drei Milliarden Dollar bescheren.[85] Anders als in den Städten, in denen im Tagesverlauf typische Ozonspitzen auftreten, die abends wieder absinken (Los Angeles z. B. weist zeitweise Ozonwerte von 700 µg auf), haben ländliche Gebiete weniger unter Spitzen- als vielmehr unter konstant hohen Durchschnittskonzentrationen zu leiden, die Jahr für Jahr ansteigen (siehe die folgenden Grafiken). Ähnlich massiv ist die Beteiligung der Photooxidantien am Waldsterben und last but not least ihre Wirkung als »Katalysatoren« des Treibhauseffekts, indem sie die Wirkung von Kohlendioxid in dieser Hinsicht um das 1800fache überschreiten!

Ansteigende Ozon-Konzentration in ländlichen Gebieten

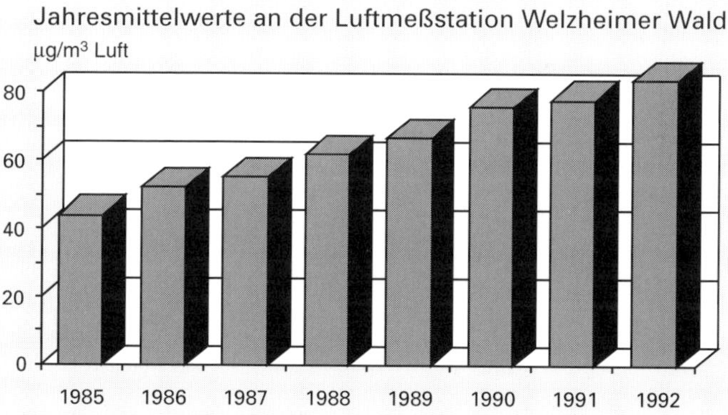

Die Ozon-Jahresmittelwerte in manchen ländlichen Gebieten sind seit 1985 auf über das Doppelte angestiegen.

Nach Daten des Umweltministeriums Baden-Württemberg[168]

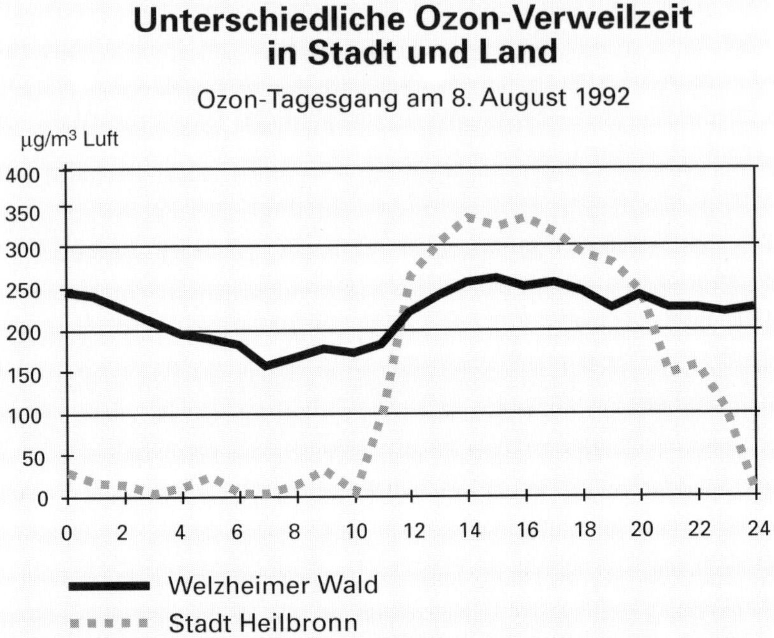

Die beiden Kurven machen den unterschiedlichen Abbau von Ozon deutlich: In der Stadt steigt die Konzentration von einem sehr niedrigen nächtlichen Wert während des Vormittags rasch an und erreicht bis zum Nachmittag den zehn- bis zwanzigfachen Wert der Nacht (in Heilbronn z.B. 350 µg/m³), der bis 23 Uhr wieder abgebaut ist. Im umliegenden Land hingegen war den ganzen Tag über eine relativ hohe Konzentration zwischen 150 und 250 µg/m³ zu verzeichnen. Nach Daten des Umweltministeriums Baden-Württemberg[168]

Stratosphärisches Ozon ist lebensrettend

Während bodennahes Ozon unerwünscht ist, hat der Ozongürtel in der oberen Stratosphäre eine höchst wichtige Funktion. Er schützt das Leben auf unserem Planeten vor der gefährlichen harten UV-Strahlung, die dort absorbiert werden. Die sich zwischen zehn und 50 Kilometern Höhe erstreckende Stratosphäre enthält etwa 90 Prozent des gesamten irdischen Ozons mit einem Maximum von etwa 20 000 Mikrogramm pro Kubikmeter in einer Höhe zwischen 25 und 35 Kilometern. Die Ozonschicht bildet sich dort durch natürliche Prozesse, wobei mit den unteren Luftschichten nur ein geringer Austausch stattfindet. Das wenige herabströmende Ozon wird auch am Boden bald wieder zerstört, so daß der Ozonwert in Bodennähe normalerweise zwischen 10 und 60 µg pro Kubikmeter beträgt. Alles, was über diesem natürlichen Wert liegt, belastet Mensch, Tier, Pflanze und Material und ist daher zu vermeiden.

Das bekannte Problem mit dem Aufreißen des stratosphärischen Ozongürtels, der das Leben auf der Erde gegen UV-Strahlen schützt, hat mit dem bodennahen Ozon, das unsere Umwelt belastet, somit nur indirekt zu tun und besitzt zudem eine gänzlich andere Größenordnung. Dennoch greifen wir bekanntlich durch bestimmte, in die Stratosphäre aufsteigende chemische Stoffe, wie etwa FCKW, oder durch die Emissionen hochfliegender Flugzeuge massiv in dieses große Reservoir ein. In einer Art Kettenreaktion katalysieren sie die Spaltung von Ozon und zerstören die Schicht auf diese Weise allmählich mit dem Ergebnis eines sich ausdehnenden Ozonlochs. Leider kann uns der ozonkillende Prozeß in diesen Höhen nicht gegen den Sommersmog helfen, und unser Sommersmog vermag oben nicht das Ozonloch zu stopfen.

Was der Schutz unserer Gesundheit erfordert

Beide in den obigen Erläuterungen besprochenen Auswirkungen – sowohl der Anstieg von Hauterkrankungen durch den Rückgang des schützenden Ozonfilters wie auch die gesundheitliche Belastung durch die bodennahen Abgase aller Art – lassen sich in Sozialkosten umrechnen. Wie dringend ein Handeln geboten ist, zeigt allein der konstante Anstieg der durch die Luftverschmutzung bedingten Atemwegserkrankungen, deren jährliche Sozialkosten das Bundesumweltministerium inzwischen auf 2,6 Milliarden Mark beziffert. Und beim Lärm als einer der Ursachen für Herz-Kreislauf-Erkrankungen summieren sich die Kosten ebenfalls auf mehrere Milliarden.[86]

Der prozentuale Anteil des Verkehrs an den Emissionen von Luftschadstoffen zeigt laut dem von der *Daimler-Benz-Stiftung* initiierten

Forschungsverbund Lebensraum Stadt trotz Katalysator und besserem Dieselfilter zudem immer noch eine ansteigende Tendenz. Bei den Stickoxiden – als Leitschadstoff – liegt er in Deutschland inzwischen bei über 62 Prozent, ein Anteil, der in städtischen Ballungsräumen oft auf über 90 Prozent ansteigt. Auch bei der Lärmemission ragen 90 Prozent der Pegelwerte an den Hauptverkehrsstraßen mit über 65 db(A) in den gesundheitsgefährdenden Bereich. Und was den Dieselfilter betrifft, so gilt es zu bedenken, daß nach neueren Untersuchungen die inzwischen wieder rasant angestiegenen Neuzulassungen von Dieselfahrzeugen keineswegs ökologische Vorteile bringen, wie das von den Herstellung aufgrund der neuen Direkteinspritzung ins Feld geführt wird. Der niedrigere Verbrauch gegenüber dem Benzinmotor wird dadurch wieder mehr als wettgemacht, daß ein Dieselmotor – abgesehen vom höheren Lärmpegel – zwischen fünf- und zehnmal mehr krebserzeugende Schadstoffe als ein Ottomotor ausstößt. Die Rußpartikel als solche erzeugen zwar keinen Krebs, aber sie erhöhen die Lungengängigkeit und Lungenverweilzeit der Schadstoffe. Um eine Senkung der Abgas- und Lärmemissionen auf ein erträgliches Maß zu erreichen, ist daher selbst bei fortschrittlichster Fahrzeugtechnik nicht einmal eine Halbierung des Pkw-Verkehrs ausreichend.[87]

Verkehr und Umwelt

Während wir im letzten Kapitel die den Menschen direkt betreffenden Belastungen und einige Möglichkeiten, sie abzustellen, besprochen haben, wollen wir unseren Blick jetzt auf diejenigen Wirkungen unseres Mobilitätsverhaltens richten, die unserer Umwelt schaden – und die damit oft erst über Umwege und zum Teil mit großer Zeitverzögerung uns selbst treffen. Da sich immer mehr Menschen dieser

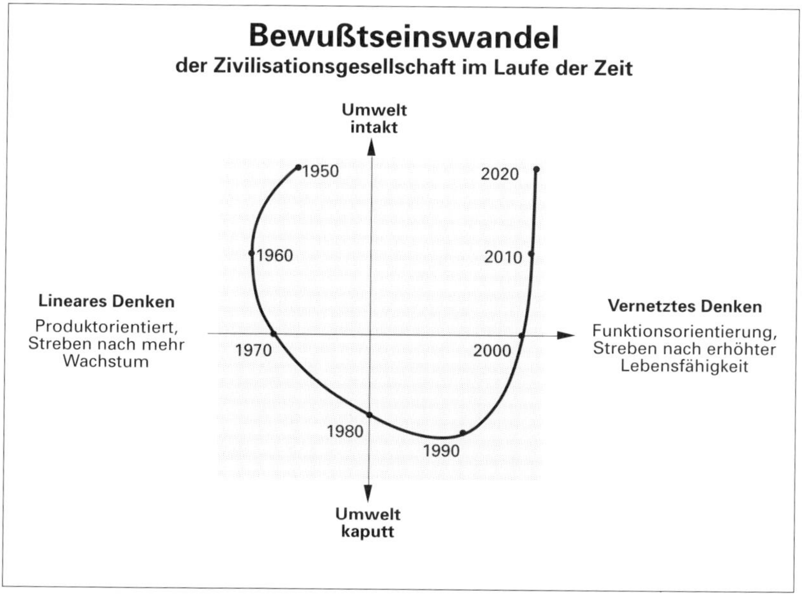

Die lineare Denkweise unserer produktorientierten Gesellschaft stand den zunehmenden Umweltschäden lange Zeit indifferent gegenüber. Der in den siebziger Jahren begonnene Bewußtseinswandel zu einer mehr vernetzten Denkweise wird – wenn auch mit Zeitverzögerung – durch zügige Entlastung der Umwelt- und Energiesituation die sonst ins Uferlose tendierende Belastung unserer Volkswirtschaft ab der Jahrtausendwende wieder in Grenzen halten. © 1990 sbu München

indirekten Zusammenhänge bewußt sind, geht der sich derzeit vollziehende industrielle und technische Wandel mit einem wachsenden kritischen Verhalten der Bevölkerung gegenüber der zunehmenden Naturzerstörung einher. Der Übergang vom linearen zum vernetzten Denken bekommt durch die immer deutlicheren Folgen der globalen Umweltbelastung einen zusätzlichen Schub (siehe Abbildung).

So sind seit etwa 1970 über Bürgerinitiativen und umweltbewußtes Verbraucherverhalten ganz neue Rückwirkungen und Regelkreise in den Beziehungen zwischen Wirtschaft und Gesellschaft entstanden. Dadurch gerieten die bis in die Ex-und-hopp-Zeit der sechziger Jahre gültigen Grundsätze von der Priorität der Ökonomie über die Ökologie sowie der Kopplung zwischen Energieverbrauch und wirtschaftlicher Prosperität, zwischen Investitionen und Arbeitsplatzbeschaffung oder zwischen wirtschaftlichem Wachstum und Verkehrsaufkommen ins Wanken. Anderseits folgte jedem Teilerfolg dieses aufgrund der wachsenden Umweltbewegung in Gang gekommenen Prozesses ein Rückfall in eine latente Trägheit, weshalb das zweifellos vorhandene Umweltbewußtsein seine eigentlich mögliche Durchsetzungskraft nie erreicht hat.

Im Grunde kann eine konzertierte Verweigerung umweltbelastender Produkte durch den Verbraucher, wie es etwa bei den Tierpelzen geschehen ist, den Einfluß einer noch so starken Lobby durchaus aus den Angeln heben und selbst die zögernden Zweige der betreffenden Branche sehr schnell zum Umdenken bewegen – ohne daß dabei der Staat eingreifen müßte. Fortschrittliche Unternehmen mit neuen Managementmethoden haben längst bewiesen, daß dies keinesfalls mit einer Schädigung unserer Wirtschaftskraft einhergehen muß, sondern im Gegenteil zu ihrer Zukunftssicherung beiträgt.[88]

Es gibt jedoch einige Bereiche, in denen sich diese Erkenntnis noch nicht durchgesetzt hat, wodurch dann leider auch im Verkehrsgeschehen immer wieder die Weichen falsch gestellt werden. Das schließt die irrige Ansicht mit ein, daß ein sinkender Energieverbrauch die Wirtschaft schwächen würde und nur ein höherer Energiekonsum mit Fortschritt einhergehe, oder daß eine Verteuerung der Verkehrsbewegungen und Gütertransporte zu Pleiten und Arbeitslosigkeit führen würde. Nicht nur unsere kybernetischen Simulationen, sondern auch die Praxis zeigt, daß es in beiden Fällen wohl eher umgekehrt ist.

Weniger Energieverbrauch stärkt die Volkswirtschaft

Nach dem Zweiten Weltkrieg konnte sich unser Material- und Energieverbrauch durch kräftige quantitative Wachstumsimpulse ungehemmt aufschaukeln, was als Zeichen einer gesunden Wirtschaftslage angesehen wurde. Obgleich diese vorübergehende Wachstumsphase längst ihren Grenzwert erreicht hat, beginnt sich die gegenläufige Beziehung – also: je weniger Energie verbraucht wird, desto besser ist dies für die Volkswirtschaft – nur allmählich als empfehlenswert durchzusetzen. Das gleiche gilt inzwischen auch für das über ein erträgliches Maß längst hinausgeschossene Gesamtverkehrsaufkommen. Beides hängt mit der für ein überlebensfähiges System unabdingbaren Mindest-Effizienz zusammen.

Genau wie bei der Energieversorgung, wo nicht ein möglichst hoher, sondern ein im Gegenteil möglichst niedriger Energieverbrauch – und damit eine Minimierung der Abhängigkeit – für eine effiziente und gesunde Wirtschaft förderlich ist, kann es auch im Verkehrssektor nicht darum gehen, immer mehr Fahrzeuge hin und her laufen zu lassen. Statt dessen gilt es, unsere Wettbewerbsfähigkeit – unter drastischer Entlastung unserer Umweltsituation – durch ein effizienteres Verkehrssystem mit möglichst geringem Verkehrsaufkommen und kurzen Wegen zu erhalten. Nur so kann die sonst zum Uferlosen tendierende finanzielle Belastung der Volkswirtschaft in Grenzen gehalten werden (siehe Abbildung Seite 125).

Der *Umweltsachverständigenrat* und das *Deutsche Institut für Wirtschaftsforschung* (DIW) plädieren daher für ein schleuniges Umdenken in der Verkehrspolitik und empfehlen eine progressive Energiesteuer. Denn um zu verhindern, daß sich auf unseren Straßen bis zum Jahr 2010 einmal 50 Millionen Autos im Wege stehen werden, wie es von verschiedenen Seiten prognostiziert wird, dürften sonst restriktive Maßnahmen im Straßenverkehr unvermeidbar sein. Daraus erklärt sich die Warnung: »*Eine Verschiebung der Umweltprobleme auf Zeit kann teuer werden und irreversibel sein. Es darf keine Pause für den Umweltschutz eingelegt werden.*«[89]

Diese Aussage spiegelt sich auch in den Wirkungsnetzen unserer Systemuntersuchungen deutlich wider.[1] Ähnlich, wie es im vorherigen Kapitel in bezug auf die Gesundheit zu sehen war, wirkt die fehlende Kleinräumigkeit in der Siedlungsstruktur – unter der zunehmenden Zentralisierung von Produktion, Versorgung und Entsorgung und der immer noch zunehmenden Zersiedlung durch Trennung von Wohnung, Erholung und Arbeit bei immer längeren Transport- und Pendlerwegen – auch hier verstärkend auf die Quellen der verkehrsbedingten Umweltbelastung. Gleichzeitig zementiert sie veraltete Produktionstrukturen mit hohem Energie- und Materialdurchsatz – von den Zeitverlusten und dem Flächenverbrauch ganz zu schweigen. Dies als Fortschritt zu bezeichnen, wäre absurd, es sei denn, man meinte damit einen »Fortschritt« zu immer größerer Ineffizienz.

So ist die Effizienz des Güter- und Personenverkehrs nicht nur eine Frage der Zeit- und Raumbeanspruchung, sondern auch eine des Energieverbrauchs und steht somit in direkter Abhängigkeit von der Energieversorgung. Für den Transport eines Menschen im Stadt-Durchschnittstempo von 20 Stundenkilometern kann sich die für den gleichen Zweck benötigte Kilowatt-Leistung je nach Art des Gefährts bis um den Faktor 600 unterscheiden, wobei selbst die sogenannte

Um eine Person samt Gefährt zu transportieren,

braucht man mit dem:	**Auto**	**Solarmobil**	**Fahrrad**
eine Leistung von:	50 kW	4,7 kW	0,08 kW
für ein Gewicht von:	1000 kg	265 kg	90 kg
spezifischer Aufwand:	50 Watt/kg	17 Watt/kg	0.9 Watt/kg
der Energieart:	fossile Energie	Solarenergie	Nahrungskalorien

Um eine Person samt Gefährt zu transportieren, kann sich die benötigte Kilowatt-Leistung um den Faktor 600 unterscheiden. Jede Produktentwicklung in Richtung verminderter Energieeinsatz wird die zukünftigen Verkehrsfunktionen um so eher erfüllen können.

spezifische Energie – die pro Kilogramm Gesamtgewicht inklusive Fahrzeug benötigt wird – beim herkömmlichen Kraftfahrzeug immer noch fünzigmal höher als etwa beim Fahrrad ist.

Jede Produktentwicklung in Richtung eines verminderten Energieeinsatzes wird helfen, die Verkehrsfunktion langfristig besser zu erfüllen, zumal hier Energieverbrauch und Raumbeanspruchung in einer positiven Rückkopplung stehen. Verbesserungen und Verschlechterungen auf dem einen Sektor ziehen automatisch Verbesserungen und Verschlechterungen auf dem anderen nach sich. Hier liegt auch der Ansatzpunkt für einen noch sehr unterentwickelten Bereich der Verkehrsdienstleistung: eine informative Aufklärung und umfassende Bilanz der wirklichen Vor- und Nachteile der unterschiedlichen Arten, unser Mobilitätsbedürfnis zu befriedigen.

Organisatorische Bionik

Wenn wir neue Wege gehen wollen, kann ein Blick auf die in ihrer Energie- und Transporteffizienz unerreichte Natur nicht schaden. Man muß sich nur einmal klar machen, daß alle Bauteile und Werkzeuge der Natur, die über die genetischen Steuerprogramme der lebenden Zelle produziert werden – die Riffbauten der Korallen, die Krallen, Zähne und Hörner der Säuger, die Zangen des Hummers, die Saugnäpfe der Käfer und die Bohrer der Holzbohrwespe –, allesamt bei 37 Grad Celsius hergestellt werden, voll rezyklierbar sind und einen minimalen Rohstoff- und Energieverbrauch verlangen. Wir hingegen müssen den Stahl einer Zange erst einmal bei über 1000 Grad schmelzen, wobei Abwärme und Abgase entstehen, genauso noch einmal beim späteren Gießen, Schmieden und Schweißen. Ein riesiges, noch ungenutztes Potential an technischen Entwicklungsmöglichkeiten wartet hier auf seine Auswertung.

Selbst die *Transportverhältnisse* liegen in einem biologischen System umgekehrt wie heute in unseren Städten: Relativ riesige »Gütermengen« werden dort über ein cleveres Verbundsystem mit einem Bruchteil an Transportgerät bewegt – durch Gleiten, Vibrieren, Saugen –, während ein Auto mit seinem gewaltigen Energieaufwand, seiner Umweltbelastung und unverhältnismäßig großen Raumbeanspruchung in erster Linie sich selbst transportiert.

Die Photoantenne

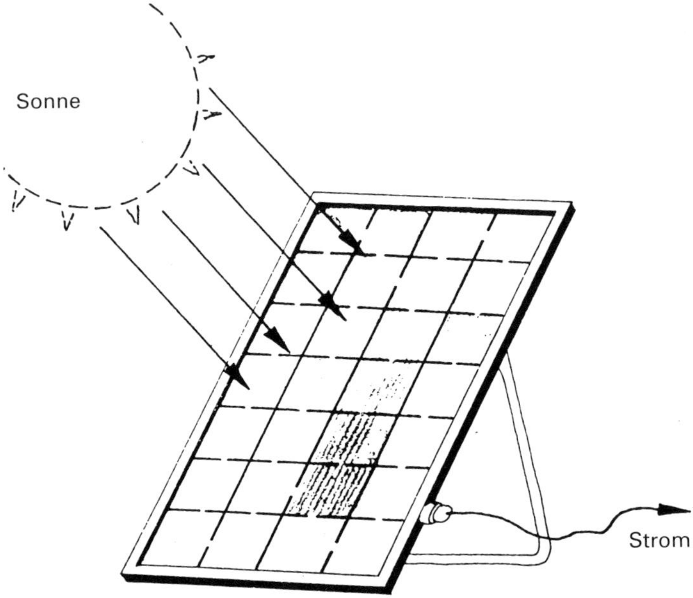

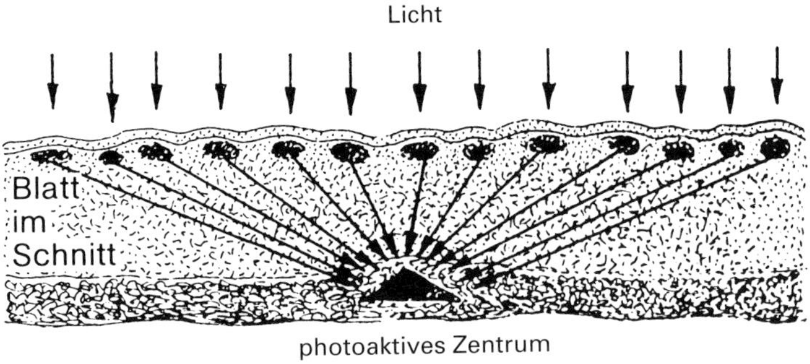

Doppelt soviel Strom verlangt normalerweise doppelt so viele Solarzellen. Im grünen Blatt fangen jedoch hunderte von einfachen Absorberzellen die Lichtenergie für 1 photoaktives Zentrum ein, das dadurch voll ausgenutzt wird. Erst hier wird die Energie dann in »Strom« umgewandelt. So dienen mehrere hundert Chlorophyllmoleküle lediglich als »Antenne«, das heißt als Lichtsammler, die jeweils eine einzige pflanzliche Photozelle mit hoher Lichtintensität versorgen.

Oben: Platzbeanspruchung von 27 Automobilen, die mit je einer Person besetzt sind Unten: Platzbeanspruchung der 27 Menschen, die vorher in ihren Autos saßen.

Aus Peter M. Bode et al., *Alptraum Auto*, München 1986

Beim Lotec C 1000 dienen 350 PS dazu, 1 Person mit Geschwindigkeiten zu transportieren, die praktisch nirgendwo gefahren werden können – aber der Wagen wird in der Werbung als alltagstauglich angeboten. Foto: Lotec Firmenprospekt

Hier genügt 1 PS zum Transport von 9 Personen – gegenüber dem obigen Fahrzeug ein Unterschied in der Effizienz von 3000 zu eins. Außerdem riecht ein Pferd besser als ein Auspuff. Foto: Historische Postkarte, Frankreich

Das heutige Kraftfahrzeug – ein Rückschritt in der Evolution

Wie wir gesehen haben, ist schon bei einem gängigen Mittelklassewagen der Energieaufwand zehnmal so hoch wie bei einem Solarmobil und einige hundertmal so hoch wie bei einem Fahrrad. Damit darf man die These aufstellen, daß das Auto – gemessen am Fahrrad oder der Rikscha – ein eindeutiger Rückschritt in der Evolution ist. Dies bekommt die Spezies Mensch inzwischen ja auch deutlich zu spüren. Und wenn die 400 Millionen Chinesen, die derzeit noch mit dem Fahrrad fahren und damit übrigens riesige Lasten transportieren, erst einmal alle einen noch so sparsamen Golf-Diesel fahren – was die Hoffnung der dortigen VW-Niederlassung zu sein scheint –, wird der ökologische Bankrott hier wie dort besiegelt sein. Dann *droht* die Klimakatastrophe nicht länger, dann ist sie *da*. Und spätestens dann wird die Spezies Mensch diesen »Rückschritt in der Evolution« bezahlen. Daß einige chinesische Wirtschaftspolitiker und Verkehrsplaner nunmehr ganz auf den Pkw setzen und die Fahrräder am liebsten vollständig aus der Stadt verbannen würden, ist eine Katastrophe, die sich neben einem beispiellosen Verkehrschaos derzeit zunächst nur durch den rasanten Anstieg tödlicher Unfälle um monatlich (!) zehn Prozent ankündigt.[90] Dabei hat China mit seinen Abermillionen umweltfreundlicher Fahrräder, seinen durchgehend bis zu acht Meter breiten Fahrradwegen und seinen Bike-and-Ride-Stationen bereits heute ein zukunftsträchtiges Verkehrssystem verwirklicht, das wir in unseren Breiten erst mühsam anstreben. Wir werden auf diesen Punkt im Kapitel über den »Siegeszug des Fahrrads« noch zurückkommen.

Was ist Fortschritt in der Energiewirtschaft?

Evolution, also Fortschritt in lebenden Systemen, ist immer mit einem verringerten Energieverbrauch für die gleiche Funktion verbunden. Dadurch verringert sich die Abhängigkeit von der Außenwelt. Die Überlebenschancen steigen. Gemessen daran, kann man das, was unsere Technologie in den letzten 150 Jahren geleistet hat – und zwar generell und nicht nur beim Automobil –, in der Tat als einen krassen Rückschritt bezeichnen. Denn wir brauchen seitdem für die gleiche

Lebensfunktion immer mehr Energie. Möglicherweise ist die Grenze des Energiedurchflusses für die Überlebensfähigkeit unseres Systems sogar schon längst überschritten. Das gefährlichste, was wir tun können, wäre, anstatt Energiekreisläufe und regenerative Quellen zu nutzen, nach *neuen* Energielieferanten zu suchen, die den Durchfluß noch weiter erhöhen – in dem Glauben, daß die Probleme auf unserer dicht bevölkerten Erde gelöst wären, wenn uns nur genügend Energie zur Verfügung stehen würde. Im Gegenteil, je teurer die Energie wird und je weniger wir davon verbrauchen, um so eher wird unsere Zivilisation davon wirtschaftlich – und durch den Einsatz regenerativer Energiequellen auch ökologisch – profitieren.

Wenn es bei uns meist noch heißt, die Wirtschaft brauche billige Energie, so genügt ein Blick nach Japan, um diese Meinung zu widerlegen. Japan, das übrigens völlig vom Erdölimport abhängig ist, ist das Land mit den höchsten Energiepreisen, was der Prosperität der dortigen Wirtschaft jedoch offenbar keinen Abbruch tut. Während die Entwicklung der Solartechnik dort immer stärker gefördert wird – die Regierung hat 1993 unter anderem ein 70 000-Dächer-Solarprogramm gestartet –, wurde unser eigenes klägliches 1000-Dächer-Programm inzwischen sogar wieder gestrichen. Es ist abzusehen, daß die Solartechnik in einigen Jahren wie so viele andere Techniken ebenfalls aus Asien importiert werden muß und durch die Vernachlässigung zukunftsträchtiger Technologien hierzulande wieder einmal Hunderttausende zukunftssicherer Arbeitsplätze verlorengehen.[91]

Die verdrängte Sonne

Bei den nicht zu leugnenden Fortschritten im Umweltbewußtsein des Verbrauchers, aber auch der Industrie und einiger Behörden verblüfft immer wieder die eigenartige Zurückhaltung, sobald es um die Nutzung der Sonnenenergie geht. Gemessen an den vielen teuren Investitionen in zwar faszinierende, aber absehbar zukunftslose neue Technologien – angefangen von der Atomenergie über die Raumfahrt bis zum *Transrapid* –, kann es weiß Gott nicht die Kostenfrage sein, die hier stets vorgeschoben wird! Denn bei einer verstärkten Nutzung von Solarenergie und anderen regenerativen Energien geht es ja nicht nur darum, die unmittelbaren Schäden der Luftverschmutzung zu senken, die sich allein durch den Verkehr in der Bundesrepublik auf jährlich 50 bis 100 Milliarden Mark belaufen, sondern eben auch darum, dem Treibhauseffekt mit seinen Jahr für Jahr stärker auf uns zurückschlagenden Klimaveränderungen wie Trockenheiten, Grundwasserabsenkungen und Vegetationsschäden in der einen, Sturmschäden und Überschwemmungen in der anderen Region so frühzeitig wie möglich entgegenzuwirken.

Die Technologien dazu sind längst ausgereift – das zeigen Hunderte von funktionierenden Pilotprojekten, angefangen vom Sonnenkraftwerk Altamira über die kalifornischen Solar- und Windanlagen bis hin zum Solardachprogramm der Stadt Saarbrücken und den vielen Solarmobil-Rallyes. Alles Techniken, die bei einer Massenfertigung im Verbund mit anderen regenerativen Verfahren durchaus auch für eine autarke Energieversorgung von Wohnanlagen erschwinglich wären. Es mögen drei Gründe sein, die bei der ablehnenden Haltung der Industrie und Behörden eine Rolle spielen: einmal das Mißtrauen gegenüber allem, was von der Natur und dem Wetter abhängt – man möchte am liebsten selbst bestimmen, wann die Sonne zu scheinen hat –, zweitens das Gefühl, zugeben zu müssen, mit unserer hochentwickelten Kraftwerkstechnik versagt zu haben und die Photovoltaik der grünen Pflanze und somit letztlich auch die Natur als überlegen anerkennen zu müssen, und drittens das pure kommerzielle Interesse der großen Kraftwerksbauer wie der KWU, General Electric oder ABB im Verein mit den Monopolisten der Energieversorgung, die das Feld nicht einer dezentralen Energieversorgung und damit dem mittelständischen Gewerbe überlassen wollen.

Dessen ungeachtet dürften regenerative Energien wie die Solarenergie – immer vorausgesetzt, die Entwicklung wird nicht weiterhin von bestimmten Interessengruppen blockiert – künftig ohne Zweifel auch im Verkehrsgeschehen eine zunehmende Rolle spielen. Es muß jedoch noch einmal betont werden, daß ein Durchbruch natürlich nur dann erzielt werden kann, wenn zugleich alle anderen beteiligten Faktoren neu überdacht werden. Wie wir noch sehen werden, fängt das mit der Entwicklung dafür geeigneter superleichter Werkstoffe an und geht bis zu einer damit verbundenen zukunftsträchtigen Infrastruktur wie zum Beispiel der Errichtung eines öffentlichen Solartankstellennetzes.

Ein öffentliches Netz von Solartankstellen

Daß es sich dabei um keine Zukunftsmusik handelt, bewies erstmals das erfolgreiche Demonstrationsprojekt einer von der AEG in Zusammenarbeit mit VARTA, DAIMLER-BENZ, PREUSSEN ELEKTRA und den *Stadtwerken Hannover* entwickelten Solartankstelle, die schon 1988 auf der Industriemesse in Hannover in Betrieb gegangen ist. Sie ist ebenso funktionell wie ästhetisch schön (siehe Abbildung) und speist mit ihrer Leistung von 15 kW und einer jährlichen Stromerzeugung von rund 12 000 kWh die auf der Messe laufenden Elektromobile mit Solarstrom – und in der Zwischenzeit das öffentliche Netz.[92]

Im Mai 1990 wurde dann in Kassel, einem Mekka der Solarmobilfahrer, die zweite öffentlich nutzbare Solartankstelle Deutschlands eröffnet. Ein Gemeinschaftsprojekt der Stadtwerke, des Magistrats und der *Arbeitsgemeinschaft Solartechnik* Kassel – ebenfalls mit dem öffentlichen Stromnetz als Puffer. Mit nur 9 m^2 Photovoltaic-Fläche liefert die Anlage 650 kWh pro Jahr und hat ganze 30 000 Mark gekostet. Das Auftanken der Elektromobile geschieht dort zur Zeit noch kostenlos auf extra dafür reservierten Parkplätzen. Ähnlich funktioniert die neue Solartankstelle in Hamm-Heessen, die im Jahr gut 2 MWh Strom liefert. Eine weitere Tankstelle mit 1,2 kW Leistung wurde in Erlangen mit finanzieller Unterstützung von SIEMENS, den *Erlanger Stadtwerken* und dem örtlichen Solarmobilverein errichtet und ist auf dem Dach eines ökologischen Musterhauses installiert. Bald folgte dort eine zweite Anlage mit 3 kW_p Leistung[93] als Fassadenverkleidung am SIEMENS-Parkhaus. Ein etwas unverständiger Architekt brachte die Module jedoch senkrecht anstatt mit einer Neigung von

Gegenüberliegende Seite: Die 42,5 m hohe Solartankstelle vor Halle 12 auf dem Hannover Messegelände dient als Demonstrationsanlage zur photovoltaischen Energiegewinnung aus Tageslicht. Der Solargenerator von AEG mit seinen 360 Solarmodulen von je 0,5 m^2 Fläche hat eine potentielle Leistung von 15 kW_p und liefert im Durchschnittsjahr etwa 12 000 kWh Strom. Er »betankt« die auf dem Messegelände fahrenden Elektroautos über Wechselbatterien. Während der messefreien Zeit fließt der Solarstrom ins öffentliche Stromnetz. Das Grundkonzept wurde im Institut für Industrielles Bauen unter der Leitung von Prof. Dr. Dr. h.c. Helmut WEBER entwickelt. Foto: sbu München

SOLAR
TANKSTELLE
GEFA
GEFA

45 Grad an, wodurch auf gut 30 Prozent Mehrausbeute verzichtet wird. Inzwischen wurde im Rahmen des Bayerischen Pilotprojekts »Autofreie Kur- und Fremdenverkehrsorte« auch in Oberstdorf eine auf dem Dach der E-Bushalle installierte Anlage eingeweiht. Mit ihrer 154 m^2 großen Modulfläche hat sie eine Leistung von 19 kW, was in der Praxis etwa 17 MWh Strom pro Jahr bedeutet – etwa ein Drittel dessen, was die Elektrobusse benötigen. Der Rest kommt aus dem Oberstdorfer Wasserkraftwerk, so daß die Busse vollständig mit regenerativer Energie – also wirklich schadstoffrei – fahren. Diese kleine Übersicht mag hier genügen.

Volkswirtschaftlich gesehen, sind all diese Ansätze langfristig ein Gewinn. Denn die Kosten für die Infrastruktur solcher Tankstellen – den Strom liefert die Sonne ja umsonst – stehen natürlich in keinem Verhältnis zu den Kosten, die der Staat durch den Betrieb von Solarmobilen anstelle der herkömmlichen Fahrzeuge an volkswirtschaftlicher Belastung einsparen würde. Auch das Argument von den teuren Solaranlagen zieht nicht mehr, wenn man bedenkt, daß eine Privatanlage auf dem Garagendach, die ein Citymobil mit seinem jährlichen Fahrstrom versorgt, nur 15 000 Mark kostet, während jeder Stellplatz einer Park-and-Ride-Anlage bereits das Doppelte verschlingt, was offenbar niemandem zu teuer ist. Mit den Kosten eines auf 100 Fahrzeuge angelegten Park-and-Ride-Platzes könnte somit eine Solartankstelle errichtet werden, die den Energiebedarf des Stadtverkehrs von 200 Solarmobilen deckt.

Im direkten Verbund mit der Sonne

Es existieren also ganz konkrete Beispiele dafür, daß Solartankstellen sich bereits heute rechnen. Dennoch wird die Machbarkeit dieser Entwicklung stets aufs neue bezweifelt, aus welchen Gründen auch immer. Das können die oben skizzierten sein oder einfach nur eine geistige Unbeweglichkeit und die Sturheit, am Herkömmlichen festzuhalten – etwa aus der irrigen Ansicht heraus, daß zur Gewinnung von Solarenergie unbedingt die Sonne scheinen müsse und eine Solaranlage im Winter daher kaum etwas bringe. Die Realitäten sehen anderes aus; nicht nur, daß das Tageslicht genügt und die Gesamtausbeute selbst bei Bewölkung noch beachtlich ist – wie die nachstehende Grafik zeigt –, im Winter kommt darüber hinaus manchmal sogar eine höhere Ausbeute zustande, da sich die Leistung der Photozellen in der Kälte erhöht. Das gleiche ist bei diesigem Wetter der Fall, wo das helle Streulicht manchmal mehr bringt als ein blauer Himmel.

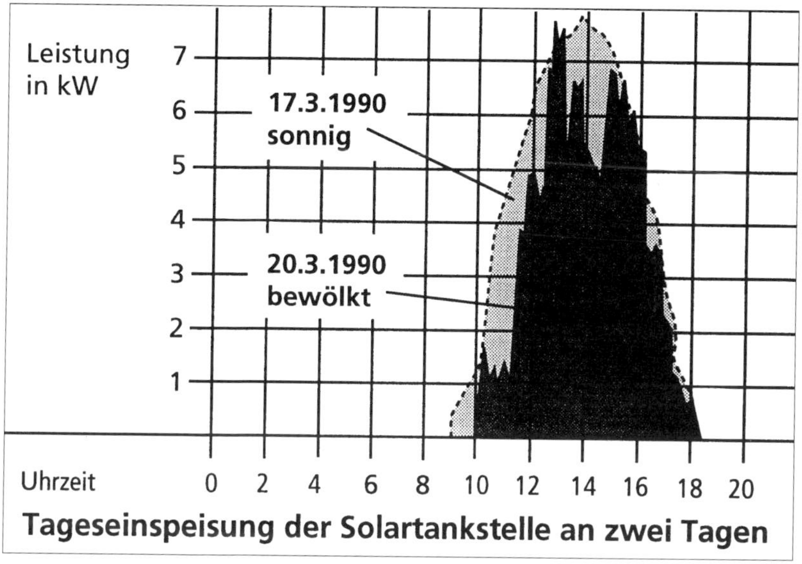

Die Energieausbeute einer Solartankstelle ist an einem bewölkten Tag nur unwesentlich geringer als bei sonnigem Wetter.

Nach einer Grafik des Instituts für Industrialisierung des Bauens, Hannover[92]

Ein anderes typisches Argument gegen die Photovoltaik als zukünftige Antriebsenergie ist ihr angeblich großer Flächenbedarf. Dieses wird jedoch nicht nur durch die gewaltigen ungenutzten Kapazitäten aller Hausdächer – von vollständigen Solarfassaden wie etwa am Gebäude des Bayerischen Umweltministeriums erst gar nicht zu sprechen – widerlegt[94], sondern auch mit einem weltweit ersten Pilotprojekt in der Schweiz, in der eine Solarstromerzeugung im großen Stil ohne zusätzlichen Landverbrauch entlang von Straßen über mehrere Jahre hinweg getestet wurde.

Energie aus der Lärmschutzwand

Für zwei Millionen Franken wurde auf einer vorhandenen Lärmschutzwand entlang der Autobahn nach Chur ein 1,30 Meter breites Band mit Solarzellen über eine Länge von 830 Metern installiert.[95] Eine weitere Anlage ist entlang einer Eisenbahnstrecke im Tessin geplant. Die Rechnung ergab, daß allein von solchen Standorten aus ohne zusätzlichen Flächenverbrauch eine Leistung von 45 Megawatt erzeugt werden kann – genug, um 200 000 Elektromobile ständig mit Solarstrom zu versorgen.[96] Ende 1994 startete bei Saarbrücken ein deutscher Versuch dieser Art. Hier werden die mehrere hundert Meter langen Lärmschutzwände am Autobahndreieck Güdingen durch gleichzeitig schallabsorbierende Solarmodule in eine Sonnenstromquelle umfunktioniert, die ab 1995 den jährlichen Stromverbrauch von 20 Haushalten decken soll.

Die Lärmschutzwand entlang der Schweizer Autobahn N 13 bei Chur, die für 2 Mio. Franken auf einer Länge von 830 m mit Solarzellen ausgestattet wurde.

Foto: TNC Consulting AG, Zürich

Die neueren Entwicklungen in der Solartechnik mit multikristallinen Siliziumzellen lassen diese immer wirtschaftlicher und effizienter – das heißt pro Watt Solarstrom immer kleiner – werden, wodurch auch der Raumbedarf zurückgeht. Daher ist ein Netz kleiner Solartankstellen an unseren Straßen durchaus vorstellbar, das weniger Infrastruktur – weder die Anlieferung durch Tanklastzüge noch gefährliche unterirdische Treibstofflager – als die bisherigen Tankstellen benötigen würde und diese nach und nach ersetzen könnte. Es dürfte ebenfalls kein Problem sein, bestehende Tankstellen umzurüsten. Wie die Skizze auf Seite 142 deutlich macht, wären genügend Dachflächen vorhanden.

In der Tat werden bereits heute auf ähnliche, wenngleich weit bescheidenere Weise von Solarmodulen, die auf dem Gebäude der ALLGUTH-Tankstelle in Starnberg angebracht sind, pro Jahr 4200 kWh an Sonnenstrom geliefert. Seit Ende 1993 können dort die ersten Starnberger Elektroautos getankt oder Akkus binnen 15 Minuten aus Sonnenlicht nachgeladen werden.

Vor allem scheint es jedoch die hinsichtlich manch anderer technologischer Innovation nicht gerade an erster Stelle liegende Schweiz zu sein, die beim Solarstrom den anderen Nationen – Japan vielleicht ausgenommen – den Rang abzulaufen beginnt. Die Solarstromerzeugung pro Kopf ist dort ungefähr sechsmal so hoch wie in Deutschland. Überdies ist es in der Schweiz seit einigen Jahren bei mehreren Besitzern von Solarmobilen Usus, sich zusammenzutun und ein Solarpaneel auf einer Garage, auf der Wiese oder im Garten aufzustellen, von wo aus der Strom entweder in die eigenen Batterien geleitet oder aber im Falle eines Überschusses ins öffentliche Netz eingespeist wird. Eine solche Solartankstelle liefert den Strom für eine jährliche Fahrstrecke von rund 10 000 Kilometern. Die Stadt Basel beispielsweise vergütet den auf diese Weise eingespeisten Solarstrom, und der Verbraucher tankt den Strom wieder aus der Steckdose in dem guten Gewissen, lediglich mit seinem Anteil an Sonnenenergie zu fahren. Die Besitzer der Solarmobile verpflichten sich, pro Jahr nur ungefähr 10 000 Kilometer zu fahren, was für den »mobilen Stadtbewohner«, der dort ohnehin nur um 6000 Kilometer pro Jahr zurücklegt, kein Problem ist. Für die Ferienfahrt kann er sich dafür dann – falls kein öffentliches Verkehrsmittel in Frage kommt – ein geeignetes größeres und komfortableres Fahrzeug mieten, das er sich ansonsten womöglich nicht hätte leisten können.

Mehr Kernenergie, mehr Abwärme, mehr Ölverbrauch

Angesichts der lauernden Gefahren durch die Zunahme der Kohlendioxidemission – jährlich 4,4 Prozent in allen Staaten der Europäischen Union – und den damit verbundenen Treibhauseffekt kommt seit einiger Zeit von einer weiteren Seite Gegenwind, nämlich von der Kernenergielobby, die die Solarenergie als Konkurrenz ansieht und sich mit einer bestechenden, wenngleich faktisch unhaltbaren Argumentation erneut ins Spiel zu bringen versucht. Dazu gehört die Behauptung, daß der Treibhauseffekt mittels Atomstrom vermieden werden und die »teure« Solarenergie niemals mit dem »billigen« Atomstrom konkurrieren könne. Hierzu ist anzumerken, daß Kernenergie weder die CO_2-Emmission senkt noch billiger ist. Angesichts der Katastrophengefahr und des ungelösten Atommüllproblems – von den gewaltigen Kosten des Kraftwerksbaus wie der Abwrackung ganz zu schweigen – würde durch mehr Atomstrom nur der Teufel mit dem Beelzebub ausgetrieben werden.[97] Auch hier haben Systemuntersuchungen gezeigt,

▷ daß beim Gesamtprozeß der Atomstromerzeugung aus angereichertem Uran – auf die Kilowattstunde umgelegt – mehr CO_2 entsteht als beispielsweise bei modernen Blockheizkraftwerken;

▷ daß Atomkraftwerke durch das hohe Temperaturgefälle selbst stark zur Erwärmung des Klimas beitragen und insbesondere die Kühlkapazität der Flüsse erschöpfen – wie 1989 schon einmal in Frankreich, wo deshalb 17 Atomreaktoren abgeschaltet werden mußten;

▷ daß der Verbrauch fossiler Brennstoffe bis jetzt mit jeder weiteren Stromerzeugung durch Kernkraftwerke und einer damit zusammenhängenden energieintensiven Industrieproduktion nicht etwa gesunken, sondern jeweils angestiegen ist;

▷ daß Atomstrom bis heute nur deshalb zum gängigen Tarif abgegeben werden konnte, weil die realen Kosten – angefangen von den horrenden Entwicklungskosten über die Zuschüsse zum Bau und zu der niemals ausreichenden Versicherung im Unglücksfall bis hin zu den Milliardenkosten der späteren Abwrackung und der ohnehin ungelösten Beseitigung der radioaktiven Rückstände – zu keiner Zeit vom Strompreis gedeckt waren, sondern durch Subventionen der öffentlichen Hand getragen worden sind.

▷ daß – wie auch der ehemalige MBB-Chef Ludwig BÖLKOW immer wieder betont – die derzeit 422 Atomreaktoren auf der Welt nur 5 Prozent der Energie liefern. Schon wenn Atomkraftwerke nur 50 Prozent unseres Energiebedarfs decken sollten, müßte man bereits über 4000 weitere errichten. Wo sollen die gebaut werden? Wer soll es bezahlen? Wohin dann mit dem Atommüll? Von dem multiplizierten Risiko ganz zu schweigen. Atomenergie als Ausweg aus der Energiekrise – ein absurde, in jeder Beziehung undurchdachte Vorstellung.

Links: Das Basler IDEA-TEAM zeigt mit dieser Skizze, wie man sich die Konversion einer normalen Benzintankstelle, die den bisherigen Treibstoff vielleicht noch parallel weiterverkauft, vorstellen kann. Der langwierige Vorgang des Auftankens würde somit entfallen. Als Speicher für derartige Solartankstellen können – wie im Kapitel über die Fahrzeugtechnik noch ausgeführt werden wird – leichte Hochleistungsbatterien dienen, die ähnlich wie Steckmodule einfach ausgetauscht werden, oder auch Zink-Luftbatterien, in die rezyklierte Elektrolytflüssigkeit eingefüllt wird.

Entwurf: Idea-Team, Basel

Jährliche Schadstoff- und Lärm-Emissionen durch den Straßenverkehr und deren wichtigste Wirkungen auf Mensch und Umwelt

(Alle Angaben beziehen sich auf die Bundesrepublik ohne die »neuen« Bundesländer)

GüV = Güterverkehr
PV = Personenverkehr

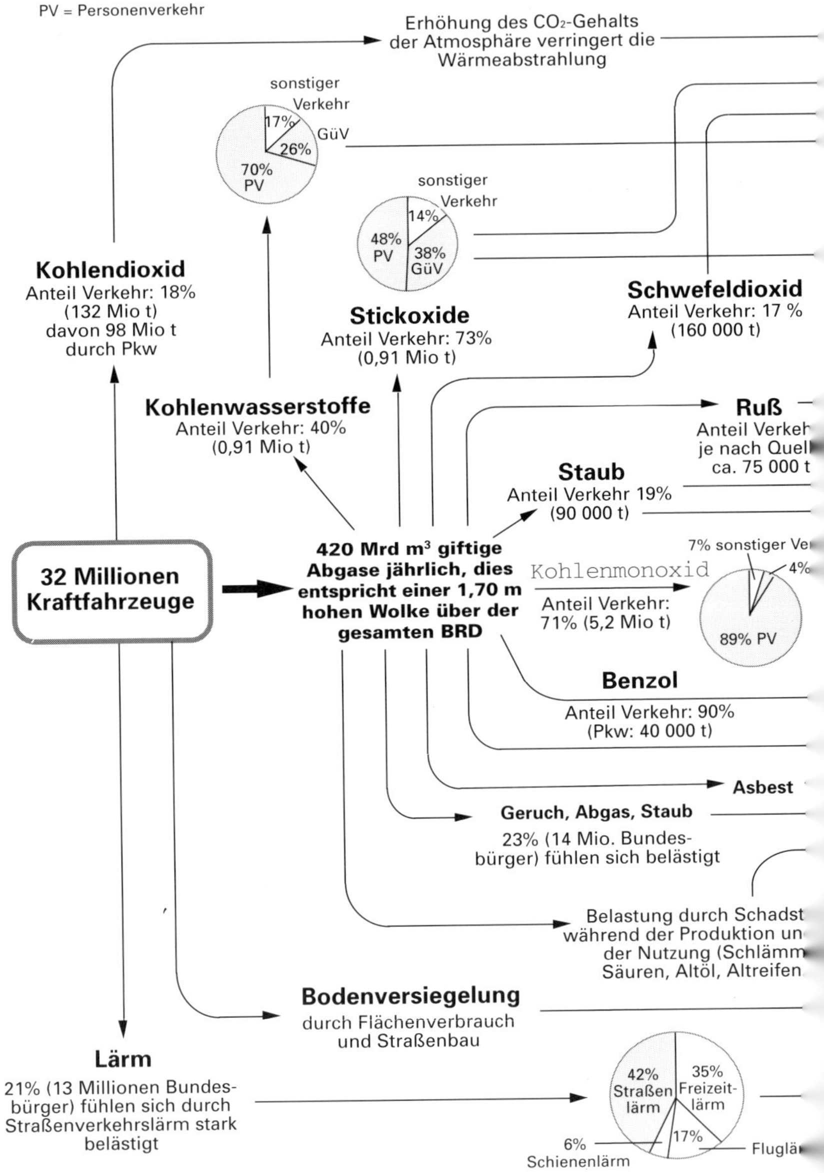

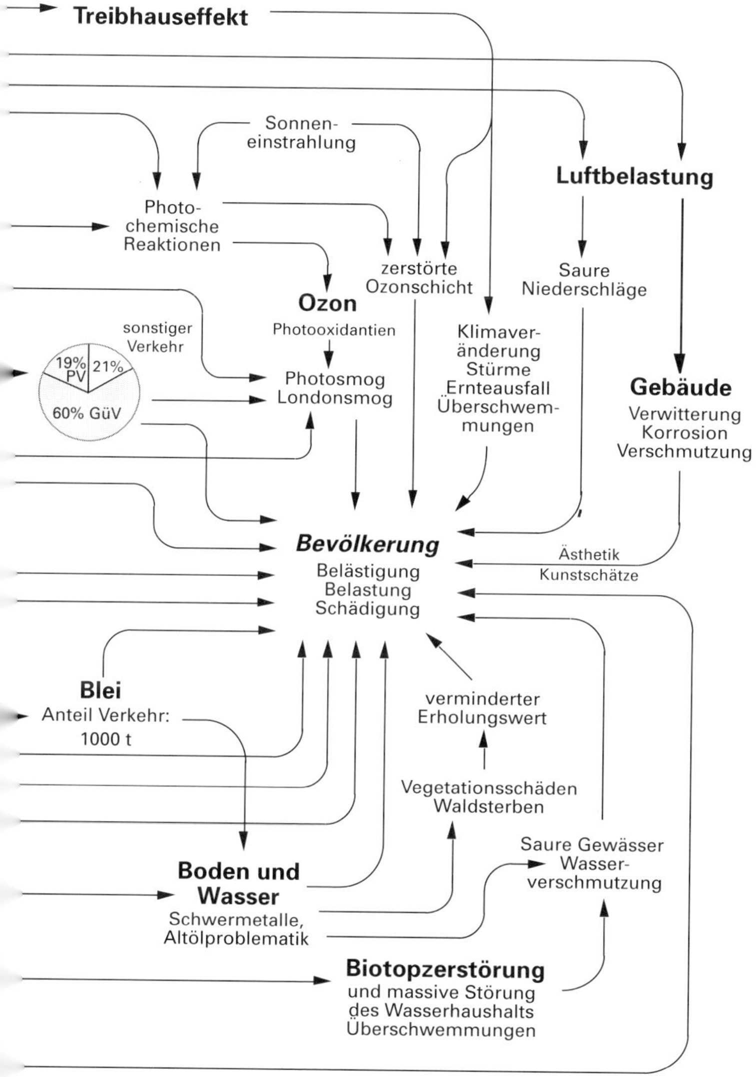

Treibhauseffekt
Sonnen-einstrahlung
Luftbelastung
Photo-chemische Reaktionen
zerstörte Ozonschicht
Saure Niederschläge
Ozon
Photooxidantien
Klimaveränderung
Stürme
Ernteausfall
Überschwemmungen
sonstiger Verkehr
19% PV
21%
60% GüV
Photosmog
Londonsmog
Gebäude
Verwitterung
Korrosion
Verschmutzung
Bevölkerung
Belästigung
Belastung
Schädigung
Ästhetik
Kunstschätze
Blei
Anteil Verkehr:
1000 t
verminderter Erholungswert
Vegetationsschäden
Waldsterben
Saure Gewässer
Wasserverschmutzung
Boden und Wasser
Schwermetalle,
Altölproblematik
Biotopzerstörung
und massive Störung des Wasserhaushalts
Überschwemmungen

Dies sei hier noch einmal am Rande und zur notwendigen Korrektur der irreführenden Werbesprüche einer anscheinend unbelehrbaren Kernenergielobby angemerkt.

Das Gesamtspektrum der Emissionen des Straßenverkehrs

Es erscheint mir wichtig, noch einmal deutlich zu machen, wie sehr es sich lohnen würde und wie vielfältig die positiven Wirkungen – also die Entlastung von Mensch und Umwelt – bei einer Reduzierung des derzeitigen Straßenverkehrs und einem Ersatz der auf Erdöl basierenden Treibstoffe durch regenerative Energien sind. Daher sind in der vorhergehenden Graphik die wichtigsten Emissionen des heutigen Verkehrs und ihre sich zum Teil summierenden Wirkungen auf die verschiedenen Umweltbereiche zusammengefaßt. In den beiden danach folgenden Graphiken werden zum einen die Anteile der Hauptverursacher der Luftbelastung verdeutlicht, zum anderen werden die Grenzwerte des zulässigen Schadstoffausstoßes verschiedener Länder zum Zeitpunkt der maßgeblichen Schweizer Abgasverordnung vom 1. Oktober 1982 miteinander verglichen. Hier wird das Nachhinken der Bundesrepublik deutlich, die bis in die achtziger Jahre hinein die nachlässigsten Abgasgesetze der Welt hatte – und nun aufgrund von Rücksicht auf die Verhältnisse in den neuen Bundesländern und die EU-Verträge ein weiteres Mal zurückbleiben dürfte.

Autoverkehr, Luftbelastung und Energieverbrauch

In Ergänzung zu unserem Schaubild hier noch einige weitere Zahlen: Rund 360 Milliarden Kilometer legen die Menschen in der Bundesrepublik Deutschland jährlich allein im Nahverkehr zurück, und davon 206 Millarden mit dem Pkw. Durch eine Verhaltensänderung könnten 6,5 Milliarden davon auf den öffentlichen Nahverkehr, 16 auf das Fahrrad verlagert und 13 zu Fuß zurückgelegt werden. Eine fahrrad- und

Gegenüberliegende Seite: Die Tendenz zeigt, daß die bei den Haushalten und in der Industrie erreichten Verbesserungen durch Anstiege bei den Kraftwerken und im Verkehr wieder kompensiert werden.

Verursacher der Luftbelastung durch Schadstoffe in der Bundesrepublik Deutschland[1] in Mio. Tonnen

Kraft- und Fernheizwerke	1975	1985	1991	Tendenz
Kohlendioxid (CO_2)	234,89	249,04	267,11	↗
Stickoxide (NO_x)	0,66	0,77	0,35	↘
Kohlenmonoxid (CO)	0,04	0,04	0,05	↗
Schwefeldioxid (SO_2)	1,76	1,50	0,31	↘
Staub[2]	0,16	0,09	0,02	↘

Haushalte und Kleinverbraucher	1975	1985	1991	Tendenz
Kohlendioxid (CO_2)	178,58	169,97	162,09	↘
Stickoxide (NO_x)	0,14	0,14	0,12	↘
Kohlenmonoxid (CO)	1,44	1,01	0,75	↘
Schwefeldioxid (SO_2)	0,51	0,23	0,15	↘
Staub	0,10	0,05	0,03	↘

Industrie[3]	1975	1985	1991	Tendenz
Kohlendioxid (CO_2)	212,66	179,57	165,10	↘
Stickoxide (NO_x)	0,43	0,28	0,24	↘
Kohlenmonoxid (CO)	2,37	1,52	1,29	↘
Schwefeldioxid (SO_2)	0,93	0,56	0,37	↘
Staub	0,33	0,19	0,13	↘

Verkehr[4]	1975	1985	1991	Tendenz
Kohlendioxid (CO_2)	113,37	140,41	166,66	↗
Stickoxide (NO_x)	1,47	1,90	1,97	↗
Kohlenmonoxid (CO)	10,18	6,37	5,20	↘
Schwefeldioxid (SO_2)	0,26	0,21	0,15	↘
Staub	0,07	0,08	0,09	↗

1) Emissionen im früheren Bundesgebiet
2) ohne Schüttgutumschlag (Straßenverkehr, Feuerungsanlagen und Anlagen zur Entstickung in Kraftwerken)
3) Industrie und übriger Umwandlungsbereich, verarbeitendes Gewerbe und übriger Bergbau
4) Straßenverkehr und übriger Verkehr: Land-, Forst- und Bauwirtschaft, Militär-, Schienen-, Wasser- und Luftverkehr

Quelle: Statistisches Jahrbuch 1994

fußgängerfreundliche Umgestaltung der Innenstädte vorausgesetzt, könnten auf diese Art und Weise 36,5 Milliarden Auto-Kilometer von umweltfreundlichen Verkehrsmitteln übernommen werden. Bei einem durchschnittlichen Treibstoffverbrauch von sieben Litern je 100 Kilometer bedeutet das, daß in den Städten 2,5 Milliarden Liter Benzin weniger verbrannt werden würden.[98]

Mit der Einführung des Katalysators sanken zwar die NO_X und CO-Werte, dafür stieg – um die Bleialkyle als Antiklopfmittel zu ersetzen – der Benzolgehalt des Benzins und damit der Ausstoß eines weiteren Schadstoffs dramatisch an. Laut der EU-Kommision zur Umweltsituation in Städten werden ähnlich wie beim Atemgift Kohlenmonoxid inzwischen über 90 Prozent der Luftbelastung durch das krebserregende Benzol vom Verkehr verursacht. Allein unsere Pkws in Deutschland stoßen pro Jahr rund 40 000 Tonnen Benzol aus, das dem bleifreien Benzin nur aus dem Grund hinzugefügt wird, um ein paar PS mehr aus den Motoren herauszukitzeln. Dabei würde eine andere Zündeinstellung die Motoren bei einer niedrigeren Oktanzahl ebenfalls klopffest, obwohl gleichzeitig auch um ein paar Kilometer langsamer machen. Daß wir technisch schon heute kein Benzol mehr im Treibstoff brauchen, wird unter anderem von Autoherstellern wie MERCEDES und BMW bestätigt.

Ähnlich, wie bei der Luftbelastung so manche Hintergrundinformation kaum an die Öffentlichkeit dringt, ist es auch beim Energieverbrauch. So beginnt der Primärenergieverbrauch eines Autos keineswegs mit der ersten Tankfüllung. Allein um ein Auto zu produzieren, wird mit einem Primärenergieeinsatz von bis zu 4000 Litern Benzin-Äquivalent gerechnet. Ehe ein Auto vom Band rollt, ist also unter Umständen bereits so viel Energie eingesetzt worden, wie ansonsten auf rund 40 000 Kilometern Fernstrecke verbraucht wird.[99]

Beim Rohstoffverbrauch sieht es nicht viel anders aus. Hier ist es keineswegs mit den ein bis zwei Tonnen Material getan, die bei der Verschrottung zum Teil rezykliert werden können. Gut die zehn- bis fünfzehnfache Rohstoffmenge wird bis zur Fertigstellung eines Personenwagens bereits zu Müll. Auch dies eine heillose Verschwendung, die mit einem neuen Fahrzeugkonzept drastisch verringert werden könnte. Dem entspricht auch Peter NIEDNERS Zusammenstellung über den Rohstoffverbrauch und die Abfälle eines Autos der ersten und

Anteil des Verkehrs an der Luftbelastung in der Bundesrepublik Deutschland

(Alle Daten beziehen sich auf das Gebiet der »alten« Bundesländer im Jahr 1991)

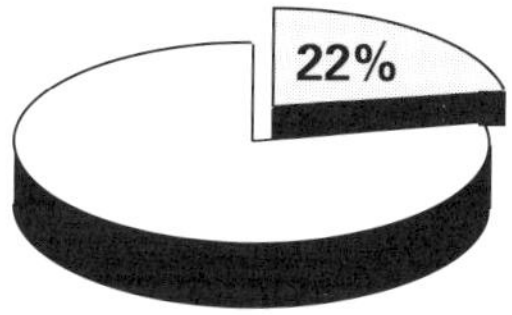

Kohlendioxid (CO_2)

Gesamtemission:	761 Mio. t
Straßenverkehr:	135 Mio. t
Übriger Verkehr:	32 Mio. t

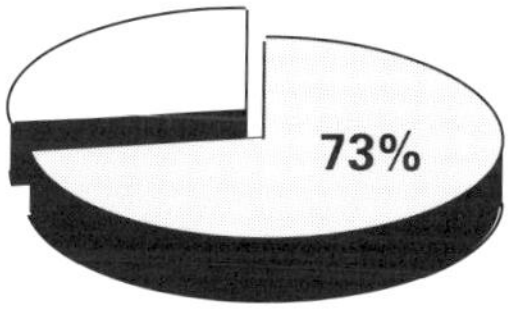

Stickoxide (NO_x)

Gesamtemission:	2,65 Mio. t
Straßenverkehr:	1,56 Mio. t
Übriger Verkehr:	0,36 Mio. t

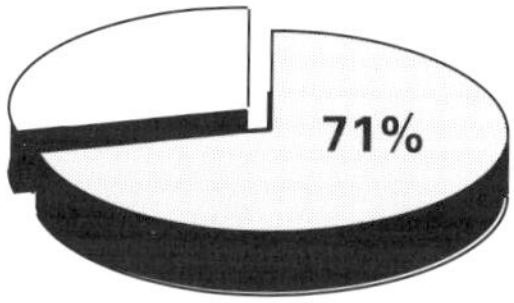

Kohlenmonoxid (CO)

Gesamtemission:	7,30 Mio. t
Straßenverkehr:	4,95 Mio. t
Übriger Verkehr:	0,26 Mio. t

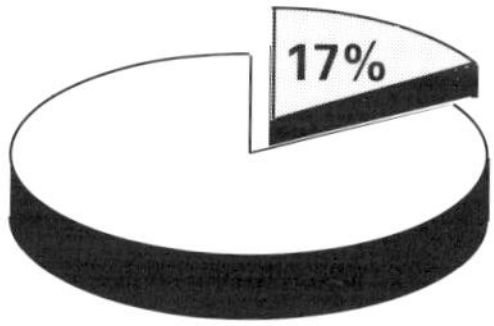

Schwefeldioxid (SO_2)

Gesamtemission:	1,00 Mio. t
Straßenverkehr:	0,05 Mio. t
Übriger Verkehr:	0,11 Mio. t

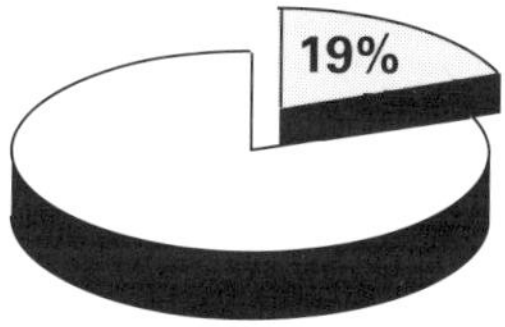

Staub

Gesamtemission:	0,45 Mio. t
Verkehr gesamt:	0,09 Mio. t

- Gesamtverkehr (inklusive Land-, Forst- und Bauwirtschaft, Militär-, Schienen-, Wasser- und Luftverkehr)
- Übrige Sektoren: Industrie, Haushalte und Kleinverbraucher sowie Kraft- und Fernheizwerke

Quelle: Statistisches Jahrbuch 1994

zweiten Generation.[100] So liegen beispielsweise Rohstoffverbrauch und Abfall pro 100 km bei einem Auto aus dem Jahre 1990 bei 58,3 kg, bei einem Auto der von NIEDNER vorgeschlagenen, aber immer noch ausstehenden zweiten Generation bei 9,7 kg.

Mobilität um jeden Preis?

Wir kommen nun zu einem weiteren Irrglauben unserer Wirtschaftspolitik, der noch immer grassiert. Es handelt sich dabei um die Annahme, daß Mobilität als ein Grundbedürfnis unserer Zeit zu fördern sei und daher möglichst billig sein müsse. Schließlich habe jeder ein »Recht auf Mobilität«, wie es so schön heißt. Andernfalls würde unsere Wirtschaft Schaden nehmen. Je mehr Mobilität – worunter meist das Autofahren verstanden wird –, desto besser ginge es uns. Je weiter wir unsere Güter herantransportieren und in je fernere Gegenden wir im Urlaub fliegen, desto größer muß unser Wohlstand sein. Daß wir all dies mit ungedeckten Schecks bezahlen, indem wir so allmählich unsere Lebensgrundlagen zerstören, wird meist unter den Tisch gekehrt. Der einzige ehrliche Preis dafür wäre ein Betrag, der den tatsächlichen Kosten entspricht, die mit der weltweiten Transportwut entstehen – und die wir alle zu tragen haben, auch wer kein Auto fährt und nie ein Flugzeug benutzt. Diese Kosten werden bis heute externalisiert – sprich: der Allgemeinheit aufgehalst –, was dem Verursacherprinzip eklatant widerspricht. Würde man dagegen jeden Transport seiner Umweltbelastung gemäß besteuern, beispielsweise über einen entsprechend hohen Benzinpreis, so hätte das eine heilsame Umstrukturierung unserer gesamten Wirtschaft zur Folge.[101]

Nachfolgend soll diese These im Hinblick auf eine früher oder später nicht mehr zu umgehende ökologische Steuerreform näher beleuchtet werden, wie sie im Prinzip bereits vom Sachverständigenrat für Umweltfragen in seinem 1993er Gutachten gefordert wurde – inklusive einer Empfehlung neuer Rahmenbedingungen für die Automobilindustrie.

Daß die dadurch aufgeschreckte Lobby nicht untätig geblieben ist – wenngleich in umgekehrter Zielrichtung –, zeigte sich 1994 auf einer Klimakonferenz der UNO in Genf, auf der Industrievertreter davor gewarnt haben, bei der Lösung des Problems etwa *die* Wirtschaft zu schädigen (womit selbstredend nur der eigene Industriezweig gemeint ist). Sie dürfe auf keinen Fall durch Vorsichtsmaßnahmen zum Schutze der Umwelt belastet werden. Man solle solange fossile Brennstoffe benutzen dürfen, »*bis zweifelsfrei erwiesen ist, daß sie für den Treibhauseffekt verantwortlich sind*«. Das stellt eine verblüffende Verkennung der Situation wie auch eine Absage an jegliche Prophylaxe dar.[102]

Im Gegensatz dazu heißt es etwa in einer Studie der SCHWEIZER RÜCKVERSICHERUNG: »*Man muß* jetzt *die Risiken verringern und nicht zuwarten, bis die Wissenschaft eines Tages nachweisen kann, was hätte getan werden müssen.*«[103] Daß die Klimakatastrophe bereits begonnen hat, zeigt sich nicht nur im realen Anstieg der Welttemperatur und des Meeresspiegels sowie im stetigen Ausweichen der Alpenpflanzen in immer höhere Regionen[104], sondern auch in der Häufung immer stärkerer Stürme, Überschwemmungen, Bergrutsche und Ernteeinbußen, die die Schadensbilanz der großen Rückversicherer in den letzten 30 Jahren insgesamt verzehnfacht haben. Vielleicht kommt von dieser Seite am ehesten ein heilsamer Druck hin zu einer progressiven Erhöhung der Mineralölsteuer zustande.

Um die Autoflut mit all ihren Belastungen einzudämmen, hat der Stadtstaat Singapur ein einmaliges System eingerichtet: die Zulassungspapiere müssen ersteigert werden und kosten mittlerweile für Autos über 1,6 Liter Hubraum 95 000 Singapur-Dollar (rund 100 000 Mark). Zusammen mit der Kaufsteuer von 200 Prozent kommt man auf 130 000 Singapur-Dollar, womit ein Mittelklassewagen etwa viermal so viel kostet wie bei uns.

In der Tat kann man das ganze Gerede von Autobahnmaut, Vignetten-Plan, Verkehrsleitsystemen, typenspezifischen Schadstoffsteuern und den damit zusammenhängenden gewaltigen technologischen und

Verwaltungsaufwand vergessen, wenn der Benzinpreis sich in den nächsten Jahren zügig auf denjenigen Betrag erhöht, den uns die externalisierten Belastungen des Straßenverkehrs längst kosten. Damit könnte auch die im Grunde überflüssige Kfz-Steuer wegfallen. Kombiniert mit einer strikten Geschwindigkeitsbegrenzung auf 100 beziehungsweise 80 Stundenkilometer würde solch ein stufenweiser Anstieg der Mineralölsteuer wahre Wunder bewirken. Noch dazu kostet beides praktisch nichts, braucht weder eine neue Infrastruktur noch bürokratischen Aufwand, stellt aber zugleich auf mehreren Sektoren die Weichen in eine neue Richtung und internalisiert endlich die tatsächlichen Vollkosten, die wir, wie gesagt, alle – selbst die 40 Millionen Bürger, die kein Auto fahren – im Prinzip ständig bezahlen.

Acht Mark pro Liter Benzin – eine Utopie?

Versuchen wir einmal, die wichtigsten Argumente für eine stufenweise Anhebung des Treibstoffpreises auf acht Mark zusammenzufassen. Die Vollkosten des Autofahrens von der Produktion über den Betrieb bis hin zur Abwrackung, die derzeit externalisiert werden, betragen je nach Schätzmethode zwischen 200 und 600 Milliarden Mark jährlich. Das umfaßt die über die direkten Kosten wie Straßenbau und Ampelanlagen hinausgehenden Schäden an Umwelt, Mensch und Wirtschaft durch Abgasbelastung, Flächenverbrauch, Bodenversiegelung, Wasserverseuchung, Degenerierung des Lebensraums durch sich krebsartig ausbreitende Autobahnnetze, Unfälle – mit Toten, Schwer- und Leichtverletzten oder Sachschaden –, Bewegungsarmut sowie Lärm- und Streßbelastungen mit ihren Krankheitsfolgen. All dies schlägt in Form gewaltiger Sozialkosten zu Buche, von der planetaren Belastung durch den Beitrag zum Treibhauseffekt, Ozonloch und der Rohstoffvergeudung ganz zu schweigen. Kurz und gut, die acht Mark pro Liter bezahlen wir längst, weil mit jedem Kilometer, den wir mit einem herkömmlichen Auto fahren, volkswirtschaftliche und soziale Kosten entstehen, die mit den derzeitigen Treibstoffpreisen und der Kfz-Steuer nicht im mindesten beglichen sind.

Was wären nun die Folgen eines fünfmal höheren Benzinpreises?

Könnten nur noch die Reichen mit dem Auto fahren? Keineswegs!

- Die Autoindustrie würde endlich beginnen, leichte Autos zu bauen, die anstatt zehn nur noch zwei Liter pro 100 Kilometer verbrauchen. Dann bliebe das Autofahren für den Verbraucher genauso teuer wie jetzt, denn unsere derzeitigen Autos brauchen ihre großen Treibstoffmengen, wie bereits ausgeführt, ja vor allem, um sich selbst zu transportieren.
- Umgekehrt wäre es direkt gefährlich, ein »Dreiliterauto« auf den Markt zu bringen, ohne dies mit einer Benzinpreiserhöhung zu koppeln. Denn als Nebeneffekt des dann nur noch halb so teuren Autofahrens wäre die Bahn plötzlich weniger konkurrenzfähig, und das hätte eine Rückverlagerung von der Schiene auf die Straße zur Folge.
- Mit steigendem Benzinpreis hingegen würden unnötige Autofahrten zunehmend wegfallen und viele Wege – vor allem in den Städten – zu Fuß, mit dem Rad oder mit öffentlichen Verkehrsmitteln erledigt werden. Statt 12 000 würden so viele Leute nur noch 3000 Kilometer im Jahr mit dem Auto fahren. Ein Viertel so oft tanken heißt nochmals ein Viertel an Treibstoffkosten, womit wir bei einem Zwanzigstel des heutigen jährlichen Treibstoffbedarfs wären. Demzufolge würde die Mobilität insgesamt also auch bei einem hohen Benzinpreis bedeutend billiger als heute.
- Jede Autofahrt, die wir beispielsweise durch eine Fahrradtour ersetzen, entlastet die Verkehrsfläche um das Achtfache, jede Fahrt mit der Tram oder dem Bus um das Zehnfache und jedes Zufußgehen um das Fünfundzwanzigfache. Die verbleibenen Fahrzeuge hätten mehr freie Fahrt als heute.

Würden Transport und Versorgung zusammenbrechen? Im Gegenteil!

- Der Zulieferungs- und Entsorgungsverkehr hätte wieder genügend Spielraum, könnte ohne Staus und mit einem weitaus geringerem Treibstoffverbrauch vonstatten gehen.
- Der heute viel zu billige und dadurch vielfach unnötige – ja zum Teil zusätzlich subventionierte – Ferntransport würde drastisch zurückgehen und eine kleinräumige regionale Versorgung Vorrang haben. Als Folge würden Produktionsverlagerungen ins Ausland weniger

interessant werden, und mehr Arbeitsplätze blieben im Lande. Der Transitverkehr ginge drastisch zurück, die Sozialkosten würden sinken und Umwelt und Gesundheit geschont werden.
- Auch im Städtebau würde der Trend in Richtung dezentraler Strukturen gehen. Wohnen, Leben, Arbeiten und Erholen würden nicht wie heute weit auseinandergerissen stattfinden, sondern in der – wieder lebenswerten – Nachbarschaft. Das ergäbe eine weitere Senkung des überflüssigen und in keiner Weise wertschöpfenden Pendlerverkehrs. Verweilen würde wieder attraktiver werden als Reisen; und auch das würde die Verkehrswege weiter entlasten.

»Ein Tempolimit und ein Benzinpreis von fünf Mark gefährden den Aufschwung.«

Bundesverkehrsminister WISSMANN in seiner Eröffnungsrede auf der *Automechanika* im September 1994

Würde die Wirtschaft zusammenbrechen? Im Gegenteil!
- Eine zukunftsorientierte Umstrukturierung und der damit zu erwartende Innovationsschub, die beide längst fällig sind, wären die Folge. Industrie und Gewerbe wie auch neue, beispielsweise logistische Dienstleistungen würden in eine Schrittmacherrolle mit gewaltigen Exportchancen hineinwachsen.
- Die volkswirtschaftliche Entlastung von anderenfalls weiter anwachsenden Umweltschäden würde den Staatshaushalt sanieren, der sich dann wichtigen Entwicklungsaufgaben widmen könnte, anstatt in zunehmendem Maße nur noch Schäden zu reparieren.
- Der Automobilindustrie würde dies einen starken Impuls zum Bau von langsamen Leichtfahrzeugen mit hoher aktiver Sicherheit geben, die dann, sofern sie elektrisch angetrieben sind, mit einem Vierzigstel der für einen schweren Tourenwagen nötigen Batterieladung auskommen.
- Alle Fahrzeuge, die mit regenerativer Energie fahren, würden bevorzugt werden: leichte Solarmobile, Elektro-Citycars, deren

Fahrstrom aus dezentraler Wärmekraftkopplung kommt, ebenso Motoren, die Biogas aus Klärwerken oder Treibstoff aus Chinagras einsetzen. Daneben gäbe es gleichzeitig einen Boom von mit Solarenergie unterstützten Muskelkraftfahrzeugen, überdachten Fahrradrikschas und – nicht zuletzt – attraktiven öffentlichen Nahverkehrsmitteln.

- Dadurch würden längst fällige zukunftsträchtige Entwicklungen im Fahrzeugbau, in der Verkehrsinfrastruktur und in der Energieversorgung noch rechtzeitig eingeleitet werden. Denn die erwähnten ungedeckten Schecks, mit denen wir das Autofahren in den heutigen »Dinosauriern« bezahlen, würden andererseits über kurz oder lang in den Zusammenbruch führen. Dann allerdings wäre es für die nötigen Entwicklungen endgültig zu spät, und man wird die Betonköpfe verfluchen, deren Kurzsichtigkeit die nötige Evolution verhindert hat oder die, in ihrer Wachstumsideologie befangen, das Rad in die sechziger Jahre haben zurückdrehen wollen.
- Last but not least würden die nicht unendlichen Ölvorräte so weit gestreckt werden, daß auch die kommenden Generationen noch etwas von diesem kostbaren Rohstoff haben werden, der viel zu schade ist, um bei dem anbrechenden Kunststoffzeitalter durch den Auspuff oder den Schornstein gejagt zu werden.

Fazit: Die Vorteile wären mannigfaltig. Der gesamte Verkehr würde spürbar entzerrt werden, es gäbe wieder mehr lokale statt Fernversorgung, und unnötige Transporte würden von den Straßen verschwinden, was nebenbei zugleich Straßenbaukosten einspart. Die hohen Transportkosten würden Produktionsverlagerungen in Billiglohnländer weniger attraktiv machen, mehr Arbeitsplätze blieben im Lande, und die Produktionsstruktur unserer Wirtschaft erführe eine heilsame Dynamisierung. Fahrzeuginnovationen und eine Fülle sparsamer Motoren kämen auf den Markt, darunter leichte Citycars, die überhaupt keinen Treibstoff mehr benötigen, weil sie mit regenerativen Energiequellen auskommen.

Warum also nicht endlich die Augen öffnen und sich wenigstens schrittweise an die Wahrheit der tatsächlichen Treibstoffkosten herantasten? Wie seinerzeit die ungewollte Energiekrise, würde diese freiwillige Besinnung einen Innovationsschub ankurbeln, den wir alle bitter nötig haben, wenn unsere Zivilisation weiter überleben will.

Eine Utopie wäre es vielmehr, so weiterzumachen wie bisher!

Die Rechnung des Flugverkehrs

Von allen Verkehrsarten ist der Flugverkehr mit Sicherheit der umweltschädlichste. Pro Person und Flugstunde entläßt er die Abgase von durchschnittlich 60 Litern Kerosin in die Atmosphäre – und wird von staatlicher Seite von allen Verkehrsarten dennoch am meisten unterstützt und gefördert. So schreibt der Energiefachmann Robert EGLI: »*Die Abgase sind in den Reiseflughöhen von 9000 bis 13 000 Metern ganz besonders schädlich. Die Lebensdauer der Stickoxide beträgt hier bis zum Hundertfachen wie in Bodennähe, weshalb laut Modellhochrechnungen in den mittleren Breiten der nördlichen Hemisphäre mehr als die Hälfte aller Stickoxide in diesen Höhen vom Flugverkehr stammen. Diese Stickoxide erzeugen Ozon mit der ungefähr dreißigfachen Treibhauswirkung gegenüber Bodennähe. Ein Teil der Stickoxide gelangt jedoch in die Höhen des Stratosphären-Ozons. Dort haben sie leider die gegenteilige Wirkung und tragen ab etwa 13 000 Metern zum Abbau des Ozonschildes bei. Außerdem ist oberhalb etwa 8000 Metern Höhe der Abgaswasserdampf klimaschädigend, indem auch er einen wesentlichen Treibhauseffekt bewirkt.*«[105]

Nach Hartmut GRASSL vom *Max-Planck-Institut für Meteorologie* stört ein modernes Großflugzeug in diesen Höhen bei Temperaturen unter minus 60 Grad bereits empfindlich den Wasserhaushalt der Atmosphäre. Die dünnen Eisteppiche der Kondensstreifen wirken wie das Glasdach eines Gewächshauses und tragen so zur Erderwärmung bei. Aufnahmen der *Deutschen Forschungsanstalt für Luft- und Raumfahrt* haben gezeigt, daß die Kondensstreifen meist mehrere Prozent der Erdoberfläche zwischen Frankfurt und Venedig bedecken.[106] Und letztendlich ist der Flugverkehr auch durch seinen Kohlendioxid-Ausstoß, der weltweit etwa 13 Prozent desjenigen des Gesamtverkehrs ausmacht, am Treibhauseffekt beteiligt.

All diese Effekte werden von den Fluggesellschaften gerne verschwiegen. Da geht es – wie etwa in der aufgrund ihrer »Ehrlichkeit«

so gelobten *Ökobilanz* der SWISSAIR ausschließlich um bodennahe Emissionen. Kein Wort über die hundertfache Verweildauer der Stickoxide in der höheren Troposphäre. Kein Wort auch über CO_2 oder den möglichen Treibhauseffekt durch die Kondensstreifen.[107] Daß die negativen Auswirkungen dieser komplexen Vorgänge sich erst mit einer Zeitverzögerung von 20 bis 30 Jahren bemerkbar machen, läßt die Lage nicht weniger bedenklich werden. Denn seit den siebziger Jahren, deren Effekte wir heute spüren, hat sich der Flugverkehr weltweit verdoppelt. Wenn wir erst so lange warten, bis sich die Folgen daraus einstellen, ehe wir uns zum Handeln entschließen, werden wir vielleicht nicht mehr viel handeln können.

Eine umweltfeindliche Subventionspolitik

Angesichts dieser Tatsachen ist es unbegreiflich, warum das Flugbenzin nach wie vor nicht besteuert wird, so daß der Liter auch heute noch lediglich 45 Pfennige kostet. Im Verein mit den Dumpingpreisen, die nach der Liberalisierung durch die I.A.T.A. (International Air Transport Association) eingerissen sind, führte das zu einer Flut von zusätzlichen Tourismusbewegungen. Und eine einzige Flugreise in die USA und zurück schädigt das Klima ebenso stark wie mehrere Jahre Bodenverkehr mit dem Auto. *»Menschen, die ihr Auto sehr sparsam einsetzen, können dafür auf der Erde fünfzehn Jahre lang ihre täglichen Wege zurücklegen, Bus- und Bahnbenutzung sowie Urlaubsreisen eingeschlossen«.*[108]

Darüber hinaus wird ebenfalls viel zu wenig beachtet, daß mehr Flugverkehr stets auch weiteren Straßenverkehr anzieht – durch Zubringer, erneute Auslagerung und somit eine Entmischung angeschlossener Wirtschaftszweige. Des weiteren hat er beträchtliche Zubetonierungen für die Verkehrsflächen am Flughafen selbst und letztlich auch die Zerstörung von Ökosystemen und Wassereinzugsgebieten wie dem Hessischen Ried oder dem Erdinger Moos zur Folge. Durch den Bau des Flughafens *München II* beispielsweise ist der Grundwasserspiegel entgegen dem Versprechen seiner Planer nun doch auf einer Fläche von 50 Quadratkilometern abgesunken, was viele Landwirte um ihre Existenz ringen läßt.

Ohne aus dem finanziellen Desaster mit der *Concorde* oder dem so hochgejubelten, weil erstmals vollcomputerisierten *Airbus* gelernt zu haben – der in acht Jahren zudem zwölf Totalverluste mit insgesamt 815 Toten beklagen läßt! –, will die Bundesregierung bis 1998 weitere 1,2 Milliarden Mark in die technische Entwicklung der deutschen Luftfahrtindustrie stecken, *»um die kränkelnde Luftfahrt zu beleben und die Branche für den weiteren Wettbewerb fit zu machen«*, wie es offiziell heißt. Unter anderem plant das Europäische Airbus-Konsortium einen zweistöckigen Super-Airbus, den A 3XX, der 850 Economy-Passagiere befördern soll. Für die Entwicklung veranschlagt man 12 bis 14 Milliarden Dollar, und das, obwohl das Luftfahrtzeitalter zu Ende geht – zu Ende gehen muß, weil seine globalen Belastungen über kurz oder lang unerträglich sein werden. Diese Fördermittel wären nur dann nicht in den Sand gesetzt, wenn die betreffenden Unternehmen, wie zum Beispiel die DASA, auf grundlegend andere Produkte umsteigen würden, zum Beispiel auf solche der regenerativen Energieversorgung, auf wirksame Recyclingtechniken oder neue öffentliche Transportsysteme.

Die Ökonomie schlägt zurück

Daß Investitionen in eine Erweiterung des Flugverkehrs – ganz abgesehen von seiner Umweltbelastung – bereits heute ökonomisch nicht mehr sinnvoll sind, soll dabei nicht unerwähnt bleiben. So ist der Luftraum vielfach mit Kurzstreckenflügen blockiert, anstelle derer man ebensogut mit der Bahn reisen könnte. Doch anstatt die Schienenwege in der Fläche auszubauen, wird – befangen im Konkurrenzdenken der beteiligten Ressorts – in Hochgeschwindigkeitszüge investiert, die wiederum an Flughäfen angebunden sind. Eine unsinnige Vergeudung von Volksvermögen, zumal die derzeitigen Zuwachsraten beim Flugverkehr lediglich auf jenen unrealistischen Flugpreisen beruhen, die durch die erbitterten Preiskämpfe der Fluggesellschaften künstlich – und ruinös – heruntergedrückt sind. Sie lassen sich ohnehin nicht mehr lange durchhalten und haben bereits einige logistische und finanzielle Zusammenbrüche nach sich gezogen. So geht ökologischer Unsinn immer öfter mit wirtschaftlichem Unsinn einher.

Das *Worldwatch Institute* zeigte zum Beispiel auf, daß ein Ausbau der Eisenbahnlinie von Boston nach New York nicht nur täglich 50 Flüge ersetzen und damit zehn Abflugstationen freimachen würde, sondern mit 800 Millionen Dollar nur rund ein Fünftel soviel kosten würde wie der derzeit für die gleiche Entlastung geplante neue Flughafen.[109]

Und noch eine weitere unrühmliche Seite des Flugverkehrs sei hier vermerkt: Die ebenfalls viel zu billigen, weil auch hier die Vollkosten externalisierenden Lufttransporte machen mittlerweile zwar sämtliche Güter dieser Erde saisonunabhängig weltweit zugänglich, aber mit diesem unnötigen Luxus verstärken wir die ökologische und soziale Ausbeutung der Entwicklungsländer durch unsere Konsumgesellschaft – mit all den zu Anfang unseres Buches erwähnten Folgen.

Ökologische Steuerreform – eine wirtschaftliche Notwendigkeit

Die vorausgegangenen Überlegungen, die sich hauptsächlich auf den Treibstoffpreis beziehen, zeigen, daß die bisherige Politik, ausgerechnet umweltbelastende Vorgänge zu subventionieren, auf die Dauer nicht haltbar ist. Letztlich zeichnet sich der Teufelskreis jeglicher Subventionierung eines im Grunde kranken Zustandes dadurch aus, daß – wie bei einem Drogenabhängigen – jede weitere Subvention nur noch abhängiger macht, den Staat mehr und mehr kostet und das Übel keineswegs beseitigt, sondern es eher zementiert, während eine »Entziehungskur«, also die Einführung von Ökosteuern, dem Staat Geld einbrächte und auch die Wirtschaft auf neue Ideen bringen würde. Als in Japan nach der Ölkrise die Energiekosten besonders drastisch angestiegen waren, ging ein Innovationsschub durch die dortige Wirtschaft, dem sie noch heute ihre starke Position auf dem Weltmarkt verdankt.

Ökobonus und Ökosteuern, wie sie der St. Gallener Wirtschaftler Christoph Binswanger fordert und in ihren Auswirkungen analysiert hat, würden in der Tat auf vielfältige Weise die zum Teil gestrandeten Staatsschiffe wieder auf Kurs bringen. Qualifizierte Berater, die wie er den Finger auf die Wunde legen, scheinen bei den großen Parteien jedoch unerwünscht zu sein. So berät er jetzt beispielsweise die kleine ÖDP. Kritiker einer Ökosteuer-Idee wie das Rheinisch-Westfälische Wirtschaftsforschungsinstitut (RWI) erkennen nicht, daß die Impulse, die von dieser Kostenverlagerung – geringere Lohnnebenkosten und höhere Energiekosten – ausgehen, sich über die gesamte Volkswirtschaft fortpflanzen würden. Die Umweltbelastungen würden zurückgehen, was letzten Endes auch den Staatshaushalt entlastet, dessen erdrückende Verschuldung mit über 1400 Milliarden Mark inzwischen schon so hoch wie der Haushalt selbst ist. Da die Lohnnebenkosten sinken würden, hätte selbst ein nationaler Alleingang durchaus seine Vorteile. Gerade im Wettbewerb mit den Billiglohnländern in Mittel- und Osteuropa hätte Deutschland dann wieder bessere Chancen.[110]

Im Zuge einer solchen Reform würde lediglich die Schwerindustrie, die ohnehin seit Jahrzehnten ständig Subventionen verschlingt, rasch schrumpfen, während der Maschinenbau, arbeitsintensive Produktionen, Dienstleistungen und der Handel und somit ungefähr 90 Prozent der deutschen Wirtschaft (!) davon profitieren dürften. Und gewiß geht eine Ökosteuer nicht zu Lasten der kleinen Leute. Im Gegenteil, während die Gutverdienenden etwas mehr zur Kasse gebeten würden, kämen Haushalte unter einem Nettoeinkommen von 4000 Mark nach den Berechnungen von BINSWANGER besser weg als vorher.

Und wenn der DIHT (Deutscher Industrie- und Handelstag) wie so manch anderer Verbandssaurier meint, eine Energiesteuer gefährde den Standort Deutschland, dann fragt man sich, ob nicht vielleicht gerade der DIHT durch seine Rückständigkeit den Standort Deutschland gefährdet und man ihn besser auflösen sollte.

Wenn wir die ökologischen Desaster wie Entwaldung, Klimaverschiebung, Treibhauseffekt, Ausdehnung der Wüsten, Ozeananstieg, Zerstörung der schützenden Ozonschicht wirklich stoppen wollen, dann kommen wir an einer progressiven Energiesteuer nicht vorbei, die – regenerative Energien natürlich ausgenommen – ausschließlich auf die umweltbelastenden Energien Erdöl, Kohle, Erdgas und Atomenergie abzielt.[111] Dies würde einen dynamisierenden Einfluß auf unsere gesamte Produktion haben, neue Arbeitsplätze schaffen, unnötige Transporte vermindern und unsere Volkswirtschaft schlagartig entlasten.

Die folgende Zeitkurve soll noch einmal ins Bewußtsein rufen, daß der Treibhauseffekt mit all seinen komplexen Folgeerscheinungen nicht mehr wegzuleugnen ist. Ein weiteres fahrlässiges Wirtschaften wie bisher dürfte unsere Lebensgrundlage daher nur allzu bald aus dem Gleichgewicht geraten lassen.

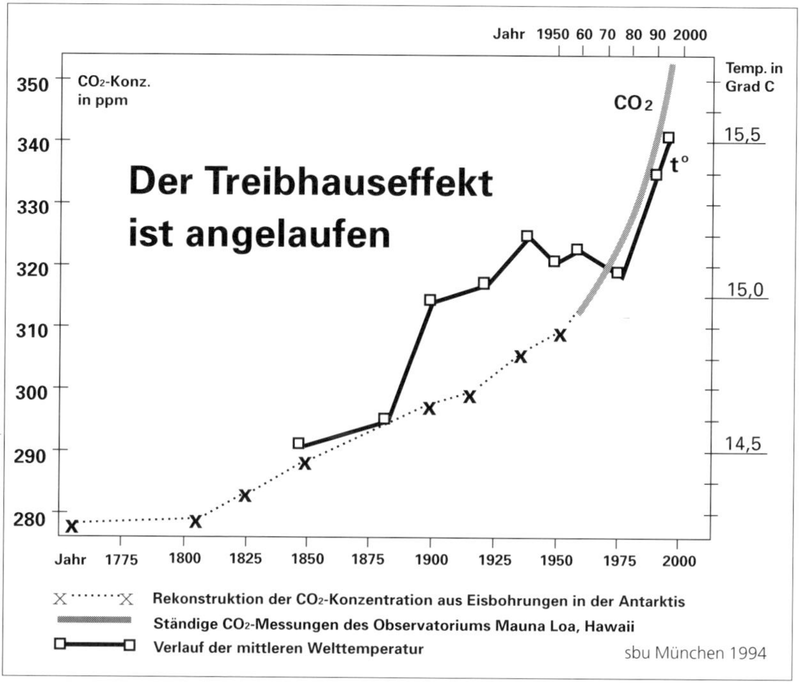

Der Anstieg der Welttemperatur in den letzten Jahrzehnten parallel zur zunehmenden CO_2-Konzentration ist nicht mehr auf normale Zufallsschwankungen zurückzuführen.

Freizeit und Tourismus – die entartete Erholung

Es ist bekannt, daß viele Formen der heutigen Freizeitaktivitäten und des damit verbundenen Verkehrs nicht nur denaturierend auf die betreffenden Ökosysteme wirken, sondern unser vegetatives Nervensystem über den damit einhergehenden Streß oft sogar mehr belasten als die Arbeit, ja mitunter zu einer regelrechten Freizeitpathologie entarten! Die Frage ist, ob solche Effekte durch einen sanften Tourismus und alternative Verkehrsmittel und -strukturen gemildert oder gar vermieden werden können; ob es in diesem Sinne Rückwirkungen auf das Fahrzeugdesign und die Entwicklung von Verbundlösungen gibt; oder ob der wirksamste Ansatzhebel nicht gar darin liegt, das Verweilen attraktiver als das Reisen zu machen – also bei den eigentlichen Ursachen dieser »Flucht aus dem eigenen Lebensraum« zu beginnen. Werfen wir hierzu wieder einen Blick auf die Kybernetik.

Die eigentliche Freizeitfunktion wird zur Randerscheinung

Zur Zeit schaukelt sich die bekannte touristische Verkehrsspirale mit jeder Verbesserung der Infrastruktur für den Fernverkehr weiter auf, indem das Verkehrsaufkommen gesteigert, die Attraktivität des Nahbereichs vermindert und damit der Drang in die Ferne sogar noch erhöht wird. Durch die überdimensionierte Infrastruktur erfolgt dann trotz einer verbesserten Erreichbarkeit des Zieles auch am Erholungsort selbst eine erneute Aufspaltung in Vor- und Nachteile wie Parkplatzsuche, Verlärmung und Verunstaltung. Die eigentliche Freizeit- und Tourismusfunktion wird dadurch oft zur Randerscheinung (vergleiche dazu die Kurve auf Seite 167). Als Folge davon sind Erholungsurlaub und Urlaubsstreß, Freizeitspaß und Freizeitpathologie oft kaum noch voneinander zu trennen.[112]

Somit sinkt auch vor Ort bald die Basis des Erholungspotentials, und die Einheimischen müssen ihren Streß nun ebenfalls woanders abbauen. Dadurch entstehen neue Engpässe, die einen Ausbau der dortigen Infrastruktur und damit erneuten Verkehrzuwachs ermöglichen, während funktionsorientierte Verbundmöglichkeiten und die noch bestehende Funktionsdurchmischung durch eine ähnliche Selbstverstärkung in einen Abwärtstrend geraten. Die Überwucherung mit Autobahnzubringern nimmt groteske Formen an, der eigene Lebensraum erstickt in Ausfallstraßen, die Nahziele verlieren an Attraktivität, werden uninteressant und zwingen zu einer erneuten Flucht. So verschiebt sich das Verhältnis von der Stadterholung immer weiter weg zur Nah- und Fernerholung – bis hin zur Flugreise rund um den Globus. Trotz der wachsenden Belastungen wird dieser Mechanismus vom Erholungsuchenden kaum erkannt, da er die solchermaßen »aufgezwungenen« großen Reisestrecken gleichzeitig als Statussymbol verbuchen kann.

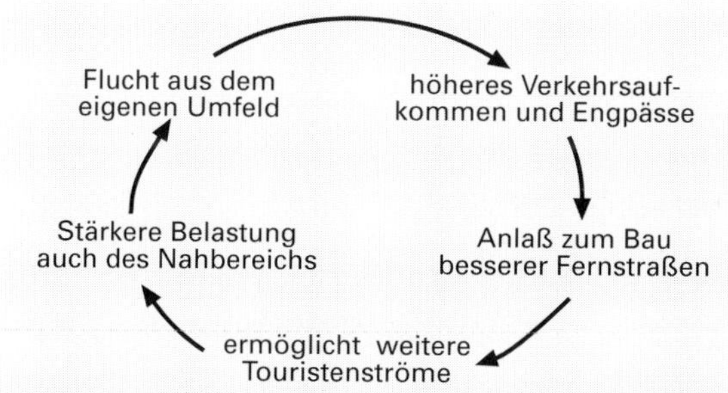

Die Verkehrsspirale läßt die Touristenströme immer weiter anwachsen – die Erholung wird in immer weiterer Ferne gesucht.

Ursache und Folgen der Funktionstrennung

Natürlich hat nicht erst der Tourismus den Anstoß zu dieser touristischen Verkehrsspirale gegeben, sondern die schon im Kapitel »Verkehr und Städtebau« erwähnte Funktionstrennung zwischen Industrie und Siedlung, die in der 1933 verabschiedeten Charta von Athen zum

Postulat des modernen Städtebaus erhoben worden war. Sie führte zu einem immensen Volumen an Berufspendlern und entsprechendem Straßenbau, zerstörte dadurch im Naherholungsbereich kleinteilige, differenzierte Siedlungsstrukturen und deren dörfliche Eigenart, die wir daher neben der unberührten Natur hauptsächlich im Urlaub suchen – wozu wir nun immer größere Entfernungen zurücklegen müssen.

Hinzu kommt eine Mobilität im Nahbereich, die immer mehr auf »Zentren« wie Einkaufs-, Freizeit- oder Kulturzentren ausgerichtet ist, wodurch die Notwendigkeit und damit die Dominanz des Individualfahrzeugs weiter verstärkt wird. Durch diese verkehrsbedingte Denaturierung des eigenen Lebensraums hat sich das Auto somit quasi seine eigene Unverzichtbarkeit geschaffen. Das sind denkbar schlechte Voraussetzungen, auch was ein Umdenken in Richtung auf eine neuen Generation von Citycars angeht, denn effiziente Kombinations- und Verbundmöglichkeiten mit öffentlichen Verkehrsmitteln sind dadurch kaum vorhanden.

Rund die Hälfte aller bundesdeutschen Personenkilometer eines Autos werden derzeit für Freizeit und Erholungszwecke verfahren. Davon zeugen die riesigen Staus, die vor allem an Wochenenden und in Ferienzeiten entstehen. In Bayern beispielsweise gehen zwei Millionen Fahrten pro Jahr auf den Wochenendtourismus zurück, so daß die Freizeitaktivitäten allein schon über den damit verbundenen Verkehr einen großen Teil der derzeitigen Umweltbelastungen verursachen.

In besonders sensibel auf Umweltbelastung reagierenden Gegenden wie dem Alpenraum ist es daher dringend erforderlich, völlig neue Verkehrskonzepte zu verwirklichen, die zwar weiterhin Mobilität ermöglichen, ohne dabei aber ihren eigentlichen Zweck, nämlich die Erholung, zunichte zu machen. So ist der Tourismus für das Überleben der Bevölkerung in der Alpenregion zwar einerseits notwendig, steht sich aber aufgrund der Verkehrssituation heutzutage mehr und mehr selbst im Wege.

Erholungsgebiete als Testräume für Innovationen

In der Tat sind ländliche Erholungsorte mit ihren meist kurzen Wegen für langsame abgasfreie Fahrzeuge mit kurzer Reichweite besonders geeignet. Mit diesen könnte eine Gemeinde phantasievolle, mutige und ganzheitliche Neuansätze erproben, die nicht bloß ein Abbild der bisherigen Sachzwänge sind. In Freizeitparks könnten als Attraktion neuartige Ökofahrzeuge ausgeliehen und deren Verbund mit regenerativer Energieerzeugung demonstriert werden. Der Autofahrer könnte solche neuen Fahrzeuge in entspannter Urlaubsatmosphäre spielerisch und unverbindlich ausprobieren, und die gemachten neuartigen Erfahrungen würden ihn leichter dazu bewegen, sich zum Gebrauch eines solchen Fahrzeugs im Alltag zu entschließen. Automobilfirmen könnten auf diese Weise Pilotprojekte einbringen – den Firmen FORD und VOLKSWAGEN wurde dieser Vorschlag bereits gemacht, leider bisher vergeblich –, und durch die Werbewirksamkeit von deren konsequenter Durchführung gleichzeitig den Übergang zu einer neuen Automobilgeneration ankündigen. Das würde diesen Unternehmen endlich eine über Lippenbekenntnisse hinausgehende Schrittmacherrolle bescheinigen und wäre ein imagefördernder Gegenpol zu den nicht mehr zeitgemäßen Formel-1-Rennen und den umstrittenen Teststrecken so mancher Automobilfirma.

Über welchen Weg der Einstieg in einen umwelt- und systemverträglichen Tourismus auch immer erfolgt, es ist jedenfalls höchste Zeit, ihn zu vollziehen. Als Indikator für eine baldige Kehrtwendung könnte hier abermals der Zustand des Naturhaushaltes dienen, dessen progressive Zerstörung nicht nur auf den Wegen zum, sondern auch am Urlaubsort selbst immer stärker auf den Tourismus zurückzuschlagen beginnt. Längst warnen Tourismusexperten davor – in jüngster Zeit sogar aus dem ADAC[113] –, daß durch den Sport- und Skitourismus ganze Landschaften zerstört werden, wovon gleich noch eingehender die Rede sein wird.

Qualität über Quantität

Abgesehen von den Umweltbelastungen durch das Verkehrsaufkommen selbst muß deshalb auch der Tourismus vor Ort ganz allgemein in einem neuen Licht gesehen werden. Hier ist eine Umpolung von Quantität auf Qualität dringend geboten – nicht nur aus ökologischen, sondern zugleich aus ökonomischen Überlegungen heraus. Fremdenverkehrsorte, die mit einer immer besseren Erreichbarkeit per

Auto auf Wachstum setzen, werden so überwiegend mit Tagesausflüglern und sogenannten Abhak-Touristen überlaufen, die genau den Erholungswert zerstören, wie er vom weit »einträglicheren« Dauergast gesucht wird. Mengenwachstum ist hier gewiß eine falsche Politik, die dem Ort mehr finanziellen Schaden als Einnahmen beschert.[114]

Verantwortlich für derartige kontraindizierte Marketingstrategien sind vor allem die üblichen Hochrechnungen. Es gibt genügend Fälle, in denen der Auf- oder Ausbau neuer beziehungsweise bereits bestehender Tourismusgebiete völlig danebenging, weil er bald nur noch Folgelasten brachte – sei es nun in Bayern, in Spanien oder beim *Euro-Disney*-Park in Paris, für den sogar eine aufwendige Verkehrsinfrastruktur mit einer Autobahn, einem *TGV*-Bahnhof und anderem geschaffen wurde.

Hochrechnungen als Basis von Fehlplanungen

Beziehungen, die auf den ersten Blick einen linearen Verlauf – ein proportionales Anwachsen – zeigen, haben durch ihre Verflechtungen im Gesamtsystem nämlich oft unbemerkte Schwellenwerte und Grenzwerte, durch die sich eine zunächst gleichförmige Entwicklung schlagartig ändern kann. Ein trauriges Beispiel hierfür sind vor allem Küstenlandschaften oder Inseln wie Lanzarote, wo immer mehr Bauruinen das Landschaftsbild bestimmen und von einem falsch angesetzten Wachstum zeugen, das nicht nur in einem ökologischen, sondern oft auch in einem ökonomischen Desaster endet.

Wie kommt es zu solchen Fehlprognosen? Wenn auf unserer Graphik nach oben die Attraktivität einer Gegend für den Fremdenverkehr eingetragen ist und die Erreichbarkeit nach rechts zunimmt, so steigt die Attraktivität mit zunehmender Erreichbarkeit zunächst erst einmal an. Je besser die Infrastruktur, desto mehr Leute wollen dorthin. Erst wenn das Optimum bereits überschritten ist, kommen die Rückwirkungen durch den ansteigenden Verkehr mit seiner Verunstaltung, Verlärmung, Anlage von Parkplätzen und dem Verlust von Originalität ins Spiel. Noch weiterer Straßenausbau, also eine Erhöhung der Erreichbarkeit, würde diese Situation lediglich verschlimmern.

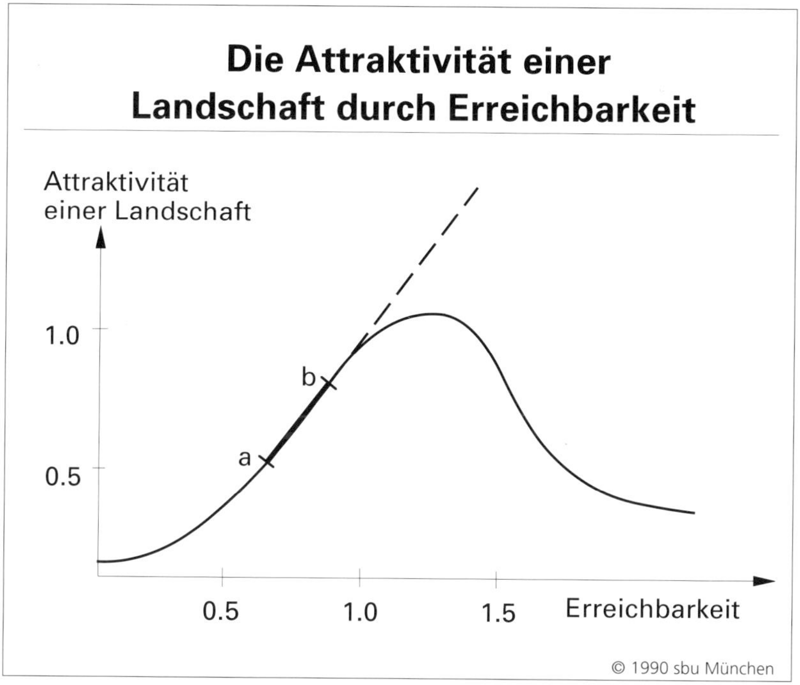

Mit verbesserter Infrastruktur steigt die Attraktivität eines Feriengebietes auf Grund der leichteren Erreichbarkeit zunächst zügig an. Wird diese Entwicklung – in der Hoffnung auf noch mehr Gäste – über das Optimum hinaus weitergetrieben, kann der Effekt ins Gegenteil umschlagen und die Attraktivität durch Verkehrsbelastung, Verlärmung und Verunstaltung der Landschaft schlagartig absinken.

Die auf simpler Hochrechnung basierende Relation »Bessere Erreichbarkeit erhöht die Attraktivität« gilt also nur für einen bestimmten Kurvenabschnitt. Es wäre verhängnisvoll, den linearen Trend dieses Abschnitts zu extrapolieren und die Erreichbarkeit durch weitere Zufahrtswege, Hubschrauberlandeplätze und ähnliches noch zu steigern, um damit die Attraktivität zu erhöhen. Dennoch wird dies häufig getan. So sind politische oder wirtschaftliche Vorgaben und Richtwerte in vielen Fällen zwar aus realen Datenbewegungen zustande gekommen, die aber im Grunde nur kleine Teilstücke von insgesamt sehr viel komplizierteren Kurven oder gar Netzwerken von Kurven darstellen. Dies jedoch – schielt man lediglich auf den zunächst erfreulichen Anstieg – merkt man erst, wenn Irreversibilitäten auftreten und jene Rückwirkungen und Grenzwerte ins Spiel kommen.

Massentourismus mit zerstörter Natur bezahlt

Ein typisches Beispiel für diesen in der abgebildeten Kurve aufgezeigten Mechanismus ist der aggressiv aufgezogene Massenskisport mit seiner großangelegten Infrastruktur. Er spricht speziell den Wochenendtourismus an, der den beteiligten Gemeinden jedoch oft lediglich den Bergbahnprofit einbringt. Durch den zunehmenden Verkehr wird zunächst der Erholungswert vermindert und durch Staus und überfüllte Parkplätze schließlich auch die Erreichbarkeit. Dauergäste, an denen die Hotellerie und Para-Hotellerie verdienen, wandern vielfach ab, weil der Verkehr die Orte verpestet. Der Sommertourismus bleibt im Extremfall sogar ganz aus, weil niemand im Kabel- und Mastengewirr der Skianlagen wandern mag. Die ländliche Siedlungsstruktur wird zerstört, der Anteil an gesundem Naturhaushalt verringert, das Gesamtverkehrsaufkommen durch Kurzbesucher und Durchreisende weiter erhöht, Mobilität und Handlungsspielraum der Feriengäste werden um so mehr eingeschränkt – und die erwähnte Freizeitpathologie wird zum Dauerzustand.[115]

Die den Menschen direkt betreffende Umweltbelastung dieser Entwicklung ist jedoch noch nicht alles. Hinzu kommt eine dramatische Belastung des Naturhaushalts und damit eine Fülle indirekter Schäden. So verringert der Bau von Straßen und Hotels, Parkplätzen und Landebahnen in Feriengebieten drastisch das Einsickern des Regenwassers in den Boden. Es fließt nun als Oberflächenwasser ab und erhöht so das Risiko von Überschwemmungen schlagartig um einen Faktor von fünf bis zehn. Mit jedem Hektar Piste oder Skiliftschneise, die man an den Hängen anlegt, reduziert man außerdem die Infiltration um eine halbe Million Liter Wasser, was bedeutet, daß pro Quadratmeter Boden 50 Liter Wasser weniger festgehalten werden. Hinzu kommen Fluß- und Bachbegradigungen, Baumschäden sowie die Trockenlegung von Feuchtgebieten und Abholzung von Wäldern. Das alles zusammen zerstört die Schwammfunktion des Bodens und läßt das Wasser von den Bergen dann wie nach einem Dammbruch binnen weniger Minuten oder Stunden durch die Täler schießen, statt, wie früher, über mehrere Tage verteilt. Versicherungen, wie etwa die SCHWEIZER RÜCK, die die dadurch entstandenen Kosten zu tragen haben, sind sich dieser irreversiblen Veränderungen in den Feriengebieten durchaus bewußt und scheuen sich nicht, die gewaltig angestiegenen Schäden mit diesen Eingriffen der touristischen Entwicklung in Zusammenhang zu bringen. Unter diesem Blickwinkel sind Stützverbauungen, Schutzwerke für Häuser und Straßen, Ablenkkonstruktionen oder Schnee- und Steinnetze, die allein in den bayerischen Alpen mit mehreren hundert Millionen Mark zu Buche schlagen, im Grunde wiederum nur eine reine Symptombekämpfung.[116]

Eine neue Art von Verkehrsplanung

Auf diese Weise spielt bei unserer Freizeit-Mobilität nicht nur der Verkehr selbst eine Rolle, sondern stärker noch schlagen die irreversiblen Schäden der betroffenen Ökosysteme zu Buche, wovon Politik und Wirtschaft, Technik und Logistik sowie Image, Akzeptanz und Marketing gleichmaßen betroffen sind – was alles wiederum mit Lebensweise und Prestige, mit Natur und Umwelt zu tun hat. In der Tat ein recht komplexes Thema, bei dem man die Entscheidungen weiß Gott nicht allein aufgrund bloßer Berechnungen der Bettenkapazität oder der Bergbahnauslastung treffen kann.

Die klassischen Verkehrspläne enthielten nun leider nichts von alledem. Die Vernetzung erstreckte sich auch hier wieder lediglich auf den Raum selbst, und dementsprechend wurden die Verkehrsdaten in die Pläne eingesetzt. *Wie* jedoch die unterschiedlichen Verkehrsströme zustande kommen, *was* die Menschen zu diesen Fahrten veranlaßt, *was* sie oder andere dabei stört oder *wie* die Umwelt darauf reagiert, wurde damit nicht erfaßt.

Wie ich bereits erwähnt habe, war es der *Umlandverband Frankfurt*, der – mit dem Instrumentarium des Sensitivitätsmodells von Anfang an vertraut – als erster auch diese anderen Ebenen in seinem Generalverkehrsplan mit einbezog, wodurch nun auch Begriffe wie »politischer Konsens«, »Bürgerakzeptanz« oder »Wahrnehmung der Umweltsituation«, also qualitative Daten, ins Spiel kamen.[117]

Wie der folgende Ausschnitt zeigt, enthält ein solches Wirkungsnetz auf einmal bislang gänzlich ungewohnte Faktoren wie »Proteste

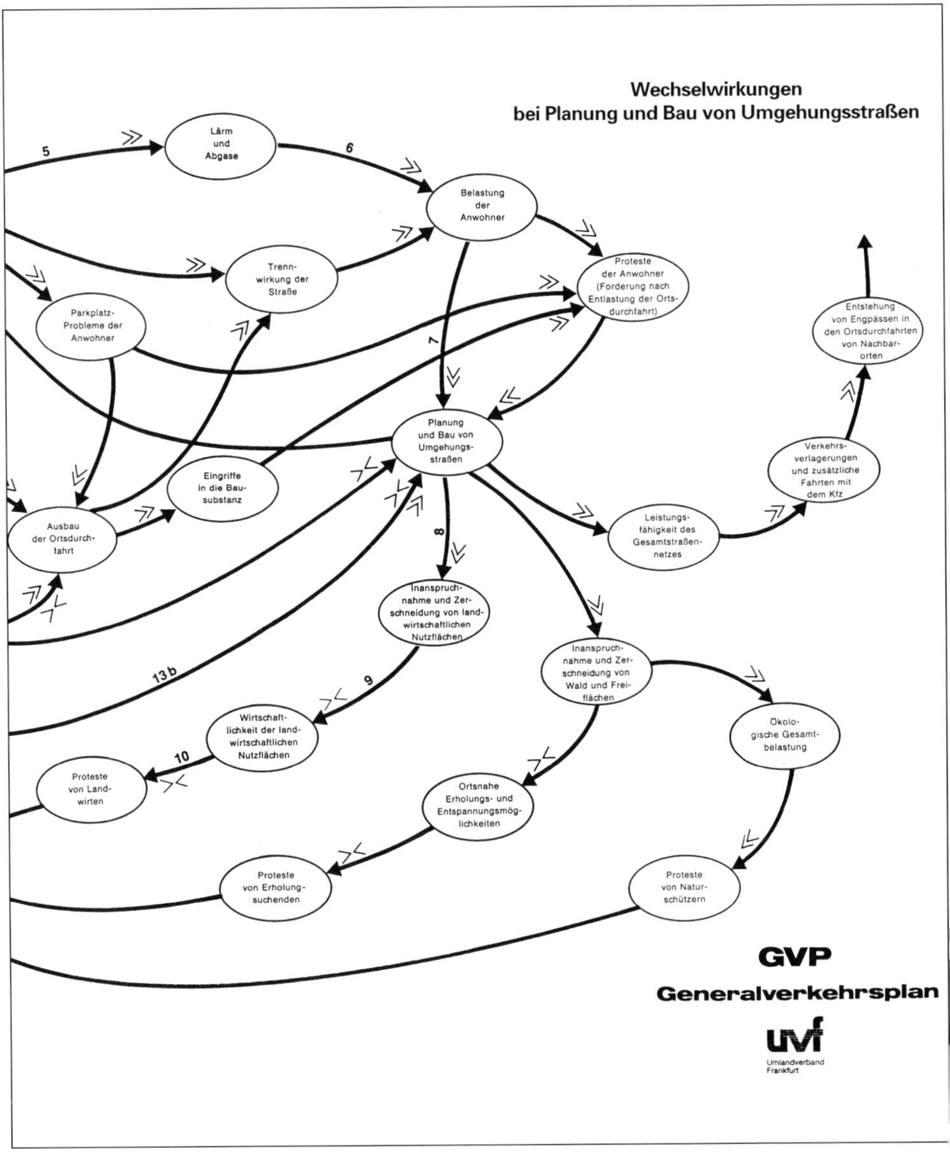

Ausschnitt aus einer kybernetischen Darstellung im Generalverkehrsplan des Umlandverbandes Frankfurt. Solche Wirkungsnetze enthalten in Verkehrsplänen bislang ungewohnte qualitative Faktoren wie »Proteste von Landwirten«, die hier in die Beurteilung einbezogen werden.

von Landwirten« oder ähnliches. Verglichen damit, ist unsere Tourismuskurve noch recht einfach und unmittelbar einsichtig. Im größeren Zusammenspiel, wie etwa hier, ergeben sich dann Umkippeffekte, Zeitverzögerungen, Vorspiegelungen von Verbesserungen und Rückkopplungen, die ins Gegenteil dessen umschlagen können, was urspünglich beabsichtigt gewesen war.

Projekt Autofreie Kurorte

Die Bedeutung solcher Zusammenhänge hat das *Bayerische Umweltministerium* vor einigen Jahren zur Kenntnis genommen und unser Institut zunächst mit einer Systemstudie unter dem Titel *Neue Mobilität* für die ersten zwei Kurorte, Berchtesgaden und Oberstdorf, beauftragt. Deren Verkehrsstrukturen sollen zügig auf umweltfreundliche Techniken und eine neue Logistik umgestellt werden – und dies erstmalig unter Berücksichtigung des gesamten Systemzusammenhangs.[118]

Will man dieses Ziel erreichen, so müssen die wichtigsten Strukturen und Abhängigkeiten, die solch ein komplexes Teilsystem wie ein Kurort aufweist – Quantitäten ebenso wie Qualitäten – erfaßt werden, um möglichst das reale Zusammenspiel aller Einflußgrößen zu durchschauen, die mit dem Verkehr in Wechselbeziehung stehen. Mit Hilfe der dann ermittelten Variablen und ihrer Interdependenzen, also ihrer gegenseitigen Beeinflussung – von einer *intakten Natur* über die *Gästestruktur* bis hin zum *Konsens der Interessengruppen* –, können anschließend unterschiedliche Eingriffe in das System simuliert werden, anhand derer man die richtigen Hebel und Lösungsansätze herausfindet – das heißt solche, die der erwünschten Wirkung nicht entgegenstehen.

Die Bedeutung flankierender Maßnahmen

Demnach reicht es nicht aus, den Autoverkehr aus den Kurorten fernzuhalten, wenn man gleichzeitig die Anfahrt mit dem Pkw durch riesige Auffangparkplätze attraktiv hält. So werden zum Beispiel vor Zermatt oder am Königssee gigantische Areale zweckentfremdet, die anderenfalls der Erholung dienen könnten. Auch die Autofahrer suchen ja die Nähe der Natur – nur eben nicht zu Fuß. Deshalb müssen bei der Anreise mit öffentlichen Verkehrsmitteln gerade diejenigen Unbequemlichkeiten wegfallen, die den Gast immer wieder zum eigenen Auto greifen lassen. Abgesehen von cleveren Werbeslogans, wie etwa »*Wenn Sie Ihr Auto mitbringen, zerstören Sie das, wonach Sie hier suchen, nämlich die Erholung!*«, oder direkten Vergünstigungen – »*Wer mit der Bahn anreist, darf unseren Elektrobus kostenlos benutzen oder zahlt nur die halbe Kurtaxe* ...« oder ähnliches – geht es vor allem darum, in Ferienorten die große Lücke zwischen dem Aussteigen aus dem Zug und dem Betreten des Hoteleinganges zu schließen. Dieser Dienstleistungssektor ist in der Tat noch unterentwickelt und nicht geeignet, dem Auto seine Attraktivität zu nehmen, selbst wenn dieses nach der Ankunft im Ort vor einer Fußgängerzone stehenbleiben muß.

Hier sollte jedes scheinbar noch so unwichtige Detail mit ins Spiel kommen: kostenlose Kofferkulis bis zum Hotel, wodurch die Umladung in ein Taxi unnötig wird, gute Ausschilderung mit Weglängen und Minutenangaben, ein Abholservice mit Pferdeschlitten oder -kutsche und vieles weitere mehr. In diesem Sinne haben wir den bayerischen Kurorten empfohlen, die Ankunft der gerade *nicht* mit dem Pkw Anreisenden weit bequemer zu gestalten, als dies mit einem Auto möglich wäre, mit dem man erst nach einem Parkplatz suchen, danach einen Gepäcktransfer organisieren muß und so fort.

Auch einige andere Orte haben diese Bedeutung flankierender Maßnahmen und die Schlüsselrolle einer attraktiven Aufklärung in die Tat umgesetzt, etwa der schon erwähnte Ort Geldersheim, die Stadt Lemgo mit ihrem ideenreich organisierten Stadtbuskonzept oder das neue Nahverkehrskonzept der Stadt Lindau, die sich ihre Anregung aus den benachbarten Dornbirn und Bregenz holte und mit 10 abgasarmen Niederflurbussen und Funksteuerung der Ampeln für deren Vorfahrt sorgt.[68]

Neue Mobilität in Symbiose mit innovativer Infrastruktur

Unsere Untersuchung ergab in der Tat, daß die übliche innerörtliche Verkehrsberuhigung, die den Autoverkehr oft nur an den Ortsrand verlagert, zwar schon ein Fortschritt ist, aber für die nötige Glaubwürdigkeit und einen PR-Effekt bezüglich einer Schrittmacherfunktion nicht ausreichend ist. Wahrhaft zukunftsträchtig wäre für solche Orte der Aufbau eines ökologischen Verbundsystems mit Innovationen im Verkehrsbereich, sei dies die Einführung von Elektro- und Hybridbussen[119] oder seien es abrufbare Schienentaxis, innerörtliche Kabinen- und Hängebahnen oder die Vermietung von Solarmobilen wie am Straßburger Bahnhof, was jeweils mit einer Vielzahl weiterer Begleitmaßnahmen unterstützt werden müßte.

Dazu ist es fast unabdingbar, die Infrastruktur der betreffenden Orte auch in bezug auf andere Umwelttechniken, die mit der Energieversorgung der Fahrzeuge gekoppelt werden könnten, zu einem zukunftsweisenden Modell umzugestalten. Gerade solche zeitgemäßen, sich aus dem Umfeld heraushebenden Werbeeffekte werden ja nicht nur von dem Gast als zusätzliche Attraktion, ja als Freizeitspaß aufgefaßt, sondern zugleich wird die Aufmerksamkeit der Öffentlichkeit und der Medien auf dieses Projekt gelenkt werden. Nur so kann die einheimische Bevölkerung zum Mitmachen motiviert werden, und nur so kann überzeugend demonstriert werden, daß die Beachtung des Systemzusammenhangs nicht nur neue Lösungen für die Erhaltung einer intakten Umwelt erbringt, sondern auch vom wirtschaftlichen Standpunkt her durch höhere Einnahmen und zufriedenere Gäste positiv zu Buche schlägt.[118]

»Autofrei« wird zum Schlagwort im modernen Tourismus

Nach den ersten Erfolgen des Projektes *Neue Mobilität* in Oberstdorf und Berchtesgaden haben sich 30 weitere Gemeinden zu einer Interessengemeinschaft »Autofreie Kur- und Fremdenverkehrsorte« (IAKF) zusammengeschlossen[120], mit der man nun ebenfalls einen ganzheitlichen Weg zur Verkehrsberuhigung einschlagen will – zum Teil unter Nutzung des von uns entwickelten Instrumentariums.[59] In einer weiteren Untersuchung, an der unser Institut beteiligt ist, soll die gesamte Region Südliches Oberallgäu, die zehn Gemeinden umfaßt, verkehrsberuhigt werden. Auch hier gilt es *vor* der eigentlichen Verkehrsplanung zunächst einmal die widersprüchlichen Interessen und Wünsche unter einen Hut zu bringen und einen Konsens für die zu treffenden Maßnahmen zu erreichen.

In der Schweiz hat sich übrigens schon vor Jahren die »Gemeinschaft Autofreier Touristenorte« (GAST) gebildet, zu der Zermatt, Saas Fee, Riederalp, Bettmeralp, Braunwalden sowie eine Reihe anderer Orte zählen. Fahrzeuge mit Verbrennungsmotoren sind dort nicht mehr erlaubt, sondern ausschließlich Elektroautos, die nicht schneller als 20 Stundenkilometer fahren dürfen. In Zermatt laufen ungefähr 300 dieser Fahrzeuge, und seit Winter 1989 gibt es dort zusätzlich zum bisherigen Elektro-Bus zwei Solarbusse, die jeweils 50 Personen fassen und mit 15 Prozent Solarenergie und zehn Prozent Schwungradenergie betrieben werden. Auf die dafür in Frage kommenden Technologien wird im zweiten Teil des Buches noch näher eingegangen werden.

Angeregt durch das Schweizer Vorbild, hatten bald auch einige Gemeinden in Deutschland begriffen, worum es geht, und von sich aus gehandelt, wie einige der obigen Beispiele schon zeigten. Und doch ist letztendlich auch ein verkehrsberuhigter *sanfter Tourismus* als solcher nur ein erster Schritt, der unsere Frage nach der Entstehung der übersteigerten Reiselust, die all dem zugrunde liegt, noch nicht berührt. Für eine wirklich tiefgreifende Verbesserung im Sinne einer neuen Funktionsorientierung ist aber die Hinterfragung der Ursachen unabdingbar – bis zurück zum ursprünglichen Bedürfnis nach dieser Mobilität. Nur auf diese Weise wird eine Prophylaxe der Therapie den Rang ablaufen und einen teuren Reparaturdienst überflüssig machen.

Das Verweilen muß attraktiver als das Reisen werden

Wenn wir uns also die Frage stellen, warum Menschen überhaupt reisen, so hat es zunächst einmal den Anschein, daß sie irgendwohin wollen – an einen bestimmten Ort, in eine bestimmte Landschaft oder zu bestimmten Leuten. Hinterfragt man dieses Bedürfnis jedoch tiefer, entpuppt es sich oft als Folge eines anderen Wunsches: Man will einfach nur weg. Weg von dort, wo man sich befindet, raus aus der Misere, aus den Zwängen. Ein uralter Wunsch, der letztendlich auf Unzufriedenheit basiert. Die Dinge, die man zu Hause nicht hat oder nicht zu haben glaubt: Freiheit, Sex, Anonymität oder umgekehrt Kontakte, ein harmonisches Umfeld, Ruhm oder auch Abenteuer sucht man daher woanders. Hier sollten wir ansetzen und uns fragen, ob es vielleicht möglich wäre, dieses psychische Bedürfnis ohne jegliches Reisen zu befriedigen, das ja – man denke nur an Flugreisen – einen ungeheuren materiellen Aufwand erfordert. Die Antwort liegt, wie schon mehrfach betont, ganz einfach wieder darin, das Verweilen noch schöner zu machen als das Reisen. Wie auch in vielen anderen Fällen sollte man die Menschen nicht durch Appelle zu Opfer und Verzicht dazu bringen, etwas zu tun, sondern vielmehr dadurch, daß man das Vernünftige attraktiver als das Unvernünftige macht.

Auf jeden Fall ist der Trend, die Städte ruhiger, gesünder und schöner zu machen – beispielsweise durch attraktive Hinterhofgestaltung, Fußgängerpassagen oder Grünzonen –, voll im Gange. Und da aufgrund der sich zuspitzenden Umweltsituation und der kontinuierlichen Rezession künftig ohnehin ein Rückgang des Reiseverkehrs zu erwarten ist, bietet die Aufwertung des Verweilens am Wohnort für die heutigen Reiseveranstalter und selbst für die Fluggesellschaften durchaus ein neues Betätigungsfeld. Mit entsprechenden Dienstleistungen wird man unter dem Strich sicherlich genauso viel verdienen können, wie wenn man jene oft rein psychischen Bedürfnisse weiterhin beispiels-

Viele Menschen, die verreisen, wollen gar nicht irgendwo hin. Sie wollen vor allem weg von dort, wo sie sind. Ein Ausdruck für verlorene Lebensqualität, die man woanders zu finden hofft. Hätte das Verweilen zu Hause weniger Belastungen, würde dieser Slogan eines Reisebüros niemanden in die Ferne locken.

© 1995 sbu München

weise durch den gewaltigen Aufwand einer Fernreise befriedigt – mit all ihren Begleiterscheinungen wie Luftverpestung, Erhöhung der CO_2-Bilanz und Abbau der Ozonschicht, Material- und Energieverbrauch, Zubringerdienste, Errichtung von Flugplätzen und oft auch erhöhte Kriminalität oder gesundheitliche Risiken. So erreicht man anstelle des erwünschten Erfolges genau das Gegenteil.

Da auch der Massen-Fernurlaub per Flugreise irgendwann zurückgehen wird – ja, wie schon gesagt, zurückgehen muß, weil unsere Atmosphäre die Belastung durch die Abgase der Jet-Flotten einfach nicht länger verkraftet –, kommt der Naherholung und hier wieder dem öffentlichen Verkehr künftig auch von dieser Seite eine größere Bedeutung zu. Bis heute verläuft die Entwicklung allerdings weiterhin genau umgekehrt. So stieg der Freizeitverkehr gerade im Naherholungsbereich seit 1975 fast ausschließlich in Form des Individualverkehrs mit dem Pkw an. Die nachfolgende Grafik verdeutlicht, daß demgegenüber der jährliche Urlaubsverkehr mit seiner einmaligen Hin- und Rückfahrt praktisch kaum ins Gewicht fällt – wenngleich er psychisch weitaus stärker registriert wird.

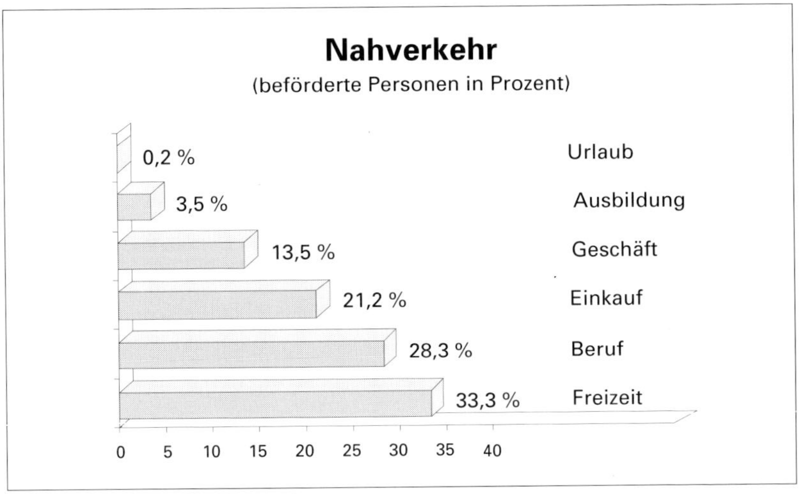

Seit 1985 steigt der Freizeitverkehr gerade im Naherholungsbereich ausschließlich als Individualverkehr an. Der Urlaubsverkehr fällt demgegenüber kaum ins Gewicht.

© 1992 sbu München

Teil 2

Wie sich das Fahrzeug ändern muß

Am Anfang war das Rad

Wir kennen kein technisches Prinzip, sei es auch noch so ausgereift, das nicht in der belebten Natur sein Vorbild hätte – mit Ausnahme des Rades, der Laserstrahlen und der Atomspaltung.

Vielleicht hatte die Natur einen guten Grund, das Rad nicht zu erfinden? Auf jeden Fall hatte sie einen technischen Grund: Das Rad hätte sich nach dem Konstruktionsprinzip eines sich aus einer Keimzelle aufbauenden Organismus gar nicht entwickeln können. Denn es läuft ja nur dann, wenn es sich mit seiner Nabe frei um eine feststehende Achse oder Welle drehen kann. Demzufolge darf dieser Teil erst gar nicht mit der Radscheibe selbst verbunden sein. Wie also sollte ein solches Gerät in der Natur entstehen, in der doch alle Zellen eines Organismus zusammenhängen müssen, um mit Sauerstoff, Blut oder Nerven versorgt zu sein? Kurz – mit dem Rad hat der Mensch eine Technik entwickelt, die zwei Komponenten zusammenbringt, die nicht miteinander »kommunizieren«, etwas, das es bei lebenden Organismen nicht gibt. Dennoch durchdringt das sich um seine Nabe drehende Rad in vielfältigster Weise die menschlichen Kulturen. Als tragender Teil eines Gefährts, das zur Fortbewegung dient, wird es wohl zum ersten Mal auf 4600 Jahre alten Funden in Mesopotamien erwähnt.

Das Rad als solches gab es aber sicherlich schon lange vor dem ersten Fahrzeug: Die Wassermühle und der Mühlstein sind Räder, ebenso die Windmühle und das Windrad – Prinzipien, bei denen sich das Rad nicht selber fortbewegt, sondern wo sozusagen die »Straße« in Form des Windes oder Wassers daran vorbeizieht und es in Drehung versetzt; beides weiterentwickelt zur Turbine, die auch den Dampf aus der Atomkraft in Drehung und schließlich in Strom umsetzt.

Auch die Rolle, mit der sich die Richtung eines Zugseils ändern läßt und die manchen Hebel ablöste, war in der Antike bereits ebenso bekannt wie der sich drehende Uhrzeiger, der die Sand- und Wasseruhren ablöste. Hier fließt nichts mehr vorbei, sondern das Rad dient nur noch als Anzeige und seine jeweilige Stellung als Information. Anders wiederum bei der Schiffsschraube, die das Segel ersetzte, und dem Propeller, bei dem die »Luftstraße« quer zur Drehrichtung umgeleitet und – umgekehrt wie bei der Turbine – hindurch*gesogen* wird. Die Schraubenbewegung als solche findet übrigens ihr Vorbild wieder in der Natur: dem Drehflügelpropeller der pflanzlichen Flugsamen – das gleiche Prinzip, nach dem auch ein Hubschrauber funktioniert, mit dem Unterschied, daß der sich drehende Flügel eines Ahornsamens nicht zur Erzeugung von Geschwindigkeit, sondern im Gegenteil zur Verlangsamung der Fallgeschwindigkeit dient, um so dem Wind mehr Zeit zu geben den Samen weiter zu verbreiten.

Wenn Fortschritt zum Rückschritt wird

Das Fahr-Rad selbst tauchte erst relativ spät auf. Interessant ist nun, was die Menschen damit gemacht haben und wie sich sein Einsatz in der technischen Zivilisation verändert hat. Denn jene Weiterentwicklung zum rollenden Fahrzeug und die heutige Allgegenwärtigkeit, ja zum Teil sogar Herrschaft des Rades muß nicht unbedingt bis zuletzt ein Fortschritt gewesen sein, es kann auch schon wieder Rückschritt bedeuten. Womöglich wurde hier längst das Optimum überschritten und nun der Kulminationspunkt erreicht, sonst hätte der auf dem Rad basierende Verkehr nicht diese zum Teil absurden Formen angenommen, mit denen er unseren Lebensraum, unsere Gesundheit und die Natur inzwischen belastet. War die Natur vielleicht also doch ganz gut damit »gefahren«, nicht mit dem Rad zu fahren?

Wie auch immer – das Rad in seinen vielfältigen Formen ist heute jedenfalls nicht mehr wegzudenken, ja ist zur unabdingbaren Hilfe geworden, um in dieser Dichte überhaupt auf unserem Planeten überleben können. Wenn aber dieses Rad unser Überleben nicht gleichzeitig zerstören soll – mit der Erfindung der Atomspaltung haben wir uns eine ähnliche Bedrohung geschaffen –, muß man sich überlegen, wie wir es in Zukunft im evolutionären Sinn einsetzen und weiterentwickeln können, also in Übereinstimmung mit und nicht etwa gegen unsere eigene biologische Struktur. Denn wenn wir mit dem Rad schon eine fremde Struktur in unsere Welt eingeführt haben, sollten wir uns bemühen, in Zukunft davon wenigstens in Übereinstimmung mit den acht Grundregeln der Biokybernetik Gebrauch zu machen. Sonst wird aus dem Rad letzten Endes gar ein Strick, mit dem wir uns irgendwann selbst die Luft abschnüren.

In diesem Abschnitt des Buches geht es also darum, was wir mit dem Rad gemacht haben: um das Individualfahrzeug selbst, seine Techniken und eine Reihe von Aspekten der individuellen Fortbewegung. Beginnen wir mit demjenigen Verkehrsmittel, das in diesem Zusammenhang die vorherrschende Rolle spielt und dessen ungehemmter Einsatz oft mit Mobilität gleichgesetzt wird, mit dem Automobil.

Das Automobil im Systemzusammenhang

Beeindruckt von der gewaltigen Anzahl von Autos, die sich seit 1960 verzehnfacht hat und inzwischen unser gesamtes Blickfeld beherrscht, wohin wir auch schauen, vergessen wir leicht, daß gut ein Viertel aller deutschen Haushalte überhaupt kein Auto besitzt und ungefähr 14 Millionen Menschen ihre täglichen Wege ohne Auto zurücklegen. In Großstädten mit einer halben Million Einwohner und darüber liegt der Anteil autofreier Haushalte sogar bei 41,5 Prozent. Demnach leben zum Beispiel in Berlin rund anderthalb Millionen »autofreier« Menschen; und all diese belasten die Umwelt, die Menschen und letztlich die Volkswirtschaft beträchtlich weniger als ihre Auto fahrenden Mitbürger.

Für einen Großteil aller Menschen – auch in unserer Industriegesellschaft – gilt somit keineswegs die immer wieder proklamierte Unverzichtbarkeit des Automobils. Für sie ist es nur eines unter vielen technischen Geräten, mit denen der Mensch sehr unterschiedlich umgeht. Weit mehr als bei vielen anderen Techniken betreffen die Rückwirkungen seiner Anwendung allerdings nicht nur den Benutzer, sondern die gesamte Gesellschaft. Bei der Betrachtung unserer zukünftigen Mobilität muß daher auch beim Fahrzeug unser Hauptaugenmerk immer wieder auf dessen Wechselwirkung mit dem Gesamtsystem von Mensch und Umwelt gerichtet werden. Denn in der heutigen Situation dürfen wir uns weniger denn je auf die bloße technische Perfektionierung eines Einzelprodukts konzentrieren, ohne dessen Zusammenspiel mit dem restlichen System untersucht zu haben. Folgende Bereiche wären daher bei einer ganzheitlichen Betrachtung eines Individualfahrzeugs zu berücksichtigen:

- das soziale und wirtschaftliche Umfeld des Fahrzeugs,
- die von ihm geprägte Verkehrs- und Infrastruktur,

- die Art seiner Herstellung und seines Vertriebs,
- der technisch-energetische Aspekt seiner Nutzung,
- die bestimmenden gestalterischen Faktoren,
- die mit seiner Benutzung verbundenen menschlichen Faktoren.

Inzwischen besitzen wir auch methodisch genügend Möglichkeiten, solche sehr komplexen Fragestellungen in einen Wirkungszusammenhang zu bringen. Zugleich dürfte aus dem heute weit besseren Verständnis der Grundgesetze lebender Systeme eine Orientierung an neuen Kriterien entstehen, was bei der Entwicklung alternativer Technologien sicher viele derzeit noch gar nicht absehbare Innovationen – bis hin zu einer effizienteren Neustrukturierung des gesamten Individualverkehrs – nach sich ziehen dürfte. Kein Zurück zur Steinzeit also, wie es von vielen bei der Infragestellung des herkömmlichen Automobilkonzepts immer noch befürchtet wird, sondern ein Fortschritt zu einer wieder zukunftsträchtigen, weil mit der umgebenden Biosphäre in Einklang stehenden Technik.

Das Wirkungsnetz des Individualfahrzeugs

Nicht anders als beim System »Verkehr« führt eine kybernetische Bewertung auch beim System »Fahrzeug« zu interessanten und zum Teil überraschenden Ergebnissen. So zeigt das Wirkungsgefüge auf der nachfolgenden Doppelseite die Vernetzung des Fahrzeuges mit Industrie, Mensch und Umwelt. Auffallend ist die große Zahl gegenläufiger Wirkungsbündel, dargestellt als gestrichelte Pfeile, die auf Funktionskonflikte hindeuten. Des weiteren fällt auf, daß die *Fahrgeschwindigkeit* als Einflußgröße die höchste Vernetzung aufweist und somit eine Art Schlüsselrolle einnimmt.

Stellen wir uns angesichts dieser Darstellung noch einmal die Frage, ob nun der Mensch das Fahrzeug oder das Fahrzeug den Menschen bestimmt, so sieht es in der Tat aus, als ob letzteres der Fall wäre. Denn gerade dort, wo eigentlich die Faktoren des Systembereichs »Mensch« auf Faktoren des Bereichs »Fahrzeugherstellung und -vertrieb« einwirken müßten, fehlen die nötigen Einflüsse. Als aktiver Hebel – gekennzeichnet durch viele ausgehende Pfeile – stellt sich vielmehr eindeutig der *Trend zur Höchstgeschwindigkeit* und andererseits die *Funktions-*

orientierung der Verkehrsmittel heraus. Eine Änderung an diesen Faktoren würde das restliche System demnach am ehesten in Bewegung bringen. Andere Faktoren wiederum erweisen sich als ausgesprochen träge, so zum Beispiel die bestehende *Fertigungsstruktur* mit ihrem hohen Automatisierungsgrad, die bei ihrer geringen Beeinflußbarkeit offenbar nur schwer zu erschüttern ist. Sicherlich mit ein Grund für die Abneigung der Ingenieure der Automobilbranche gegen Basisinnovationen.

Die zweite Autogeneration ist fällig

Nicht zuletzt liegt es an diesem »Inzucht-Engineering«, daß das Individualfahrzeug trotz seines vielseitigen Evolutionspotentials bis heute in der ersten Generation steckengeblieben ist. Die dafür gültigen Kriterien sind dermaßen eng mit den übrigen Lebensbereichen unserer Gesellschaft und ihrer Infrastruktur verzahnt, daß erst eine Systembetrachtung aufzeigt, welche Hebel und Ansatzpunkte zur Verfügung stehen, um das Auto in seine längst fällige zweite Generation zu überführen.

Ausgehend von den daraus gewonnenen Erkenntnissen und Forderungen, soll nachfolgend gezeigt werden, welche Ansätze es in dieser Richtung – sei es als Konzept oder fertige Entwicklung – bereits gibt. Denn es geht keinesfalls darum, auf ein Individualfahrzeug und damit auf einen Teil unserer Mobilität zu verzichten, sondern darum, das seit Jahrzehnten erstarrte Konzept dieses Fahrzeuges an die inzwischen veränderten Bedingungen anzupassen, um die Mobilität und auch die Fahrzeugproduktion selbst vor einem Zusammenbruch zu retten.

Nachfolgende Doppelseite: Das komplexe Wirkungsgefüge aus der Ford-Systemstudie der sbu zeigt die Vernetzung des Individualfahrzeugs mit den seine Herstellung und Nutzung berührenden Bereichen, wobei nicht nur technische, sondern auch wirtschaftliche, ökologische und psychosoziale Faktoren ins Spiel kommen.

© 1992 sbu München

Wirkungsgefüge Individualfahrzeug

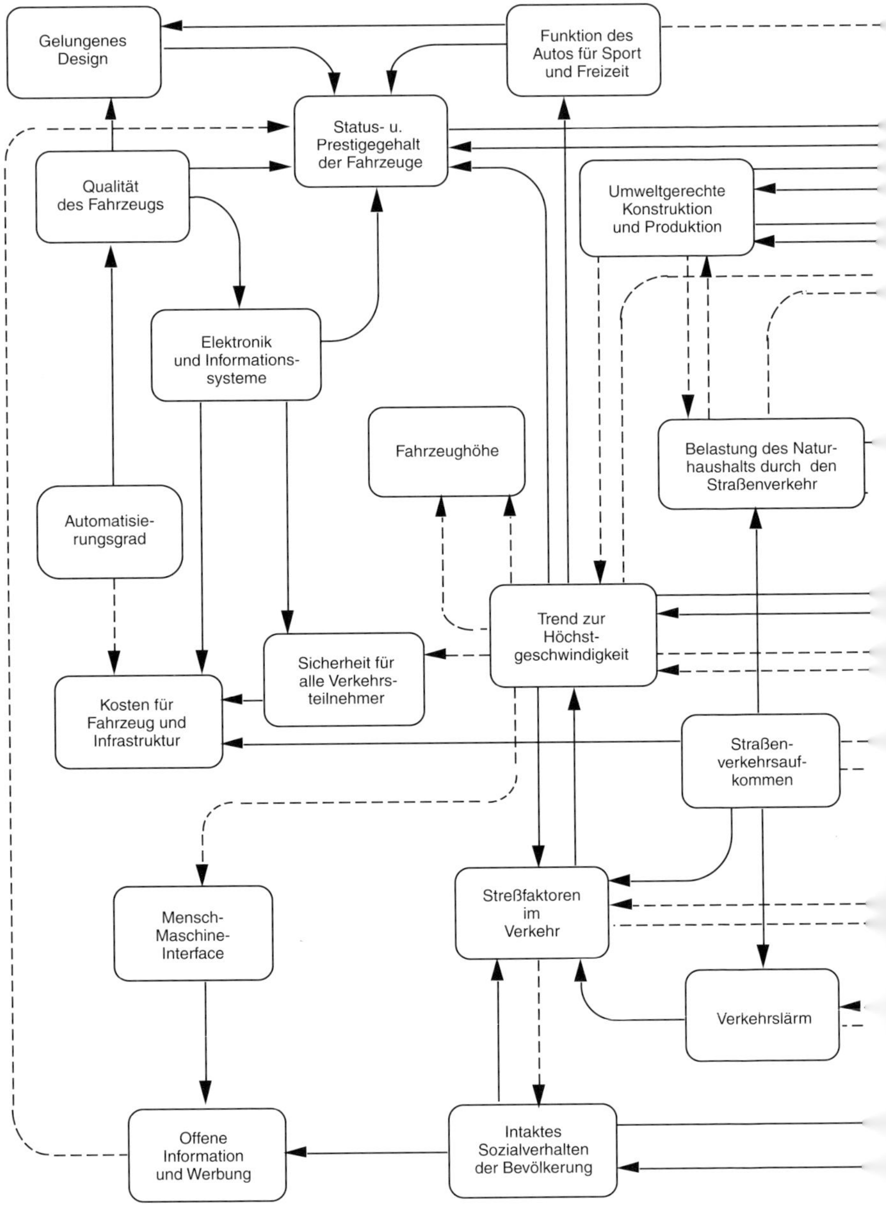

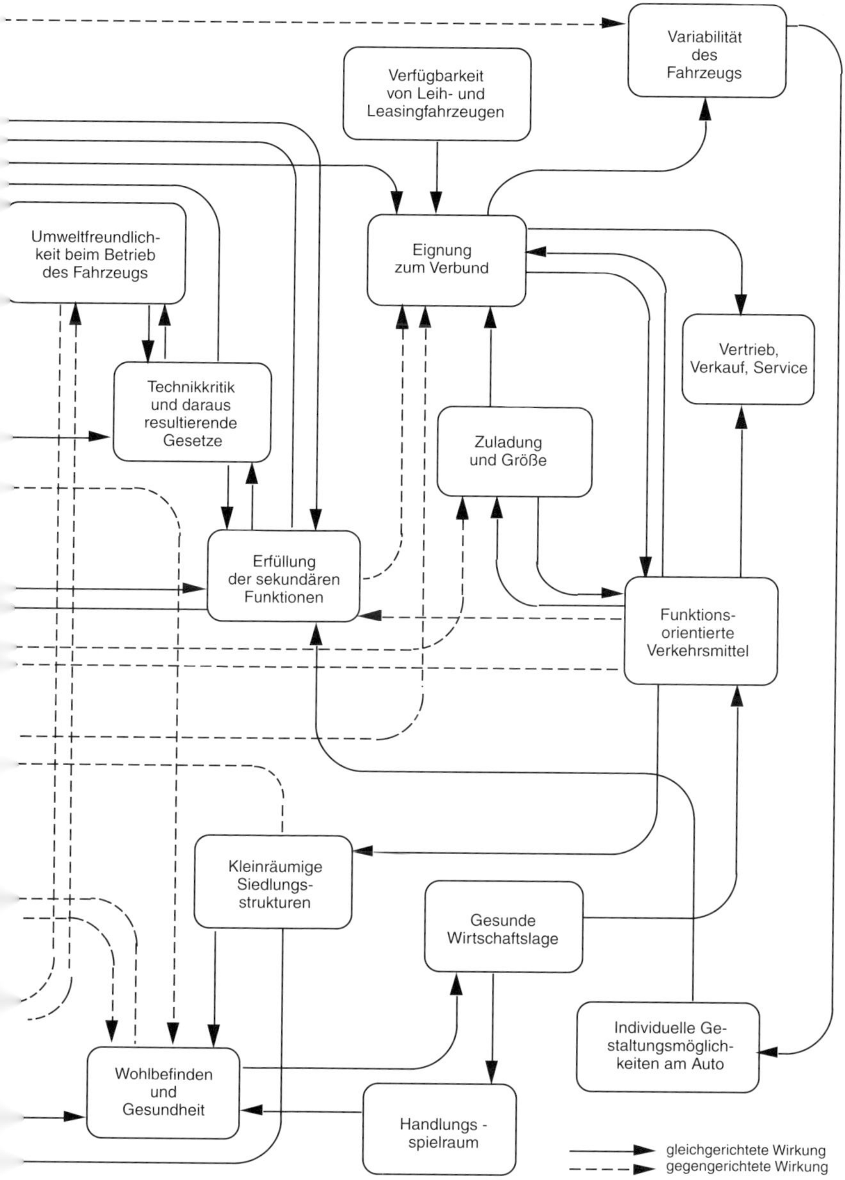
Variabilität des Fahrzeugs
Verfügbarkeit von Leih- und Leasingfahrzeugen
Umweltfreundlichkeit beim Betrieb des Fahrzeugs
Eignung zum Verbund
Vertrieb, Verkauf, Service
Technikkritik und daraus resultierende Gesetze
Zuladung und Größe
Erfüllung der sekundären Funktionen
Funktionsorientierte Verkehrsmittel
Kleinräumige Siedlungsstrukturen
Gesunde Wirtschaftslage
Individuelle Gestaltungsmöglichkeiten am Auto
Wohlbefinden und Gesundheit
Handlungsspielraum
gleichgerichtete Wirkung
gegengerichtete Wirkung

»Wer sich die Mühe macht, das Konzept sogenannter moderner Pkws zu sondieren, der muß erkennen, daß sich in Verfolgung des Ziels des ›Umsatzes um jeden Preis‹ eine Vielzahl fertigungstechnischer und konstruktiver Überlegungen zur wohlgeplanten Fehlkonstruktion aufsummieren.«

Jörg Linser, Professor für Antriebstechnik und Fahrzeuge[121]

Um unsere Mobilität auch in Zukunft zu gewährleisten, reicht es nicht mehr aus, lediglich Kosten zu reduzieren, Engpässe und Staus zu beseitigen, aber alles übrige als gegeben hinzunehmen. Im Gegenteil, die größtenteils durch den Autoverkehr bedingte Denaturierung unserer Umwelt, unserer Gesundheit und unseres Lebensraumes nimmt mit jedem Tag weiter zu. Dagegen helfen dann auch keine Verkehrsleitsysteme, Sparmotoren oder Rußfilter mehr. Ganz abgesehen davon, daß die CO_2-Konzentration in der Atmosphäre nicht zurückgehen, sondern sich auch mit noch so sparsamem Treibstoffverbrauch bei ungehinderter Verkehrszunahme weiter akkumulieren würde.

Nein, es kann nicht darum gehen, das Auto, so wie es ist, weiter zu optimieren und Unsummen in seine Erhaltung zu vergeuden – man kann auch etwas zu Tode optimieren –, und es geht auch nicht darum, das Individualfahrzeug als solches in Frage zu stellen. Sein Konzept muß einfach von Grund auf neu überdacht werden – in bezug auf seine Technik und seine Funktion, also auf Form, Größe, Antriebsart und Fertigungsstruktur und genauso im Hinblick auf seine Einsatzkriterien innerhalb einer Neuorganisation des Verkehrsgeschehens –, angefangen von den überholten Dogmen von großer Reichweite und hoher Geschwindigkeit bis hin zur psychologischen Seite, die für den Kaufentscheid so wichtig ist. Das heißt zugleich, daß durchgreifende Veränderungen am bisherigen Fahrzeugkonzept stets im Zusammenhang mit allen anderen Verkehrsmitteln – insbesonders dem öffentlichen Verkehr – und mit der Infrastruktur und Logistik in unseren Städten und Dörfern gesehen werden müssen. Eine Veränderung, die lediglich das Fahrzeug betrifft, ohne dabei auf die Vernetzung mit anderen Teilbereichen zu achten, dürfte nicht den erforderlichen

Effekt bringen beziehungsweise bald im Sande verlaufen, wie sich durch viele ergebnislose Versuche bereits herausgestellt hat.

Keine Flucht in Scheinlösungen

So sehr man vielleicht zunächst vor diesem komplexen Zusammenhang auch zurückschrecken mag, bietet er doch eine weitaus sicherere Basis als isolierte technische Lösungen. Wer kurzfristig wirkende, langfristig aber möglicherweise zurückschlagende Scheinverbesserungen vermeiden möchte, sollte vorrangig von humanökologischen und gesellschaftsrelevanten Zielvorstellungen ausgehen, anstatt von solchen der Technik, und dafür die technische Entwicklung diesen anpassen. Eine erhöhte Funktionsorientierung des Fahrzeugs gehört dann ebenso dazu wie eine Differenzierung der Mobilitätsbedürfnisse und ein umweltgerechtes Konstruieren und Produzieren, was dann wiederum den Automatisierungsgrad und damit auch die Produktdiversifikation beeinflußt.

Das Rad dreht sich leicht wieder in die alte Richtung, sobald man die technischen Lösungen nicht aus dieser ganzheitlichen Sicht heraus angeht und auch von politischer Seite keinerlei Unterstützung in Form klarer Vorgaben erhält. Kleine Schritte vermögen zwar wichtige Weichen zu stellen, an der Gesamtsituation kann sich jedoch nur dann etwas ändern, wenn sie in einer Art Verbund das gesamte Geschehen durchdringen. Alles andere bleibt zwangsläufig Flickwerk und wird nicht helfen, unser Verkehrsgeschehen, das inzwischen immer katastrophalere Ausmaße annimmt, in sinnvolle Bahnen zu lenken.

Auf dem Weg zu systemverträglichen Lösungen

Wenn wir uns in diesem Teil des Buches das Fahrzeug selbst näher vorknöpfen, so geschieht das vor allem deshalb, um aufzuzeigen, wie sehr dieses Fahrzeug im Verbund mit einer Neugestaltung des Verkehrs und der beteiligten Industrie verändert werden muß, damit es für alle drei überhaupt noch eine Zukunft gibt. Viele der nachfolgend angeführten Überlegungen und Vorschläge geben selbstverständlich noch keine endgültige Lösungen ab; manche sind von vornherein lediglich als Übergangsstufe gedacht. Obwohl dabei nicht nur wünschenswerte Tendenzen, sondern auch bereits realisierte Teillösungen aufgezeigt werden, die in die empfohlene Richtung gehen, ist hier noch alles im Fluß.

Gerade deshalb ist es wichtig, eingefahrene Denkstrukturen aufzulockern und anhand der aufgezeigten Techniken und Funktionsformen das Verständnis für die Machbarkeit neuer Ideen zu öffnen. Dadurch soll nicht zuletzt zu dem angespornt werden, was in diesem Bereich noch fehlt, nämlich eine Weiterentwicklung, Kombination und gegenseitige Ergänzung dieser Bausteine im Sinne einer neuen – in den Grundregeln lebensfähiger Systeme verankerten – Systemverträglichkeit des zukünftigen Individualverkehrs.

Das Fahrzeug und seine Funktion

Funktion und Weglänge

Längere Strecken machen zwar nur einen Bruchteil aller Autofahrten aus, dennoch wird die Palette unserer Fahrzeugtypen vom Tourenwagen beherrscht, den wir somit die meiste Zeit für ein gänzlich anderes Mobilitätsbedürfnis mit uns herumschleppen müssen – mit allen Kompromissen, die ihn für die hauptsächliche Benutzung um so untauglicher machen. Eine Analyse der Entfernungsstruktur unserer Pkws zeigt, daß gut zwei Drittel der Weglängen unter zehn, beim Taxi in der Stadt sogar unter fünf Kilometern liegen. Auch auf dem Land sind die Strecken nur unwesentlich länger. Nicht einmal fünf Prozent der Fahrten gehen über 50 Kilometer hinaus.

Das bedeutet, daß der Hauptverkehr auf kurzen Strecken entsteht und – insbesondere beim Stop-and-go-Verkehr in der Stadt – unter Betriebsbedingungen abläuft, unter denen die Motoren des heutigen Tourenwagenkonzepts extrem ungünstig arbeiten. Diese Fixierung auf schnelle Wagentypen ist um so bedenklicher, wenn man sich – ehrlicherweise – eingesteht, daß ein schnelles Fahren oder Überholen nicht nur in der Stadt, sondern selbst auf langen Reisen kaum noch etwas bringt und daher weder das erhöhte Sicherheitsrisiko lohnt, noch das unbequeme windschnittige Design.

Unsere gängigen Autotypen sind jedenfalls für die meisten Fahrten, die mit ihnen gemacht werden – also Strecken zwischen einem und zehn Kilometern –, völlig ungeeignet. Sie erfüllen schon in der Beziehung zwischen Funktion und Weglänge nicht einmal die wichtigsten Eckdaten des Kurzstreckenverkehrs, als da wären: ein bequemes Ein- und Aussteigen, leichtes Be- und Entladen sowie die Bedingungen für einen problemlosen Stop-and-go-Verkehr. Weder normale Pkws noch

Taxis oder sonstige Dienstleistungsfahrzeuge sind auf diese Funktionen des Stadtverkehrs ausgerichtet. So ist es zum Beispiel rational nicht nachvollziehbar, warum sogar unserer Taxis Tourenwagen-Modelle sein müssen, in die man seine Koffer über eine hohe Ladekante hineinwuchten muß, in die man nicht einsteigt, sondern sich hineinfaltet, und die einem insgesamt das Gefühl von Enge und eingeschränktem Bewegungsspielraum vermitteln.

Entfernungsstruktur der Pkw-Fahrten

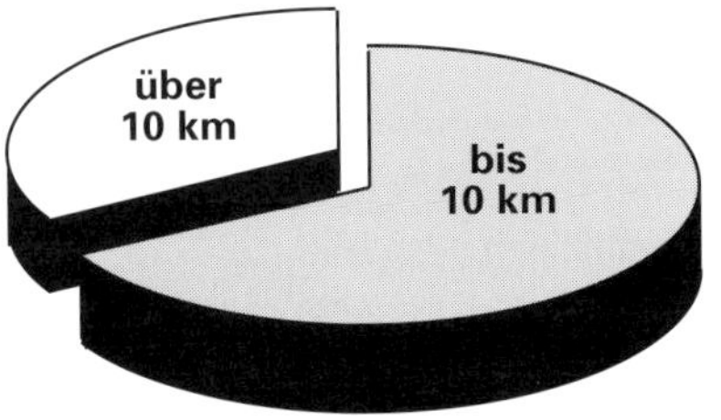

Etwa zwei Drittel aller mit dem Auto zurückgelegten Fahrten liegen in der Bundesrepublik im Bereich von 0 bis 10 km (mit einem Maximum bei Wegstrecken um 5 km).

Für diesen Bereich sind jedoch weder die Motoren noch die niedrige Form der als Tourenwagen konzipierten Fahrzeuge geeignet.

© 1993 sbu München

Auch das Konzept des Kleintransporters ist offenbar nur für Langstrecken ausgelegt und nicht etwa für die tatsächlich anfallenden durchschnittlichen Weglängen im Dienstleistungsservice. Auch hier haben sich diese Fahrzeuge prinzipiell nicht über das Konzept des Pferdewagens hinausentwickelt: Eine starre, zentrale Kraftübertragung auf die Hinterachse, die die Energie auf zwei Antriebsräder überträgt, die wiederum über Blattfedern am Chassis abgestützt sind. Ein rein mechanisches Konzept, das im Innenraum viel Platz wegnimmt und das Fahrzeug schwer und unbequem macht. Und im Gegensatz zum Pferdewagen haben unsere »modernen« Servicefahrzeuge sogar noch den Nachteil, daß man beim Be- und Entladen nur in den wenigsten aufrecht stehen kann.

Tempolimit sorgt für freie Fahrt

Wenden wir uns als nächstem Punkt der Geschwindigkeit des Fahrzeugs zu. Wie sich schon beim Abgasausstoß herausgestellt hat, müssen Schnelligkeit und Verkehrseignung keineswegs miteinander einhergehen – vom Sicherheitsaspekt einmal ganz abgesehen. Und unser Wirkungsgefüge hat ebenfalls gezeigt, daß der Faktor Geschwindigkeit für eine neue Fahrzeuggeneration zu einem entscheidenden Kriterium werden dürfte. Das ergibt sich schon allein aus der Tatsache, daß bei aller bereits weitestgehenden Zustimmung zu einem langsamen Stadtverkehr ein Tempolimit auf Landstraßen und Autobahnen in Deutschland einem Tabu zu unterliegen scheint.

In der Tat sind wir das letzte Land der zivilisierten Welt, das *kein* Tempolimit auf Autobahnen hat. Selbst in den freiheitlich-demokratischen USA nimmt niemand Anstoß daran, daß sämtliche Highways Tempolimits aufweisen – die meisten sogar eine Beschränkung auf nur 55 Meilen in der Stunde, umgerechnet also 88 Stundenkilometer – und Überschreitungen strikt geahndet werden. Die Annahme, daß man für die Bewältigung längerer Strecken, die hierzulande im Vergleich zu den USA ohnehin lächerlich kurz sind, unbedingt einen leistungsstarken Motor bräuchte – mit dem man nicht nur 120, sondern mindestens 180, wenn nicht gar 250 Stundenkilometer in der Reserve hat –, steht auf schwachen Füßen. So werden Bequemlichkeit, Fahrzeughöhe, Praktikabilität und Ingenieursleistung im Grunde für die Tachoskala, d.h. für Geschwindigkeiten geopfert, die man im heutigen Verkehr ohnehin nie ausfahren kann.

»Wenn alle Autos langsam fahren würden,« heißt es häufig, »wären die Autobahnen ja hoffnungslos verstopft.« Genau hier befindet man sich jedoch in einem verblüffenden physikalischen Irrtum. Denn ein Tempolimit auf Autobahnen würde deren Kapazität, so paradox das zunächst klingen mag, sogar spürbar erhöhen. Eine Tatsache, die von unserer »Rennfahrerlobby« gerne ignoriert wird, der zufolge die französischen und italienischen Autobahnen mit ihren Tempolimits ja unbefahrbar sein müßten. Wer sie kennt, weiß, daß das nicht stimmt.

Die Vernetzung von Fahrzeugdichte und Fahrzeugstrom

Zunächst einmal liegt es am Fahrzeugabstand, daß eine optimale Ausnutzung in der Tat eher mit einem geringeren als einem höheren

Durchschnittstempo erreicht wird. Ein ehemaliger Ingenieur der *At & T Bell Laboratories* schrieb mir dazu: »*Die bekannte Abstandsregel ›halber Tacho‹ zeigt, daß bei hohen Geschwindigkeiten erhebliche Sicherheitsabstände nötig sind, damit auch der zeitliche Abstand (die Reaktionszeit) derselbe bleibt – nach dieser Regel sind es 1,8 Sekunden. Es haben also nur sehr wenige Fahrzeuge auf einem Kilometer Autobahnspur Platz, wenn sie ›rasen‹ (bei 200 km/h sind es etwa 10 Wagen pro Kilometer). Dies sei ›Fahrzeugdichte‹ genannt. Da nun aber Fahrzeugdichte und Fahrzeugstrom in gegenläufiger Weise von der Geschwindigkeit abhängen, erlaubt uns eine mathematische Analyse, diejenige Geschwindigkeit zu finden, bei der das Produkt aus Fahrzeugdichte und Fahrzeugstrom ein Maximum erreicht. Daraus ergibt sich dann die optimale Geschwindigkeit für die höchste Ausnutzung einer Autobahnspur.*«[122]

Auf diese Weise berechnet, beträgt die Geschwindigkeit für die weitestgehende Ausnutzung einer Fahrspur mit Autos von durchschnittlich 4,5 Metern Länge – selbst bei engerem Auffahren, zum Beispiel bei nur einer Sekunde Sicherheitsabstand – verblüffenderweise nur 16,2 Stundenkilometer. Bei diesem »Tempo« ist eine Autobahn voll ausgelastet, und das Ergebnis ist dann der allseits bekannte zähflüssige Verkehr, der sich in der Tat auf jenes Tempo von selbst einstellt, bei dem jedoch stattliche 1800 Pkws pro Stunde vorwärtskommen – auf jedem Kilometer 111 Wagen gleichzeitig!

Die Länge eines Wagens ist ein weiterer Faktor, der hier eine Rolle spielt. Wenn auf einer Autobahn anstatt vier Autos à 4,5 Meter jeweils ein Omnibus von 18 Metern Länge fährt – der sich ja nicht, um Abstand zu halten, selbst noch auseinanderziehen muß –, wird die höchste Fahrdichte bei der vierfachen Geschwindigkeit erreicht, also bei 64,8 Stundenkilometern. Ein Sammeltransport nutzt die Spur also grundsätzlich besser aus und kommt zudem schneller vorwärts!

Natürlich soll an dieser Stelle nicht für ein Tempolimit von 16 Stundenkilometern plädiert werden, sondern anhand dieser Berechnungen nur das unsinnige Argument vom Tisch gewischt werden, daß ein schnelleres Fahren die Straßen besser ausnutzen würde. Im Gegenteil! Gerade ein Tempolimit würde für höhere Ausnutzung sorgen![123]

Überholen blockiert den Verkehr

Natürlich läßt sich dieser positive Effekt eines Tempolimits nur dann erreichen, wenn sich der größte Teil der Fahrer an die erlaubte Höchstgeschwindigkeit hält. Denn bei 100 Stundenkilometern wird die optimale Kapazität einer Fahrspur von Pkws immerhin noch zu 48 Prozent ausgenutzt, von Omnibussen und Lastkraftwagen aber zu 95 Prozent. Auf die enge Verknüpfung zwischen einer hohen Geschwindigkeit und Verkehrsunfällen werden wir im Kapitel »Fahrzeug und Sicherheit« noch einmal zurückkommen.

Abgesehen von der Unfallträchtigkeit sind es gerade die wenigen sehr schnell fahrenden Wagen, die die Kapazität durch ihre ständigen Überholvorgänge noch einmal drastisch verringern. Ein Überholen kann ja nur stattfinden, wenn zwischen davorliegenden Wagen Abstände zwischen sechs und zwölf Sekunden verfügbar sind, da bei hohen Geschwindigkeiten Lücken von mehreren hundert Metern Länge benötigt werden. Eine Kette von wenigen schnellen Fahrzeugen kann daher die Überholspur für die langsameren Fahrzeuge völlig blockieren, obwohl sie diese Spur aufgrund des notwendigen großen Abstandes selbst nur minimal ausnutzt.[122] Diese Berechnungen zeigen, daß der Geschwindigkeitsrausch unsere Straßen nicht etwa besser nutzt, sondern im Gegenteil in hohem Maß dafür verantwortlich ist, daß ihre Kapazität verschwendet wird, was dann oft zu kilometerlangen Rückstaus führt.

Eine Fülle von Funktionskonflikten

Ein recht aufschlußreiches Szenario ergibt sich, wenn man sich einmal den Funktionskonflikten beim herkömmlichen Auto zuwendet und der Frage auf den Grund geht, welches die Ursachen und Auswirkungen der oft gegenläufigen Ansprüche an Transportfunktion, Benzinverbrauch, Variabilität, Bewegungsraum, Ladefläche, leichtes Einparken, schnittige Form, Statusgehalt und so fort sind. Die primären und sekundären Funktionen des Fahrzeugs jedenfalls stehen sich dabei zunehmend im Wege.

Den meisten Autofahrern sind die Auswirkungen dieser Funktionskonflikte jedoch kaum bewußt, obwohl gerade diese einen großen

Anteil an der Pervertierung unseres Verkehrsgeschehens haben. Das Ziel muß somit ihre Auflösung sein – sekundäre und primäre Funktionen müssen sich decken und nicht einander zuwiderlaufen. Da die primäre Funktion eines Fahrzeugs im Transport von Personen und Gütern besteht und nicht veränderbar ist, sind es demnach die sekundären Funktionen – wie Freiheitsgefühl, Besitzerstolz, Angabe und Machtausübung, Prestige, Rangordnungsbeweis, Mutprobe, Statussymbol, aber auch Jagdgerät, Sportgerät, Spielzeug oder Verführungsinstrument –, die verlagert und neu erfüllt werden müssen, damit sie die primäre Transportfunktion des Fahrzeugs nicht länger untergraben, sondern vielmehr unterstützen. Auch hier vermag die Systemkybernetik wiederum aufzuzeigen, inwieweit eine solche Verlagerung die Funktionskonflikte nachhaltig auflöst und wie Verkehr und Umwelt entlastet werden können, ohne dadurch legitime Bedürfnisse zu beschneiden, ja diese gegebenenfalls sogar noch weit besser zu erfüllen.

Aufgrund des Bedürfnisses nach individuellem Handlungsspielraum, das in unserer Gesellschaft beständig stärker geworden ist, sind die Autos bei den meisten Fahrten nur mit einer Person besetzt. Die durchschnittliche Auslastung von 1,3 Personen pro Fahrzeug macht den Gesamttransport daher sehr ineffizient, denn der bewegte Gegenstand, also der Mensch, wird durch das ihn umgebende Fahrzeug um ungefähr das Fünfundzwanzigfache aufgebläht – den Fahrzeugabstand nicht einmal eingerechnet! Allein diese ineffiziente *Raum*beanspruchung verursacht zwangsweise Verkehrschaos, Parkplatznot, Staus und Umweltbelastungen.

Das ursprüngliche Ziel, Mobilität und individuelle Freiheit zu erhöhen, wird auf diese Weise sowohl direkt als auch indirekt – nämlich über die nunmehr nötigen Gesetze, Auflagen, Kontrollen oder Strafen – konterkariert. Gleichzeitig führt die schlechte zeitliche Auslastung des Fahrzeuges – das Verhältnis von Standzeit zu Fahrtzeit beträgt rund 20:1 – durch die davon unabhängige Höhe der laufenden Kosten und des Kaufpreises zu finanziellen Belastungen, die Einschränkungen in anderen Bereichen zur Folge haben und dem ursprünglichen Ziel eines vermehrten Handlungsspielraumes auch auf diesem Wege entgegenwirken.[124]

Ein ähnlicher Konflikt zwischen den unterschiedlich bewerteten

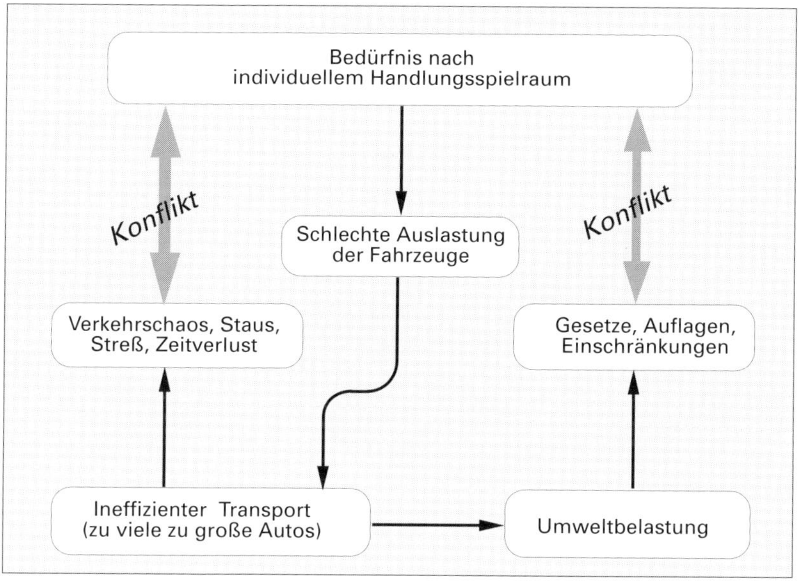

Mit dem Beharren auf Technik, Design und Antrieb der derzeitigen Autogeneration waren die Funktionskonflikte zwischen Handlungsspielraum und effizientem Transport praktisch vorprogrammiert.

Funktionen des Autos ergibt sich aus der im ersten Teil dieses Buches dargestellten Rückkopplung zwischen Zersiedlung und Straßenbau. Durch ihren selbstverstärkenden Mechanismus ist diese Entwicklung trotz der verminderten Lebensqualität und der immer kritischeren Einstellung der Bevölkerung mittlerweile so festgefahren und ihre Änderung durch die im wahrsten Sinne des Wortes zementierte Infrastruktur derart blockiert, daß die Fahrzeughersteller dem bestehenden Trend eher noch mehr nachgeben – und das, obwohl die Effizienz des Individualverkehrs dadurch beständig weiter herabgesetzt wird. Eine Umkehr aus dieser »Sackgasse« erscheint daher am ehesten möglich, wenn es gelingt, mit einer neuen Fahrzeuggeneration die beim herkömmlichen Auto bestehenden Funktionskonflikte abzubauen, anstatt sie, wie bisher mit jedem Nachfolgemodell noch weiter zu verstärken. Auch der hier zugrundeliegende Mechanismus soll wieder ein wenig näher beleuchtet werden.

Sinkende Transportleistung durch Betonung sekundärer Funktionen

Um den Pkw-Verkehr trotz Staus, Unfällen, Parkplatzsuche und des Lastwagenverkehrs, Lärms und Streß weiterhin attraktiv zu erhalten, ist die Automobilindustrie mit der immer schlechteren Erfüllung der Primärfunktion, also eines zügigen Transports, zu einer allmählichen

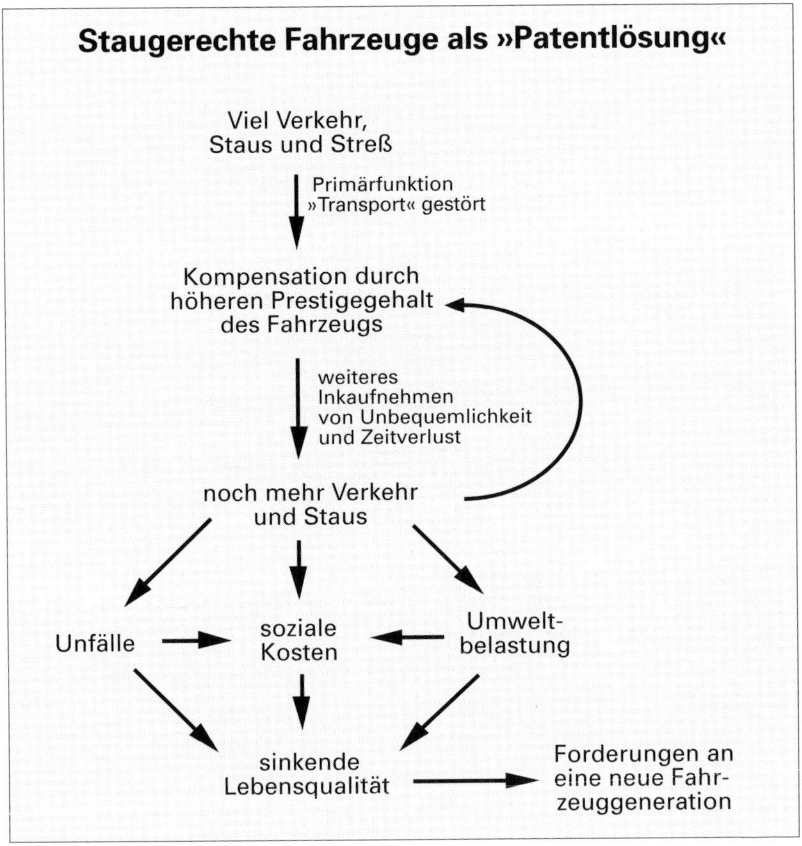

Die Entwicklung staugerechter Fahrzeuge als Beitrag zur »Lösung« der derzeitigen Verkehrsprobleme wird nicht verhindern, daß die weiter sinkende Lebensqualität einen Grenzwert erreicht, der von heute auf morgen eine völlig neue Fahrzeuggeneration erzwingt.

Überbetonung der sekundären Funktionen übergegangen. Wie eingangs bereits erwähnt, wurden diese Funktionen dadurch mehr und mehr zum Selbstzweck. Sie begannen, Basisinnovationen zu blockieren, ja die primäre Funktion des Autos zum Teil sogar *noch* stärker einzuschränken: unbequemer Innenraum, mühsamer Ein- und Ausstieg, zu große Fahrzeuglänge fürs Parken, schlechte Übersicht und erhöhte Unfallträchtigkeit durch übertriebene Motorleistungen. All dies scheint jedoch durch den damit erkauften Prestigewert aufgewogen zu werden, der ja auch im Stau noch voll erfüllt wird. Das verleitet uns dann trotz einer zunehmenden Immobilität, trotz Zeitverlusten und Unbequemlichkeiten dazu, das Auto selbst dann noch zu benutzen, wenn dies absolut unsinnig wird. Die Straßen werden zusätzlich gefüllt, bis die Effizienz des Verkehrsgeschehens irgendwann auf Null sinkt. Und wenn uns der Aufenthalt im Stau zu alledem auch noch durch einen eingebauten Fernseher, eine Bar und einen Kartentisch versüßt werden soll, hat die Mobilität sich selbst ad absurdum geführt. Wir hätten die Straße sozusagen ein zweites Mal zu einem riesigen Lagerplatz umfunktioniert – dieses Mal für Menschen.

Solche Wirkungsketten sind es, die letztendlich eine immer stärkere Belastung des Naturhaushaltes – durch Flächenverbrauch, Luftverpestung und Waldschäden – sowie Verkehrsunfälle und weitere Schäden, wenngleich auch nicht proportional zum Verkehrsaufkommen, nach sich ziehen. Es sind selbstverstärkende Prozesse, im Konzept des Fahrzeugs verankert und mit einer Fülle negativer Auswirkungen, die sich in einer zunehmend ineffizienten Wirtschaftsweise, steigenden Soziallasten und einem aus den Fugen geratenen öffentlichen Haushalt fortpflanzen. All dies zusammen wiederum beeinträchtigt unsere Lebensqualität inzwischen massiv, was langfristig natürlich auch auf die Akzeptanz des daran beteiligten Produktes zurückschlagen wird.

Der Tourenwagen – ein Konzept, das sich selbst im Wege steht

Angesichts ihrer Rolle bei der Zementierung der aufgezeigten Funktionskonflikte dürften Antrieb und Design unseres herkömmlichen

Automobils wesentliche, wenngleich kaum erkannte Ursachen für unser heute so stark überhöhtes Gesamtverkehrsaufkommen sein. Kein Zweifel also, daß der Tourenwagen als Leitkonzept für unsere zukünftige Mobilität überholt ist – sofern dieses Konzept überhaupt jemals gestimmt hat. Anfangs mögen es noch historisch bedingte technische Vorgaben gewesen sein, die die Kriterien eines Automobils bestimmt haben. Heute jedoch ist nicht mehr nachvollziehbar, weshalb das daraus entwickelte Renn- und Tourenwagenkonzept selbst im Stadtverkehr noch immer eine unabänderliche Größe in unserem Verkehrswesen sein soll.

Die traditionellen Kriterien des Fahrzeugbaus – große Motorleistung, hohe Geschwindigkeit, niedrige Bauhöhe zur Minimierung des c_w-Werts, hohes Gewicht für dennoch gute Straßenlage und nicht zuletzt große Reichweite, um auch Langstreckenfahrten zu ermöglichen –, verhindern nach wie vor eine grundlegende technische wie auch umwelt- und sozialverträgliche Weiterentwicklung. Ja, sie kehren die Hinwendung zur Funktionalität sogar ins Gegenteil um. Die Folge sind nicht nur unzweckmäßige Fahrzeuge, sondern auch die Verhinderung eines effizienten Verbundsystems mit anderen Verkehrsträgern. All dies schließt natürlich nicht aus, daß spezielle Tourenwagen dort, wo sie wirklich angebracht sind, weiterhin zum Einsatz kommen.

Phantasielosigkeit gefährdet die Branche

Es liegt nicht etwa an der Unbrauchbarkeit von Alternativen, daß bislang noch keine anderen Antriebsarten als Otto- und Dieselmotoren Verbreitung gefunden haben, sondern an der über Jahrzehnte anerzogenen Vorgehensweise der Forschungs- und Entwicklungsabteilungen, die sich auf Einzelaspekte konzentrieren und auf die wir noch zu sprechen kommen werden. Unser Wirkungsgefüge zum Individualfahrzeug (siehe Seite 184/185) hat jedenfalls gezeigt, daß eine gleichzeitige Veränderung mehrerer Variablen – wie zum Beispiel der Antriebsart, des Fahrzeugdesigns, der funktionellen Anforderungen und einiger Strukturparameter des Verkehrssystems – durchaus einen innovativen Durchbruch zu bewirken vermag. Kommen die dazu nötigen Impulse hingegen zu spät, oder werden sie gar durch das sture Beibehalten veralteter Kriterien unterdrückt, wird sich unser heutiges unzweckmäßiges, umweltschädliches und phantasieloses Fahrzeugkonzept den meisten Prognosen zufolge vielleicht noch bis zur Jahrtausendwende und einige Jahre danach halten können. Spätestens dann – wahrscheinlich aber bereits früher – werden übergeordnete Gründe wie Klimakatastrophen, nicht mehr tragbare Umweltbelastungen, der Zusammenbruch des Staatshaushaltes oder Weltwirtschaftskrisen dafür sorgen, daß es schlagartig »weg vom Fenster« ist.

Evolution durch Über-Bord-Werfen veralteter Kriterien

Wenn wir den Entstehungsprozeß des heutigen Automobils rekapitulieren, waren es vor allem technische Gründe, die vor rund 100 Jahren die Kriterien hervorbrachten, nach denen sich heute noch der Bau eines Autos richtet. Diese Kriterien sind also keineswegs gottgegeben und können unter anderen Umständen oder einem veränderten technischen Umfeld völlig irrelevant sein. Es genügt schon die Änderung zweier Komponenten – der Reichweite und der Spitzengeschwindigkeit –, und das gesamte Gebäude, das den Typus der ersten Autogeneration so unabänderlich erscheinen läßt, bricht in sich zusammen und beseitigt damit auch die Haupthemmnisse, die einer Evolution zu einer zweiten Autogeneration bislang im Wege gestanden haben. Spielen wir in Gedanken einmal durch, sozusagen als Denkübung, welche Folgen die Aufhebung dieser beiden Kriterien hätte.

Abschied von der großen Reichweite ...

Bei einer geringen Reichweite spielt die erreichbare Höchstgeschwindigkeit keine große Rolle mehr. Dadurch nimmt die Bedeutung des Luftwiderstands ab, und das Fahrzeug kann somit höher und zugleich kürzer werden. Kurze Autos lassen sich leichter einparken, sind praktisch zu handhaben und eignen sich für Verbundlösungen mit anderen Verkehrsträgern. Ein solcher Verbund rechtfertigt abermals eine relativ geringe Reichweite, die zudem keine großen Energievorräte in Tanks oder Energiespeichern erfordert, was wiederum das Fahrzeuggewicht verringert.

Eine kurze und leichte Karosserie aus neuen Werkstoffen – beim heutigen Fahrzeug liegt das Verhältnis zwischen Stahl und Kunststoff immer noch bei 3:1 – führt zu viel leichteren Strukturteilen und einer weiteren Gewichtsverminderung. Extreme Leichtbauweise und geringere Geschwindigkeit benötigen weniger Leistung und damit einen kleinen, leichten Motor, der wiederum das Gewicht und den Energieverbrauch reduziert. Das daraus resultierende Konzept ermöglicht daher gänzlich neue Energiequellen und Antriebskonzepte, beispielsweise einen leisen Solar-Elektroantrieb oder einen Biogas-Stirlingmotor. Beide Antriebe sind zudem äußerst leise und ermöglichen einen Wegfall der mechanischen Kraftübertragung und des Schaltgetriebes, was das Fahrzeug nochmals leichter machen würde.

... und von hoher Spitzengeschwindigkeit

Doch damit sind noch längst nicht alle Vorteile genannt. Geringere Geschwindigkeiten und neue Antriebsarten würden das Auto leise und umweltfreundlich machen. Die Städte würden wieder lebenswerter werden. Verkehrslärm, Smog und Luftverpestung würden der Vergangenheit angehören. Und neue Elektro- und Solarantriebe würden helfen, neue Techniken nicht nur beim Auto selbst, sondern auch anderweitig zu etablieren und so die Abhängigkeit von der Art der Treibstoffe zu verringern.

Durch die extrem leichte Bauweise wäre die passive Sicherheit zwar geringer als beim herkömmlichen Auto, doch durch die geringere Geschwindigkeit und die damit erhöhte aktive Sicherheit würde das mehr als kompensiert werden. Intelligente Verbundsysteme erhöhen darüber hinaus den lokalen Handlungsspielraum, so daß Fernreisen an Bedeutung verlieren und die Nah- und Stadterholung neuen Auftrieb bekommt. Auch der Prestigewert des Fahrzeugs würde sich in neuen Werten äußern: frei von Schadstoffen, leise, leicht, ästhetisch, intelligent, effizient, praktisch und innovativ.

Wie hält das heutige Auto den Vergleich mit der Innovation in der Mikroelektronik aus? Man kann leicht errechnen, daß ein Kraftfahrzeug, das in den letzten zehn Jahren eine ähnliche Entwicklung wie die der integrierten Halbleiterschaltungen hinter sich gebracht hätte, heute etwa 50 Gramm schwer und 5000 Stundenkilometer schnell sein müßte. Dieses Gerät käme mit einer Tankfüllung 500 000 Kilometer weit, würde keinerlei Abnutzung zeigen und hätte einen Preis von etwa fünf Mark.

Kriterien für ein Ökomobil

Weder Explosionsmotor noch fossile Treibstoffe

Bewerten wir die voranstehenden Aussagen im Hinblick auf Antrieb und Design, dann kann ein echtes Ökomobil weder einen Explosionsmotor haben noch mit fossilen Treibstoffen fahren. Denn bei einem Explosionsvorgang läßt sich das Verbrennungsprodukt nie vollständig kontrollieren. Selbst beim Einsatz von reinem Wasserstoff werden noch immer giftige Stickoxide entstehen. Und soweit es den Einsatz fossiler Treibstoffe betrifft, würde selbst deren noch so sanfte und kontrollierte Verbrennung – etwa als Wärmequelle eines Stirlingmotors – und selbst eine völlige Abgasentgiftung durch einen Superkatalysator den Anstieg des Kohlendioxids nicht verhindern, das an sich zwar ungiftig ist, dafür aber die Atmosphäre aufheizt. Eine weitere Zuspitzung der Klimakatastrophe wäre nicht zu verhindern. Ähnlich konsequent müssen die übrigen Unzulänglichkeiten des Autos im Hinblick auf Raumbeanspruchung, Transporteffizienz sowie Rohstoff- und Energieverbrauch revidiert werden. Die grundsätzlichen Kriterien eines zukunftsträchtigen Konzepts sind damit klar vorgezeichnet. Meine Forderungen an ein Ökomobil sind daher auch heute noch die gleichen, wie ich sie schon 1988 in unserer Ford-Studie und später in »Ausfahrt Zukunft« skizziert habe: Das ideale Individualfahrzeug sollte

- lautlos fahren,
- rezyklierfähig sein,
- fehlerfreundlich sein sowie
- ein sicheres Fahren garantieren.

Als Stadtmobil sollte es weiterhin

- bequem, hoch und kurz sein (um Querparken zu ermöglichen),
- extrem leicht sein (superleichte Werkstoffe),

- voll wendig sein (Räder bis zu 90 Grad lenkbar)
- oder steuerbare Hinterräder haben (seitwärts Einparken),
- nicht schneller als 60 Stundenkilometer fahren
- zur schnellen Überbrückung von Langstrecken für eine Querverladung auf der Bahn geeignet sein.

Darüber hinaus darf es gerne

- schön, elegant und luxuriös sein,
- eine raffinierte Elektronik haben,
- durch Hightech und Bordcomputer bestechen,
- variabel und vielseitig kombinierbar sein,
- spottbillig bis sündhaft teuer sein.

Luigi Colani, der einflußreiche Industriedesigner, meinte auf die Frage, wie das Auto der Zukunft auszusehen habe: *»Die richtige Formel lautet ›3-L‹: langsam, leise, lustig.«* Wir sollten sie durch ein viertes »L« für »leicht« ergänzen.

In den letzten Jahren sind eine Reihe serienreifer Prototypen von Leichtmobilen entwickelt worden, die schon einen Teil der obigen Kriterien erfüllen. Bezeichnenderweise werden sie allerdings ausschließlich von mittelständischen und kleinen Unternehmen produziert. Man könnte hier fast von einer Auto-»Subkultur« sprechen. So verwundert es nicht, daß hier gerade Länder ohne eigene Automobilindustrie wie die Schweiz und Dänemark weit voraus sind: ein Indiz für den hemmenden Einfluß einer mächtigen Autolobby im eigenen Lande – der ja dort fehlt. Im Kanton Bern spielte sogar die kantonale Wirtschaftsförderung mit. Wer dort ein Elektromobil kaufte, erhielt als Prämie ein Fünftel des Kaufpreises geschenkt.[125] Ziel des *Schweizerischen Bundesamtes für Energiewirtschaft* (BEW) ist es sogar, bis zum Jahr 2010 in der Schweiz einen Bestand von 200 000 Leicht-Elektromobilen zu schaffen, was etwa acht Prozent des heutigen Schweizer Pkw-Bestandes entsprechen würde. Die Anschaffung soll durch staatliche Förderung und private Sponsoren mit 33 Millionen Franken subventioniert werden, so daß die am Einführungsversuch Beteiligten nur die Hälfte des Kaufpreises zu zahlen haben.[126]

Isolierte Lösungen für Teilaspekte, aber nicht fürs Ganze

Trotz all dieser interessanten, technisch und gestalterisch neuen Konzepte darf jedoch nicht übersehen werden, daß es sich – gemessen an kybernetischen Maßstäben – noch immer um Lösungen von Teilaspekten, aber nicht des Ganzen handelt. Keines dieser Fahrzeuge erfüllt sämtliche geforderten Kriterien, sondern mal diese, mal jene. Der große Wurf, das wirkliche Ökomobil, steht also noch aus. Dennoch haben sich all diese Hersteller das Verdienst erworben, mit ihren zumeist unter großen Opfern entwickelten Fahrzeugen den Weg in eine neue Auto-Zukunft geebnet zu haben. Im Grunde genommen ist es natürlich empörend, daß nicht mehr Initiativen von den potenteren Automobilfirmen ausgehen, die schon für rein marginale Veränderungen – wie beispielsweise die bloße Weiterentwicklung eines ihrer Standardmodelle zum Folgejahrs-Modell – zwei bis drei Milliarden Mark (!) verschwenden, wohingegen ihre Bemühungen, ein taugliches Elektroauto zu konzipieren, in der Vergangenheit kaum halbherziger hätten sein können. Aber schließlich sind wirkliche Innovationen in der gesamten Geschichte der Technik schon immer von einzelnen Menschen und nicht von Institutionen ausgegangen.

Ein Prototyp für den kybernetischen Ansatz

Am Beispiel eines ganzheitlichen Ideenkonzepts soll an dieser Stelle einmal demonstriert werden, was man nach »kybernetischen Maßstäben« unter einem Auto der Zukunft – also einem Fahrzeug, das sich konsequent an den biokybernetischen Grundregeln orientiert – zu verstehen hat. Dazu ist eine Basisinnovation nötig, die trotz vieler bereits gelungener Vorstöße im Detail leider immer noch fällig ist. Es geht darum, über die schon genannten Punkte hinaus die neue Autogeneration so zu verwirklichen, daß vor allem die biokybernetischen Grundregeln des Jiu-Jitsu, der Mehrfachnutzung, der Symbiose und des biologischen Designs erfüllt werden (Seite 19). Für ein solches Fahrzeug würden nach wie vor folgende bereits im Rahmen unserer Ford-Studie aufgestellten Kriterien gelten, die hier nur unwesentlich ergänzt wurden:

- ▷ Ein elegantes, zwei- bis viersitziges Superleichtgewicht von 200 bis 300 Kilogramm mit einer energieabsorbierenden Kunststoffkarosserie aus rezyklierbaren Werkstoffen, wie sie bereits der Schweizer HORLACHER bei seinen Fahrzeugen verwendet.
- ▷ Eine kurze, hohe Form, die eine Länge von 2,70 m nicht überschreiten sollte, damit sich das Fahrzeug zum Querparken ebenso eignet wie zum Querverladen in normale Eisenbahnwaggons. Die Höhe sollte bequemes Einsteigen und eine gute Übersicht im Verkehr gestatten und mit 1,70 m an diejenige bisheriger Geländewagen heranreichen.
- ▷ Ein Antrieb durch einen Asynchronmotor von vier bis sechs Kilowatt, der die Bremsenergie rückgewinnt und mit einem kleinen, aus regenerativer Energie gespeisten Batteriesatz auskommt. Da das Batteriegewicht dann nur etwa 40 Kilogramm beträgt – also etwas mehr als beim dänischen Mobil *Mini-El* –, spielt die Energiedichte der Batterien keine ausschlaggebende Rolle mehr.
- ▷ Das Getriebe sollte entweder durch elektronische Steuerung ersetzt oder zumindest in den Motor integriert werden, dem es so gleichzeitig als »Eisenkern« dient, so wie es im *Hotzenblitz* der Fall ist. Damit fällt dieser schwerste Teil eines Elektromotors praktisch weg.
- ▷ Um Differential, Antriebswellen und Achsen und somit weiteres Gewicht einzusparen, könnten auch vier kleine Einzelradmotoren mit der gleichen Gesamtleistung den Antrieb übernehmen, wie es etwa bei den Niederflurbussen der MAGNETMOTOR GmbH verwirklicht ist.[219] Hier besteht dann die Energieübertragung aufs Rad nur noch aus einem Kabel.
- ▷ Um ein »Sofort-Auftanken« zu ermöglichen, werden Steckbatterien verwendet, wobei die Batterie-Schienen auf Kugellagern laufen. Der Batteriewechsel dauert so nur wenige Sekunden. Bei Zink-Luftbatterien müßte sogar nur die verbrauchte Elektrolytflüssigkeit über einen Schlauch ausgetauscht werden, womit das Recycling erledigt wäre.[207]
- ▷ Das Fahrzeug besitzt zusätzlich zwei bis drei Quadratmeter Solarzellenfläche. Die Module sind nicht aufgeschraubt, sondern als Dünnschichtzellen unmittelbar auf das Fahrzeug aufgedampft oder -geklebt. Damit kann bei Tageslicht zusätzlicher Fahrstrom direkt aus der Karosserie bezogen, beziehungsweise im Stand die Batterie

aufgeladen werden. Mit normalen Solarpanels ist dies ohnehin schon üblich, beispielsweise beim dänischen *Mini-El* oder beim japanischen *Kyocera* (siehe dazu die Abbildung auf Seite 221).[127]

▷ Beim geparkten Fahrzeug können außerdem zusätzliche Solarpaneele herausgeklappt werden, die das Aufladen beschleunigen.

▷ Das Fahrzeug sollte möglichst als Komplettsystem angeboten werden – mit eigener Stromversorgung aus der hauseigenen Solartankstelle, wie sie unter anderem für den *Hotzenblitz* vorgesehen ist (siehe dazu die Abbildung auf Seite 213), oder aus Solarmodulen mit Spiegelverstärkung, die auf das Garagendach montiert werden. Beides wird jeweils komplett mit Einbau, Stromwandler und Stromspeicher offeriert, von dem dann nachts aufgeladen werden kann (siehe dazu die Abbildung auf Seite 295).

▷ Die Sitze sind herausnehmbare Leichtkonstruktionen ähnlich wie beim *2 CV* von Citroën, zum Beispiel in Form von Kunststoffschalen, die statt der üblichen 35 Kilogramm nur noch 4 Kilogramm wiegen dürften. Das Rückenpolster kann gleichzeitig als Rucksack dienen.

▷ Die Innenteile der Seitenwände und Türen sind als variable Behälter wie etwa herausnehmbare Koffer, Taschen oder Tragen gestaltet – übrigens eine Idee der *Hotzenblitz*-Ingenieure – und enthalten allerlei praktische Utensilien, unter anderem einen Regenschirm.

▷ Der Kofferraum liegt, da die Fahrzeuge hoch und kurz sind, unter den Hintersitzen. Er ist nach hinten voll herausziehbar und hat Rollen, um als Kofferkuli genutzt zu werden. Auf diese Weise kann das Fahrzeug ohne mühsames Schleppen be- und entladen werden.

▷ Der herausfahrbare Kofferraum kann zudem leicht gegen Einschübe für spezielle Zwecke ausgetauscht werden. So läßt sich das Fahrzeug mit wenigen Handgriffen den unterschiedlichsten Transportbedürfnissen anpassen.

▷ Auf die Spezialzwillingsräder, wie sie ursprünglich beim *Hotzenblitz* vorgesehen waren, sind schmale Reifen aufgezogen. Daraus ergeben sich folgende Vorteile:
  - Der Querschnitt entspricht optisch einem sehr breiten Profil, dies jedoch bei deutlich geringerem Gewicht.

- Durch die geringe Gesamtauflagefläche ist der Rollwiderstand weitaus kleiner als bei normalen Reifen, die Seitenkräfte werden dennoch besser aufgefangen.
- Es gibt kein Aquaplaning mehr.
- Ein Ersatzreifen wird überflüssig.

Fast jeder der obigen Punkte ist gewichtsvermindernd und spart damit Platz, Energie und Batterie, was eine weitere Gewichtsverminderung bedeutet. Außer bei den »Knotenpunkten« der Konstruktion – soweit diese eine gewisse Masse verlangen – sollten nur superleichte Kunststoffe verwendet werden. Die Rezyklierbarkeit der verwendeten Werkstoffe muß selbstverständlich gegeben sein. Die Mehrfachnutzung vieler Teile als transportable Behälter, die dadurch nicht extra angeschafft und transportiert werden müssen, reduziert den Kunststoffverbrauch im übrigen auch anderweitig.

Obwohl wir nachfolgend noch auf das Problem der Sicherheit von Leichtfahrzeugen eingehen werden, sei bereits hier eine Idee der *Hotzenblitz*-Gruppe erwähnt, die aus der Zusammenarbeit mit einem Ex-Formel-1-Rennfahrer und einem Rennwagenkonstrukteur hervorgegangen ist. Man kam zu dem Ergebnis, daß sich die geringe Masse und die fehlenden Knautschzonen im Hinblick auf die passive Sicherheit durch eine fünffach geknickte Rahmenlinie des Fahrzeugs kompensieren lassen. Und falls das erste Auffangen eines Aufpralls durch die Karosserie nicht ausreicht, wird die Schockenergie durch ein Hochdrücken der Fahrgastzelle schräg nach oben umgelenkt und auf diese Weise weit gefahrloser als bei einer horizontalen Kraftübertragung vernichtet – was inzwischen übrigens auch in Crashtests bestätigt wurde. Ähnlich verblüffend für die Fachleute schnitt der superleichte *Horlacher* ab, der bei einem Crash bei 33 Stundenkilometern keine bleibende Deformation aufwies. Der frontale Aufprall wurde durch einen »Rundum-Stoßgürtel« nach hinten abgeleitet, wohingegen bei anderen Bauarten die in einem solchen Fall nach vorne geschleuderten Batterien den gesamten Fahrzeugboden aufreißen können.[128]

Es muß an dieser Stelle noch einmal deutlich betont werden, daß fast alle in dem obigen Konzept eines Ökomobils aufgeführten Punkte im einzelnen hier und dort bereits verwirklicht sind und inzwischen auch eingesetzt werden. Ich habe bewußt darauf verzichtet, darüber hinausgehende Innovationen mit in das Konzept einzubeziehen, obwohl diese mit Sicherheit zu erwarten sind. Mir kam es vor allem darauf an aufzuzeigen, daß die Anforderungen an ein Ökomobil allein schon durch die Vernetzung vorhandener Techniken voll erfüllt werden könnten.

Eine Reihe der Kriterien eines Ökomobils werden vom HOTZENBLITZ *El-Sport erfüllt, wenngleich in punkto Gewicht, Reichweite und Geschwindigkeit noch viele Zugeständnisse an das herkömmliche auf fossilen Treibstoffen basierende Konzept gemacht wurden.* Foto: Hotzenblitz GmbH

Probleme der Marktstrategie

Inzwischen gibt es auf dem Markt eine ganze Reihe unterschiedlichster Elektromobile. Allein in Deutschland werden 25 verschiedene Modelle angeboten. Daran gemessen, fällt die Zahl der zugelassenen Elektrofahrzeuge mit insgesamt 4038 Stück äußerst gering aus.[129] Das Akzeptanzproblem ist noch immer sehr groß. Nach einer Untersuchung der Unternehmensberatung KIENBAUM werden die Marktchancen dieser Fahrzeuge von gewerblichen wie auch öffentlichen und privaten Nutzern eher skeptisch beurteilt.[130] Bemängelt werden die geringe Reichweite, geringe Höchstgeschwindigkeit, längere Beschleunigungszeit und niedrige Sicherheitsstandards. Allerdings lobt man die Umweltfreundlichkeit, geringe Betriebskosten, Geräuscharmut und einfache Handhabung. Und man gibt zu, daß das Kaufinteresse bei Preisen zwischen 12 000 und 20 000 Mark oder bei Benzinkosten über 2,50 DM deutlich ansteigen würde.

Ein grundlegend falsches Marketing?

Diese Reaktionen zeigen deutlich, daß man die gängigen, mit einem Elektroantrieb ausgestatteten Fahrzeuge wie selbstverständlich mit dem herkömmlichen Auto vergleicht. Sie sollen dieselben Eigenschaften wie ein Tourenwagen aufweisen, weil man nun einmal daran gewöhnt ist. Eine solche Einstellung geht an dem gänzlich anders gearteten Kriterienkatalog vorbei, den ein Individualfahrzeug der neuen Autogeneration zu erfüllen hat. Das ist allerdings weniger dem Käufer anzulasten als vielmehr dem Marketing bei der Einführung von Elektromobilen, das leider von Anfang an in eine falsche Richtung wies.

Der Schweizer Solarpionier MUNTWYLER, der seit 1985 die international vielbeachtete jährliche Tagung »Leichtmobile im Alltag« organisiert, schildert die Problematik sehr treffend:

»Je mehr über Elektrofahrzeuge gesprochen wird, desto mehr öffnet sich eine Schere zwischen den Ansprüchen an sie und ihren tatsächlichen Möglichkeiten. Auch das Elektrofahrzeug soll ein Auto sein, wie es der Durchschnittsautofahrer gewöhnt ist. Das Elektrofahrzeug aber ist kein Auto. Niemand kommt auf die Idee, ein Fahrrad mit einem Auto zu vergleichen. Mit diesem Anreiz muß man auch an das Elektromobil herantreten. Es hat ein eigenes Einsatzprofil. Dies muß durch die Praxis definiert sein – nicht umgekehrt. Sonst klaffen Anspruch und Potential des Fahrzeugs auseinander. Psychologisch hilfreich wäre eine Umbenennung ähnlich der in den USA gebrauchten Bezeichnung ›neighbourhood vehicle‹. Hier stellt schon der Name den Einsatzbereich klar. Es wäre einfach falsch, dem potentiellen Elektromobilbesitzer ein neuartiges Fahrzeug hinzustellen und ihn aufzufordern, dessen Einsatzprofil in der Praxis auszuprobieren. Das Fahrzeug sieht aus wie ein Auto, und der potentielle Benützer wird es daher fahren wie ein Auto. Das Ergebnis wird unbefriedigend sein. Daher muß der potentielle Benutzer zuerst über das besondere Einsatzprofil des Elektromobils informiert werden und dieses zugrundelegen, bevor er das Fahrzeugs in der Praxis testen kann.«

Hier sind von der Anbieterseite in der Tat entscheidende Fehler gemacht worden, indem man darauf bestand, auch alternativen Fahrzeugen ein »automotives« Mäntelchen umzuhängen. Natürlich – wie hätte es auch anders sein können? – hat der Kunde diese neuen Gefährte mit den herkömmlichen Autos verglichen und auf diese Art weder ihre Vorteile noch ihren besonderen Einsatzbereich registriert, wohl aber die »fehlenden« Eigenschaften, die hauptsächlich Geschwindigkeit und Reichweite betrafen.

Quo vadis, »Tour de Sol«?

Auch den Organisatoren von E-Mobil-Veranstaltungen kann man – bei aller Bedeutung für das Bekanntwerden von Solarfahrzeugen – gewisse Vorwürfe nicht ersparen. So ist es der Entwicklung dieses neuen, revolutionären Grundkonzepts beispielsweise nicht gerade förderlich, wenn die Präsentation von Elektro- und Solarantrieben ausgerechnet mit einem Rennwagen-Image verknüpft wird. Selbst beim Klassiker unter den Solarmobil-Veranstaltungen, der Schweizer *Tour de Sol,* bestand das '94er Programm aus einem »Hochgeschwindigkeitstest« für Solarrennfahrzeuge, einem »Beschleunigungstest« und einem »Reichweitentest«.

Prämiert wurde nicht etwa das leiseste, das am einfachsten zu be- und entladende, das wendigste, das am besten zu parkende, das am geringsten Strom verbrauchende oder ein optimales Verhältnis zwischen Platz und Gewicht aufweisende, intelligenteste, fahrsicherste, lustigste oder schönste Fahrzeug. Nein, in stupider Nachahmung der Motorsportveranstaltungen der Dinosaurier ging es schon wieder nur um das schnellste Fahrzeug – und das in einer Kategorie, wo gerade dies kein Kriterium sein sollte und auch nur durch technische Purzelbäume und ein absurdes Design erfüllt werden kann, dem dann alles andere zum Opfer fällt.

Man hätte voraussehen können, daß die Medien von allen teilnehmenden Fahrzeugen hauptsächlich diese Exoten ins Bild rücken würden, die schon vom Aussehen her einen spektakulären Eindruck machen. Der wahre Wert einer *Tour de Sol*, nämlich die Alltagstauglichkeit der teilnehmenden Fahrzeuge unter Beweis zu stellen, gerät dadurch völlig ins Hintertreffen. Und doch ist es diese Alltagstauglichkeit, die im zukünftigen Individualverkehr eine Hauptrolle spielen sollte. Vor einer irreführenden Etikettierung ist daher zu warnen, insbesondere um nicht den Wert der Solar-Rallies zu schmälern, wie sie zahlreich – unter anderem auch in Bayern oder in Berlin – stattfinden und bei denen sich die verschiedenen Typen präsentieren und Interessenten sich darüber informieren können. Wie MUNTWYLER bereits betont hat, kann ein Solarfahrzeug ohnehin nie mit der rohen Kraft von Explosionsmotoren mithalten – und das sollte es auch nicht. Eine *Tour de Sol*, die sich durch die Promotion von völlig irrelevanten Rennautos an überholten Kriterien orientiert, drängt daher womöglich die gesamte Entwicklung ins Abseits.

Erst recht gilt dies für den *European Solar Challenge* oder den *World Solar Challenge* in Australien, wo ausschließlich Solar-Rennwagen zum Einsatz kommen. Man argumentiert damit, daß ja auch die Formel-1-Boliden nicht alltagstauglich sind, für die Optimierung der bisherigen Autos aber wichtig gewesen seien; und genauso würden diese Solarrenner zwar niemals im Straßenverkehr eingesetzt werden, aber immerhin würden doch so ihre Komponenten erprobt, was dann allen Elektrofahrzeugen zugute komme. Nicht umsonst, so hieß es, habe der umweltbewußte US-Vizepräsident Al Gore den *World Solar Challenge* sogar als »*the most important event in the world*« – das wichtigste Ereignis der Welt – apostrophiert. Dennoch meine ich, daß Wettbewerbe, bei denen »der Schnellste gewinnt«, das Image der Solarautos in einen gänzlich falschen Kontext rücken und auf diese Weise die Kriterien für ein grundlegend neues Verkehrsmittel pervertieren – ganz abgesehen davon, daß damit den Gegnern die Argumente für ihre Ablehnung gleich gratis an die Hand geliefert werden.

Die Verführung zum Kompromiß

Eine der Konsequenzen daraus ist bereits die, daß selbst alternative Fahrzeughersteller von diesem Bazillus infiziert werden. Mit der Wandlung der ersten Solarmobile von selbstgebastelten Einzelstücken zu einem kommerziell verwertbaren Produkt begannen die zunächst konsequent verfolgten neuen Zielvorstellungen dann wieder mehr und mehr den Kriterien von gestern zu weichen, vor allem was die Forderung nach mehr Leistung betrifft.

Das trifft leider auch auf das so hoffnungsvoll begonnene Projekt des *Hotzenblitz* zu. Die Entwicklung dieses Prototyps eines eleganten viersitzigen Elektro-Cabriolets ging hier von einer privaten Ingenieursgruppe aus – mit finanzieller Unterstützung des Inhabers der Schokoladenfirma RITTER SPORT. Zuvor hatte sich der Projektträger, die HOTZENBLITZ GMBH, mit umweltfreundlichem Hausbau und ökologischer Haustechnik beschäftigt. Vielleicht war es also gerade hier die fachüberschreitende Befruchtung gewesen, die zu innovativen Wegen führte. Die Initiatoren, die das ideenreiche Projekt mit viel Engagement und Opfern durchgezogen haben, hat irgendwann jedoch anscheinend der Mut verlassen, wonach zwar immer noch ein bestechendes Gefährt herausgekommen ist, allerdings keines, das sich grundlegend von anderen E-Mobilen unterscheidet. So erhielt das Modell bald den Namen *El-Sport*, wurde schließlich 120 Stundenkilometer schnell, und die Reichweite wuchs auf 200 Kilometer an, während die Batterieleistung gleichzeitig immer größer wurde und der Wagen vom Leichtgewicht zu einem Mittelgewicht von 730 Kilogramm avancierte. Die »Philosophie der Langsamkeit« blieb dabei auf der Strecke.

So wird es sich wohl kaum verhindern lassen, daß auch der *Hotzenblitz* wieder an den Kriterien konventioneller Fahrzeuge gemessen wird – unter denen er natürlich niemals mithalten kann. Inzwischen geht das in Suhl gebaute Elektroauto mit Unterstützung der Thüringer Landesregierung mit zunächst 650 Fahrzeugen in Kleinserie. Wenn die ursprünglichen Pläne, die unseren kybernetischen Kriterien weitestgehend entsprachen, konsequent durchgezogen würden, hätte das Fahrzeug durchaus ein Signal für eine neue Art von Mobilität setzen

Der viersitzige HOTZENBLITZ *mit einer kleinen Solartankstelle im Hintergrund. Im Firmenprospekt heißt es dazu: »Durch niedrigen Energieverbrauch bei hohem Wirkungsgrad kann die Antriebsenergie für den* HOTZENBLITZ *natürlich regenerativ erzeugt werden.« Ob bei dem 16 kW-Motor das abgebildete Solarpanel dafür ausreicht, ist allerdings fraglich.* Foto: Hotzenblitz GmbH

können. Inzwischen fügt es sich in eine Reihe gleichwertiger E-Mobile ein – als erstes serienreifes und bereits im Handel befindliches deutsches Elektromobil ist ihm der *Tavira* aus Dresden sogar zuvorgekommen – und muß sich den noch sehr kleinen Markt mit diesen teilen. Ähnlich wie in diesem Fall hat man sich auch in vielen anderen schließlich doch wieder am Markt für konventionelle Fahrzeuge orientiert, hat durch einen Rückfall in die Forderungen einer auf das herkömmliche Auto fixierten Zielgruppe die radikaleren Konzepte mehr und mehr aufgeweicht und die Chance zu einer Basisinnovation vertan.

Der alternative Automobilsalon

Legt man weniger strenge Maßstäbe an, als sie im letzten Kapitel angeführt worden sind, so werden mittlerweile eine beachtliche Anzahl weiterer Neuentwicklungen in Richtung eines »Ökomobils« angeboten. Die Notwendigkeit einer neuen Generation von Personenwagen ist in der Tat nicht mehr zu übersehen, und der Handlungsbedarf wächst von Jahr zu Jahr.

Da die etablierte Autoindustrie nach wie vor ihrem alten Konzept anhängt und nur widerwillig in diesen Bereich einsteigt, sind die alternativen Autobauer seit der ersten *Tour de Sol* im Jahre 1985 wie Pilze aus dem Boden geschossen – einige davon auch wieder von der Bildfläche verschwunden. Die Konstruktion der Fahrzeuge, ihrer Antriebe und Energieversorgung hat längst das Bastlerstadium verlassen und ist bei einigen Modellen bis zum serienreifen Hightech-Produkt vorgedrungen. Einschlägige Zeitschriften wie *Solarmobil-Mitteilungen* oder *Mobil-E,* Broschüren aus dem Verlag *Solare Zukunft* oder die Jahresbände *Leichtelektromobile im Alltag* informieren inzwischen laufend über den neuesten Stand.[131] Obwohl Einzellösungen immer noch dominieren und mal die eine, mal die andere Forderung an ein zukunftsträchtiges Ökomobil erfüllen, bilden sie in ihrer Gesamtheit doch ein vielversprechendes Spektrum. Aus der großen Palette der seit einigen Jahren im Handel erhältlichen und seither kontinuierlich verbesserten E-Fahrzeuge seien nachfolgend einige erwähnenswerte Modelle herausgegriffen.

Die Superleichten

Zu den erfolgversprechendsten Entwicklungen in diesem Bereich zählen die Elektro-Mobile des Schweizer Designers Max Horlacher.

Neben ihrer ansprechenden und innovativen Form besteht das große Plus dieser Fahrzeuge in ihrem geringen Gewicht. Die Karosserie seines Modells *city-two* wiegt lediglich 70 Kilogramm – weniger als der gesamte Kunststoff, der heutzutage in ein konventionelles Auto gepackt wird. Und eine der ergonomisch gestalteten Sitzschalen bringt anstatt der üblichen 35 nur noch 4 Kilogramm auf die Waage. Das komplette Leergewicht dieser zwei- bis viersitzigen Horlacher-Fahrzeuge liegt zwar noch bei über 450 Kilogramm – immerhin schon weniger als die Hälfte des Gewichts eines herkömmlichen Autos –, HORLACHER will es jedoch mit neuen Werkstoffen noch zügig weiter reduzieren. Eine direkte Folge des geringen Gewichts ist natürlich immer ein entsprechend geringer Stromverbrauch, der beim aktuellen Modell bereits unter 10 Kilowattstunden auf 100 Kilometern liegt, sowie – bei Geschwindigkeiten unter 100 Stundenkilometern – damit einhergehend eine entsprechend größere Reichweite.[132]

Eine ähnlich vielversprechende Schweizer Entwicklung ist der kürzlich vorgestellte *Esoro E 301* für zwei bis vier Personen, der ein gutes Design hat, zwar ebenfalls noch 620 Kilogramm wiegt, aber wie der *Horlacher* im Verbrauch unter 10 Kilowattstunden liegt.

Max HORLACHER, der in Europa bis jetzt keinen Interessenten für eine Serienfabrikation finden konnte, hat sich nun auf dem amerikanischen Markt engagiert, wo er sich in Sachen E-Auto mit der Elektrizitätsgesellschaft SACRAMENTO MUNICIPAL UTILITY DISTRICT (SMUD) und der U.S.-ELECTRICAR und in Sachen Kunststoffentwicklung mit der CIBA-GEIGY verbündet hat. Das kann vor allem ab 1998 interessant werden, wenn die kalifornischen Gesetze zur Luftreinhaltung greifen und voraussichtlich nicht genügend Neuentwicklungen der großen Hersteller marktreif sein werden. Dann nämlich könnten diese bei den kleinen Herstellern »Kredite« in Form eines Kontingents umweltfreundlicher Fahrzeuge ankaufen, um so das vorgesehene Bußgeld von 5000 Dollar je Auto zu umgehen – zumal bis zum Jahr 2003 zehn Prozent der verkauften Autos abgasfrei sein müssen. Die Interessengemeinschaft HORLACHER/SMUD/CIBA/ELECTRICAR will 1996 in den USA mit einer Tagesproduktion von fünf bis zehn Stück beginnen.[133]

Das bislang wohl meistverkaufte E-Mobil dürfte der einsitzige *Mini-El* oder auch *City-El* sein. Der kleine und relativ billige Einsitzer des

US-Präsident Bill Clinton im E-Pickup *der Firma* HORLACHER *anläßlich einer Präsentation von innovativen Produkten im militärischen Forschungszentrum der Air Force Base in McCellan, Kalifornien.* Foto: Horlacher AG, Möhlin

dänischen Herstellers CITYCOM ist mit 290 Kilogramm Leergewicht besonders leicht und mit seinem 3,8-Kilowatt-Motor äußerst sparsam. Er läuft auf drei Rädern, mit oder ohne Solardach und ist in Österreich und Frankreich sogar ohne Führerschein zu fahren. Seine recht konsequente, dem alten MESSERSCHMIDT-Kabinenroller ähnliche 2,75 Meter kurze Konstruktion ist unkonventionell und auffällig. Derzeit laufen schon mehr als 5000 Exemplare des *Mini-El*. Daher liegen über dieses Auto auch die meisten Testergebnisse im Alltagsbetrieb vor.[134] Zur Fortbewegung der 290 Kilogramm Gesamtleergewicht sowie einer Zuladung von 110 Kilogramm bei einer Höchstgeschwindigkeit von 60 Stundenkilometern und einer Reichweite von 30 bis 50 Kilometern genügt ein Dreiersatz herkömmlicher Blei-Batterien mit

Der einsitzige City-El *ist das meistverkaufte E-Mobil. Mit nur 290 kg Leergewicht ist er besonders leicht und mit seinem 3,8 kW-Motor besonders sparsam. Ein 560 kg schwerer viersitziger* Horlacher *würde allerdings – vollbesetzt – mit 560/4x70 = 2:1 auf ein weit besseres Gewichtsverhältnis kommen als der City-El mit seinen über 4:1.* Fotos: links Firmenfoto, rechts sbu München

einem Gesamtgewicht von 35 Kilogramm. Aber das Gefährt ist eben nur einsitzig und für eine gute Straßenübersicht leider auch viel zu niedrig.

Zwei schicke Mittelgewichtler

Aus Dänemark stammt neben dem *Mini-El* auch der *Kewet El-Jet*, der einem herkömmlichen Fahrzeug ähnlicher ist und aufgrund seiner Stahlkarosserie – obgleich nur ein Zweisitzer – leider schon ohne Batterien ein Leergewicht von 350 Kilogramm aufweist. Bei ihm liegt der Energieverbrauch bereits bei 16 bis 22 Kilowattstunden. Die Höchstgeschwindigkeit liegt bei 70 Stundenkilometern, die Reichweite bei 50 Kilometern. Das 2,44 Meter kurze, zweisitzige Fahrzeug läßt sich problemlos querparken, verblüfft durch einen winzigen Wendekreis und hat – ähnlich wie der *Horlacher* – die Crashtests gleichfalls erfolgreich bestanden.[135]

Schon seit einigen Jahren auf dem Markt ist der ebenfalls relativ schwere *Puli-City*, der vom Hersteller unter dem Motto angeboten wird: »*Was nützt es, wenn ein E-Mobil technisch perfekt, jedoch nicht zu bezahlen ist? Wir wollen ein einfaches, aber zweckmäßiges Fahrzeug für den Stadt- und Kurzstreckenverkehr anbieten, das für jeden erschwinglich ist.*« Das Gewicht beträgt 750 Kilogramm, der Stromverbrauch 18 bis 22 Kilowattstunden und der Preis 20 700 Mark. Nach vielen Überarbeitungen wird der *Puli-City* nun auch als poppiges Cabrio angeboten.[136]

Umgerüstete Kleinwagen-Klassiker

Recht häufig vertreten ist mittlerweile eine Gruppe von Fahrzeugen, die zwischen den oben vorgestellten, völlig neu konstruierten Modellen und den auf Elektroantrieb umgerüsteten gängigen Fahrzeugen

Der kurze zweisitzige El-Jet *von* Kewet *läßt sich problemlos querparken und bietet trotz seiner scheinbar geringen Größe viel Platz.*
Foto: sbu München

Seit einigen Jahren auf dem Markt ist der Puli-City, *nun auch als Cabrio erhältlich.*
Firmenfoto

der Autoindustrie anzusiedeln sind. Hier wurden die leichten und kleinen Karosserien sogenannter »Mikrofahrzeuge« von mehreren Herstellern mit Elektroantrieben ausgerüstet. Wie zu erwarten war, tritt hier abermals vor allem der Konflikt zwischen der Erwartungshaltung in bezug auf ein herkömmliches Fahrzeug und den relativ geringen Fahrleistungen dieser Zwitter zutage, was zumindest dieser Kategorie den Durchbruch erschweren dürfte.

Aus dieser Gruppe ist dennoch ein Leichtfahrzeug herauszuheben: der *Microcar »light!«*, ein Zweisitzer in Kunststoffkarosserie mit einem Leergewicht von 375 Kilogramm – zusätzlich einer 136 Kilogramm schweren NiCd-Batterie, die auf 100 Kilometern 10 bis 15 Kilowattstunden verbraucht.[137] Auch der bereits wieder 620 Kilogramm schwere *Riva Junior* von SOLEC, dessen Verbauch ebenfalls bei 15 Kilowattstunden liegt, darf noch hierzu gezählt werden.[138] Ähnliche, aber schwerere Umbauten sind der *Optima E* sowie der *Optimax Kastenwagen*, die je nach Ausführung mit ihren 660 bis 800 Kilogramm Leergewicht 15 bis 18 Kilowattstunden verbrauchen.[139]

Geräumiger als diese Modelle ist der *Erad Spacia* mit 750 Kilogramm Leergewicht und einem Stromverbrauch um die 15 Kilowattstunden, den es auch in einer Version mit Verbrennungsmotor – als echtes Dreiliterauto – gibt.[140] Zur gleichen Gruppe gehören der umgebaute *»Pop and Go«* von FIAT oder das Mini-Cabrio *»Evergreen«* – kleine, attraktive Cabrios auf einem FIAT- oder MINI-COOPER-Chassis. Dem Aussehen nach wird man auch sie mit den entsprechenden Benzinmodellen vergleichen. Mit ihren jeweils rund 790 Kilogramm Leergewicht und Asynchronmotoren, die 24 beziehungsweise 14 bis 18 Kilowattstunden verbrauchen, werden sie die dadurch suggerierten Leistungserwartungen allerdings nicht erfüllen.

Der Vollständigkeit halber seien auch noch einige von alternativen Autobauern angebotene Schwergewichtler von 900 bis 1600 Kilogramm Gewicht erwähnt. Dazu gehören zum Beispiel der zweisitzige *ERK City-Car II* (975 Kilogramm, 30 Kilowattstunden), das *ECC Swissmobil* (980 Kilogramm), ein speziell als E-Fahrzeug konzipiertes neues Modell, kurz und hoch mit drei Sitzplätzen, sowie der viersitzige *Eco-Drive Marbella* (1130 Kilogramm, 14 bis 20 Kilowattstunden) und der *Eltra* mit 20 bis 25 Kilowattstunden Stromverbrauch pro 100 Kilometer, der 1580 Kilogramm zu schleppen hat.[141]

Zu diesen schon länger auf dem Markt befindlichen Typen gesellt sich nun als erstes serienreifes deutsches Elektromobil der schon erwähnte *Tavira*. Von der ISP-Automobil GmbH in Heidenau bei Dresden gefertigt, ist der mit einem 16-PS-Motor ausgerüstete 1170 Kilogramm schwere Viersitzer für eine Höchstgeschwindigkeit von 85 km/h ausgelegt und kann bis zum nächsten Stromtanken gut 100 km zurücklegen, so daß er auf einen Kilometerpreis von 10 bis 15 Pfennigen kommt – weniger, als man bei einem Mittelklassewagen für Benzin ausgibt. Anschaffungspreis: 24 300 DM.

Die »Utopie« aus Japan

Als letztes sei hier ein besonders konsequentes Solarmobil angeführt: der *Kyocera-Solar*. Auch diese interessante Entwicklung kommt wieder einmal von einem branchenfremden Hersteller. Vor einigen Jahren

Innovativ und futuristisch. Das konsequente Solarmobil des japanischen Keramikherstellers Kyocera, *das noch 1995 auf den Markt kommen soll.* Firmenfoto

schon hat der japanische Keramikfabrikant KYOCERA, der beispielsweise bei der Produktion von Gehäusebauteilen für Chips weltweit einen Marktanteil von 65 Prozent hält, mit der Herstellung von multikristallinen Solarzellen begonnen und mit 16 Prozent Stromausbeute den bei diesem Typ bisher höchsten Wirkungsgrad erzielt.

Nach verschiedenen Photovoltaik-Projekten wie einer Park-and-Ride-Anlage mit angeschlossener Solartankstelle in der Schweiz, von der aus ein Pendelbus mit Strom versorgt wird, oder einer Autobahn-Solaranlage bei Chur ist von KYOCERA nun auch die Herstellung eines Solar-Stadtautos geplant, das 1995 auf den Markt kommen soll. Dessen Charakteristika sind: ein innovatives Design, relativ geringes Gewicht – als Viersitzer nur 548 Kilogramm, die durch leichtere Sitze noch einmal um gut 100 Kilogramm zu verringern wären –, eine Nickel-Zink-Batterie, Energierückgewinnung und Nachlademöglichkeiten über Solarzellen auf dem Fahrzeugdach, wodurch eine maximale Reichweite von 250 Kilometern möglich wird, eine Steigungsfähigkeit von 30 Prozent (!), eine Höchstgeschwindigkeit von 100 Stundenkilometern und eine vorgesehene Kombination der Batterieladung mit einer Stromerzeugungsanlage auf dem Hausdach. All das klingt schon fast utopisch. Wenn das Produkt am Ende tatsächlich so ausfällt, wie es zu werden verspricht, würde Japan auch in dieser Technologie die Nase vorn haben und damit eine führende Rolle im Solarmobilbau übernehmen können.

Umweltfreundliche E-Mobile für Erholung und Freizeit

Eine interessante Untergruppe stellen Fahrzeugmodelle dar, die speziell auf die Belange von Ferienorten oder Freizeitanlagen, aber auch Kommunen oder Firmen zugeschnitten sind. Hier ändern sich die Anforderungskriterien und lassen weite Spielräume zu. Bei den für diese Zwecke benötigten äußerst geringen Reichweiten, niedrigen Geschwindigkeiten und unter den speziellen Ferienort-Bedingungen wie Ausschluß jeglichen anderen motorisierten Straßenverkehrs finden natürlich innovative Bauweisen am ehesten Anklang. Hier sind vor allem diejenigen Hersteller zu nennen, die bereits die autofreien Kurorte in der Schweiz beliefern. Zum Beispiel die Firma KLINGLER, die einen Großteil der Hotel- und Taxifahrzeuge des autofreien Kurortes Zermatt entwickelt hat und jetzt den neuen Kastenwagen *Elcat* präsentiert.[142] Andere Anbieter stellen spezielle Solar- und E-Mobile für Hotelanlagen und Freizeitparks her. Obwohl es sich dabei um Nischenbereiche handelt, kann der Einsatz von E-Mobilen gerade hier eine deutliche Werbewirkung erzielen.

Miet-E-Mobile im Freizeitbereich können Lust machen, auch zu Hause auf ein solches Fahrzeug umzusteigen. Eine kleine Solartankstelle im Vorgarten würde ausreichend Fahrstrom liefern. Foto: E-Z-GO Division of Textron Inc. Augusta, Georgia, USA

Abgasfreie Nutzfahrzeuge

Erwähnenswert in diesem Zusammenhang sind auch die elektrisch betriebenen Nutzfahrzeuge für Gemeinden und Unternehmen, die schon seit Jahren auf Firmengeländen oder bei kommunalen Aufgaben wie der Stadtreinigung eingesetzt werden und einen deutlichen Beitrag zur Luftentlastung und Lärmverminderung leisten. Auf diesem Sektor werden zum Beispiel von der Firma PFAU spezielle Elektro-Kommunalfahrzeuge angeboten.[143]

Wie bereits erwähnt wurde, fördert auch das *Bayerische Umweltministerium* besonders den Einsatz von Elektrobussen in mehreren Modellprojekten in bayerischen Kur- und Ferienorten. Im Rahmen neuer Verkehrskonzepte werden dort die verschiedensten Fahrzeugtypen und Batteriesysteme eingesetzt und getestet. So in Berchtesgaden, Oberstdorf, Bad Füssing, Bad Wörishofen, Nabburg und anderen Orten. Auch als Service-Fahrzeuge auf Messen und Flughäfen, wie jetzt bereits in *München II*, sind Elektromobile ideal – und sie wären noch weitaus idealer, wenn der Strom aus regenerativen Energien gewonnen würde. Zu neuartigen E-Nutzfahrzeugen zählen schließlich auch das *Biga*-Taxi aus Italien und das neue Hochtaxi von HORLACHER, auf die im Kapitel »Bauform und Werkstoffe« noch näher eingegangen wird.

Recht gute Nutzungsmöglichkeiten als Klein-Lieferwagen oder »Pickup« bietet zudem der von einer französischen Gesellschaft entwickelte *Volta*, der von Anfang an als Elektromobil mit neuem Design konzipiert worden ist. Trotz seines Leergewichts von 1200 Kilogramm und einer Zuladefähigkeit von 500 Kilogramm liegt der Stromverbrauch – durch einen Verzicht auf Tempo – bei nur 24 Kilowattstunden. Von diesem lediglich 3,2 Meter langen, wendigen Fahrzeug, dessen Preis bei knapp 50 000 Mark liegt, wurden von der staatlichen Elektrizitätsgesellschaft EDF über 100 Exemplare getestet. Seit Jahren im Angebot sind auch die Transporter und Kleinbusse von COLENTA mit ungefähr 1200 Kilogramm Gewicht für über 400 Kilogramm Nutzlast, die 30 Kilowattstunden verbrauchen. So hat zum Beispiel die Münchner LÖWENBRÄU AG seit einigen Jahren einen COLENTA-*Minicab* im Einsatz.[144] Auch MERCEDES-BENZ betreibt im Rahmen des Rügener Großversuchs einige umgebaute Transporter und Busse, zum Beispiel den *100 E* und *308 E*, die seit 1994 beide im normalen Fahrzeugprogramm käuflich sind. Solche Busse hatten auch schon bei den Olympischen Sommerspielen von 1993 in Barcelona eine Vielzahl von Aufgaben übernommen.

Bei den abgasfreien Lieferwagen darf schließlich auch der neue HORLACHER-*Pickup* nicht unerwähnt bleiben. Er existiert zwar nur als Prototyp und ist noch nicht verkäuflich, bringt aber in punkto Leichtgewicht und Leistung sicherlich wieder etwas Besonderes, sobald er in den USA auf den Markt kommt. Wie wenig verbreitet solche Fahrzeuge jedoch noch sind, läßt sich daran ersehen, daß DAIHATSU bereits mit seinen 800 verkauften Exemplaren des Transportfahrzeuges *HiJet* eine weltweit führende Stellung unter den Produzenten von Elektronutzfahrzeugen einnimmt.

In einem noch laufenden Pilotprojekt des *Bayerischen Umweltministeriums* sollen ab 1996 im Oberallgäu mehrere Elektrobusse eines

Der HORLACHER Pickup, *ein Leichtbau-Kleintransporter mit zwei Sitzplätzen. Durch geringe Länge (3,5 m), robuste Konstruktion und niedrige Ladekante ist er für vielfältige Alltagseinsätze geeignet. Das Fahrzeug existiert bisher nur als Prototyp.*

Foto: Horlacher AG, Möhlin

neues Typs getestet werden, deren Batterien während der Fahrt von einem kleinen Dieselaggregat von Zeit zu Zeit wiederaufgeladen werden, wodurch die Reichweite gestreckt wird. Die von NEOPLAN konzipierten Fahrzeuge werden unmittelbar durch zwei in die Hinterräder integrierte Elektromotoren der MAGNET-MOTOR GmbH[219] angetrieben, womit jegliche mechanische Kraftübertragung, wie Getriebe, Kardanwelle, Differential und Achsen, wegfällt, was eine bequeme Niederflurbauart ermöglicht. Da der Diesel nicht als Antrieb dient, ist er konstant auf eine optimale Drehzahl eingestellt und dadurch besonders abgasarm und leise.[214]

Die Automobilindustrie im Abseits?

Schon vor Jahren fiel auf, daß bei der Schweizer *Tour de Sol*, bei der immerhin über 100 verschiedene Solarmobile an den Start gehen, viele potente Firmen und Institutionen aus allen Bereichen der Wirtschaft ihr Interesse als Aussteller oder Sponsor bekundeten – kaum jedoch die Automobilindustrie. Die Liste reicht von Maschinen-, Möbel- und Uhrenfabrikanten, Waggon- und Batterieherstellern über MIGROS und LUFTHANSA, CIBA-GEIGY und DOW-CHEMICAL bis hin zu PANASONIC, JVC, ITT, IBM, SIEMENS und AEG. Und dazu kommen noch Banken, Versicherungen, Kantone und Verkehrsvereine. Waren die ersten *Tours de Sol* noch vorwiegend Veranstaltungen für Bastler und Tüftler gewesen, so waren die nachfolgenden zunehmend mit Fahrzeugen aus professioneller Herstellung bestückt, die bereits in Kleinserien gefertigt worden sind.

Während diese Angebote allmählich den Kinderschuhen entwachsen sind und auf Fahrkomfort sowie eine attraktive Hightech-Ausstattung Wert legen, stehen die bekannten Automobilfirmen nach wie vor im Abseits. Und während die E-Mobile der alternativen Autobauer durchschnittlich mit wenigen Kilowattstunden pro 100 Kilometer auskommen – was etwa einem Liter Benzin entspricht –, fühlt man sich in der Automobilindustrie bereits mit dem Wunsch nach einem Dreiliterauto überfordert und glaubt, Unsummen für eine solche Entwicklung aufbringen zu müssen.

Zumindest in Deutschland ist diese Industrie offensichtlich unfähig, sich aus dem selbstgeschmiedeten Korsett zu lösen. Wenn weiter oben erwähnt wurde, daß die Entwicklung eines gegenüber dem Vorjahresmodell nur leicht variierten Folgemodells oft mehrere Milliarden Mark kostet, sollte man sich einmal vor Augen führen, was diese Summe für die Entwicklung eines innovativen Solar-Citymobils bedeutet hätte – kaum auszudenken! Was hat statt dessen die Autoindustrie mit diesem Aufwand erreicht? Bei der Vorstellung des Nachfolgemodells eines gängigen Mittelklassewagens hieß es zum Beispiel auf der Autoseite einer Tageszeitung: »*Schon der erste Blick kein Augenschmaus. Das mit 2,7 Milliarden Mark Investitionskosten entwickelte Auto schaut fast wie früher aus, zwar windschnittig gerundet, doch ziemlich bieder ...*«[145]

Aber man läßt sich ja gerne überraschen, zumal sich die Autohersteller zunehmend umweltbewußt geben und hier die ersten zaghaften Schritte wagen.

Kommt das Swatch-Auto?

Seit Jahren wird über dieses Projekt spekuliert. Sein zugkräftiger Name versprach lange Zeit etwas Ausgefallenes – entsprechend dem berühmten Uhrentyp gleichen Namens. Nach einem vergeblichem Flirt mit VW hat sich nun für seinen Promoter Nikolaus HAYEK eine neue Perspektive durch das Zusammengehen mit MERCEDES eröffnet. Dort will man das *Swatch-Mobil* in ein bis zwei Jahren herausbringen. Was man jedoch bislang davon gesehen und erfahren hat, mutet – mit Ausnahme der kurzen, gedrungenen Form – nicht sonderlich revolutionär an: Ein braves, knapp drei Meter langes Fahrzeug mit einem sparsamen Elektro-Diesel-Hybridmotor, das den Markt ganz sicher nicht aufmischen wird. Wahrscheinlich war der ursprüngliche Prototyp, in den HAYEK zusammen mit der Bieler Ingenieursgruppe bereits eine beträchtliche Entwicklungsarbeit hineingesteckt hatte, im Sinne eines Ökomobils wesentlich konsequenter gewesen.[146]

Man darf vermuten, daß das Ganze bei MERCEDES letztendlich zu einem Miniabklatsch eines konventionellen Fahrzeugs konfektioniert wird, zumal der vorgesehene Hybridmotor bereits eine Konzession an größere Reichweiten darstellt. Der Genfer Autosalon im März 1995 wird es zeigen. Ich jedenfalls bezweifle, daß dieses *Swatch-Mobil* die erwartete Basisinnovation erbringt, solange die Ausführung des Konzepts voll in den Händen eines etablierten Autoherstellers liegt. Dennoch gebührt MERCEDES ein Lob für seinen Mut, überhaupt einmal über den eigenen Schatten springen zu wollen.

Allerdings trat hier der Glückfall ein, daß mit Hayek ein Außenseiter das Konzept beisteuerte. Wenn man jedoch einmal nachfragt, was sich bei den großen Autofirmen *selbst* in bezug auf Ökomobile tut, so läßt sich im Hinblick auf echte Solarautos – außer dem einen oder anderen exotischen Rennfahrzeug – praktisch nichts finden. Wenn dort überhaupt an der Entwicklung von Elektrofahrzeugen gearbeitet wird, dann handelt es sich stets um schwere Fahrzeuge, um umgebaute Tourenwagen, die – selbst wenn sie immer kleiner werden – mit regenerativer Energie allein, das heißt ohne Stromversorgung aus dem Netz nicht auskommen.

Zwei Bekenntnisse zur Präsentation des *Swatch-Mobils* 1994:

»Marken sind heute Lebenswelten. Sie präsentieren eine bestimmte Lebenseinstellung, einen klar umrissenen Way of Life. Für Swatch gilt das in ganz besonderer Weise. Für manche ist Swatch schon fast eine Gegenwelt zu Mercedes: Ich kann nur sagen: Genau deshalb ist sie für uns so interessant. Während sich die heute im Markt befindlichen Kleinwagen an der Bauweise traditioneller Limousinen orientieren, also ›miniaturisierte Mittelklasse‹ sind, folgt das neue Konzept völlig eigenständigen Konstruktionsprinzipien . . . Das Projekt, das wir Ihnen heute vorgestellt haben, bedeutet für das Haus Mercedes-Benz zweifellos eine Zäsur. Nicht zuletzt darin liegt der Reiz unserer Partnerschaft mit Nikolaus Hayek und der SMH.«

Jürber Hubbert, Pkw-Vorstand der Mercedes-Benz AG

»Wollen wir die individuelle Mobilität für die Zukunft sichern . . . , dürfen wir uns nicht nur auf das einzelne Fahrzeug konzentrieren, sondern müssen das Gesamtsystem Verkehr betrachten. Der Micro Compact Car *ist daher prädestiniert für die Vernetzung mit anderen Verkehrsträgern.«*

Helmut Werner, Vorstandsvorsitzender der Mercedes-Benz AG

Halbherzige Großversuche bremsen die Entwicklung

Es ist unbegreiflich, warum zum Beispiel unser Forschungsministerium bei dem großangelegten Versuchsprogramm für 60 Elektrofahrzeuge auf der Insel Rügen – anders als bei den noch laufenden Großversuchen in Hamburg[147] oder der Schweiz[148] – kein einziges der leichteren, unkonventionellen Fahrzeuge wie den *Hotzenblitz* oder den *Horlacher* mit einbezogen hat. Entsprechend lauten auch die Kommentare zu den bisherigen Zwischenergebnissen:

»Autos mit Strom zu betreiben, ist Energieverschwendung.«

»Elektrofahrzeuge benötigen einen zu großen und zu teuren Batteriesatz, taugen nur für Nischeneinsatz und bringen ökologisch keine Vorteile.«

»Der Stromverbrauch ist zu hoch, um mit regenerativer Energie gedeckt zu werden und verlangt zusätzliche Kraftwerkskapazität.«

»Die indirekte Umweltbelastung durch Abgase und CO_2-Emission über die Stromerzeugung ist größer als beim Benzinfahrzeug.«

Und so weiter und so fort.

Kein Wunder, daß Unsinn herauskommt, wenn sich Journalisten ausschließlich von der etablierten Autoindustrie über die Möglichkeiten von E-Fahrzeugen informieren lassen.

Kaum etwas anderes ist von dem achtzehnmonatigen Langzeitversuch zu erwarten, der von der ELECTRICITÉ DE FRANCE (EDF) Ende 1993 in La Rochelle gestartet worden ist und bei dem jeweils 25 umgebaute *Peugeot 106* und *Citroen AX* von Privatpersonen getestet werden. Da die EDF mit ihrer Überkapazität an Atomstrom ohnehin an einem hohen Stromverbrauch interessiert ist, steht hier weniger der Energieaspekt als vielmehr das Fahrverhalten bei einem Elektroantrieb im Vordergrund. Was letzteren betrifft, war die erste Zwischenbilanz allerdings hervorragend. Zuverlässigkeit, einfache Bedienung sowie das leise und angenehme Fahren erhielten auf einer Zehn-Punkte-Skala jeweils über neun Punkte.[149]

Kontraproduktive Entwicklungen der Autoindustrie

Da die Automobilindustrie für ihre Elektromobile die gleichen unzeitgemäßen Kriterien wie für herkömmliche Autos anwendet, ist deren

Scheitern als Ökofahrzeuge vorprogrammiert. Denn alles soll möglichst so bleiben wie gehabt: von der üblichen Form und Größe über das gleiche schwergewichtige Material bis hin zur hohen Spitzengeschwindigkeit und großen Reichweite.

Ein typisches Beispiel dafür ist der – im Hinblick auf die Entwicklung direkt kontraproduktive – 1,7 Tonnen schwere *Duo-Audi*, in den zusätzlich zum Elektromotor auch noch ein Benzinmotor eingebaut ist – wahrscheinlich, um zu beweisen, daß es ohne herkömmlichen Motor nicht geht. Ähnlich verhält es sich beim zum *City-Stromer* umgebauten VW-Golf, der mit seinem zusätzlichem Elektromotor noch 200 Kilogramm schwerer ist als ein Standard-Golf und rund 20 000 Mark mehr kosten soll. Beim Elektro-BMW hingegen hat man anfangs auf die zwar leichteren, dafür aber gefährlicheren Natrium-Schwefel-Batterien von ABB zurückgegriffen, die erst bei Temperaturen ab 320 Grad arbeiten. Und tatsächlich ist der erste Prototyp namens *E-1*, der so hoffnungsvoll angekündigt worden war, 1992 in der Werkhalle explodiert. Aus der Traum! Vielleicht wäre es klüger gewesen, erst einmal mit einem leichten und langsamen Auto zu beginnen, dann bräuchte man auch hinsichtlich des Batteriegewichts keine Purzelbäume zu schlagen. Neun Zehntel davon könnten wegfallen – und darüber hinaus auch diejenigen Batterien, die lediglich die Energie zum Transport wiederum dieses Gewichts liefern müßten.

Prototypen der Auto-Zukunft?

Auf allen Autosalons der letzten Jahre haben die konventionellen Autohersteller neue Prototypen für das Auto der Zukunft vorgestellt, und stets auch solche mit Elektro- oder Hybrid-Antrieb, jeweils mit großem Aufwand und hohen Kosten. Bei fast allen handelte es sich jedoch um ein »*conversion design*«, was bedeutet, daß man lediglich Fahrzeuge aus der normalen Produktion auf E-Betrieb umgerüstet hat.

Nach dem *E-1* hat BMW den noch größeren *E-2* vorgestellt. Dieser besitzt abermals eine Hochenergie-Batterie auf Natrium-Schwefel-Basis und ist typischerweise wieder auf relativ große Reichweiten bis 250 Kilometer und Geschwindigkeiten bis 120 Stundenkilometer ausgelegt. Er soll wahlweise mit verschiedenen Antriebsarten ausgerüstet werden können, unter anderem auch als Hybridmodell mit einem zusätzlichen Verbrennungsmotor.

Auch VW beschäftigt sich seit Jahren mit der Entwicklung eines sparsamen und emissionsarmen Autos, allerdings nur sehr halbherzig und daher zwangsläufig erfolglos. Trotzdem sind einige Ergebnisse aus der jahrelangen Forschung am sogenannten *Ökopolo*, der auf verschiedene Arten angetrieben wird, jetzt auch in zwei neue VW-Versionen eingeflossen: in den *Golf TDI*, einen »Saugdiesel« mit einem Verbrauch von 3,9 bis 4,9 Litern, sowie in den *Golf Ecomatic* mit Schwung-Nutz-Automatik. Damit schaltet sich der Motor im Stand automatisch ab und stößt bei entsprechender Fahrweise bis zu 36 Prozent weniger Schadstoffe aus. In der Werbung für den *Golf Ecomatic* ist man dennoch wieder sehr ängstlich vorgegangen, wodurch erst gar nicht richtig bekannt geworden ist, daß ein solches Modell überhaupt existiert. Schon allein deshalb war der Absatz entsprechend niedrig und hat so die Vorurteile der Hersteller, daß Öko-Autos nicht angenommen würden, bestätigt.

Der zuvor bereits erwähnte VW-*City-Stromer* – bei dem es sich um einen umgebauten Golf mit einem Leergewicht von 1514 Kilogramm und einem Verbrauch von 25 bis 30 Kilowattstunden pro 100 Kilometer handelt und der von Stromunternehmen schon seit Jahren getestet wird – ist in seinen neuen Versionen A2 und A3 nun erstmalig für Großkunden zu einem Preis um 50 000 Mark erhältlich. Neben dem *City-Stromer* will VW bis zum Jahr 2000 auf jeden Fall auch ein familiengerechtes und alltagstaugliches dieselgetriebenes Dreiliter-Auto auf den Markt bringen.

Als einer der wenigen osteuropäischen Autohersteller stellen die zum VW-Konzern gehörenden SKODA-Werke eine käufliche Elektroversion eines ihrer Kleinwagen her. Beim viersitzigen Skoda-*Favorit*, der auch als Pickup erhältlich ist, handelt es sich – von den prinzipiellen Vor- und Nachteilen eines umgebauten konventionellen Fahrzeuges einmal abgesehen – um ein alltagstaugliches, problemloses Auto, das in der Lage ist, zahlreiche Transportbedürfnisse zu befriedigen. Aber natürlich schlägt auch hier das Leergewicht von 1300 Kilogramm beim Energieverbrauch mit 32 Kilowattstunden pro 100 Kilometer ganz schön zu Buche!

Diese Beispiele von einigen bislang nicht gerade umwerfenden Entwicklungen der deutschen Automobilindustrie mögen hier genügen.

Woanders wird der Trend erkannt

Die kleine Schweiz mit ihrem bis zum Jahre 2010 geplanten Bestand von 200 000 E-Fahrzeugen hat zumindest erkannt, daß die Zukunft auf jedem Fall einem Individualfahrzeug ohne Explosionsmotor gehört.

Ein Blick nach Japan zeigt, daß man die Zeichen der Zeit dort ebenfalls ernstnimmt.[150] Die kalifornischen Gesetze zur Luftreinerhaltung für 1998 geben die Zielrichtung für den Export klar vor. Da Japan einen Gesamtanteil von 40 Prozent am amerikanischen Automarkt abdeckt, will man zum richtigen Zeitpunkt die erforderlichen E-Fahrzeuge liefern können. Japan setzt zudem auf ein völlig anderes Batteriekonzept: Lithium-Ionen-Batterien, in denen viermal soviel Energie gespeichert werden kann wie in Bleibatterien. Und da in diesem Land die Batterien für die tragbaren Geräte der Unterhaltungselektronik schon immer von den Herstellern selbst entwickelt worden sind, ist anzunehmen, daß diese auch im Bereich der E-Mobile einen großen Zukunftsmarkt sehen. Mit ihrem derzeitigen Vorsprung von fünf Jahren bei der Lithium-Ionen-Batterie, die vielfach als Technologie der Zukunft bezeichnet wird, dürften dann die Japaner auf diesem Markt führend sein.

Praktisch alle japanischen Automobilfirmen haben E-Mobile entweder bereits im Programm oder zumindest in der Entwicklung – NISSAN den *Cedric*, SUZUKI den *alto electric*, MITSUBISHI den *Libero V*, ISUZU den *Co-Op* und TOYOTA den *TownRace*. Allerdings ist auch hier wieder festzustellen, daß die Japaner ebenso wie die europäischen und amerikanischen Autohersteller leider überwiegend die gängigen Kriterien erfüllen wollen. Das mag unter anderem daran liegen, daß man sich stark an der Verkehrsstruktur der USA orientiert, wo allein aufgrund der weiten Distanzen für Pendler gänzlich andere Reichweiten notwendig sind als bei uns in Europa.

Auch Frankreich scheint nun ernsthaft mit Elektroautos vorzupreschen. Ende 1994 gingen die ersten »Zapfstellen« in Paris in Betrieb.

Und in zwanzig Jahren sollen die Autofahrer 40 Prozent aller Stadtfahrten – so lautet die Prognose – mit Elektroautos erledigen. Um dieses Ziel zu ereichen, wollen Frankreichs Automobilhersteller im nächsten Jahr bereits 4000 Elektrofahrzeuge produzieren, und bis zum Jahr 2000 ist eine Anzahl von 50 000 anvisiert. Auf dem Pariser Autosalon 1994 ist den Elektroautos sogar erstmals eine eigene Abteilung gewidmet worden. Natürlich waren die Modelle auch hier zumeist noch mit unförmigen Batteriesätzen für Spitzengeschwindigkeiten um einhundert Stundenkilometer und Reichweiten bis zu 150 Kilometern ausgestattet.[151]

Ich habe bereits angedeutet, daß die Entwicklung gerade in Frankreich mit gemischten Gefühlen zu betrachten ist. Einerseits wird die Abgas- und Lärmbelästigung in den Städten zwar erheblich reduziert werden, andererseits muß bedacht werden, daß sich der Energiemarkt dieses Landes voll im Griff der Atomindustrie befindet. Die Forcierung eines auf günstigen Tarifen beruhenden Elektroantriebs könnte daher die Entwicklung regenerativer Energiequellen eher bremsen, wenn nicht sogar ganz verhindern.

Der fehlende Wagemut

Unbefriedigende Teillösungen

Angesichts des erwähnten »Inzucht-Engineerings« scheint der Automobilindustrie – gleich in welchem Land – die Bejahung neuer Kriterien also äußerst schwerzufallen. Daher werden selbst ihre bislang serienreifen Elektromobile, obgleich sie bereits etwas professioneller gestaltet sind, allesamt nur Vorläufer einer Zwischengeneration sein können. Dasselbe gilt für die meisten Modelle aus Japan, wo Elektromobile, wie wir gesehen haben, besonders hoch im Kurs stehen. Auch bei diesen sonst recht ansehnlichen Entwicklungen – seien es nun siebensitzige Kleinbusse wie der *EV 40* von Toyota und der *Electric Bongo* von Mazda oder kleine Zwei- beziehungsweise Einsitzer wie der *Rugger* und der *BC 7*, beide von Daihatsu, um hier nur die größten und kleinsten zu nennen – besteht der Hauptnachteil aus deren hohem Gewicht, das zwischen 700 und 2000 Kilogramm liegt.

Außerdem sind all diese Vorläufer aus der Autoindustrie zwar außen recht leise, innen jedoch ist das Surren und Heulen nicht zu überhören und oft sogar noch lauter als die Betriebsgeräusche eines herkömmlichen Fahrzeuges. Die Bindung an einen Batteriebetrieb hat zunächst zu einem fast ausschließlichen Einsatz von Gleichstrommotoren geführt, während in Zukunft sicher mehr und mehr die besser steuerbaren Drehstrom-, Wechselstrom- und Magnetmotoren eingebaut werden, die dann auch den Geräuschpegel senken.[152] Und ebenso werden irgendwann einmal anstelle einer mechanischen Kraftübertragung auf die Räder auch neue, berührungslose Elektroantriebe mit einem Linearmotor zum Einsatz kommen, die nach dem Prinzip der Magnetschiene funktionieren, welche dann sozusagen im Auto mitgeführt wird.[153]

Leider wird immer wieder vergessen, welch großen Beitrag das Kriterium »langsam« – was für ein Fahrzeug ja trotzdem flink und wendig heißen kann – leisten könnte. General Motors stellte 1994 in Genf gar ein 160 Stundenkilometer fahrendes Auto als »schnellstes verfügbares Elektromobil der Welt« vor. Allein der dafür nötige Batteriesatz, der aus einem Sechssitzer einen kaum noch zu bewegenden Zweisitzer machte, schien die gesamte Entwicklung derart ad absurdum zu führen, daß man dem Elektromotor mancherorts sogar überhaupt keine Chancen mehr einräumte.

»Die Welt horcht auf! Die Menschen bleiben auf der Straße stehen, staunen und schauen ... Auf einmal kommt das Verhängnis – in Gestalt der ersten Panne. Der Lenker steigt ab, kniet nieder, bastelt und flickt. Die Menschen sammeln sich an, lächeln und lachen. Das Staunen und Bewundern schlägt um in Mitleid. Spott und Hohn: ›Eine Spielerei, die nichts ist und nichts wird.‹«
Die Erlebnisse eines Elektromobilfahrers? Nein, sondern Carl Benz in seinen »Erinnerungen an meine ersten Fahrten«

Aus der Broschüre »Emobile in Hamburg«, 1994

Metamorphose im Design

Mit den vorausgegangenen Überlegungen im Hintergrund wollen wir uns daher noch einige weitere Aspekte anschauen, die mit einbezogen werden müssen, wenn wir das Ziel einer Basisinnovation erreichen wollen. Zuerst ein paar Bemerkungen zur Bedeutung des Designs.

Wenn es um den zukünftigen Alltags-Pkw geht, versucht man in den Autofirmen, auf Nummer Sicher zu gehen und bei neuen Fahrzeugtypen nur minimal von den eigenen und den von der Konkurrenz gesetzten Normen abzuweichen. Auf diese Weise ergibt sich ganz automatisch eine lediglich lineare Weiterentwicklung. Einen gänzlich anderen Weg würde man beschreiten, wenn man sich auch hier von den vorgegebenen Denkschablonen löst und eine Attraktivität und entsprechende Verkaufszahlen gerade *nicht* durch Konformität, sondern durch Originalität zu erreichen versucht, die keineswegs nur auf der Nostalgie- oder Alternativwelle, sondern durchaus auch mit einem Hightech-Look zu erreichen ist.

Das von DAIMLER-BENZ geplante *Swatch-Mobil* könnte da – würde man den ursprünglichen Ansatz verfolgen – immer noch eine wirkliche Ausnahme werden. Von dem Zweisitzer ist ab 1997 eine Stückzahl von 200 000 geplant. Neue Produktionsabläufe sollen den Preis auf 20 000 Mark halten, und das Gewicht soll 500 Kilogramm nicht überschreiten. Leider ist eben keineswegs entschieden, ob das HAYEK-sche Konzept eines Elektrohybridmotors durchkommt oder doch wie-

Zwei unkonventionelle Zukunftsautos von RENAULT aus der Werkstatt des Designers Patrick Le Quément. RENAULT sieht den Citycar von morgen leise, sicher, praktisch und amüsant – und selbstverständlich elektrisch betrieben.
Fotos: Paris Match

der alles beim Benzinmotor – wenngleich nur mit 3 bis 4 Liter Verbrauch – hängenbleibt. Denn schon scheint selbst MERCEDES-Chef WERNER wieder Angst vor der eigenen Courage bekommen zu haben. In einem *Spiegel*-Interview sprach er davon, daß das neue *Swatch-Mobil* – falls es denn überhaupt kommt – auf keinen Fall den Namen MERCEDES tragen dürfe. Ganz anders in Frankreich. Hier ist ein deutliches Bekenntnis zu Wagemut und Humor (!) zu spüren, und entsprechend sehen die neuesten Modelle von RENAULT oder CITROËN auf dem *Mondial de l'Auto 1994* auch aus. Hier vollzieht sich eine totale Abkehr von der Altbackenheit der Vergangenheit. Vielleicht nimmt das Swatch-Mobil durch seine in Lothringen vorgesehene Fertigung ein wenig von dieser Geisteshaltung auf – wenngleich selbst der Name manchen MERCEDES-Leuten durch seine Beziehung zur Billiguhr noch gegen den Strich geht.

Erfolg durch Überwindung von Tabus

Die Skeptiker gegenüber diesem Durchbrechen gestalterischer und funktioneller Tabus seien hier an drei klassische Fälle erinnert: erstens an den Siegeszug der bunten Swatch-Uhren selbst, deren Erfolg ursprünglich von keinem Uhrenhersteller dieser konservativen Branche für möglich gehalten worden war, zweitens an den sagenhaften Erfolg des »häßlichen Entleins«, des *2CV* von CITROËN, ein Gefährt, das ebenfalls mit einer Reihe von Maßstäben aufgeräumt hat, die bis dahin gegolten hatten, und drittens an den konstanten Erfolg der *Harley Davidson,* bei dem das Fahrzeug durch ganz andere »Funktionen« besticht als durch Leistung, Tempo oder Schnittigkeit.

Die »Ente« warf alle Prognosen über den Haufen

Als reines Funktionsfahrzeug konzipiert, wartete der »Döschwo« mit wenig Material und vielen Ideen auf, war billig, leicht und *»in der Lage, die Eier der Bauern auch über einen holprigen Acker gefahrlos zu transportieren«*. Angesichts seines asketischen Äußeren und der geringen Motorleistung war dem Projekt jedoch ein rascher Tod vorausgesagt. Aber man hatte sich gründlich in der Akzeptanz der Verbraucher verrechnet. Nach einer stürmischen Anlaufphase – in Frankreich mußten die Besteller in den fünfziger Jahren eine mehrjährige

Wartezeit in Kauf nehmen – hat dieser geniale Wurf von 1949 mehr als 40 Jahre praktisch ohne jede Änderung äußerst erfolgreich überdauert, ehe seine Produktion – bis auf ein paar Sondermodelle – nun eingestellt wird. Es bleibt unerfindlich, warum alle bisherigen Ökomobile immer noch 500 bis 1000 Kilogramm und mehr wiegen müssen, wo der *2CV* doch schon vor 45 Jahren mit einem Gewicht von nur 360 Kilogramm auf den Markt kam.

Hat man sich erst einmal aus dieser Denkstarre gelöst, müßte es heute angesichts der inzwischen zur Verfügung stehenden Werkstoffpalette wohl erst recht genügend Möglichkeiten geben, ein superleichtes Auto zu bauen – mit dem sich Prestige, Besitzerstolz, Rangordnungssymbolik und ein besonderer Geschmack gänzlich anders zum Ausdruck bringen lassen als durch PS-Zahl, Höchstgeschwindigkeit oder einen Rennauto-Look mit unbequem flacher Bauweise und parkfeindlicher Fahrzeuglänge. Es sollte heutzutage nicht schwierig sein, die vorstehend genannten und durchaus legitimen sekundären Funktionen auf eine völlig neue Art und Weise zu erfüllen – und das bei gleichzeitiger Effizienzsteigerung in der eigentlichen Transportfunktion.

Der Harley-Kult von seiner charmanten Seite

Ein Beispiel für die Verlagerung des Prestiges auf andere Kriterien bietet unser dritter Fall: der unverminderte Erfolg der sagenumwobenen *Harley Davidson*. Er zeigt uns selbst auf dem klassischen Motorradsektor, daß mit der von Autojournalisten vielfach hochgejubelten Rennsportmentalität keineswegs das gesamte Käuferspektrum erfaßt ist. Eine Ankündigung des neuesten Modells auf der Motorseite der Münchner *Abendzeitung* spricht in der Tat eine Zielgruppe von Motorradfans an, für die ähnlich wie bei den »Ente«-Fahrern schon immer andere Dinge als die reine Leistung wichtiger gewesen sind. Darüber hinaus scheint mir dieser Artikel einen Wechsel von Prestigesymbolen widerzuspiegeln, wie er bereits in unserem Szenario über Funktionskonflikte skizziert wurde: »*Harley Davidson taufte die Maschine ›Fat Boy‹. Ein Name, bei dem sich die Marketingstrategen japanischer Motorradhersteller nur entsetzt schütteln würden. Doch die Zweiradbauer in Milwaukee haben mit ihrem ›fetten Buben‹ einen Volltreffer gelandet. Er ist ein rollender Motorradtraum unserer Zeit. Das traum-*

hafte Fahren erschließt sich dem Harley-Reiter aber nicht auf Anhieb. Denn wer an die normalen ›HoYaSuKas‹ aus Japan gewöhnt ist, der muß sich im tiefen Ledersattel der ›Fat Boy‹ erst mal komplett umstellen. Beschleunigung, Höchstgeschwindigkeit, PS-Zahl – das alles ist nebensächlich. Was zählt, ist das Feeling. Und das kommt nicht bei Vollgas auf der Autobahn, sondern bei Tempo 80 auf einer kleinen Landstraße. Wenn sich der Pilot völlig entspannt über den Geruch von Sträuchern und Blumen freut.«[154] Daß sogar der *Harley*-Freak Johnny HALLIDAY im Sommer 1994 in St-Tropez eine Kampagne namens »leiser Auspuff« startete – mit persönlicher Zertifikatverleihung an Motorradfans, die dem röhrenden Lärm eine Absage erteilten –, bestätigt diese Philosophie, die sogar bei einem ansonsten keineswegs umweltfreundlichen Gefährt auf andere Werte setzt.

Schon diese drei Beispiele können uns zeigen, daß es vielfach nur an Mut fehlt – Mut zu neuen Formen, Mut zu neuen Kriterien, Mut zu einer neuen Zielgruppe. Eine solche dürfte es auch im Motorradbereich geben. Insbesondere würde bei den Scootern, die ohnehin wieder zunehmend in Mode kommen, ein Elektroantrieb gegenüber dem Explosionsmotor nur Vorteile und kaum einen Nachteil aufweisen – weder hinsichtlich der nötigen Geschwindigkeit noch des Batteriesatzes, der Reichweite oder der Beschleunigung. Wer einmal mit dem lautlosen, abgasfreien *City-Bike* aus der Schweiz,[155] dem französischen *Yellow*,[156] dem *E-Scooter* von SIMSON oder dem von ASMO entwickelten *Kolibri*-Roller gefahren ist, die allesamt bequeme Zweisitzer sind, wird unter Umständen sogar einen Hauch jenes »schwerelosen« *Harley*-Gefühls spüren können.

Der schweizer Elektro-Scooter City-Bike *der C-T BIKE AG in Unterseen wiegt 99 kg, fährt mit seinem 24 V-Motor 40 km/h schnell und 35 km weit – bis zum nächsten Aufladen über das eingebaute Ladegerät.*

Firmenfoto

Der Elektro-Roller Kolibri *des* ASMO-TEAMS *ist mit Nickel-Cadmium-Batterien ausgerüstet und leistet 3,4 kW. Spitzengeschwindigkeit 65 km/h, Reichweite 40–50 km. Die Batterie kann in drei Stunden wieder aufgeladen werden. Preis ca. 6800 DM.*

Foto: Mobil-E Jahrbuch

Der Simson-*Elektroller der Suhler Firma* TECHNOTRANS *erreicht mit einer Dauerleistung von 1,7 kW eine elektronisch begrenzte Höchstgeschwindigkeit von 40 km/h. Gewicht 130 kg. Zuladung 160 kg. 2 Sitzplätze. Preis ca. 5700 DM.*

Firmenfoto

»Stop and go« in der Förderung von Alternativen

Unsere Subventionspolitik scheut die Innovation

Die offizielle Unterstützung von Neuentwicklungen für eine zukünftige Autogeneration ist mehr als mangelhaft. Um hier Abhilfe zu schaffen, müßten vor allem die Forschungsanstrengungen verstärkt werden – sowohl im nationalen als auch im europäischen Maßstab. Statt dessen jedoch sind die von der EU finanzierten Programme sogar noch beschnitten worden. Auf diese Weise überläßt der Staat die entsprechende Forschung einerseits fast ausschließlich der Automobilindustrie, die zwar ausreichend Geld hat, aber im eigenen Saft schmort, oder andererseits den privaten »Bastlern«, denen wiederum das finanzielle Polster fehlt. Diese Situation demonstriert nur allzu deutlich das Desinteresse unserer Politiker an einer Evolution des Individualfahrzeugs und damit auch des Individualverkehrs. Dabei wäre eine entschlossene Politik durchaus imstande, sowohl einen schnellen Durchbruch des E-Mobils und anderer umweltfreundlicher Fahrzeuge als auch der dafür notwendigen regenerativen Energieversorgung sicherzustellen. Allein schon ein höherer Benzinpreis würde hier stimulierend wirken und könnte, wie bereits im ersten Teil dieses Buches erläutert wurde, Impulse geben, die sich nicht allein auf diesen Bereich erstrecken.

Insbesondere gibt es zu denken, daß in ähnlichen Fällen – etwa im Bereich der Luftfahrt – Forschung und Entwicklung keineswegs als alleinige Sache der Luftfahrtindustrie oder – wie beim *Transrapid* – der Bahn betrachtet werden. Während hier Milliardensummen an Subventionen ausgegeben werden, um letztlich überholte Techniken künstlich am Leben zu erhalten, ist eine unabhängige Fahrzeugforschung in Richtung innovativer Antriebsarten oder einer neuartigen Gestaltung absolutes Stiefkind. Nicht einmal die Herstellung oder der Kauf eines bereits entwickelten umweltfreundlichen Fahrzeugs werden mit irgendwelchen staatlichen Zuschüssen gefördert. Offensichtlich ist es leichter, eine Abwrackprämie für Autos ohne Kat durchzubringen – die Milliarden kosten könnte, den Abgasanteil aber nur geringfügig und den CO_2-Ausstoß gar nicht zu senken vermag, vom verbleibenden Lärm ganz zu schweigen –, als mit einigen Millionen die Entwicklung alternativer Fahrzeuge mit regenerativer Energieversorgung zu unterstützen, die völlig ohne Schädigung der Umwelt betrieben werden könnten.

Die USA sind uns hier voraus. Da nicht weniger als zehn US-Staaten dem Beispiel der neuen Gesetzgebung in Kalifornien zu folgen gedenken, stürzt man sich dort vehement auf die Förderung abgasfreier Fahrzeuge. Selbst das US-Verteidungsministerium ist an der Entwicklung eines abgas- und lärmfreien Motors beteiligt. Präsident CLINTON persönlich hat das Pentagon angewiesen, die militärische Forschungspotenz im Rahmen der Konversion der Rüstungsindustrie auch für die Entwicklung von »Autos der Zukunft« zur Verfügung zu stellen. Von der Zusammenarbeit der drei »Großen« aus Detroit mit dem Militär verspricht er sich innerhalb von zehn Jahren einen technologischen Quantensprung.[133]

Der Hamburger Großversuch

Auf lokaler Ebene tut sich in dieser Hinsicht schon einiges mehr. Mit dem E-Mobil-Förderprogramm ist von der Umweltbehörde Hamburg eine hervorstechende Initiative ausgegangen. In den Jahren 1989 bis 1992 hat sie den Kauf von 120 Elektrofahrzeugen mit insgesamt 850 000 Mark gefördert – unter der Voraussetzung, daß der Strom dafür regenerativ aus Wind oder Sonne erzeugt wurde. Die Erfahrungen der rund 100 Zuwendungsempfänger fielen überaus positiv aus. 63,9 Prozent der Versuchsteilnehmer würden wieder ein E-Mobil kaufen, 30,6 Prozent eventuell, und nur 5,6 Prozent haben mit nein geantwortet. Die Reaktion der anderen Verkehrsteilnehmer wurde von ihnen zu über 80 Prozent als positiv oder zumindest nachsichtig beurteilt. Darüber hinaus wurde berichtet, daß der Umgang mit einem Fahrzeug, dessen Energiespeicher begrenzt ist, das Mobilitätsverhalten der ganzen Familie veränderte. Man ging viel bewußter mit dem Fahren um, verzichtete auf unnötige Wege, benutzte häufiger das Fahrrad oder öffentliche Verkehrsmittel. Interessant war auch die Feststellung, daß man sogar mit dem – immer weniger benötigten – Benzin-Erstwagen bedächtiger und ökologischer – also sparsamer – fuhr und grundsätzlich bewußter mit Energie umging.

Einsatzgebiete von Elektrofahrzeugen in Österreich
Nach Erhebungen von 1993 (Mehrfachnenennungen waren möglich)

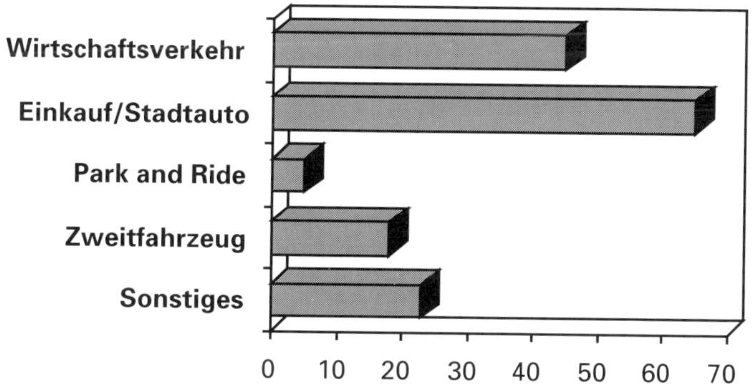

Quelle: STREICHER, E.: Elektrofahrzeugtest in Österreich. In: Leichtelektromobile im Alltag, Band 8, Ing. Büro Muntwyler. CH-Zollikofen 1994

Die Befragung zeigt deutlich das Übergewicht einer Nutzung für Einkauf und Besorgungen – also die Bedeutung der besseren Praktikabilität und Umweltfreundlichkeit von E-Fahrzeugen im lokalen Umfeld, während der Verbund mit öffentlichen Verkehrsmitteln (Park and Ride) überraschend wenig ins Gewicht fällt.

Keine Frage des Stromverbrauchs

Dieser Versuch, für den ein entsprechendes Äquivalent an regenerativer Energie ins Netz gespeist wurde, lief ausschließlich mit Strom aus der eigenen Steckdose. Die Probanden konnten feststellen, daß es sich bei dem Mehrverbrauch um eine Menge handelte, die in der Jahresstromabrechnung kaum auffiel. Einige meinten sogar, daß schon die

Verwendung einer moderneren, sparsamen Kühltruhe imstande wäre, den Verbrauch ihres E-Mobils ohne weiteres auszugleichen. In der Tat wurde errechnet, daß der Strombedarf der Hansestadt um nur 0,64 Prozent erhöht werden würde, wenn die ungefähr 100 000 in Hamburg zugelassenen Kleinwagen bis 1200 cm^3 durch E-Mobile ersetzt würden.

Die ideale und auf lange Frist einzig umweltverträgliche Antriebsenergie ist natürlich die aus regenerativen Quellen gewonnene. Dennoch sollte man sich klarmachen, daß der Stromverbrauch bei Elektromobilen äußerst gering ist und – sofern ein gewisses Sparpotential mobilisiert würde – selbst bei einem steigendem Einsatz von E-Mobilen kein einziges weiteres Kraftwerk notwendig wäre. So würde zum Beispiel der Ersatz von zehn Prozent unseres Pkw-Bestands durch leichte E-Mobile den Stromverbrauch lediglich um 1,8 Prozent ansteigen lassen.[157]

Durch den Rückgang des Stromverbrauchs in den letzten Jahren sind die Überkapazitäten ohnehin bereits derart groß, daß ein nachts abgegebener Aufladestrom eine willkommene Auslastung der Grundlastkraftwerke darstellen würde. Wir sollten jedoch auch hier weiterhin wachsam sein, damit ein wachsender E-Mobil-Park nicht als Argument für die »Unentbehrlichkeit« von Atomstrom benutzt wird. Das Ziel besteht nach wie vor darin, entweder gleich mit einem Solardach zu fahren – beziehungsweise die Sonnenenergie an Tankstellen zu zapfen – oder aber die regenerative Energie zu Hause zu erzeugen, wovon noch die Rede sein wird.

Der Schweizer Großversuch

Mit noch weitergehenden Perspektiven befaßt sich der in Zusammenarbeit mit dem *Eidgenössischen Bundesamt für Energiewirtschaft* geplante und bereits erwähnte Schweizer Großversuch zur Alltagstauglichkeit von Leichtelektromobilen (LEM).[148] Das in einer Schweizer Gemeinde mit ungefähr 10 000 Einwohnern durchzuführende Pilotprojekt soll den Anstoß dazu geben, daß die LEMs in der Schweiz bis zum Jahre 2000 einen Anteil von acht Prozent am gesamten Personenwagenbestand erreichen. Für den Versuch sollen Privatpersonen oder Firmen, die ein LEM kaufen, mit 50 Prozent des Anschaffungspreises gefördert werden, während sich die betreffenden Gemeinden an der Organisation und der Bereitstellung der erforderlichen Infrastruktur – Solartankstellen und ähnliches – beteiligen.

Zur Überraschung der Initiatoren haben sich inzwischen 34 Gemeinden für eine Teilnahme an dem Projekt beworben, und von diesen sind fünf bereits dabei, ein Detailkonzept auszuarbeiten, um in die engere Wahl zu kommen. Das große Echo basiert nicht zuletzt auf dem vielfältigen Nutzen, den sich die Gemeinden von dem Vorhaben erwarten: die Entstehung neuer Arbeitsplätze, eine Erhöhung der touristischen Attraktivität, zukunftsweisende politische Impulse, neue soziale und ökologische Funktionen, Imagegewinn und eine Plattform zur Profilierung. Es ist beabsichtigt, die Fördermaßnahmen, die sich in einer der auserwählten Gemeinden bewährt haben, in den anderen Gemeinden ebenfalls durchzuführen.

Bauform und Werkstoff

Umschichtung der menschlichen Tätigkeiten

Mit dem technischen und sozialen Wandel der heutigen Zeit verändert sich auch das Spektrum menschlicher Tätigkeiten: stärkere Diversifizierung bei nachlassender Bedeutung des Hauptberufs; mehr Freizeit, Hobby, Urlaub und Erholung, Sinnerfüllung in Zweit- und Drittberufen bei gleichzeitigem Rückgang der Kaufkraft – jeweils verknüpft mit einem veränderten Mobilitätsverhalten. Eine Umschichtung, die vom motorisierten Individualfahrzeug schon heute und erst recht in Zukunft ein ganz anderes Einsatzprofil verlangt als bisher. Es muß für eine Fülle anderer Zwecke taugen als nur für die jährliche Urlaubsreise und den Berufspendlerverkehr, der sich zunehmend auf öffentliche Verkehrsmittel verlagert. Daher seien nachfolgend noch einmal ein paar maßgebliche Kriterien für eine an die tatsächliche Nutzung angepaßte Gestaltung zusammengestellt, wie sie mit den Konzeptionen einiger der beschriebenen Ökomobile ja bereits angestrebt und in Zukunft immer wichtiger sein wird.

Nur nach oben ist noch Platz

Gerade hinsichtlich einer Mehrfachnutzung im Nahbereich gilt für solche Fahrzeuge grundsätzlich wieder die Forderung: einen Meter kürzer und 60 Zentimeter höher als die heutigen Modelle – weil bald nur noch nach oben hin Platz ist. Das kommt gleichzeitig dem nötigen multifunktionalen Innenraum sowie dem herausziehbaren Gepäckraum zugute. Schiebetüren und Drehsitze würden das Einsteigen erleichtern, ohne daß irgendwelche Akrobatik vonnöten wäre. Ein kurzes Fahrzeug mit einem geringen Eigengewicht ließe sich leicht handhaben und würde nur niedrige Betriebskosten verursachen. Fast deckungsgleich damit sind übrigens die Wünsche autofahrender

Senioren – eine wachsende Zielgruppe, die zudem als guter, weil besonders sensibler Indikator für grundsätzliche Designfehler gelten sollte.

Otl AICHER, der lange Jahre als Designer mit der Automobilindustrie zusammenarbeitete, hat in seinem Buch »Kritik am Auto« – mit dem bezeichnenden Untertitel »Schwierige Verteidigung des Autos gegen seine Anbeter« – dem konsequenten Zweckmobil schon 1984 eine Menge Gedanken gewidmet.[80] Obwohl konsequent und machbar, sind sie nie aufgegriffen und verwirklicht worden, was wiederum typisch für die alles bestimmende ängstliche Orientierung an der Konkurrenz ist, wodurch jegliche Basisinnovation gehemmt wird und vorhandene wertvolle Ideenpotentiale unserer Gesellschaft ungenutzt bleiben.

Das der altrömischen Biga *nachempfundene Fahrzeug von* GIUGIARO *(*ITALDESIGN*) ist 2,30 m lang, wiegt 610 kg und fährt mit seinem 13,7 kW Gleichstrommotor 60 km schnell. Reichweite ca. 50 km*
Foto: Solarmobil

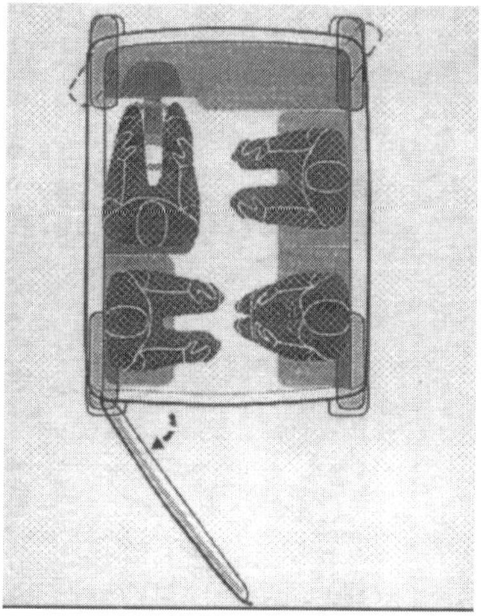

Auch die ungewöhnliche Anordnung der hochklappbaren Sitze mit fast ebenerdigem Ausstieg nach hinten ist bei der Biga *ein Bekenntnis zur Funktionalität, die neben der Umweltfreundlichkeit hohe Priorität genießt.*
Skizze: Solarmobil

Anders in Italien, wo man einem innovativen Konzept des Stardesigners Giorgetto Giugiaro gefolgt ist und 1993 auf dem Genfer Automobilsalon einen entsprechenden Prototyp, die *Biga*, vorgestellt hat. Die kurze Hochform des Fahrzeugs ist ebenso ungewöhnlich wie die Sitzanordnung, und der Einstieg ist der originalen *Biga*, einem Triumphwagen aus dem alten Rom, der von hinten bestiegen wurde, nachempfunden. Man parkt den Wagen rückwärts gegen den Bürgersteig und steigt dann direkt auf das Trottoir aus. Der Wagenboden liegt so tief, daß er mit der Bordsteinhöhe bündig ist. Ein- und Ausstei-

Das Hochtaxi von Horlacher *– nur 2,30 m lang, 1,50 m breit, aber bequeme 1,75 m hoch – wiegt 560 kg inklusive Batteriesatz, hat 5 Sitzplätze und ist wie die* Biga *ein Niederflurfahrzeug mit »Hintereingang«. Der verheißungsvolle Prototyp sucht noch einen Serienhersteller*

Foto: Horlacher AG, Möhlin

gen ist also selbst für alte oder behinderte Menschen oder bei Mitnahme eines Kinderwagens kein Problem. Ein ideales Taxi-Konzept.[158]

Ein ähnlich umwerfendes Taxi- und Familienmodell ist der allerneueste *Horlacher*. Bei diesem ebenfalls echten »Hochtaxi« mit einer Höhe von 1,75 Metern liegt das Gewicht von 560 Kilogramm – inklusive des Batteriesatzes – bereits deutlich niedriger als bei der *Biga*. Hightech und Schick werden mit einer klaren Form vereinigt, die sich vom üblichen Auto radikal abhebt und daher auch nicht die Einhaltung von dessen Kriterien suggeriert.

Solange man hierzulande nicht einmal bei langsamen E-Mobilen von der dort unsinnigen »Windschnittigkeit« abläßt, wird man solche innovativen Konzepte nicht entwickeln. Dabei hat sich der Käufergeschmack längst gewandelt. Der Trend zu hohen Geländewagen zeigt es. Viele Leute sind es satt, sich in die niedrigen Kombüsen zwängen zu müssen. Also greifen einige nolens volens selbst für normale Straßen zum »Jeep« – weil kein vergleichbares Vehikel angeboten wird. Und während der normale Pkw oben zu niedrig ist, ist er unten meist wieder zu hoch. So ergeben sich absurde Hubhöhen der Kofferräume bis zu 80 Zentimetern – wie beim üblichen Mercedes-Taxi – oft mit zusätzlich hohen Schwellen, über die man das Transportgut zu heben hat. Ein unglückliches Design, vor allem eben für Taxis, bei denen merkwürdigerweise nie der Versuch unternommen worden ist, sie in Richtung der gerade erwähnten Hochtaxis umzugestalten.

Das neue Spiel mit den Werkstoffen

Im Sinne eines biologischen Designs sind neben Karosserie, Lenkung, Straßenlage, Antriebsart und Treibstoff vor allem die Werkstoffe in ihrer Vernetzung mit dem Fahrzeugeinsatz, der Sicherheit, der Umwelt und einer effizienten Energienutzung zu sehen. Zwei Systemkriterien sind in dieser Hinsicht besonders wichtig: zum einen wieder einmal das *Gewicht* und zum anderen die *Rezyklierbarkeit.* Weniger Masse bedeutet bekanntlich weniger Verbrauch, weniger Abgase und weniger Müll. Daher gilt es, den heute noch gut siebzigprozentigen Stahlanteil zu verringern, der unsere Autos so schwer macht. Eine scheinbar naheliegende »Aluminiumdiät«, wie sie die Japaner bereits unter völligem Verzicht auf Stahl vorexerzieren, ist allerdings keine Lösung.[159] Denn die aufwendige Aluminiumherstellung, die über die Elektrolyse von Bauxit läuft, verschwendet gewaltige Energiemengen und liefert giftige Abwässer, was die ökologischen Vorteile des geringeren Gewichts praktisch wieder aufwiegt – zumal die Einsparung höchstens 20 Prozent ausmacht. Da bringt dann auch die – gegenüber Stahl – einfachere Rückgewinnung des Aluminiums nicht viel, obwohl sie nur fünf Prozent der Herstellungsenergie benötigt.

Um den hohen Stahlanteil zu verringern, sind daher neben hochverdichteten, faserverstärkten Hartschäumen vor allem superleichte Polymere geeignet, wie sie der Schweizer Kunststoffverarbeiter HORLACHER in seinen Elektrofahrzeugen verwendet. Dazu hat er sich mit der CIBA-GEIGY zusammengetan, die, nachdem ihre bisherigen Hauptabnehmer aus der Flugzeugindustrie in die Flaute geraten sind, ihrerseits nach neuen Verwendungsmöglichkeiten für ihre faserverstärkten Stoffe sucht. Auch Firmen wie GENERAL ELECTRIC PLASTICS oder BAYER LEVERKUSEN forschen bei der Weiterentwicklung von glasfaser- und kohlefaserverstärkten Polyestern nach extraleichten Werkstoffen mit besonderen Struktureigenschaften, die nicht wie bisher nur zur Verkleidung, sondern auch als tragende Teile eingesetzt werden können.

Werkstoffe im falschen Verbund

Unser zweites Kriterium, die Rezyklierbarkeit der Werkstoffe, muß dabei natürlich von Anfang an mitbedacht werden. Einige Autofirmen wie beispielsweise SAAB verfügen schon längere Zeit über chemisch einfach aufgebaute Kunststoffe, die vollständig rezyklierbar sind. Dem steht aber bislang entgegen, daß viele Werkstoffe nicht rein, sondern im Verbund mit anderen vorliegen: Kunststoff mit Leder, Metall und Glas, Duroplaste mit Thermoplasten, Teflon mit Metall und Polyester mit PVC oder Polyäthylenen; und all dies wird dann beschichtet, verklebt, verschmolzen, genietet oder geheftet. Es ist aussichtslos, das nachträglich wieder trennen zu wollen und jedes Material seiner speziellen Recycling-Methode zuzuführen. Denn das hieße, die Kunststoffe aus ihren Verbindungen herauszuschmelzen, Duroplaste zu veraschen und eventuelle Glasfasern wiederzugewinnen. Das restliche Gemisch ließe sich allenfalls im Straßenbau weiterverwenden, zumal die Pyrolyse, die Hitzeauflösung, eine noch wenig genutzte Möglichkeit ist, Werkstoffe in ihre ursprünglichen Bestandteile zu zerlegen.

Da infolgedessen fast nur die reinen Metallteile wiederverwertet werden, gehen bei der Verschrottung eines Autos heute im Durchschnitt 25 Prozent aller Wertstoffe verloren. Bei unseren jährlich 2,5 Millionen Altautos sind das allein 450 000 Tonnen Mischmetalle, die nach der neuen Verwertungsverordnung künftig von einem flächendeckenden Demontagenetz am Fließband zerlegt werden müssen.[160] Der erste Fließband-Recyclingbetrieb dieser Art im württembergischen Lehr wird zeigen, daß die Autokonstrukteure umlernen müssen: Scheinbar optimale Werkstoffe müssen durch wiederverwertbare ersetzt, unlösbare Verbindungen in lösbare umkonstruiert und die Materialvielfalt insgesamt verkleinert werden. Da jedoch Recycling selbst dann noch Energie verschlingt – durch den Transport, das Sortieren und den Recyclingsprozeß selbst – und Restverluste unvermeidlich sind, landen wir auch hier zwangsläufig wieder beim Gewicht. Eine Minimierung der Fahrzeugmasse wäre in jedem Fall die wirksamste und billigste Maßnahme.

Noch ein Wort zur Abwrackprämie

Je unvernünftiger ein Vorhaben ist, desto eher scheint man dafür öffentliche Gelder lockermachen zu können – so zum Beispiel mit der Schrottprämie, die der französische Premierminister BALLADUR als erster zur Ankurbelung der Autoindustrie einsetzte. Das offen erklärte Ziel war: Die Leute sollen mehr neue Autos kaufen, also gibt man ihnen eine Prämie, wenn sie ihr altes wegwerfen. Resultat: ein Zusammenbruch des Gebrauchtwagenmarktes, ein kurzer Segen für die Autofabrikanten, jedoch keinesfalls für den Arbeitsmarkt, der sich bekanntlich längst vom Wachstum entkoppelt hat. Alles in allem blieb das Ganze ohne nachhaltige Wirkung. Statt dessen wurde, indem man den »Patienten« mit Tranquilizern versorgte, lediglich die heilende Umstellung weiter hinausgezögert. »*Was auf der einen Seite gewonnen wird, wird auf der anderen weggezogen*«, schreibt *Paris Match* über diesen letzten Subventionsstreich von Herrn BALLADUR. In Deutschland sind wir da etwas vornehmer und bezeichnen die Abwrackprämie als Umweltaktion für mehr Kat-Autos. In Wirklichkeit handelt es sich auch hier um nichts anderes als um eine verdeckte Subvention der Autoindustrie durch den Steuerzahler. Der Kat-Vorteil wird allein dadurch schon wieder zunichte gemacht, daß die Umwelt bereits bei der Herstellung eines Mittelklassewagens zehnmal so stark – nämlich mit 20 bis 25 Tonnen – belastet wird wie durch den späteren Schrotthaufen. Letzte Meldung: Eine Abwrackprämie für Altautos wird in Deutschland nicht eingeführt, dafür soll die emissionsbedingte Kfz-Steuer für Lkw auch auf die Pkws ausgedehnt werden. Doch zurück zu den Werkstoffen selbst.

Bionik als Ideenquelle

Wie so oft liegt die Lösung vielleicht in einer bionischen Idee – also dort, wo sie in der Natur bereits zur Anwendung kommt: In Werkstoffen, deren Eigenschaften nicht auf verschiedener *chemischer* Struktur beruhen, sondern auf ihrem unterschiedlichen *physikalischen* Aufbau bei gleicher chemischer Grundsubstanz. So wie es die Natur beispielsweise bei der Zellulose macht – einem Zuckerpolymer, aus dem Holz, Baumwolle, Jute, Flachs, Schilf, Bambus, Stroh und Schleim bestehen, mal weich und schaumig, mal hart, mal biegsam, elastisch und federnd, wasserabweisend oder wasseraufsaugend, mal dicht und schwer, mal leicht mit Hohlräumen und mit oft verblüffenden statischen Eigenschaften. All das basiert auf einer einzigen Molekülsorte, läßt sich mit einem einzigen chemischen Abbaumechanismus rezyklieren und wird durch Säuren und Mikroben in eine vergärbare Form gebracht und in seinen Grundbaustein Glucose zurückgeführt. Auf diese Weise werden durch Pflanzen jährlich ungefähr 100 Milliarden Tonnen Zellulosewerkstoffe synthetisiert und wieder in den Kreislauf eingebracht. Die ersten Kunststoffe mit solchen Struktureigenschaften werden derzeit noch in den Labors erprobt.

Ein multifunktionaler Einheitskunststoff

Voll rezyklierbar hieße also, daß man beim Autobau im Grunde nur noch *eine* Kunststoffart mit verschiedenen Struktureigenschaften einsetzt. Und wenn dies wie in der Natur durch physikalische und strukturelle Unterschiede bei gleicher chemischer Zusammensetzung – die je nach Behandlung andere Charakteristika aufweist – erreicht wird, wäre Recycling eines Tages nur noch ein Kinderspiel.

Darüber hinaus sollte man auch an den Einsatz ganz neuer Materialien denken, um den immer höher werdenden und derzeit noch nicht rezyklierbaren Kunststoffanteil der Fahrzeuge zu verringern. So kommt beispielsweise aus den Werkstätten des Technologie-Institutes der brasilianischen Luftwaffe eine Autokarosserie, die vollständig aus Naturfasern besteht. Man braucht dafür lediglich ungefähr 35 Kilogramm Bananenfasern, die mit Kunstharzen verklebt werden.[161] Auch die Chitinpanzer, mit denen wirbellose Tiere ihre Weichteile schützen, werden derzeit im Hinblick auf die Entwicklung neuer Werkstoffe erforscht. Manche Käfer haben derart stabile Panzer, daß sie einen Aufprall auf eine Windschutzscheibe noch bei 30 Stundenkilometern unversehrt überstehen. Diese Stoffe wären ebenfalls voll rezyklierbar und könnten nicht nur im Autobau völlig neue Perspektiven eröffnen. Ähnliches gilt für ultraleichte Metalle, wie sie mit neuen »pulvermetallurgischen« Verfahren erzeugt werden. Sobald ihre Herstellung preiswert genug ist, könnten sie überall dort eine Zukunft haben, wo Festigkeit und Steifigkeit wichtig sind. Diesen Aussichten verschließen sich auch konventionelle Automobilfirmen nicht. So erforscht MERCEDES-BENZ in Brasilien die Verwendung nachwachsender Rohstoffe und von Naturfasern, um bisherige Materialien durch umweltfreundliche Technologien zu ersetzen: Kokos statt Glas, Hanf und Sisal statt Nylon, Bananenfasern für atmungsaktive Füllungen – Projekte, die der DAIMLER-BENZ Konzern gemeinsam mit der UNICEF an eine soziale Unterstützungsaktion in Amazonien koppelt. BMW wiederum nutzt seine Werkstofferfahrungen und die dabei angewandte Computersoftware für die Verbesserung der Medizintechnik, etwa um durch Ersatzimplantate chirurgische Eingriffe zu erleichtern. Die dabei entstehenden Synergien zwischen Natur und Technik dürften sich auf den zukünftigen Fahrzeugbau keineswegs ungünstig auswirken.

Leichtgewicht contra Sicherheit?

Bleibt noch die Frage nach der Sicherheit leichter Autos, die immer wieder gestellt und oft für deren Ablehnung herangezogen wird. So herrscht landläufig die Meinung, daß Leichtfahrzeuge grundsätzlich mehr gefährdet seien als schwere Wagen. Ein weitverbreitetes Mißverständnis, mit dem doch eigentlich schon der nur 360 Kilogramm schwere *2CV* mit seinen dünnen Blechwänden aufgeräumt haben sollte, der im Grunde genommen selber nichts anderes als eine einzige Knautschzone ist – und das lange bevor man dieses Prinzip in die Konstruktion schwererer Wagen aufgenommen hat. Wenn sie intelligent konstruiert sind, sind leichte Autos im Gegenteil sogar viel weniger gefährdet, da die Fahrzeuge aufgrund ihres geringen Gewichts kaum eine Knautschzone benötigen.

Was aber, falls sie mit einem schwereren Fahrzeug zusammenstoßen? Wenn man sich auch hier von eingefahrenen Vorstellungen befreit und einmal eine Konstruktion ins Auge faßt, bei der die Schockenergie nicht gradlinig, sondern durch Umleitung in eine andere Richtung absorbiert wird, ergibt sich ein gänzlich neuer Crash-Effekt. Allein schon eine spezielle Konstruktionslinie des Rahmens, wie sie etwa beim *Hotzenblitz* verwirklicht worden ist, kann dafür sorgen, daß die Fahrgastzelle im Falle eines Zusammenstoßes heil bleibt und sozusagen schleudersitzartig nach oben gedrückt wird. Auf diese Weise könnte die Energie des Zusammenprall womöglich in eine für den menschlichen Organismus weitaus verträglichere Form umgewandelt werden.

Davon unberührt bleibt natürlich die Tatsache, daß die hohe *aktive* Sicherheit langsamer Fahrzeuge ohnehin weit ausschlaggebender als ihre *passive* Sicherheit ist. Eine defensive Fahrweise ist bekanntlich ein größerer Schutz, als noch so dicke Blechwände es je sein könnten. Wenn man daher einem langsamen Leichtfahrzeug aus Sicherheitsgründen die Zulassung verwehren würde, dann dürfte auch kein Motorrad, kein Fahrrad und erst recht kein Fußgänger, dessen Knautschzone ja gleich Null ist, »zugelassen« werden. Mit dieser unterschiedlichen Bewertung von aktiver und passiver Sicherheit werden wir uns im nachfolgenden Kapitel noch ausführlicher beschäftigen.

Fahrzeug und Sicherheit

Erfolge der Medizin – aber nicht der Fahrzeugtechnik?

In einem der Szenarien in meinem Buch »Ausfahrt Zukunft« habe ich die Mechanismen zu verdeutlichen versucht, die hinter der erstaunlichen Tatsache stehen, daß es trotz permanenter technischer Verbesserungen – sowohl am Fahrzeug als auch bei der Infrastruktur – und trotz ständiger Aufklärung bisher nicht gelungen ist, den gewaltigen Tribut von Toten, Schwerverletzten und Materialschäden des Molochs Individualverkehr entscheidend zu minimieren. Dieser überzieht die Welt mit einem »Krieg« ganz eigener Art – einer Straßenschlacht, die seit dem letzten Weltkrieg allein in Europa weit über eine Million Todesopfer und viele Millionen Schwerverletzte forderte.

Die Tatsache, daß sich die Anzahl der Todesopfer in Deutschland seit den siebziger Jahren fast halbiert hat, während der Bestand an Personenwagen aufs Doppelte angewachsen ist, bietet keinen Anlaß zur Selbstzufriedenheit. Dieses Ergebnis ist in erster Linie ein Erfolg der Medizin und der gesetzlichen Anschnallpflicht – wodurch zwar die Zahl der Toten, nicht aber das gut fünfzigmal größere Heer der Verletzten verringert werden konnte. Auf keinen Fall sind es jedoch Erfolge der Fahrzeugtechnik, eher noch der Verkehrsregelung auf Grund von Geschwindigkeitsbeschränkungen oder des Fahrverhaltens auf Grund der inzwischen weit strengeren Fahrprüfungen. Ein großer Teil des Rückgangs der Todesfälle ist jedenfalls auf die zunehmend bessere und schnellere Versorgung am Unfallort mit anschließender Intensivbehandlung zurückzuführen, ein anderer auf die Dreißig-Tage-Grenze, die aufgrund der Fortschritte in der Medizin immer häufiger überschritten wird. Das heißt, wer später als 30 Tage nach dem Unfall stirbt, wird in der Statistik nicht mehr als Verkehrstoter geführt. Nach

Untersuchungen der *Bundesanstalt für Straßenwesen* gilt das für rund zehn Prozent aller Unfallverletzten.

Während auf diese Weise die Zahl der Verkehrstoten in Deutschland zwischen 1972 und 1982 von 19 000 auf die Hälfte absank und sich seitdem um 10 000 bewegt, ist die Gesamtmenge der Verkehrsunfälle Jahr für Jahr weiter angestiegen und liegt inzwischen bei über zwei Millionen. Ähnlich sieht es bei Unfällen mit Personenschäden aus, die bereits die 400 000 erreicht haben und inzwischen über 130 000 Schwerverletzte pro Jahr fordern. Vergleicht man dies mit den Eisenbahn- und Flugzeugunglücken, deren Zoll an Verletzten und Toten jeweils nur ein Hundertstel davon ausmachen, so kann man sich nur wundern, mit welcher Schicksalsergebenheit wir dieses ungeheure Gemetzel hinnehmen, das durch ein einziges Verkehrsmittel verursacht wird. Mehr noch, allein bei der bloßen Erwähnung wirksamer Gegenmaßnahmen wie beispielsweise einem simplen Tempolimit fühlen wir uns bereits in unserer Freiheit bedroht.[162]

Die Philosophie von Kampf und Krieg

Jedes Jahr sterben weltweit 725 000 Menschen im Straßenverkehr und werden oft in jungen Jahren mitten aus dem Leben gerissen. Allein für Deutschland bedeutet das: alle 13 Sekunden ein Verkehrsunfall, jede Minute ein Mensch, der verletzt wird, alle 50 Minuten ein Toter – entweder *in* einem Auto oder *durch* das Auto. Vom Opfer aus gesehen, könnte man sagen, daß das Auto in unserem zivilisierten Ökosystem die frühere Rolle des Raubtiers ersetzt. Der Wiener Verkehrswissenschaftler Hermann KNOFLACHER[163] bezeichnet es andererseits mit Recht als des Menschen liebste Waffe.

Die Parallelen zu einem Krieg sind in der Tat unverkennbar. Selbst der Zerfall der Städte als Organismus aufgrund des Flächenanspruchs des Autos oder die Zerstörung der Dorfstrukturen erinnern an Kriegsfolgen. Und das trifft erst recht auf seine Rolle als Vergiftungsfaktor des Organismus Erde zu.

Welche Strategie aber liegt diesem Krieg zugrunde? Die Antwort stimmt nachdenklich. Nach KNOFLACHER – und da müssen wir ihm wohl recht geben – werden längerfristige Strategien heute nicht mehr von Politikern, sondern von internationalen Konzernen entwickelt, und aus deren Sicht seien Städte oder Staaten bestenfalls Gebiete, die man strategisch besetzt und operativ nutzt. »*Das übergeordnete Ziel heißt Wachstum. Das dafür vorbereitete Terrain ist das ›erschlossene Gebiet‹. Die Erschließung erfolgt durch Verkehrswege. Was die Pioniertruppen früher machen mußten, erledigen heute Städte und Staaten aus öffentlichen Mitteln. Nur die Bezeichnung ist eine andere. Was im Krieg ›Brückenkopf‹ heißt, nennt man in diesem Zusammenhang etwa ›Standortvorteil‹. Wesentlich ist dabei, daß die Kriegsmaschinen in die richtige Position gebracht werden. In dieser Auseinandersetzung sind das die Fahrzeuge. Sie müssen so nahe wie möglich an den Nutzer herangebracht werden. Dafür sorgen die Bauordnungen, die den Raum sichern für die Unterbringung und Bewegung der Fahrzeuge – gegen die Bewegungswünsche derjenigen Menschen, die* nicht *über ein Fahrzeug verfügen.*«

Interessant ist auch die Überlegung KNOFLACHERS, daß der blinde Glaube an den technischen Fortschritt bei den Politikern – als den Ausführenden auf diesem Gebiet – den Weg dafür bereitet hat, Ursache und Wirkung umzukehren. »*Ein Großteil von ihnen glaubt immer noch daran, daß die Automobilität die Voraussetzung für den Wohlstand ist – eine vergleichbare Situation wie in kriegerischen Zeiten, in denen man die Menschen glauben macht, die Kriegswirtschaft sichere den Wohlstand.*« Und das, obwohl die Strukturzerstörung durch das Auto nur allzu sichtbar sei. »*Alle Kriege der Menschheit in ihrer gesamten Geschichte haben die Alpentäler nicht so verwüstet wie 40 Jahre Straßen- und Verkehrswegebau. Und noch immer zahlen wir dem Sieger Kriegsentschädigung zu weiterer Zerstörung.*«

Schließlich herrsche – soweit es den Vormarsch des Autos angeht – zudem eine Art Kriegsrecht, also eine kriegsbedingte Änderung des geltenden Rechts. Ein laut singender Betrunkener wird von der Gesellschaft bekanntlich zur Rechenschaft gezogen und ein Kuhglockengeläut gerichtlich verboten, obwohl diese Lärmpegel, in Dezibel gemessen, bei weitem nicht an den eines Lastwagens oder Motorrades heranreichen. Der Lärmterror des Verkehrs hingegen, der fast unsere gesamten Lebensräume durchdringt, wird von der Gesellschaft akzeptiert – ebenso die Besetzung der Fläche. Die Inanspruchnahme von acht Quadratmetern öffentlichen Grundes zum Parken ist Autos gestattet, an vielen Stellen sogar umsonst. Würde der Bürger es aber einmal wagen, andere Gegenstände mit dem gleichen Flächenanspruch im Straßenraum zu deponieren – er würde mit saftigen Strafen zur Ordnung gerufen. Oder denken wir nur daran, was geschähe, wenn jemand es wagen würde, Giftgas gegen Menschen einzusetzen, insbesondere gegen Kinder! Geschieht es jedoch durch das Auto, so wird das durch das »Kriegsrecht« sanktioniert. Der Autofahrer darf sich an den Menschen vergreifen – aber wehe, der Mensch wagt es, sich an den Kriegsmaschinen zu vergreifen. Schon ein Kratzer genügt, um ihn vor den Kadi zu bringen.

Diese ketzerischen Überlegungen von KNOFLACHER[164] sollten uns ein wenig zur Besinnung bringen, da sie aus einer für viele sicherlich ungewohnten Perspektive deutlich machen, wie sehr der heutige Autoverkehr im Grunde genommen unser Leben, unsere Freiheit und unsere Sicherheit bedroht. Uwe WESEL[165], ein weiterer Kritiker dieses Zustandes, diesmal von der Seite des Zivilrechts, spricht ernsthaft von einer »Verfassungswidrigkeit unseres Autos«. Denn von einem Grundrecht auf Mobilität stehe im Grundgesetz schließlich nichts, wohl aber gebe es dort das Recht auf körperliche Unversehrtheit, das auf unseren Straßen täglich unter die Räder gerät.

Auswege aus einer komplexen Verstrickung

Kommen wir zurück zu der eher vordergründigen Sicherheit auf den Straßen. Hier gilt es einerseits zu prüfen, welchen Einfluß technische und gesetzgeberische Hilfen heute haben könnten und welche Chancen für eine Verhaltensänderung sich aus der Vernetzung der beteiligten Einflußgrößen bieten, andererseits aber auch, welche Mechanismen eine Verhaltensänderung verhindern und daher vielleicht Korrekturen von ganz anderer Seite verlangen. Schon eine einfache Simulation der Wechselwirkungen unter den wichtigsten Einflußgrößen zum Thema *effektive Sicherheit* verdeutlicht, wie komplex auch dieses Problem ist.

Daß diese Komplexität mittlerweile sowohl von den Versicherungen als auch den Autoherstellern erkannt und die Lösung nicht in beständig zunehmenden technischen Verbesserungen gesehen wird, zeigte bereits ein im Dezember 1989 abgehaltenes Expertentreffen der BAYERISCHEN RÜCKVERSICHERUNG, dessen Ergebnis auch die Aussagen der

Computersimulationen unseres Instituts mit einbezog, die von der Praxis mittlerweile in vielen Punkten bestätigt worden sind.[166]

Wenn man den Begriff »Sicherheit« differenzierter betrachtet, läßt er sich in zwei Einflußgrößen aufspalten: *effektive* und *subjektive* Sicherheit. Diese stehen jedoch in einer negativen Rückkopplung, die sich vor allem bei einer Steigerung der subjektiven Sicherheit – beispielsweise durch technische Verbesserungen, Leitsysteme, übersichtlichere Straßen oder starke Motoren zum zügigen Überholen – fatal auswirken kann. Ähnlich wie ja auch Alkoholgenuß das Sicherheitsgefühl bereits erhöhen – und damit die effektive Sicherheit herabsetzen kann.

Auch die Informationen, die über die Sicherheit eines Fahrzeugs gegeben werden, können sehr ambivalent sein und müssen bei einer Systembetrachtung in zwei Komponenten unterteilt werden: Auf der einen Seite steht die Werbung der Auto- und Reifenfirmen, die auf das Sicherheitsgefühl des Fahrers zielt und mit zum Teil unverantwortlichen Schlagworten wie »hervorragende Straßenlage, auch bei Nässe«, »Reservepower zum Überholen« oder aber auch mit »überzeugenden Ergebnissen« ihrer Crashtests Kunden gewinnen wollen. Auf der anderen Seite steht die aufklärende Information, die die subjektive Sicherheit in genau entgegengesetzter Weise anspricht – angefangen mit warnender Beschilderung, Verkehrserziehung und Appellen zu einer umsichtigen Fahrweise bis zu Hinweisen auf die Zahl von Unfalltoten auf gefährlichen Strecken. All dies erhöht die effektive Sicherheit, wobei selbstverständlich auch hier – wie bei allen komplexen Vorgängen – Umkippeffekte und Rückwirkungen bedacht werden müssen. Etwa durch nachlassende Aufmerksamkeit bei geringerer Geschwindigkeit oder durch Streß, der durch eine zu große Ängstlichkeit verursacht wird und zu Fehlhandlungen führt.

So war zum Beispiel die ungewöhnliche Beschilderung einer seit Jahren berüchtigten Strecke in Südfrankreich äußerst erfolgreich. Man hatte hier eine drastische Warnung – »Ein Toter pro Monat« – mit einer Aufklärung über unnötiges Sich-Beeilen – »In zehn Minuten sind Sie in Ste-Maxime« – kombiniert. Das untere der folgenden vier Bilder zeigt die später angebrachte Erfolgsmeldung, die dafür sorgte, daß die Wirkung anhielt.

Geschwindigkeit tötet. Vorsicht.

Auf dieser Strecke: 1 Toter pro Monat.

Vorsicht. In 5 Minuten sind Sie schon in Ste-Maxime.

Sicherheit lohnt sich.
1989: 14 Tote. 1990: 1 Toter

Ungewöhnliche Beschilderung auf einer Todesstrecke in Südfrankreich. Informationen, unter denen Jagdtrieb, Ungeduld und Prestige der Vernunft Platz machten – mit verblüffendem nachhaltigen Erfolg.

Fotos: sbu München

Es ist somit wichtig, die stetige Erhöhung der scheinbaren Sicherheit – also des subjektiven Sicherheitsempfindens – aufzuheben, die mit jeder neuen Sicherheitsmaßnahme am Fahrzeug selbst und mit jedem Abbau einer Gefahr automatisch erfolgt. Solange dieser Mechanismus nicht in eine gegenläufige Richtung gelenkt wird, wird es daher kaum möglich sein, allein durch technische Verbesserungen der Fahrsicherheit einen Fortschritt zu erzielen, da ein solcher immer wieder kompensiert wird.

Technische Verbesserungen werden abgepuffert

Wenn somit sicherheitstechnische Verbesserungen sowohl die *effektive* als auch die *psychologische* Sicherheit erhöhen, führt das zwangsweise zu dem Ergebnis, daß die Aufmerksamkeit des Fahrers – sei es, daß er sich auf ABS, 4WD, Airbags oder die bessere Übersichtlichkeit auf geraden, vierspurigen Straßen verläßt – mit seinem ansteigenden Sicherheitsempfinden abnimmt, der Leichtsinn zunimmt und sehr rasch wieder das vorherige Unfallrisiko erreicht ist. Bekanntlich haben die Versicherungen nach diesen Erfahrungen zum Beispiel den ursprünglichen Bonus für ein ABS-Bremssystem wieder aufgehoben. Statt ABS hätte im Gegenteil wohl gerade ein Bewußtmachen der Gefahr einen größeren Erfolg gebracht. Mein – nicht ganz ernst gemeinter – Vorschlag an die Versicherungen: die allgemeine Einführung eines 15 Zentimeter langen Stahlstachels, der aus der Mitte des Lenkrades auf die Brust des Fahrers zielt. Dies hätte sicher eine äußerst sanfte Fahrweise zur Folge.

So ganz abwegig ist die darin enthaltene Grundidee in der Tat nicht. Untersuchungen über die Unfallhäufigkeit von besonders »verletztlichen« französischen Leichtfahrzeugen zeigen, daß diese bei gleichen Personenfahrkilometern im Vergleich zu normalen Tourenwagen weit besser abschneiden, was nichts anderes bedeutet, als daß mit solchen Fahrzeugen vorsichtiger gefahren wird. Das gleiche galt zum Erstaunen der Fachleute auch für vergleichende Crashtests, etwa mit dem dünnwandigen *Horlacher*, der aufgrund seiner relativ weichen Knautschzone bei einem Zusammenstoß mit einem *Audi 100* besser abschnitt als letzterer.[167]

Im Grunde genommen ist die Konzentration sowohl der Autohersteller wie auch des TÜVs auf die *passive* Sicherheit, wofür aufwendigste Crashtests veranstaltet werden, eine Augenwischerei. Denn der Anteil, den die *aktive* Sicherheit an der Unfallverhütung hat, wird dabei überhaupt nicht berücksichtigt, obwohl sie weitaus mehr ins Gewicht fällt. Da jedoch die Faktoren, die zur aktiven Sicherheit beitragen – wie das Fahrverhalten, die innere Einstellung und ähnliches –, nicht meßbar sind, beschränkt man sich eben auf die Erhöhung der passiven Sicherheit, obgleich das die aktive Sicherheit sogar vermindern kann. Crashtests sind daher in Deutschland auch gar nicht vorgeschrieben, ihre Ergebnisse werden aber von den großen Autofirmen ständig als Werbeargument angeführt. Dadurch hat sich die Bedeutung solcher Tests im Bewußtsein des Autokäufers völlig verschoben und sorgt für großes Mißtrauen gegenüber Leichtfahrzeugen. Ein weiteres Beispiel dafür, wie leicht sich der Mensch verwirren läßt. Wie schon gesagt, müßte er doch eigentlich weit mehr Angst haben, ein Motorrad oder Fahrrad zu benutzen, und als Fußgänger dürfte er sich schon gar nicht auf die Straße wagen.

Sicherheit und Tempolimit

Die mit einem Tempolimit gesammelten Erfahrungen sprechen eindeutig zu dessen Gunsten – insbesondere im Unfallbereich. Daneben verblassen sogar andere positive Effekte wie eine bessere Ausnutzung der Straßenkapazität, weniger Energieverbrauch und eine geringere Abgasbelastung.[168] Dennoch wird selbst von manch offizieller Seite – entgegen den klaren Aussagen des Umweltbundesamtes[169] oder des Verkehrsclubs Deutschland (VCD)[170] – immer wieder vorgebracht, daß eine Geschwindigkeitsbegrenzung die Zahl der Unfälle nicht senken würde. Die eindeutigen Beweise, daß dies sehr wohl der Fall ist, werden verschwiegen, um bestimmten Interessengruppen gefällig zu sein. Daß der gewaltige Unfallzoll und die dahinterstehenden traurigen Einzelschicksale beinahe wie etwas Normales hingenommen werden und die Bevölkerung eine solche Verkehrspolitik mit stoischem Gleichmut erträgt, kann wohl kaum mit einer Gewöhnung an den Schrecken allein erklärt werden. Vor allem auf der gesellschaftspolitischen Ebene mag hier in der Tat so etwas wie die von KNOFLACHER beschriebene Pervertierung unseres Rechtsempfindens, ähnlich dem

Kriegsrecht, eine gewisse Rolle spielen. Daher seien nachfolgend noch einige Zahlen zu den meßbaren Auswirkungen von Tempolimits aufgeführt.

Laut Statistik des Bundesverkehrsministeriums ist »zu schnelles Fahren« mit 18 Prozent die häufigste aller Unfallursachen. Durch Überholmanöver, das Nehmen der Vorfahrt und zu dichtes Auffahren – Vorgänge, die im Prinzip wiederum aus einer zu hohen Geschwindigkeit resultieren – werden zusammengenommen sogar rund 50 Prozent aller Unfälle verursacht. Mit nur rund acht Prozent spielen dagegen die Fahrzeugtechnik und die Straßenverhältnisse, in die man zur Verbesserung der Sicherheit vor allem investieren zu müssen glaubt, eine weitaus geringere Rolle. Kurz und gut – der wohl wirksamste Hebel zur Unfallverhütung dürfte zweifelsohne ein geringeres Tempo sein. Welche Erfahrungen sind nun in der Praxis mit Veränderungen der erlaubten Geschwindigkeit gemacht worden?

Zehn Meilen schneller – 50 Prozent mehr Unfälle

Die Erhöhung der Geschwindigkeitsgrenze von 55 auf 65 Meilen je Stunde – also 104 anstatt 88 Stundenkilometer –, die Ende der achtziger Jahre in den Vereinigten Staaten auf bestimmten Autobahnabschnitten stattgefunden hatte, hatte dort zu einer Zunahme der tödlichen Unfälle um 50 Prozent geführt. Damals hatten 38 von 50 amerikanischen Staaten davon Gebrauch gemacht. In einer veröffentlichten Zwischenbilanz der Erfahrungen aus 22 Staaten war die Zahl der Verkehrstoten vom Mai bis Juli 1987 auf den betroffenen Strecken von 312 auf 457 gestiegen, während sie sich auf denjenigen Straßen, die weiterhin mit 50 oder 55 Meilen ausgezeichnet waren, sogar um zehn Prozent verringert hatte.[171]

Umgekehrt hat sich die ab 1987 verschärfte Geschwindigkeitsbegrenzung auf Italiens Straßen auf 90 beziehungsweise 110 Stundenkilometer bisher bestens bewährt. Dabei hatte es vorher Proteste gehagelt. Von einer Entmündigung der Autofahrer war die Rede, die einheimische Autoindustrie würde zugrunde gerichtet, die ausländischen Touristen abgeschreckt, außerdem sei das Ganze zu kompliziert und könne sich ohnehin nur als Fehlschlag erweisen. Doch die angekündigte nationale Katastrophe blieb aus. Es geschah nichts dergleichen – lediglich die Unfälle gingen um 37,5 Prozent zurück. Das bedeutete schon im ersten Jahr 569 Tote sowie 17 366 Verletzte und Verstümmelte weniger.[172]

Die österreichischen Erfahrungen mit dem – allerdings weniger strikt kontrollierten – Tempo 80, das seit 1991 in Vorarlberg und Tirol gilt, konnten immerhin einen fünfzehnprozentigen Rückgang der Verkehrstoten und Verletzten verzeichnen. Auch hier hatte der Automobilclub ÖAMTC zuvor verkündet, daß ein Tempolimit keinen Einfluß auf die Verkehrssicherheit habe.[173] Aber auch die Gegenprobe blieb leider nicht aus: 1994 wurde die Tempo-80-Regelung auf Tirols Landstraßen wieder außer Kraft gesetzt, und prompt stieg dort die Todesrate nach Auskunft des *Kuratoriums für Verkehrssicherheit* um horrende 86 Prozent an – in ganz Österreich auf 17 Prozent –, womit die Unfallbilanzen einen Negativ-Rekord erreichten. Nicht zuletzt weil das jeweilige Geschwindigkeitsniveau auf den Landstraßen immer auch in das Dorf oder die Stadt hineingetragen wird.

In Schleswig-Holstein sank mit der Einführung von Tempo 100 und 120 auf bestimmten Autobahnabschnitten die Anzahl der Verkehrsto-

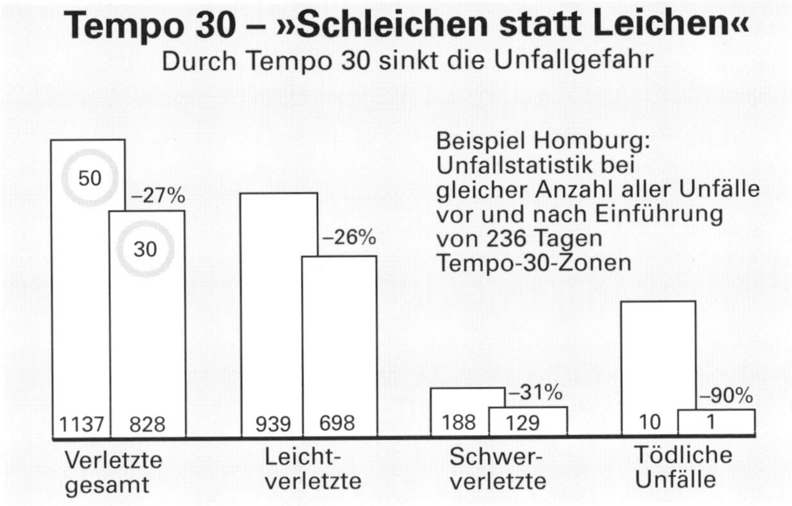

Ein Beispiel für den nachweislichen Erfolg von Restriktionen – entgegen der einsuggerierten Tempomentalität unserer Auto»kultur«.

nach Seifried: Gute Argumente: Verkehr. München 1990

ten auf Null, während auf den übrigen Strecken 33 Tote zu beklagen waren. Laut Auskunft des Innenministeriums nahmen die Unfälle mit Personenschäden auf den Abschnitten mit Geschwindigkeitsbegrenzungen um ein Drittel, die Zahl der Schwerverletzten um 42 und die der Leichtverletzten um 45 Prozent ab.[174] Und was schließlich den Wert von Tempo-30-Zonen betrifft, spricht die gegenüberliegende Grafik aus einer Publikation des *Deutschen Städtetages* für sich selbst. Diese Beispiele sollten genügen, um den unverbesserlichen Kritikern eines Tempolimits den Mund zu stopfen.

Suggestionen der Hersteller machen Restriktionen nötig

Zur Verminderung des Unfallrisikos werden in Zukunft auf jeden Fall weitaus striktere Gesetze und Verordnungen nötig sein. Schließlich sinkt die effektive Sicherheit ja nicht nur durch hohe Geschwindigkeit, falsches Sicherheitsempfinden, streßbedingte Fehlhandlungen oder das »Ausleben« sekundärer Funktionen – wie Wettbewerb, Vordrängen, Jagdverhalten, »sportlicher« Ehrgeiz oder Temporausch – ab. Indirekt wird sie auch durch die Größe, die PS-Zahl, die Qualität und den Prestigewert des Fahrzeugs sowie durch Medien und Werbung beeinflußt. So werden dem Autofahrer viele der gängigen Beweggründe für ein schnelles und »sportliches« Fahren von der Herstellerseite suggeriert, um zum Kauf entsprechender Fahrzeuge anzuregen. Diese müssen dann natürlich auch »ausgefahren« werden – wobei das erhöhte Unfallrisiko bewußt in Kauf genommen wird. *»Wir bauen diese Autos, weil sie der Kunde so haben will«,* heißt es dann. Aber auch ein Drogenhändler kann sich ja nicht damit entschuldigen, daß die Leute schließlich selbst schuld seien, wenn sie seinen »Stoff« haben wollten.

Allein eine drastische Verringerung der Motorleistung unter Herausstellung der einem Ökomobil angemessenen Kriterien würde das grundlegende Fahrverhalten beeinflussen und dabei helfen, das Status- und Prestigebedürfnis sinnvoll zu verlagern. Offenbar ist aber der einseitige Leistungsfetischismus der Hersteller so schnell nicht auszurotten. *»Wir können doch nicht unsere Autos künstlich langsamer machen«,* rechtfertigte MERCEDES-Vorstandsmitglied Rudolf HÖRNIG die bisherige Firmenpolitik und verwies auf den hohen Stand unserer Technik. Hoher Stand der Technik? Nun, ein solcher dürfte wohl erst dann vorhanden sein, wenn man unzeitgemäße Konstruktionen überwindet und zu innovativen Neuentwicklungen imstande ist. *»Es ist wirklich nicht eine Frage des technisch Machbaren«,* meint allerdings BMW-Chef Bernd PISCHETSRIEDER hierzu, *»sondern eine Frage der Akzeptanz. Es hat ja keinen Sinn, ein nur zwei Meter langes Auto zu machen, das nur 400 Kilogramm wiegt und das einige Leute in ihre Garage stellen, weil sie es fashionable finden, und sonst kurven sie mit einem normalen Auto durch die Gegend.«*[175] Merkwürdig, verstehen es die Firmen doch sonst so vorzüglich, die unvernünftigsten Produkte mittels raffinierter Suggestivwirkung in den Markt zu drücken. Und bei etwas Vernünftigem und sogar Lebenswichtigem soll das plötzlich nicht mehr möglich sein, nur weil die nötige »Akzeptanz« dafür fehlt?

Vorstoß in die Elektronik

Abgesehen von der Beschaffenheit des Fahrzeugs selbst, gibt es immerhin einige Möglichkeiten, um die Kompensation technischer Sicherheitsmaßen durch um so leichtsinnigeres Fahren so umzupolen, daß eine davon ausgehende Rückmeldung doch wieder zu einer höheren Sicherheit führt: ein intelligentes elektronisches Feedback beispielsweise, das über die latenten Gefahren informiert, die Aufmerksamkeit länger wachhält und dem Trend zum »Ausreizen« der Motorleistung entgegenwirkt. Ein solches System müßte den Fahrer über die tatsächliche Fahrsituation auch bei günstig erscheinenden Straßenverhältnissen unterrichten, anstatt sie zu vertuschen und dadurch ein falsches Sicherheitsgefühl zu vermitteln.

Über eine solch neuartige »Fahr-Transparenz« hinaus bleibt die Frage bestehen, ob eine vernünftig eingesetzte Elektronik das Auto in punkto Sicherheit noch weiter revolutionieren könnte. Etwa durch Beeinflussung der Fahrweise, vielleicht auch durch die erwähnte Verlagerung der Sekundärfunktionen weg vom PS-Status hin zu einem Elektronik-Status und nicht zuletzt durch bessere Orientierung im Verkehr. So fordert zum Beispiel der Technologieberater Peter NIEDNER für die längst fällige zweite Autogeneration: *»Die Elektronik könnte die*

Geschwindigkeit so begrenzen, daß sie dem Fahrvermögen des Fahrers, dem Straßenzustand und der Verkehrslage entspricht. Sie könnte dafür sorgen, daß das Fahrzeug in der Kurve nicht ausbricht, daß die Bodenhaftung optimiert wird und vieles mehr.«[176]

Gefährliche Vollautomatisierung

Mikroelektronik und Kraftfahrzeugtechnik allein werden allerdings noch keine zweite Autogeneration schaffen. Hier müssen noch neue Werkstoffe, ein konsequentes Recycling und einiges mehr hinzukommen. Vor einer totalen Computerisierung sollten wir uns ohnehin hüten. Die Überlegungen des Bremer Informatikprofessors Klaus HAEFNER, daß wir »*vor der Option stehen, das Lenkrad aus der Hand des zuverlässigen Fahrers zu nehmen und an unzuverlässige Computersysteme zu übergeben*«, könnte ähnlich wie bei dem unfallträchtigen Airbus[177] zu einer gefährlichen Vollautomatisierung führen. Indem man sich auf diese verläßt, wird die objektive Sicherheit durch ein gesteigertes Sicherheitsgefühl vielleicht stärker reduziert, als sie ansteigt. Wie trügerisch es sein kann, sich auf eine technische Automation zu verlassen, zeigen unter anderem die frappierenden Analysen verschiedenartigster Unglücksfälle, die Charles PERROW in seinem Buch »Normale Katastrophen – die unvermeidbaren Risiken der Großtechnik« vornimmt.[178]

In jedem Fall – das zeigten auch unsere Policy-Tests mit einer genaueren Computersimulation – müssen gerade die ambivalenten Auswirkungen bestimmter technischer Verbesserungen im größeren Zusammenhang geprüft und gegebenenfalls durch zusätzliche Hilfen ergänzt werden, damit ihr positiver Effekt nicht gleich wieder kompensiert wird. Die Befürchtung, daß eine schlaue Elektronik dumme Fahrer schaffe, ist sicherlich nicht ganz aus der Luft gegriffen. Wahrscheinlich müßten auch hier flankierende Maßnahmen her, um einem erneuten Abbau der Sicherheit vorzubeugen. Denn diese wird ja, um es noch einmal zu wiederholen, weder durch eine übersichtlichere Straßenführung noch durch technische Verbesserungen wie ABS, Airbag oder Allradantrieb erhöht, da all dies zugleich auch das Sicherheitsempfinden steigert, was wiederum ein unvorsichtigeres Fahren nach sich zieht.

Aufgaben eines Bordcomputers

Die Elektronik sollte daher weniger das Fahren übernehmen – wer haftet übrigens dann bei Computerfehlern? – als vielmehr für eine bessere Information und damit für höhere Aufmerksamkeit des Fahrers sorgen. Ein guter Bordcomputer sollte daher sowohl Informationen über den Zustand des Wagens registrieren und verarbeiten, als auch den Fahrer – ohne ihn abzulenken – über den Straßenzustand und den Verkehr informieren und ihm durch Auslösung von Sicherheitsautomatismen zur Hand gehen – all dies jedoch, indem er den Menschen und seine Reaktionen einbezieht und nicht übergeht.

Wenn man die Elektronik jedoch statt dessen dafür einsetzt, um mit einem »Stoßstange-an-Stoßstange-System« konvoiartige Züge zu

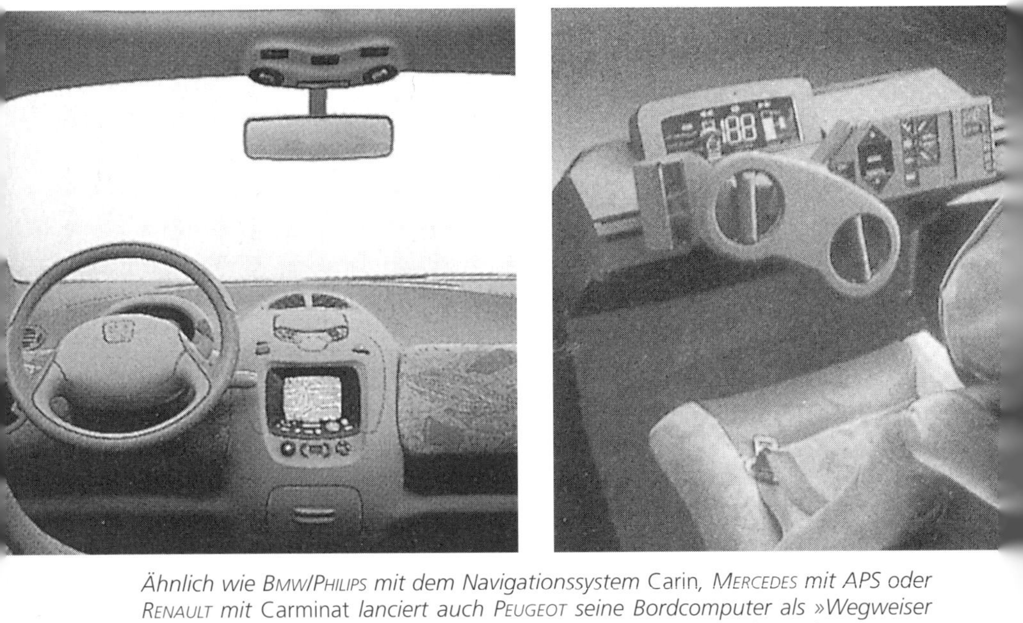

Ähnlich wie Bmw/Philips mit dem Navigationssystem Carin, *Mercedes mit APS oder Renault mit* Carminat *lanciert auch Peugeot seine Bordcomputer als »Wegweiser der Zukunft« auf der Basis von CD-ROM, Video-Display und akustischer Ansage. Inwieweit solche »Mäusekinos« die Aufmerksamkeit des Fahrers überfordern und zum Unfallrisiko werden, ist umstritten. Das linke Bild zeigt den Prototyp eines Peugeot-Cockpits (1994), das rechte einen solchen von 1989, der weitaus moderner anmutet.*

Fotos: Paris Match (links), Firmenfoto (rechts)

bilden – ein Projekt aus den Denkstuben des VW-Konzerns, mit dem die Kapazität der vorhandenen Straßeninfrastruktur erhöht werden soll –, bedient man sich eines unbionischen Lösungsansatzes, der das Gesamtverkehrsaufkommen rasch wieder an seine Grenzen stoßen lassen würde. Auch würde eine solche Amputation von Entscheidungsvorgängen, wie sie etwa bei der automatischen Richtungsstabilisierung des *Heading-Control-Systems* vorliegt, gewiß nicht helfen, den Statusgehalt der PS-Leistung zu ersetzen. Denn von einem Individualfahrzeug könnte dann kaum noch die Rede sein, wie das bei der Betrachtung des *Convoi*-Projekts weiter oben schon vermerkt wurde. Vollautomatische Leitsysteme alleine jedenfalls werden die vorliegenden Probleme nicht lösen, obgleich uns manche Verkehrsexperten das in ihrer primitiven Technikgläubigkeit suggerieren.[179]

»Nicht ein Tempolimit vermindert den Ausstoß von Schadstoffen oder die Zahl der Unfälle, vielmehr müssen intelligente Verkehrsleitsysteme her.«

Otto Graf Lambsdorff[180]

Weitaus sinnvoller scheinen mir elektronische Bordcomputer zu sein, die mit abfragbaren Stadtplänen, Routen und Abzweigeangaben sowie einer elektronischen Lotsenführung entsprechend der momentanen Verkehrslage aufwarten und damit unnötige oder falsche Verkehrsbewegungen verhindern können. Eine solche Variante bietet Mercedes-Benz mit seinem *Auto-Pilot-System* an, das im Gegensatz zu anderen weit aufwendigeren Systemen autark ist und keinerlei Infrastruktur außerhalb des Autos benötigt. Gerade in Solarmobilen, die künftig einmal in fremden Städten als öffentliche Wechselautos zur Verfügung stehen werden, könnten entsprechende Cockpits (siehe Abbildung links) trotz stark reduzierter Motorleistung jedem PS-Protz den Rang ablaufen – und damit wäre auch unserer Statusmentalität Genüge getan.

Prestigeprojekte als falsche politische Weichenstellung

Wie ich schon betont habe, wird durch die unterschiedlichen Verkehrsleitkonzepte der einzelnen Unternehmen ohnehin ein Wirrwarr inkompatibler Systeme entstehen. Denn eine echte Verbesserung sowohl der Fahrsicherheit wie auch des Verkehrsflusses würde eine Integration aller Verkehrssysteme erfordern, was aber angesichts der bisherigen Vorgehensweise wohl vorläufig nicht zustande kommt. Wie man es aus anderen mit öffentlichen Mitteln geförderten Technikbereichen kennt, werden womöglich Unsummen für rein marginale Verbesserungen ausgegeben werden, die die Grundfragen des Verkehrs jedoch nicht berühren, weil eben immer nur die Beziehung Technik ↔ Fahrzeug, aber nicht diejenige von Technik ↔ Verkehr oder Fahrzeug ↔ Verkehr einbezogen wird, von der Umwelt und dem menschlichen Verhalten ganz zu schweigen.

In dieser Hinsicht gilt unzweifelhaft eine Aussage des Unfallforschers Max DANNER: »*Die Schwierigkeit ist, dem Menschen, der fährt, klarzumachen, daß ein Auto auch mit dem besten High-Tech-System den physikalischen Gesetzen unterworfen ist: Sie können auch mit einem Fahrzeug, das mit der schönsten Elektronik ausgestattet ist, von der Straße runterfliegen, wenn Sie zu schnell in die Kurve fahren.*«[166] Daraus geht abermals hervor, daß die aktive Sicherheit eine weitaus bedeutendere Rolle im Unfallgeschehen spielt als die von unseren Technikern in ihren Crashtests so hoch bewertete passive Sicherheit. Es sei nochmal daran erinnert, daß alle Unfallstatistiken zeigen, daß nach wie vor über 80 Prozent aller Unfälle durch das Fahrverhalten – davon allein 50 Prozent geschwindigkeitsbedingt – verursacht werden und somit ein Problem der aktiven und nicht der passiven Sicherheit sind.[181] Eine echte Ursachenbekämpfung müßte daher Einfluß darauf nehmen, ob es überhaupt zu einem Unfall kommt. Das wäre sehr viel wirksamer als der gewiß nicht unwichtige Schutz im Falle eines Unfalls, was letztendlich ja doch nur Symptombekämpfung bleibt.

Alternative Verbrennungsmotoren

Eine neue Art von Effizienz

Neben Form und Größe des Zukunftsautos ist der wichtigste Ansatzpunkt natürlich die Antriebsart. Hier gibt es eine Reihe von Entwicklungen, die sich für die in Zukunft geforderten Hauptkriterien wie Abgasfreiheit, Lautlosigkeit und Energieeffizienz eignen. Dabei hat man sich, wie bereits mehrfach betont, von den eingefahrenen Vorstellungen über einen Motor zu lösen. Stellt man zum Beispiel an ein Elektrofahrzeug dieselben Anforderungen wie an einen anderthalb Tonnen schweren Mittelklassewagen, wird man selbstverständlich sagen, daß die Leistung des ersteren nicht an die des anderen heranreicht und das Elektrofahrzeug deshalb uninteressant ist. Das gleiche gilt für den Stirlingmotor oder den Einsatz von Brennstoffzellen. Richtet man dagegen sein Augenmerk auf eine andere Art von Effizienz und nicht mehr auf die heute üblichen Werte, macht man damit erst den Weg frei zu wirklichen Innovationen.

Der Stirlingmotor – ein lange verkannter Champion

Es ist merkwürdig, daß diesem Heißluftmotor, der 1816 von dem schottischen Pfarrer Robert Stirling entwickelt wurde, nicht mehr Aufmerksamkeit geschenkt worden ist. Schon bei einem herkömmlichen Stirling liegt der Wirkungsgrad, obwohl er mit 35 bis 40 Prozent noch keineswegs ideal ist, weit höher als beim Ottomotor mit seinen 15 bis 20 Prozent. Aufgrund ihres besseren Drehmoments bei niedrigen Drehzahlen wären Stirlingmotoren als extrem leise – weil in sich geschlossene und ohne Explosion verlaufende – Antriebsvariante gerade für den Stadtverkehr interessant. Übrigens arbeiten sie schon seit langem in den U-Booten und Schnellbooten der schwedischen Marine, denn aufgrund ihrer fast lautlosen Funktionsweise sind sie nur schwer zu orten und kommen – da das hermetisch abgeschlossene Motorinnere nicht verschmutzt wird – praktisch ohne Wartung aus. Aus dieser – mit der kombinierten Anwendung von Stirlingmotor und Batterieantrieb gesammelten – Erfahrung heraus, bei der die Schweden weltweit führend sind, haben Entwickler aus Malmö ein höchst umweltfreundliches Hybridfahrzeug konstruiert, und zwar den *Ecology Car 2007*, der mit einem 10 kW-Stirling den Strom für den Elektromotor erzeugt und mit jeder Art Treibstoff fährt. Verbrauch: 2,5 Liter auf 100 Kilometer.[182]

Freie Wahl für umweltfreundliche Energieträger

Da sie mit jedem beliebigen Brennstoff zu betreiben sind, könnten Stirlingmotoren auch den Weg für einen Einsatz austauschbarer Treibstoffe eröffnen – von Benzin, Erdgas, Biogas, Rapsöl, Pyrolyseöl, Methanol und Wasserstoff bis zu Elefantengras, Holz und Stroh. Und da der Treibstoff nicht in einer Explosion, sondern außerhalb des Zylinders kontrolliert verbrannt wird, ist auch eine ideale Abgasbehandlung, ja sogar der Einsatz von Sonnenenergie möglich. Ein Stirlingmotor würde, beläßt man die Energieerzeugung weiterhin im Fahrzeug – auf »stationäre Antriebsarten« werden wir noch zu sprechen kommen –, unsere Forderungen schon weitgehend erfüllen. Er benötigt keine Ventile, keine Einspritzpumpe, keine Zündkerzen, keinen Verteiler, keinen Vergaser und keinen Ölwechsel. Nicht zuletzt aufgrund seiner Wartungsfreiheit wurde der Stirlingmotor gleich serienweise in mehreren Solarkraftwerken im deutsch-spanischen Testzentrum Almeria eingesetzt.[183]

Wie ein Stirling funktioniert

Diese periodische Wärme-Kraft-Maschine arbeitet mit einer konstanten, in einem Zylinder eingeschlossenen Gasmenge, die ständig zwischen einem heißen und einem kalten Raum hin und her geschoben und dabei abwechselnd erhitzt und abgekühlt wird. Die benötigte Wärme wird durch die Verbrennung eines beliebigen Brennstoffs in einer Kammer – oder auch über einen Solarspiegel – außerhalb des Zylinders erzeugt und auf das Arbeitsgas innerhalb des Zylinders (beispielsweise Luft, Helium oder Kohlendioxid) übertragen. Die erhitzte und komprimierte Gasmenge bewegt nun zwei Kolben: den Arbeitskolben und den sogenannten Verdrängerkolben. Dabei entspannt sich das Gas und kühlt ab, um dann vom Verdrängerkolben in den heißen Teil des Zylinders zurückgedrängt zu werden, wo es erneut erhitzt und komprimiert wird – eine stille Energieumwandlung ohne Explosion.

Der schwedische Stirling V-160 von Stirling Power Systems kann als Wärmequelle Flüssig-, Gas- oder Festbrennstoffe ebenso wie Abwärme und Sonnenenergie nutzen. Wartungsfrei und mit enormer Lebensdauer hat er sich im Test bewährt und zeigt mit seinen 9 kW bei einer Drehzahl von 1500 rpm Wirkungsgrade bis zu 20%. Der nach dem Dish-Stirlingsystem arbeitende Motor wird von der Solo GmbH wahlweise als Feststoff-, Gas- oder Solarversion angeboten. Foto: Solo GmbH, Sindelfingen

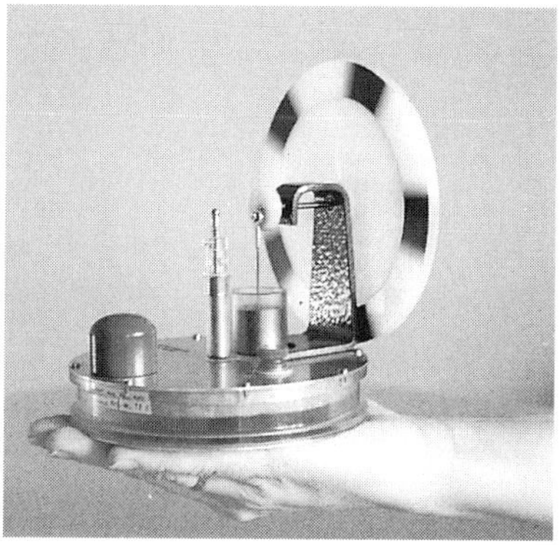

Schon der geringe Temperaturunterschied von wenigen Grad zwischen Handoberfläche und Raumtemperatur treibt den kleinen Stirling in kurzer Zeit – ohne Anwerfen – zu schnellem Lauf an. Ein Stück Eis auf der Oberseite bewirkt das gleiche. Die Nutzung der unzähligen, zum Teil beachtlichen Temperaturgefälle in unserer Umwelt ist eine bisher völlig übergangene Energiequelle zur Stromerzeugung.

Foto: sbu München

Der Wirkungsgrad liegt beim Zwei- bis Dreifachen des Ottomotors, so daß Autohersteller wie Ford den *Torino*, Opel den *Kadett* und Mercedes einen Bus-Prototyp schon in den siebziger Jahren mit einem Stirlingmotor getestet haben. Auch der Philips-Konzern, dessen Stirling-Kühlmaschinen den umgekehrten Vorgang zur Luftverflüssigung nutzen, hat immer wieder versucht, seinen Einsatz als Automotor schmackhaft zu machen. Die Vorteile wurden zwar erkannt, aber nie umgesetzt.

Solarstirling für Kraft-Wärme-Kopplung

Da der Stirlingmotor, wie das vorausgehende Foto zeigt, bereits bei geringen Temperaturdifferenzen von nur wenigen Grad arbeitet, ist er äußerst vielseitig einsetzbar. Und wenn man sich überlegt, daß die Welt – wohin wir auch schauen – voller ungenutzter Temperaturgefälle ist, kann man sich leicht ausmalen, welch ungeheures Reservoir an regenerativer Energie einer umweltfreundlichen Umsetzung durch das Stirlingprinzip harrt. Einer der spektakulärsten Vorstöße in dieser Richtung gelang dem *Ocean Technology Institute* der Universität Hawaii, wo die Temperaturdifferenz des Meereswassers in verschiedenen Tiefen mit einfachsten Mechanismen über ein dem Stirling verwandtes Verdunstungsprinzip für ein 250-kW-Verbundkraftwerk genutzt wird, mit dem neben der Stromerzeugung noch Klimatisierung, Kühlung, Nahrungsproduktion und Wasserreinigung bereits kommerziell profitabel betrieben werden.

Vielleicht werden die Vorteile des Stirlingprinzips – auch für einen Einsatz in Kraftfahrzeugen – erst dann erkannt, wenn es sich einmal auf »Nebenstrecken« bewährt hat. So hat die Stuttgarter Firma SCHLAICH ein Solarkraftwerk auf Stirling-Basis entwickelt, die Firma BOMIN-SOLAR ein Solar-Kuppel-Kraftwerk und die Gruppe um den Industriedesigner Helmut KRAUCH an der Gesamthochschule Kassel einen Stirling zum Einsatz in der Kraft-Wärme-Kopplung.[184] Es sollte zu denken geben, daß Japan uns auch hier in der Entwicklung wieder einmal weit voraus ist. MITSUBISHI und TOSHIBA haben eine 3-kW-Wärmepumpe und TOYOTA einen 30-kW-Stirling sowohl für einen industriellen Einsatz wie auch als Automotor auf den Markt gebracht.

Ein Range Extender für E-Mobile

Eine weitere interessante Variante stammt ebenfalls von der Arbeitsgruppe KRAUCH. Falls man mit seinem City-E-Mobil gelegentlich einmal weiter als nur im Stadtbereich fahren will –, kann ein nur 30 Kilo-

Vorführung eines kompakten »Range Extenders« der Kasseler Stirling-Gruppe durch Projektleiter Dr. Köcher (links) und Chefdesigner Peter Feulner. Der kleine, nur 30 kg schwere kompakte Stirlingmotor stellt als Stromgenerator für Hybridfahrzeuge und für viele andere Anwendungen eine ideale Lösung dar.

Foto: H. Köcher, Kassel

gramm schwerer Stirling auf einem kleinen Anhänger als sogenannter »Range Extender« mitgenommen werden. Dieser kleine Motor, zum Beispiel an eine Campinggasflasche angeschlossen, ersetzt eine gut viermal schwerere Batterie, läuft mit konstanter Drehzahl und lädt lediglich die Batterie des E-Mobils laufend nach. Der Antrieb erfolgt also weiterhin durch den zugkräftigeren E-Motor. Die gleiche Arbeitsgruppe entwickelt für den Stirling neue Möglichkeiten der abgasfreien katalytischen Verbrennung und arbeitet an einem Hochtemperaturspeicher, der beim Stirling einmal den traumhaften Wirkungsgrad von 50 Prozent erzielen soll.

Eine Renaissance des Zweitakters?

Von der kalifornischen Abgasregelung werden nicht nur Automotoren, sondern alle Verbrennungsmotoren betroffen sein – vom Flugzeug über den Außenborder und das Mofa bis zum Rasenmäher und der Motorsäge. Da die letzteren eine ganze Armada von Zweitaktern darstellen, hat die Verordnung auch deren Hersteller auf den Plan gerufen, die nun versuchen, diesen als »Dreckschleuder« verrufenen Motortyp umweltfreundlicher zu gestalten.[185] Es mag sein, daß auf diesen Anstoß hin – parallel zum wachsenden Interesse an den Vorteilen des Stirlingmotors – auch der Zweitakter eine Renaissance erleben wird. Denn auch er läuft ja ohne Ventile, ist einfacher zu bauen, wartungsärmer und wirtschaftlicher als ein Viertakter.

Als umweltbelastend und langsam wurde er – bis auf den *Trabbi* und vor 1966 auch den *DKW* – beim Autobau bisher abgelehnt. Und da er außerdem für hohe Geschwindigkeiten nichts taugte, fehlte das Interesse, Entwicklungsarbeit in eine erhöhte Umweltfreundlichkeit und Treibstoffersparnis zu stecken. Da wir inzwischen eine andere Situation haben, hat sich das Interesse am Zweitakter wiederbelebt. Es lohnt sich daher, einen Blick auf neuere Entwicklungen zu werfen – obgleich selbst der beste und sparsamste Zweitakter gemessen an den Vorteilen des Stirlings höchstens als Notlösung innerhalb einer Übergangszeit in Frage kommen dürfte.

Während die großen Motorenhersteller bisher keinen schadstoffarmen Zweitaktmotor zuwege gebracht haben, waren auch hier Schweizer Mechaniker wieder einmal Pioniere. Durch eine momentan reagierende elektronische Steuerung der Brennstoffzufuhr je nach Bedarf und eine ebensolche ständig optimierte Einstellung des Zündzeitpunkts konnte ein Motor entwickelt werden, der rund 40 Prozent weniger Treibstoff verbraucht und bei dem der Ausstoß an Kohlenmonoxid um 96 Prozent, an Kohlenwasserstoffen um 92 Prozent vermindert ist.[186] Die ersten Zweitakter mit der neuen Motorensteuerung dürften 1997 auf den Markt kommen. Vor allem bei den Scootern und Mofas dürfte dann ein großer Bedarf an einem sauberen Motor bestehen.

Aber auch für Autos ist sicherlich eine neue Generation von Zweitaktern im Kommen, vorausgesetzt, daß ihr geringes Gewicht und ihre noch weiter zu vereinfachende Bauweise – etwa nach dem SARICH-Konzept[187] – mit der nötigen Abgasreduzierung kombiniert werden können. Zumindest die amerikanischen Motorgiganten wie beispielsweise Ford mit seinem *Ghia Zag* und auch die Japaner wollen hier am Ball bleiben, während das Interesse bei den westdeutschen Autofirmen lange Zeit gleich Null war. Nicht von ungefähr kommen deutsche Weiterentwicklungen des Zweitakters daher vor allem aus der ehemaligen DDR. So ging der 1993er *Philip Morris Forschungspreis* an ein in Zwickau entwickeltes System, das ähnlich wie beim Schweizer Modell durch ein elektromagnetisch gesteuertes Einspritzsystem eine beachtliche Reduktion des Treibstoffverbrauchs (um 30 Prozent) sowie des Abgasausstoßes – 85 Prozent weniger CO, 50 Prozent weniger VOC – erzielte. Besonders interessant dabei ist, daß sich auch bereits in Produktion befindliche Motoren mit geringem Aufwand darauf umrüsten lassen.[188] Alles in allem würde es eine spürbare Entlastung bringen, wenn die weltweit rund 200 Millionen Zweitakter auf solche Weise abgespeckt würden.

Treibstoffe der Zukunft

Fossile Treibstoffe sind bald schon »out«

Schwindende Rohstoffreserven im Verein mit Tankerunglücken, Ölschocks und Golfkriegen zum einen, die beginnende Klimawende durch den CO_2-Ausstoß, der gleichzeitig den Abbau des Ozongürtels beschleunigt, als weitere Bedrohung, und zum dritten die immer unerträglichere Abgassituation und Smogbelastung, die über kurz oder lang eine drastische Ökosteuer auf alle fossilen Treibstoffe erwarten läßt, versehen den weiteren Einsatz der bisherigen Treibstoffe mit einer Fülle von Unwägbarkeiten. Ein Übergang auf alternative Energiequellen ist daher – *wenn* schon verbrannt werden muß – die wohl einzige zukunftssichere Entwicklung. Denn auch der sparsame Umgang mit dem zu Ende gehenden Allround-Rohstoff Erdöl ist allem Verkaufsdruck der Araber zum Trotz dringend geboten. Viel zu schade zum Verbrennen, dürfte Öl als Ausgangsbasis für Kunststoffe zu einem der wichtigsten chemischen Rohstoffe der kommenden Generationen avancieren.[189]

Katalysator als Lückenbüßer

Solange wir nicht auf Biotreibstoffe und andere Antriebsarten umsteigen, bleibt der Dreiwege-Katalysator im Straßenverkehr zwar eine wichtige, wenngleich auch eine »End-of-Pipe«-Technik. An der schleichenden Klimaveränderung durch das aus fossilen Quellen stammende CO_2 wird er ebensowenig etwas ändern können wie an der Energiesituation. Zudem sind seine Nachteile, wie etwa der Ausstoß von Platin und Rhodium – der zwar minimal ist, sich jedoch in Pflanzen und über die Kanalisation im Klärschlamm anreichert und beim Verbrennen des Schlamms in die Luft gerät – oder auch die hohe Emission von Ammoniak und Cyanid bei einem Ausfall der Lambdasonde, nicht zu übersehen. Aber wenigstens scheint jetzt ein Weg gefunden, daß der Katalysator beim Kaltstart und beim Stop-and-go im städtischen Stau nicht mehr zur Dreckschleuder wird.

Ein eingebauter Wärmeaustauscher, der die Wärmeenergie des Kühlwassers mehrere Tage lang als latente Wärme in einem Bariumsalz speichert und schon vor Jahren von dem Ingenieur Oskar SCHATZ entwickelt worden ist, soll dies abstellen. Als erster will VW diese Ausrüstung wahlweise anbieten.[190] Ein anderer vermeidbarer Nachteil der Katalysatortechnik ist der mit dem bleifreien Benzin eingekaufte Benzolgehalt. Wie schon im Kapitel über Verkehr und Gesundheit erwähnt, ist die Beimengung von Benzol zur Anhebung des Oktanwertes technisch längst nicht mehr nötig. Zudem sind inzwischen einige nicht krebserzeugende Ersatzstoffe wie zum Beispiel der vom Umweltbundesamt empfohlene tertiäre Butyläther (MTBE) zur Hand, die den Liter Benzin nur um Pfennige verteuern würden.

Selbst die Tatsache, daß es für einen Dieselmotor keinen Katalysator gibt und auch die Rußfilter nur Augenwischerei sind, hält die Autoindustrie nicht davon ab, weiter auf den Diesel zu setzen. Das angestrebte »Dreiliterauto« ausgerechnet mit einem Dieselmotor erkaufen zu wollen – gleichgültig, ob nun mit oder ohne die hochgelobte Direkteinspritzung – anstatt mit den aufgezeigten Features für ein echtes Ökomobil, zeugt nur wieder von der sturen Arroganz der in den Explosionsmotor vernarrten Autotechniker. So wird zum hundertsten Mal damit argumentiert, daß Rußpartikel gar nicht krebserregend seien – was jedoch nie behauptet worden ist. Dafür ist deren indirekte Krebswirkung als Synergist um so gefährlicher, da Rußstaub die übrigen krebserregenden Abgase leichter lungengängig macht und deren Lungenverweilzeit um ein Vielfaches heraufsetzt. Dadurch können diese in Anwesenheit von Ruß schon mit einem Bruchteil ihrer offiziellen Grenzwerte Krebs verursachen.

Nachwachsende Rohstoffe und Biosprit

Um sich von den so problematischen fossilen Treibstoffen zu lösen, wird seit Jahren der Einsatz nachwachsender Rohstoffe zur Gewinnung von Motortreibstoffen erforscht, die bei einer Verbrennung geringere Schadstoffwerte aufweisen und vor allem die Atmosphäre nicht durch zusätzliches CO_2 belasten, indem dieses von den »Treibstoffpflanzen« ja zuvor aus der Luft aufgenommen wurde. Dazu zählen neben Rapsöl und seinem Methylester vor allem Methanol und Äthanol aus Feldfrüchten wie Zuckerrüben, Kartoffeln, Getreide oder Chinagras, aber auch Holz und Stroh. Schon die alten »Holzvergaser«-Autos aus dem letzten Krieg haben gezeigt, wie leicht eine Umstellung möglich ist. So sollen demnächst sämtliche Dieselfahrzeuge des österreichischen Heeres mit Rapsöl angetrieben werden, um die Rußausscheidungen und Abgase zu vermeiden. Gleichzeitig eröffnen sich durch den Rapsanbau – unter Zurückdrängung des ökologisch so ungünstigen Maisanbaus – neue Verdienstmöglichkeiten für die Landwirte. Der besonders darauf abgestimmte *Elsbett*-Motor, dessen erstes Exemplar in einem zum »Rapsölauto« umgebauten Mercedes *190 D* läuft, hat die Feuerprobe seiner Alltagstauglichkeit nach inzwischen über 70 000 gefahrenen Kilometern ohne nennenswerte Reparaturen überstanden.

Die Nutzung nachwachsender Rohstoffe, die für die Landwirtschaft schon aufgrund der mittlerweile zwei Millionen Hektar großen Überschußflächen zumindest vordergründig interessant ist, wurde allein in Bayern von 1990 bis 1993 mit über einer Milliarde Mark gefördert: für den Aufbau von Biomasse-Heizkraftwerken, aber auch für die Herstellung biogener Treibstoffe, so daß dort im Herbst 1994 bereits 70 Rapsöltankstellen in Betrieb waren und Mercedes-Benz die Verwendung von Biodiesel für Taxis freigegeben hat. Ähnlich in Norddeutschland, wo vor allem das Land Brandenburg Rapsfelder subventioniert und ein Ausbau der Ölraffinerien geplant ist.[191]

Weniger durchgesetzt hat sich hingegen der Einsatz von Biomethanol. Die Herstellung und der Vertrieb dieses aus Zuckerrüben gewonnenen Brennstoffes wurden in Brasilien über Jahre hinweg gefördert, und viele Autos auf Methanol-Antrieb umgestellt, bis die Zuckerpreise in der letzten Zeit wieder anstiegen und das Methanol zu teuer wurde. Aus demselben Grund wird daher wohl auch die amerikanische Autoindustrie dem anvisierten Verkauf von jährlich 500 000 Autos mit Methanolantrieb hinterherhinken, der von Ex-Präsident Bush ursprünglich für 1995 gesetzlich festgelegt wurde.

Noch nicht richtig in Angriff genommen worden ist die Treibstoffgewinnung aus den vielversprechenden, schnellwachsenden Energiepflanzen wie dem bis zu sechs Meter hohen Chinaschilf – auch Elefantengras genannt –, einer speziellen Schilfart, die bei zweimaliger Ernte im Jahr 50 Tonnen pro Hektar erbringen soll. Diesem Schilf, das auch als Bau- und Werkstoff verwendbar ist, wird ein besonders bodenschonender Anbau ohne Pestizide und ohne hohe Düngerzufuhr nachgesagt[192] – womit wir beim springenden Punkt der Problematik nachwachsender Rohstoffe angelangt wären.

Nur scheinbare ökologische Vorteile

Vordergründig bestechen die ökologischen Vorteile: Die Abgase verringern sich, der oberirdische Kohlenstoffkreislauf wird nicht weiter belastet. Dennoch muß man diese Vorstöße mit gemischten Gefühlen sehen. Selbst das Umweltbundesamt hat letztlich dem Rapsöl keine gute Ökobilanz bescheinigt.[193] Nicht nur, daß es sich aufgrund seiner Zusätze anders als übliches Altöl nicht zu einem Recycling eignet, sondern es setzt unter anderem auch das den Treibhauseffekt besonders stark fördernde Methan frei.

Bei der Verwendung pflanzlicher Biokraftstoffe droht aber vor allem noch eine ganz andere ökologische Gefahr. Sie besteht im Aufbau gigantischer Monokulturen und dem unbekümmerten Einsatz von Düngemitteln und Pestiziden. Denn da es sich nicht um Nahrungsmittel handelt, die gegessen werden, wird man versuchen, die Ausbeute zu »boostern«, also mit Gewalt hochzutreiben. In dem Moment aber, in dem der Mensch als direkter »Bioindikator« ausscheidet, fallen – so wie bei Baumwolle und Faserpflanzen geschehen – auch die letzten Schranken, die vorher wenigstens verhindert haben, daß die ohnehin schon unübersehbaren Schäden an Wasser und Boden noch weiter ausgeartet sind. Ganz abgesehen davon würden ein solcher Intensivanbau und die Herstellung der Biotreibstoffe selbst wieder einen hohen Energiebedarf benötigen, was die positive Gesamtbilanz beträchtlich relativiert.

Es muß immer wieder davor gewarnt werden, neue Entwicklungen wie diese, die von Politikern wie Agrarfunktionären gierig aufgegriffen werden, zu verfolgen, ohne ihren Systemzusammenhang zu untersuchen. Wir können uns einfach nicht länger erlauben, derartige Vorhaben isoliert zu sehen. Gerade von Politikern wäre es daher als selbstverständlich zu erachten, daß sie eine übergeordnete Überwachungsfunktion übernehmen, als Instanz, die das Wohl des Ganzen vor kommerzielle Einzelinteressen setzt. Leider ist unser Parteiensystem mit seinen inzwischen entstandenen Mechanismen weiter denn je von der Rolle einer solchen Instanz entfernt. Im Gegenteil, unverantwortliche Partikularinteressen hatten noch niemals so große Chancen berücksichtigt zu werden wie heute.

Doch zurück zu den Bio-Kraftstoffen. Zu ihnen gibt es eine Alternative, mit der ihre Vorteile ohne die erwähnten Nachteile genutzt werden können: das aus organischen Rückständen und Abfällen gewonnene Biogas, mit dem zumindest ein Teil unseres Fuhrparks, zum Beispiel Traktoren und Busse, *direkt* betrieben werden könnten. Indirekt könnten jedoch darüber hinaus mit Biogas angetriebene Generatoren die Stromerzeugung für Elektromobile ohne jede CO_2-Belastung und ohne jegliche Usurpierung von Agrarflächen bestreiten.

Dreifacher Nutzen beim Einsatz organischer Abfälle

Da Biogas aus organischen Produktionsabfällen – beispielsweise solchen aus der Nährmittel- oder Bierproduktion und ebenso aus organischem Müll, Klärschlamm, Deponiegas, Mist und Gülle – gewonnen werden kann, die ohnehin beseitigt werden müssen, würde damit anstelle einer weiteren Strapazierung von Anbauflächen sogar ein zusätzliches Abfallproblem gelöst werden und als dritter Vorteil der Rückstand sogar noch als hochwertiger Humus anfallen. Dieses bislang erst in Einzelfällen genutzte dreifache Angebot der Biogastechnologie ist gewaltig. Bei cleverer Vernetzung könnte auf diese Weise ein beträchtlicher Teil unseres Energiebedarfs – inklusive der Stromerzeugung – gedeckt werden. Wir werden im Kapitel über die Möglichkeiten des Stromtankens und -speicherns im Verbund mit einer regenerativen Haustechnik noch einmal auf diesen Aspekt zurückkommen.

Erdgas und Flüssiggas

Anders als beim Biogas, das den Kohlendioxidkreislauf nicht verändert, liegen die Vorteile von Erdgas und Propangas gegenüber Benzin und Dieselöl ausschließlich in den weniger giftigen Abgasen und der Verringerung des Smogs und der Ozonbildung. Zum Treibhauseffekt tragen sie ebenso bei wie die Erdölprodukte. Ihre Nachteile sind die erhöhte Explosionsgefahr – in vielen Städten ist für Autos mit Flüssiggastanks sogar die Einfahrt in Parkgaragen verboten! – und der Platzbedarf der Gasbehälter. Diese beiden Punkte sind allerdings auch beim Biogas gegeben, wenn dieses im Fahrzeug selbst mitgeführt wird. In den USA fahren im Vorgriff auf den *Clean Air Act* jedenfalls heute schon über 30 000 Regierungs- und Geschäftsfahrzeuge sowie eine Reihe von Taxis mit Erdgas.[194]

Leider schlägt bei diesem als so umweltfreundlich propagierten Treibstoff noch ein weiterer recht negativer Aspekt zu Buche, der

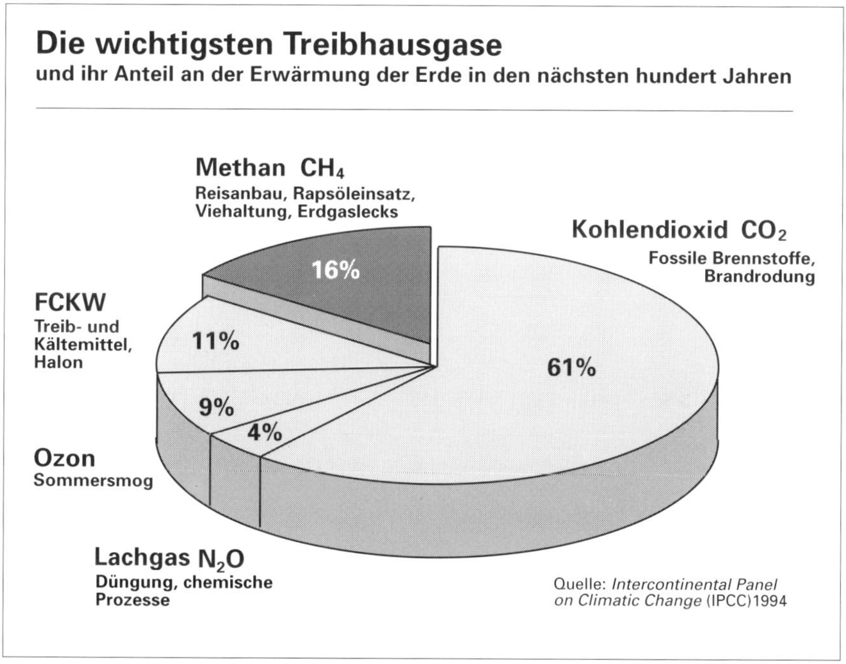

Obgleich Methan gegenüber Kohlendioxid nur in unwesentlichen Mengen in die Atmosphäre gelangt, führt seine über zwanzigmal größere Beeinflussung der Wärmeabstrahlung von der Erdoberfläche doch zu einem beachtlichen Anteil am Treibhauseffekt.

von der Erdgas-Lobby, die mit Umweltargumenten für diese Technik plädiert, nur allzu gerne verschwiegen wird – hat sie doch einige Milliarden Mark in die Infrastruktur der Pipelines und Pumpstationen investiert. Schon am Gewinnungsort entweichen nämlich bis zu 30 Prozent Erdgas in die Luft. Weitere 10 bis 20 Prozent diffundieren beim Transport über größere Entfernungen – etwa aus Rußland – aus den Pipelines. Und ein nochmaliger und – da er sich summiert – besonders hoher Verlust entsteht mit jeweils fünf Prozent bei jeder der vielen zwischengeschalteten Pumpstationen. Bei 15 Stationen wäre das noch einmal die Hälfte der verbliebenen Menge. Man kann also damit rechnen, daß jedem aus einer solchen Fernleitung bezogenen Kubikmeter Erdgas drei weitere Kubikmeter gegenüberstehen, die zum Teil als unverbranntes Methan in die Atmosphäre entwichen sind. Da Methan nun aber als Treibhausgas 24mal wirksamer als Kohlendioxid ist, ist die Verwendung von Erdgas zwar im Hinblick auf die gesundheitsschädlichen Abgase am Boden sauberer, im Hinblick auf die sich anbahnende Klimakatastrophe jedoch weitaus schädlicher.

Methanverbrennung als atmosphärische Entlastung

Anders sieht es beim Methan aus anderen Quellen aus. Hier sind die Vorteile für die Umwelt weit augenfälliger. So hätte es eine unmittelbare Entlastung der Atmosphäre zur Folge, wenn wir nicht nur das methanhaltige Biogas, sondern auch das bei biologischen Prozessen spontan entstehende Methan – zum Beispiel aus Deponien und Kläranlagen – zu CO_2 verbrennen würden, anstatt es einfach ungenutzt in die Luft entweichen zu lassen. Die Verbrennung von vorhandenem Methan zu Kohlendioxid würde den Treibhauseffekt dann nicht etwa verstärken, sondern vielmehr vermindern, da Methan hier wie erwähnt noch weitaus aktiver eingreift als CO_2. Auch Kühe geben bei der Verdauung bekanntermaßen beträchtliche Mengen Methan ab, das allerdings nur in geschlossenen Ställen aufgefangen werden könnte, und ebenso dringt Methan aus dem Ackerboden – allesamt Quellen, die man ohne eine Änderung der Anbauweise und der Viehhaltung nicht in den Griff bekommt.[195]

Aspekte der Wasserstofftechnologie

Die Wasserstoffeuphorie, wie sie in der allgemeinen Energiediskussion gelegentlich die Runde macht – als ob Wasserstoff eine neuentdeckte, unbegrenzt vorhandene und saubere Primärenergie sei –, beruht zum großen Teil auf Unkenntnis: Wasserstoff ist ein Energie*speicher*, aber keine neue Energie*quelle*. Zunächst einmal muß das Gas unter Einsatz der gleichen Energiemenge, die nachher seine Verbrennung erzielt, durch Zersetzung von Wasser – beispielsweise per Elektrolyse – *gewonnen* werden, wofür sich als Primärenergie insbesondere die nicht speicherbaren regenerativen Quellen wie Sonne und Wind anbieten. Denn das eigentlich Interessante ist ja, daß die so gewonnene und im Wasserstoff in chemischer Form gespeicherte Energie nunmehr lagerfähig und transportabel ist.

Mit Wasserstoff steht also keineswegs eine Art *zusätzlicher* Brennstoff zur Verfügung, sondern lediglich ein interessantes Mittel, anderweitig erzeugte Energie zu speichern und womöglich günstig zu transportieren. Dies ist inzwischen auch ohne hohen Druck und schwere Stahlflaschen möglich, da bestimmte Metallegierungen wie eine Art Schwamm riesige Mengen des feuergefährlichen Gases in kompakter Form aufsaugen und mit ihm eine lockere Hydridverbindung eingehen, aus der es leicht wieder abgegeben werden kann. Eine Technologie, die in der letzten Zeit gute Fortschritte gemacht hat.

Stickoxide entstehen auch im Wasserstoffmotor

Leider ist nun Wasserstoff keineswegs, wie allgemein angenommen, ein abgasfreier Kraftstoff, bei dessen Verbrennung lediglich Wasserdampf entsteht. Solange er mit Luft und nicht mit reinem Sauerstoff verbrannt wird – besonders in Explosionsmotoren –, entstehen giftige Stickoxide. Das ist natürlich auch bei dem von MAZDA in seinem *HR-X*-Modell favorisierten Wasserstoff-Wankelmotor der Fall.[196] Eine Reihe technischer Probleme, vom Tankvorgang bis zur Tiefkühlung, sind jedenfalls noch lange nicht optimal gelöst. Hier würde erst eine kontrollierte, ruhige Verbrennung, wie sie zum Beispiel beim Einsatz eines Stirlingmotors stattfindet, eine emissionsfreie Alternative bieten. Das gleiche gilt für die noch zu besprechende »kalte« Verbrennung des Wasserstoffs in einer Brennstoffzelle.

Verlockend ist bei der Wasserstoffgewinnung wiederum, daß die dazu benötigte Energie praktisch aus allen Energiequellen stammen kann, wobei die nichtspeicherbaren wie Strom und die nur zeitweilig speicherbaren wie Wind oder Sonne dafür besonders geeignet sind. Ob der Einsatz von Wasserstoff – im Unterschied zu fossilen Energieformen – dann eine Belastung für das Klima darstellt oder nicht, hängt natürlich voll und ganz davon ab, aus welchem Primärenergieträger er gewonnen wird. Die Förderung einer ökologisch sinnvollen Wasserstofftechnologie – auch im Hinblick auf die sonstige Energieversorgung – würde sich auf jeden Fall lohnen. Dabei würde eine Umleitung des »Kohlepfennigs« in Höhe von jährlich acht Milliarden Mark auf die Förderung regenerativer Energiequellen wahrscheinlich mehr Arbeitsplätze entstehen lassen, als sie durch eine Reduzierung der ohnehin irgendwann obsoleten Kohleförderung verlorengehen. Dazu noch ein paar Beispiele.

Viele Wege führen zu H_2

Selbst der Temperaturgradient des Ozeanwassers kann, wie wir einige Seiten zuvor erfahren haben, mit aus Stirlinggeneratoren gewonnenem Strom zur Wasserstoffproduktion eingesetzt werden. Als Rohstoff zur H_2-Gewinnung kann übrigens nicht nur Wasser, sondern beispielsweise auch das petrochemische Abfallprodukt Schwefelwasserstoff dienen. Hier sind eine Fülle von Entwicklungsarbeiten im Gange, unter denen die photovoltaischen und photobiologischen Prozesse für die Zukunft wohl am wichtigsten sind. Bekannt geworden ist in diesem Zusammenhang vor allem das von Ludwig Bölkow initiierte Gemeinschaftsprojekt einer Wasserstoffgewinnungsanlage – errichtet auf dem Gelände der inzwischen aufgegebenen Wiederaufbereitungsanlage Wackersdorf –, an dem die Forschungsabteilungen verschiedener Konzerne beteiligt sind und das von der Solar-Wasserstoff-Bayern GmbH betrieben wird.[197]

Unter solchen Zukunftsprojekten dürften allerdings die im Großkraftwerksdenken befangenen Vorschläge gigantomanischer Sonnenkraftwerke in der Sahara oder anderen Wüstengebieten mit Tausenden von Kilometer langen Wasserstoffpipelines sowohl in ihrer Energieeffizienz als auch wirtschaftlich weitaus weniger interessant sein als dezentrale, kleinräumige Lösungen, die den Wasserstoff im nahen Umkreis herstellen und verbrauchen. Auf der Basis einer solchen lokalen Wasserstoffgewinnung funktionieren zum Beispiel die »Wasserstoffhäuser« einer amerikanischen Testsiedlung bereits seit einigen Jahren ebenso zufriedenstellend wie eine Reihe von Prototypen der unterschiedlichsten stationären Kraftmaschinen.[198]

Alles in allem kommt die vieldiskutierte Wasserstofftechnologie daher wohl weniger für den direkten Benzinersatz in Privatfahrzeugen in Frage als vielmehr für Busse und Flugzeuge sowie – in indirekter Form – für einen Verbund mit anderen umweltfreundlichen Verfahren der Energieversorgung, für deren Ausbau nicht zuletzt auch die Automobilindustrie ihr technisches Know-how einsetzen kann.

Aussichten für die Brennstoffzelle?

Eine sehr attraktive Art der Stromerzeugung – und zwar ohne zwischengeschaltenen Motor als Generator – stellt auch der chemische Weg der kalten Verbrennung durch eine Brennstoffzelle dar. Diese große Alternative zu den Batterien, auf die gleich noch näher eingegangen werden wird, war wegen der etwas komplizierten Zusatzgeräte eine Zeitlang fast in Vergessenheit geraten, und das, obwohl sie vom Prinzip her hochinteressant ist, weil sie die Brennstoffenergie weit verlustärmer – weil direkt – in Elektrizät umsetzt, als dies in einem Kraftwerk oder über einen Explosionsmotor möglich ist. So werden zum Beispiel Wasserstoff und Sauerstoff in einer Brennstoffzelle mit einem Wirkungsgrad von 60 Prozent katalytisch und damit kalt in Strom umgewandelt, wobei die beiden Gase durch eine halbdurchlässige, mit Platin beschichtete Membran getrennt sind – ein Vorgang, der nun wirklich einmal mit Null-Emission abläuft. Da eine Brennstoffzelle keine beweglichen Teile besitzt, arbeitet sie zudem lautlos.

Die derzeit hergestellten Brennstoffzellen sind leider noch sehr voluminös und haben die Größe einer Geschirrspülmaschine, weshalb man sie nur ungern in seinem Fahrzeug mitschleppen würde. Mit fortschreitender Technik werden sie sich aber vielleicht doch noch eines Tages gegenüber batteriebetriebenen Elektrofahrzeugen durchsetzen.

Auch hier würde wiederum allein schon eine Abkehr von den Kriterien eines Tourenwagens in punkto Spitzengeschwindigkeit, Gewicht und Reichweite dafür sorgen, daß man mit weit handlicheren Aggregaten auskommt. Immerhin gab es schon einmal ein Motorrad von STEYR-PUCH, dessen 0,6 kW starker elektrischer Antrieb aus einer Hydrazinbrennstoffzelle gespeist wurde.[199]

Aus dem Bereich der Automobilindustrie ist DAIMLER-BENZ inzwischen mit einem eigenen Forschungsprojekt in dieses Gebiet eingestiegen. Man verspricht sich davon eine Revolution der Antriebstechnologie von E-Fahrzeugen, insbesondere im Hinblick auf den US-Markt mit seinen ab 1998 wirksam werdenden Abgasbeschränkungen, die unter anderem einen steigenden Prozentsatz von Fahrzeugen mit »Null-Emission« vorschreiben. Bei DAIMLER-BENZ dient zunächst der Kleintransporter *MB 100* als *New-Energy-Car*. Der Versuchswagen erreicht mit der lautlos arbeitenden Brennstoffzelle etwa den doppelten Wirkungsgrad wie mit einem Ottomotor, wenngleich die so erzeugte Leistung in dem Pilotprojekt noch gut fünfzigmal teurer kommt. Als Energielieferant dient Wasserstoff – 50 Liter auf 100 Kilometer –, der aus Raumspargründen allerdings erst während der Fahrt aus Methanol abgespalten werden soll.[200]

Als Fazit im Hinblick auf die Treibstoffe der Zukunft darf gefolgert werden, daß all diese umweltfreundlichen Alternativen sehr rasch ihre Chance bekommen werden, wenn Benzin erst einmal angemessen teuer ist. Und wenn die Stromerzeugung aus Kohle und Kernkraft eines Tages einmal so teuer wird, wie sie es in Wirklichkeit bereits ist – etwa im Rahmen einer ökologischen Steuerreform – dann dürfte auch bei der Solarenergie ein entsprechender Boom eintreten[201], falls hier nicht schon früher der Durchbruch mit den weiter unten noch zu besprechenden bionischen Dünnschichtzellen kommt.

Zur Zukunft der Elektomotoren

Strom tanken und speichern

Als das große Handicap des Elektroantriebs wird immer wieder der große und schwere Batteriesatz angeführt, der Platz wegnimmt und das Gewicht des Fahrzeugs so erhöht, daß ein Teil der Batterien allein schon zum Eigentransport der Batterien selbst nötig ist. Daß dies jedoch nur unter den nicht mehr zeitgemäßen Kriterien des Tourenwagens gilt, wurde bereits ausgeführt. Denn auch für ein Elektromobil sieht die Sache sofort anders aus, wenn man sich vom herkömmlichen Konzept löst. So reicht schon ein minimaler Batteriesatz, wenn das Elektrofahrzeug den in unserer Analyse dargelegten Kriterien für ein Citymobil entspricht: geringe Reichweite und Geschwindigkeit, geringeres Gewicht und ein Solardach für zwischenzeitliches Nachladen.

Rechnet man aus, was ein Ökofahrzeug unserem Konzept zufolge an Batterien benötigt, so reduziert eine Geschwindigkeit von 50 statt 180 Stundenkilometern den Batteriesatz auf ein Drittel. Eine Reichweite von 100 statt 400 Kilometern verringert ihn nochmals auf ein Viertel – was zusammengenommen bereits nur noch ein Zwölftel des Ausgangsgewichts bedeutet. Ein Verzicht auf eine hohe Beschleunigung – statt in vier erst in zehn Sekunden auf 50 Stundenkilometer – würde ihn vielleicht nochmals auf die Hälfte reduzieren, womit wir bereits bei einem Vierundzwanzigstel wären, und die Reduktion des Gewichts von 1,7 Tonnen auf 300 Kilogramm würde die nötige Batteriekapazität nochmal auf ein Drittel vermindern. Damit wären wir bei einem Fünfundsiebzigstel des Batteriesatzes, wie er bislang für nötig befunden wird. Mit anderen Worten: Wir haben hierdurch die Kapazität unseres Stromspeichers quasi so vergrößert, als ob wir seine Energiedichte um das Fünfundsiebzigfache erhöht hätten – was keine noch so teure Batterietechnik zustande bringen dürfte. Nunmehr tut es auch ein Satz ganz normaler Blei-, Zink- oder Nickel-Cadmium-Akkus, und das so dramatisch hochgespielte Problem einer geringen Speicherdichte von Batterien löst sich in Luft auf. Zumindest sind all jene technischen Abarten mit gefährlicher Hochtemperatur dann nicht mehr nötig.

Das Ende des Batterierennens?

Da die Batterieszene ohnehin voll im Fluß ist und Firmen wie AEG oder VARTA mit ihren Neuentwicklungen – etwa dem Nickel-Hydrid-Akku oder der Lithium-Swing-Batterie – ebenso wie SANYO in Japan beinahe monatlich mit besseren Weiterentwicklungen aufwarten, soll an dieser Stelle nicht noch ausführlicher auf dieses Thema eingegangen werden.[202] Es sei hier nur noch soviel gesagt, daß jede komplizierte Zusatztechnik zur Erhöhung der Batteriedichte – wie eine Hocherhitzung – zu einem Flop werden dürfte, weil dann ja wieder mehr Raum, Energie und Gewicht benötigt werden.[203] Der Ansatzhebel liegt nicht in diesem Bereich, sondern nach wie vor beim Fahrzeug selbst, das so gebaut und auch eingesetzt werden muß, daß es mit vier bis sieben Kilowatt Leistung und einer Speicherkapazität von fünf bis 20 Kilowattstunden auskommt. Erst dann haben wir eine Basisinnovation und kein Flickwerk mehr.

Energiebilanz und CO_2-Vergleich zwischen Leicht- und Schwermobilen

	Optimiertes Leichtfahrzeug (z.B. Horlacher)	Nicht optimiertes Normalfahrzeug (z.B. Elektro-Golf)
Stromverbrauch pro 100 km:	7 kWh	35 kWh
CO_2-Emission bei Stromgewinnung aus:		
– Kohlekraftwerk	6,9 kg	34,0 kg
– Erdgas-Blockheizkraftwerk	1,3 kg	6,5 kg
– Solar-, Wind- oder Wasserkraft	0,0 kg	0,0 kg

Weiterhin haben wir schon erfahren, daß durch zusätzliche Solarzellen, die keinesfalls eine eigene Trägerplatte benötigen, sondern ohne jede Gewichtserhöhung als Dünnschichtzellen direkt auf die Karosserie aufgedampft oder aufgeklebt werden können, die Reichweite je nach Klimazone und Fahrrhythmus noch beträchtlich gestreckt werden kann.[204] Bei Stadtfahrten oder in Urlaubsgebieten mit ihren oft nur kurzen Strecken wäre ein Nachladen oder Batteriewechsel wahrscheinlich überhaupt nicht mehr nötig, weil sich das Fahrzeug bei jedem Halt oder Stau ebenso wie auf einem Parkplatz automatisch »auftankt«. Vor allem auch, wenn die Bremsenergie über den Motor, der dann wie ein Dynamo zum Generator wird, in die Batterie zurückgespeist wird. Nach einer gefahrenen Strecke von beispielsweise 40 Kilometern genügen dann 15 bis 30 Minuten Nachladezeit an einer Solartankstelle, ansonsten beträgt sie auch bei weitgehend leeren Batterien nicht mehr als drei bis fünf Stunden. Geht man dann noch zu Steckbatterien über, die auf Kugellagerschienen aus- und eingefahren und somit an zukünftigen Solartankstellen einfach ausgetauscht werden können, würde ein Aufladen höchstens zehn Sekunden dauern – weit weniger als das heutige Tanken. So würde auch das immer wieder ins Spiel gebrachte Argument hinfällig, wie zeitraubend das Stromtanken doch sei – das bei den überdimensionierten Batteriesätzen schwerer, schneller Wagen ohne Wechselbatterie tatsächlich bei sechs bis acht Stunden liegt.

Tankstelle Parkuhr

In Stadtgebieten würde sich über die im ersten Teil dieses Buches ausführlich beschriebenen Solartankstellen hinaus ein flächendeckendes Aufladenetz empfehlen, mit Steckdosen an jeder Parkuhr, an der ohnehin bezahlt werden muß, nach dem Motto: Ohne Geld kein Strom, bei Überschreitung der Parkzeit wieder Stromentzug. So etwa ein Vorschlag der AEG, bei dem man in Zukunft seine Autobatterie mittels einer Chipkarte auflädt – ähnlich wie heute beim Kartentelefon oder automatischen Bankschalter. Neben der Einfachheit der Nutzung würde man von einer hohen Ladeleistung bis zu 12 Kilowattstunden profitieren. Eine Stunde Ladezeit entspricht dann etwa 60 Kilometern zusätzlicher Reichweite, bei Leichtmobilen natürlich noch weit mehr. Auch auf Campingplätzen, in Ausflugsorten und vor allem bei Park-and-Ride-Anlagen bietet sich solch ein zwischenzeitliches Aufladen während der Parkzeit unmittelbar an. Zapfsäulen ähnlicher Art gibt es bereits auf Betriebsgeländen umweltorientierter Firmen, bei einigen MÖVENPICK-Restaurants und einigen städtischen Parkplätzen wie beispielsweise in Memmingen, wo sie von einer Photovoltaikanlage auf dem Dach des dortigen Elektrizitätswerks gespeist werden. Inzwischen hat die Gesamtzahl der öffentlich zugänglichen Solartankstellen in Deutschland die hundert überschritten.[205]

Auch hier seien allerdings noch einmal die Befürchtungen angesprochen, daß man sich mit einem solchen Netz in eine neue und nicht unproblematische Abhängigkeit von der Elektrizitätswirtschaft begeben könnte, von der sich andere Industriezweige heutzutage mehr und mehr zu befreien bemühen. Einen befriedigenden Ausweg bieten hier die schon erwähnten Solartankstellen im Netzverbund. Aber auch sonst gehen die Vorstellungen über den Stromverbrauch von E-Mobilen oft an der Realität vorbei. Denn bei Leichtfahrzeugen ist er nicht größer als der einer Waschmaschine – ein Wert, der, selbst wenn diese Energie aus der Steckdose bezogen wird, im übrigen Haushalt leicht einzusparen wäre. Wie der Hamburger Großversuch mit E-Mobilen gezeigt hat, würde der minimale Zuwachs des Stromverbrauchs durch eine Konversion des Pkw-Bestands in E-Fahrzeuge ohne Konsequenzen bleiben, sowohl beim Jahresbudget des einzelnen wie auch für die Kraftwerkskapazität.[134] Eine ähnliche Berechnung findet sich in einer Studie der BAYERNWERK AG, wonach allein in Bayern 430 000 E-Mobile ihren Fahrstrom ohne jede zusätzliche Belastung der Kraftwerkskapazität – also allein aus überschüssigem Nachtstrom – beziehen könnten.[206]

Stromspeicher der dritten Art

Inzwischen sind weitere Entwicklungen im Gange, Strom auf ungewöhnliche Weise zu speichern. Etwa mit der in Israel entwickelten Zink-Luft-Batterie, die nicht mehr von einer Stromquelle geladen, sondern sozusagen chemisch rezykliert wird und pro Kilogramm Batteriegewicht vier- bis sechsmal mehr Strom speichert als eine Bleibatterie.

Da sie jedoch vorläufig noch nicht aufgeladen werden kann, kann hier auch keine Bremsenergie rückgewonnen werden.

Zum Rezyklieren dieser Batterie wäre ein Servicenetz von Regenerierstationen erforderlich, das allerdings die bestehenden Tankstellen bilden könnten und an denen – ähnlich wie bei Campinggasflaschen üblich – die verbrauchten Batterien für geringe Kosten gegen neue ausgetauscht werden.[207] Ein Umstand, der schon gleich weniger ins Gewicht fällt, wenn man sich klarmacht, daß es ja auch für die gängigen Batteriearten mit ihrer begrenzten Lebensdauer zwischen einem und drei Jahren längst eine konsequente Recyclingtechnik geben müßte. Bei einem neuen Typ der Zink-Luft-Batterie hofft man das »Nachladen« noch weiter abkürzen zu können, indem einfach nur noch die Elektrolytflüssigkeit über einen Schlauch ausgetauscht werden muß.

Eine andere Entwicklung, die ebenfalls vom üblichen Schema abweicht, ist die von einer Firma in Seattle entwickelte *Flywheel*-Batterie. Hier wird das Prinzip der elektrochemischen Speicherung sogar vollständig verlassen und durch eine kinetische Speicherung in Form zweier im Vakuum verkapselter hochtouriger Schwungräder ersetzt. In einer 20minütigen »Schnelladung« an der Steckdose werden die gegenläufigen Schwungräder auf Touren gebracht, die sie dann lange Zeit praktisch ohne Reibung beibehalten. Permanentmagnete in den Speichen der Schwungräder erzeugen den Strom. Die ganze »Elektrozentrifuge« soll 30 Prozent weniger als eine normale Bleibatterie wiegen, aber sechsmal mehr Strom liefern und eine zehnmal längere Lebensdauer haben. Bis zum Start des *Clean-Air-Act* im Jahre 1998 soll die Sache serienreif sein.[208]

Neue Solarstromtechniken

Am attraktivsten als direkte oder indirekte Quelle zum Aufladen des Stroms – bleibt natürlich die Solarenergie. Ihr wird nun oft entgegengehalten, daß sie zwar die sauberste und unerschöpflichste Art der Energiegewinnung ist, doch in unseren Breiten sei damit nicht die notwendige Leistung zu erzielen – ganz abgesehen von den hohen Kosten und den ungelösten Speicherproblemen. Mittlerweile haben jedoch zahlreiche Untersuchungen ergeben, daß eine wirtschaftliche

Erzeugung von Solarstrom auch hierzulande durchaus möglich ist und die ehemals zehnprozentige Stromausbeute mittels neuer Dünnschichtzellen bis auf 37 Prozent gesteigert werden kann.[209] Schon aus einer bereits 1988 von Ludwig Bölkow herausgegebenen Studie geht hervor, daß es im Prinzip *»technisch machbar ist, Solarstrom zum Groschenpreis zu gewinnen«*.[210]

In der Tat sind die Preise für Solarzellen allein in den letzten Jahren beständig gesunken. Mit einer rationellen Massenproduktion, so eine Studie des Öko-Instituts, könnte der Erzeugerpreis in den nächsten fünf Jahren unter 50 Pfennige je Kilowattstunde sinken. Und mit den nachfolgend angeführten neuen Techniken – in Art der »photosynthetischen Antennen« der pflanzlichen Chloroplasten – könnte er gar auf einen Bruchteil davon sinken.

Allein schon mit einer intelligenten Spiegelanordnung läßt sich das Prinzip der Pflanzenzelle zur Steigerung der Photovoltaik-Ausbeute einsetzen. So versorgen in den Chloroplasten über hundert einfache Licht-Antennen ein einziges der kompliziert gebauten Photovoltaik-Partikel. Durch diesen Trick erhält nun das Partikel die hundertfache Lichtintensität, als es normalerweise empfangen würde, und kann diese nun in Elektronen, sozusagen in den für die Photosynthese nötigen Strom, umsetzen. Oder anders ausgedrückt: Die grüne Pflanzenzelle kommt mit nur einem Prozent der »Solarmodule« aus, die ansonsten dafür erforderlich gewesen wären.

Auch unsere teuren Photozellen können weitaus mehr Licht umsetzen, als die Sonne auf sie einstrahlt. Der Leiter des *Instituts für Industrielles Bauen* in Hannover, Helmut Weber, hat diesen Gedanken in Zusammenarbeit mit der Austria Metall AG (AMAG) in die Praxis umgesetzt – wenngleich noch nicht im Verhältnis 100:1. Man hofft, demnächst handliche Solarmodule zu vertretbaren Kosten, unter anderem auch als Bausatz fürs Garagendach, anbieten zu können, die die Stromausbeute durch seitliche Aluminiumreflektoren um 75 Prozent erhöhen. Die nur 4,1 Quadratmeter große Solarzellenfläche liefert mit ihrer Leistung von 850 Watt genügend Strom für die Jahresfahrleistung eines elektrischen Citymobils. Die Investitionskosten von ungefähr 17 000 Mark würden sich somit binnen weniger Jahre amortisieren.[211]

Auf der gleichen bionischen Schiene bahnen sich weitere Entwicklungen an, die die ganze Diskussion um den teuren Solarstrom ad acta legen dürften. In Virginia plant die japanische Firma CANON zusammen mit der amerikanischen ENERGY CONVERSION DEVICES die Massenproduktion neuartiger preiswerter Solarzellen, in Texas wird die ENRON zusammen mit dem Ölkonzern AMOCO schon 1996 Solarstrom aus eigens entwickelten Photozellen für 8 bis 10 Pfennige je Kilowattstunde abgeben, und als absoluter Renner könnte sich eines Tages die jetzt bei der US-Firma AMONIX im Teststadium befindliche Lichtbündelung durch die Solarzellen bedeckende Acryllinsen erweisen, die in Art Tausender kleiner Brenngläser eine mehrhundertfache Konzentration des einfallenden Sonnenlichts in die Photozellen leitet. Nicht nur, daß so auch billigste, in Massen hergestellte Photozellen (die Produktionskosten dürften auf ein Zwanzigstel sinken) eine hohe Ausbeute ergeben, durch den Brennglaseffekt schrumpft auch die benötigte Fläche.

Ein anderer Durchbruch in der Photovoltaik gelang bereits durch die simultane Nutzung der unterschiedlichen Wellenbereiche des Tageslichts in Mehrschichtsolarzellen. Auch dies ein Ergebnis der Bionik, indem ein weiteres Prinzip der »photosynthetischen Antennen«

Die Ausbeute von Solarzellen läßt sich durch jahreszeitlich verstellte Neigung und der Tageszeit nachgeführte Metallspiegel um 30 und mehr Prozent steigern.

Entwurf: Institut für Industrialisierung des Bauens

genutzt wird, mit denen die Chloroplasten der grünen Pflanzenzellen das Sonnenlicht einfangen. Mit einer so aufgebauten Solarzellenfläche kann etwa das Dreifache an Sonnenenergie als bei der herkömmlichen Technik in Strom umgewandelt werden. Das Ganze ist ein Erfolg der *Sandia-National-Laboratories*, USA.

Ähnlich ahmt auch der Schweizer Michael GRÄTZEL mit den schon erwähnten farbstoffbeschichteten Solarzellen die über das Chlorophyll laufende Photosynthese nach, wodurch die Herstellung pro Watt ebenfalls um einiges billiger wird.[212] Die Aussagen der BÖLKOW-Studie werden auf diese Weise Schritt für Schritt bestätigt, und der Weg für echte Solarmobile, deren Außenhaut mit Photovoltaikzellen bestückt ist und die so ihre Energie zusätzlich direkt aus der Karosserie beziehen, eröffnet sich mehr und mehr.

Den ersten erfolgreichen Versuch, ein Auto mit einem Solardach anzutreiben, startete 1962 die INTERNATIONAL RECTIFIER CORPORATION *in El Segundo bei Los Angeles. Sie stattete diesen 1912er* BAKER-Elektrik *mit einem Modul aus 10 640 Siliziumzellen aus, und der Konstrukteur* ESCOFFERY *fuhr damals damit durch London.*

© AP, Frankfurt am Main

»Um Deutschland komplett mit Solarstrom zu bedienen, brauchen wir nicht mehr Grundfläche, als die landwirtschaftliche Sozialbrache ausmacht.«

Ludwig Bölkow

Trotz dieser ständigen Fortschritte hat die Solartechnologie als umweltfreundlichste Energiequelle für den Fahrzeugantrieb bis heute leider nicht den ihr angemessenen Durchbruch erzielt.

Hier liegt gleichermaßen ein Innovationsstau wie auch ein Erwartungsstau vor, der über kurz oder lang – auf den ein oder anderen Auslöser hin, sei er nun technischer oder politischer Art – zu einer rasanten Entwicklung führen könnte. Insbesondere dann, wenn man die Erzeugung des Fahrstroms auf der Basis regenerativer Energien mit einer dezentralen Haustechnik verbinden würde. Auf zwei bereits in meinem Buch »Ausfahrt Zukunft« vorgestellte Entwicklungsmöglichkeiten dieser Art sei daher im Hinblick auf zukünftige solarbetriebene Individualfahrzeuge noch einmal hingewiesen.

Ein permanenter Speicher-Kreislauf

Die erste Entwicklung ist ein Gemeinschaftsprojekt des Energiefachmanns Jürgen Kleinwächter mit dem *Max-Planck-Institut für Kohleforschung und Strahlenchemie* in Mühlheim an der Ruhr.[213] Es handelt sich um einen Sonnenenergiespeicher, bei dem die weiter oben bereits angesprochene Idee, Metallhydride als explosionssichere Wasserstoffspeicher zu nutzen, nunmehr in einer grundlegend verbesserten Form realisiert worden ist, wobei allerdings der Wasserstoff nicht verbrannt, sondern lediglich in einen Kreislauf gebracht wird. Bei diesem Verfahren ist es vielmehr das Magnesiumhydrid, das unter direkter Aufnahme von Sonnenenergie gespalten und später wieder mit dem Wasserstoff vereint wird. Es läßt sich beliebig lange lagern und gibt die Energie bei der erneuten Zusammenführung des Magnesiums mit dem abgetrennten Wasserstoff wieder ohne Verluste ab. Genauso wie in der Natur, wo bei der Photosynthese ja ebenfalls Magnesium eine große Rolle spielt, wird auch hier die an und für sich sehr träge Reaktion durch einen speziellen Katalysator ohne Energieverlust derart beschleunigt, daß einer technischen Verwendung nichts mehr im Wege steht. Die folgende schematische Skizze verdeutlicht das Prinzip. Als kleine, autarke sonnenbetriebene Hausenergiezentrale könnte ein solches System vor allem in sonnenreichen Ländern den Bedarf an Kochwärme, Kühlenergie und Elektrizität rund um die Uhr decken und gleichzeitig den Fahrstrom für Elektromobile liefern.

Sonnenspeicher für Tag und Nacht

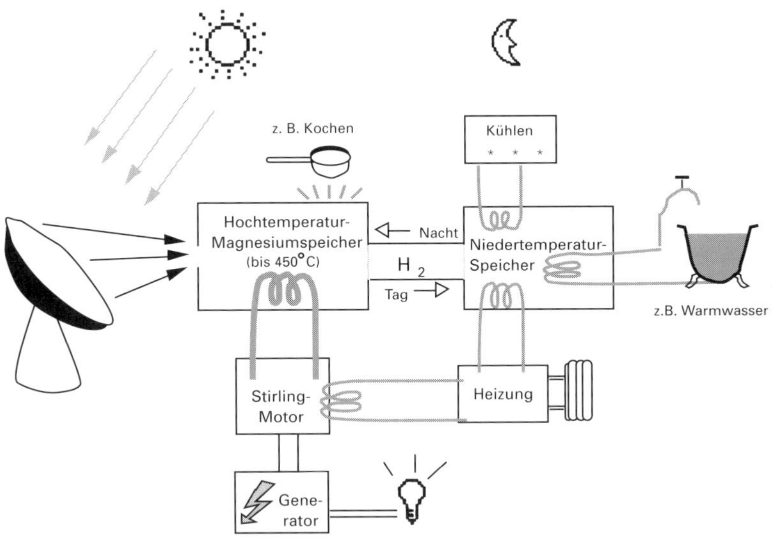

Der am Tag durch die Sonnenwärme freigesetzte Wasserstoff strömt vom Hoch- zum Niedertemperatur-Speicher und wird dort chemisch gebunden, wobei Wärme frei wird. Nachts strömt der Wasserstoff zurück in den Hochtemperatur-Speicher, wird an das Magnesium gebunden und setzt dort wieder Hochtemperatur-Wärme frei. Dabei sinkt die Temperatur im Niedertemperatur-Speicher auf Minusgrade, was zu Kühlzwecken genutzt werden kann.

nach J. Kleinwächter[213]

Stationäre Motoren – ein neues Geschäft

Die zweite Entwicklung beschäftigt sich mit einem Einstieg der Automobilindustrie in die Fertigung stationärer Motoren. Dieser Vorschlag geht von der Vorstellung aus, daß ein Automotor im Grunde genommen ein mobiles Kleinkraftwerk ist, das man nicht unbedingt mitschleppen muß. Man kann es also ebensogut zu Hause lassen. In der Tat ist ein stationärer Verbrennungsmotor als Autoantrieb durchaus kein Paradoxon. Es läßt sich eine Entwicklung vorstellen, bei der eine

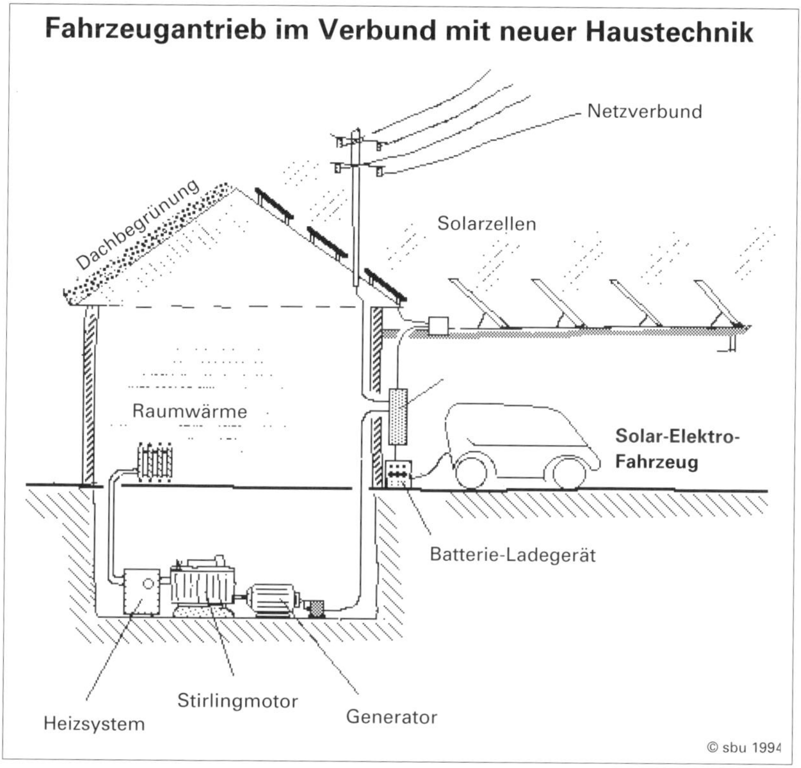

Durch die Kombination einer Vielfalt regenerativer Energiequellen läßt sich im Verbund mit einer autarken Haustechnik selbst genügend Fahrstrom für ein E-Mobil abzweigen. Der Stirlingmotor kann zudem problemlos mit Biogas betrieben werden und läuft dann indirekt ebenfalls mit Sonnenenergie.

dezentrale Energieerzeugung in jedem Privathaus in Form eines stationären Motors – Otto, Diesel, Wankel, Stirling oder Gasturbine – als Mini-Blockheizkraftwerk zugleich Wärme und Strom liefert. Mit einer solchen »Energiebox« würde die Primärenergie zu etwa 90 Prozent ausgenutzt – anstatt wie bisher meist nur zu 40 Prozent. Die Abwärme könnte zur Gebäudeheizung dienen, und mit dem Strom könnten Batterien und andere Speichermodule für den Betrieb von Fahrzeugen aufgeladen werden. Kombiniert mit Sonnenkollektoren, Photovoltaik und Dachbegrünung würde auch der regenerative Anteil der Hausenergie nicht zu kurz kommen.

Eine neue Produktpalette für die Autoindustrie

Ein solcher Ausbau dezentraler Energieerzeugung könnte dann auch die Weiterentwicklung von Elektrofahrzeugen in Richtung auf höhere Wirkungsgrade vorantreiben. Im Sommer und an hellen Wintertagen könnten Solarzellen auf dem Hausdach und kommerzielle Solartankstellen die Stromversorgung ergänzen oder ganz übernehmen oder auch ihren Überschuß ins Netz einspeisen, wie es in der Schweiz schon länger und nun endlich auch bei uns in einigen Pilotprojekten praktiziert wird.

Warum also sollten die Autobauer der Zukunft keine Speicherbatterien und Energieboxen herstellen oder auch deren Vertrieb und Service in eigener Regie übernehmen können? Oder sollten unsere hiesigen Firmen wieder einmal warten, bis sich die Japaner oder Amerikaner dieses Marktsegmentes bemächtigt haben? Vielleicht hat dann auch die unverständliche Ignorierung des Stirlingmotors ein Ende, zumal dieser, wie schon erwähnt, in einer Reihe von Pilotanlagen in den USA, in Saudi-Arabien und im Sonnenenergie-Versuchsgelände bei Almeria in Spanien seit Jahren als idealer wartungsfreier Stromgenerator in Anlagen mit Leistungen von fünf bis 50 Kilowattstunden läuft – in Spanien sogar rund um die Uhr, da er dort im Wechsel mit Sonnenenergie und Biogas betrieben wird.[183]

Enorme Marktchancen im »Motorenbau«

Die latente Sorge der Automobilindustrie, daß sie bei einer generellen Einführung von Elektromotoren und einem dadurch bei Langstrecken vermehrten Umstieg auf die Schiene, beziehungsweise bei Kurzstrecken auf das Fahrrad und anderen Muskelkraftverkehr möglicherweise in Zukunft keine Verbrennungsmotoren mehr bauen dürfe, ist gerade angesichts unserer Energiesituation völlig unbegründet. Allerdings nur dann, wenn sich das Denken auch in diesem Bereich wirklich grundlegend ändert – durch eine Orientierung an der Funktion und nicht mehr am Produkt im Sinne unserer dritten biokybernetischen Regel. Angesichts der zu erwartenden Energie- und Umweltkrisen würde es sich gerade für diesen Industriezweig, der sonst immer tiefer in eine Sackgasse geraten wird, lohnen, die Entwicklung geeigneter Maschinen zur Energieumwandlung – wie etwa Energieboxen, Brennstoffzellen, Solartankstellen, Wind- und Biogasgeneratoren – möglichst frühzeitig zu übernehmen oder mit den jetzt bereits daran arbeitenden Firmen zu kooperieren. Die sich dazu anbietenden Strategien und Technologien habe ich in »Ausfahrt Zukunft« anhand entsprechender Szenarien bereits dargelegt.

Hybridantriebe und Muskelkraft

Legen wir die Maßstäbe weiterer unserer biokybernetischen Grundregeln an, so muß das Prinzip der *Mehrfachnutzung* beim Fahrzeug als Ganzem und das Prinzip des *Jiu-Jitsu* beim regenerativen Antrieb ansetzen. Eine Batterieaufladung mittels einer Energiebox im Keller wiederum erfüllt das Prinzip der *Symbiose*, und ein Biogasantrieb oder die Rückgewinnung der Bremsenergie dasjenige des *Recyclings*. Sobald auch noch die menschliche Muskelkraft als Antrieb mitspielt, kommt eine weitere unserer Grundregeln ins Spiel: das *biologische Design*. Denn nun werden einige Eigenschaften unserer von der Technik diktierten und immer mehr entarteten Mobilität automatisch wieder auf das Menschenmaß zurechtgerückt, auf Grundbedingungen der Gesundheit und der Verträglichkeit mit der Umwelt und Mitwelt – mit allen Konsequenzen der Selbstregulation. Und zwar auch schon dann, wenn die Muskelkraft nur als Teil der für den Transport nötigen Gesamtenergie fungiert. Neben reinen Humankraftfahrzeugen, den »Human Powered Vehicles« (HPV) gehören hierzu auch Muskelhybridfahrzeuge wie die durch einen Elektromotor unterstützten Fahrräder, Tretmobile und Rikschas.

Bei herkömmlichen Karosserien keine Zukunftslösung

Unter Hybridantrieben werden im allgemeinen die Doppelantriebe herkömmlicher Fahrzeuge mit einem Benzin- oder Dieselmotor und einem zusätzlichen Elektroantrieb verstanden. Eine Kombination, die übrigens seit jeher bei U-Booten zum Einsatz kommt. Unter den bisherigen Entwürfen für herkömmliche Pkws zeigt der Hybrid-*Golf* vielleicht noch die kompakteste Lösung. Halb Diesel für Beschleunigung,

Tempo und Reichweite, halb Elektromobil für den leisen, abgasfreien Stadtverkehr, sind hier die beiden Motoren auf nur einer Welle und einem Getriebe montiert, wobei der Elektromotor gleichzeitig als Anlasser und Generator fungiert. Doch aufgrund der üblichen Gewichtsprobleme, der unveränderten Form des Fahrzeugs sowie angesichts der Verluste der mehrfachen Energieumwandlung steckt in diesem Konzept – vom systemischen Blickwinkel aus gesehen – lediglich eine Übergangs-, ganz sicher aber keine Zukunftslösung.

Hybridlösungen für den ÖPNV

Ein Bereich, in dem der Einsatz von Hybridfahrzeugen dieser Art hingegen sinnvoll erscheint, ist der öffentliche Personennahverkehr. Hier haben wir neben der grundsätzlich erhöhten Effizienz durch den Massentransport auch ein besseres Gewichtsverhältnis zwischen Antrieb und Nutzlast als bei einem Pkw, da dieses durch eine weitere Motoreinheit bei einem Bus nur unwesentlich verändert wird. Hybridbusse sind daher eine günstige Zwischenlösung für eine Mischung aus Stop-and-go-Betrieb im Wohnbereich (Elektromotor) und der Bewältigung längerer Außen- oder besonders steiler Zwischenstrecken (Verbrennungsmotor). Sie werden daher – zum Teil mit öffentlichen Fördermitteln – zunehmend in Kurorten und Erholungsgebieten eingesetzt, wo sie lediglich im Ortsbereich auf Elektrobetrieb umschalten und so die Batteriekapazität nicht überbeanspruchen.

Die Erfahrungswerte mit reinen E-Bussen aus unseren Projekten *Neue Mobilität* in Oberstdorf und Berchtesgaden lassen eine Erweiterung des Radius durch Hybridantriebe in der Tat sinnvoll erscheinen. Daher fördert das *Bayerische Umweltministerium* im Rahmen lokaler Verkehrskonzepte ab Herbst 1994 in Bad Wörishofen – und 1995 in einer noch größeren Testregion, nämlich dem südlichen Oberallgäu – den Einsatz neuartiger Niederflur-Hybridbusse der Firma NEOPLAN. Die Kombination zwischen einem Elektro- und einem Dieselmotor ist nämlich vor allem dann interessant, wenn auch der Antrieb durch das Dieselaggregat nicht direkt, sondern via Generator und Batterie über den Elektromotor erfolgt. Auf diese Weise kann der Diesel immer mit konstanter Drehzahl laufen. Der Bus ist dadurch auch bei Dieselbetrieb, während die Batterien nachgeladen werden, sehr leise, kann optimal abgaskontrolliert arbeiten und gleichzeitig das gute Anzugsvermögen des Elektromotors voll nutzen.[214] Die Ergebnisse dieses Versuchs werden Ende 1996 zur Verfügung stehen.[215]

Mehr Chancen mit neuartigen Kombinationen

Kaum diskutiert werden auf diesem Feld wiederum die unkonventionellen Kombinationen: unter anderem Hybrid-Antriebe aus Muskelkraft und Solarenergie, Batteriespeisungen aus Solar- und Stirlingmotoren sowie Kopplungen mit Druckluft- und Schwungradspeichern, die für eine optimale Verteilung der kinetischen Energie sorgen könnten. Gerade für die Kombination verschiedener umweltfreundlicher Antriebe dürfte es aber neue Optimierungsmöglichkeiten geben, insbesondere für den Kurzstreckenbetrieb. Wie ich schon betont habe, würde gerade der Freizeitsektor hierfür einen idealen Einstieg bieten, so wie wir es in unserer Systemstudie für die Bayerischen Kurorte empfohlen haben.

Hinzu kommt, daß sich bei der zunehmenden Bewegungsarmut unserer Zivilisationsgesellschaft ohnehin ein stärkerer Einsatz muskelbetriebener Zusatzantriebe oder ausschließlich durch Muskelkraft bewegter HPVs empfiehlt. So könnte zum Beispiel ein rikschaähnliches Gefährt mit solarbetriebener Hightech-Elektronik und Schwungradspeicher unter Rückspeisung der Bremskraft, was ideal für hügeliges Gelände wäre, manchem Motorfahrzeug den Rang ablaufen und durch die darin wettergeschützte Fortbewegung zugleich eines der Hauptargumente beseitigen, die gegen den Umstieg aufs Fahrrad angeführt werden.

Jede Einsatzart verlangt ihren optimalen Antrieb

Die ausschlaggebenden Faktoren sind dabei in erster Linie die zurückzulegenden Entfernungen und das zu transportierende Gepäck. Im Sinne effizienter Energienutzung macht daher ein Standard-Antrieb für alle Fahrzeuge wenig Sinn. Unserer Forderung, daß in Zukunft jede Antriebsart ihre optimale Einsatzmöglichkeit finden sollte, kommen im Nahbereich vor allem mit Muskelkraft kombinierte Hybridfahrzeuge entgegen. Aus den vielen Entwicklungen kleiner Firmen, die von Elek-

Viersitzige Elektro-Rikscha mit Frontverkleidung und Solarpanel von DISCH-DESIGN, *Freiburg. Bewußt auf Fahrradtechnologie aufgebaut, wiegt das sympathische Gefährt nur 80 kg plus 30 kg für den Batteriesatz. Mittlerer Energiebedarf 1 kWh/100 km.*

Fotos: Disch-Design, Freiburg

tromotoren unterstützte Tretmobile herstellen, seien nur einige typische herausgegriffen. Zum Beispiel die wahlweise mit Muskelkraft, Batterie oder Tageslicht betriebenen »*Spar«zeuge* von DISCH-DESIGN. Diese nach den Kriterien »langsam, leise, leicht und lustig« konstruierten Hybrid-Solarmobile werden mit dem allmählichen Auszug der Autos aus Innenstädten und naturbewußten Ferienorten zunehmend interessanter – wobei ein Einstieg sicherlich am ehesten über kommunale Leih- oder Hotelfahrzeuge erfolgt. Die vorübergehend eingestellte Produktion von DISCH sollte daher unbedingt wieder aufgenommen werden, um vielleicht über diesen Weg einem Neuversuch zum Erfolg zu verhelfen.[216]

Die gleiche Zielgruppe dürfte auch der *CarBike* aus Lindau anpeilen, der schon wieder mehr an ein Auto erinnert und trotz seines geringen Eigengewichts von 95 Kilogramm zwei Erwachsene und zwei bis drei Kinder transportieren kann. Eine zentrale Steuerkurbel, die auch vom Beifahrersitz aus zu bedienen ist, besorgt die leichtgängige Lenkung, eine Drucktaste das »Gasgeben«, und ein Handgriff reguliert die hydraulische Vierrad-Bremse. Dadurch bleiben die Beine für ein gelegentliches Treten frei, wobei jeder Insasse die siebenstufige Übersetzung unabhängig vom Partner schalten kann. Auf diese Weise kommt der *CarBike* mit einem E-Motor von nur 0,6 oder 0,9 Kilowatt Nennleistung aus. Nichts spricht also dagegen, ihn bei diesem geringen Strombedarf auch mit einem Solardach anzubieten – genau wie bei dem fast identisch anmutenden ersten Solarmobil aus Pakistan.[217]

Einen ganz anderen Typus zeigt das Projekt *Twike*: Eine Entwicklung der ETH Zürich, die ein umweltfreundliches Zwei-Personen-Fahrzeug zustande gebracht hat – eine Art Mischung aus Rikscha, Tretauto und Hochtechnologiegefährt. Der erste Prototyp *Twike 50/50* hatte ein Gewicht von 59 Kilogramm, fuhr bis zu 60 Stundenkilometer schnell und kam mit einem Energieverbauch von 1,5 Kilowattstunden auf 100 Kilometern aus, was etwa 0,15 Litern Benzin entspricht. Der darauf folgende Prototyp *Twike II* wiegt bereits 210 Kilogramm, fährt 85 Stundenkilometer schnell und verbraucht auf 100 Kilometern leider schon wieder 4,0 Kilowattstunden. Das Ende 1994 fertiggestellte Modell *Twike III* soll nun mit Unterstützung von ALUSUISSE-LONZA als Elektro-Muskelkraft-Hybrid in Serie gehen. Hier die technischen Da-

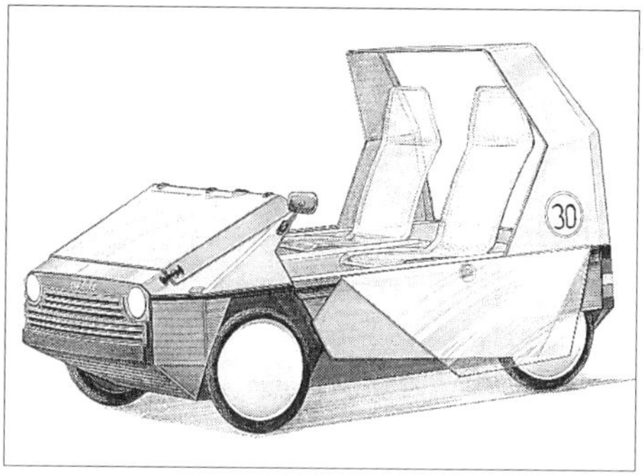

Das CarBike *aus Lindau. Ein leichter Muskelkrafthybrid mit einem kleinen Elektromotor. Eigengewicht ca. 95 kg, Zuladung ca. 230 kg. Fahrer und Beifahrer können über unabhängige Tretkurbeln die Reichweite des bewußt klein gehaltenen Motors erhöhen. Das Design ist konsequent auf geringe Herstellungskosten ausgerichtet. Der Preis soll bei Serienherstellung zwischen 7000 und 9000 DM liegen.*
Entwurf: CarBike Lindau

ten: Leergewicht 230 kg (woran die rezyklierbare Kunststoffkarosserie nur 30 kg ausmacht), Höchstgeschwindigkeit 85 km/h, Energieverbrauch 6,0 kWh, Länge 2,65 m, Höhe 1,20 m, Reichweite über 50 km, Preis 20 000 Mark.[218]

Bei aller Ingenieurleistung im Detail scheinen mir die niedrigen Hybrid-Dreiräder allerdings einen großen Nachteil zu haben, denn ähnlich wie die Liegefahrräder oder der *Mini-El* sind solche Fahrzeuge zwar sehr schöne Sportgeräte – ein ähnliches Konzept aus dem Osten wurde zum Beispiel auch auf der Leipziger Messe 1993 vorgestellt –, aber aufgrund der schlechten Übersicht – sowohl *vom* Fahrzeug aus wie auch *auf* das Fahrzeug – sind sie für den normalen Straßenverkehr einfach zu flach. Gemessen an ihren geringen Einsatzmöglichkeiten ist auch der Preis viel zu hoch, wenngleich er durch die hervorragend optimierte Technik etwa beim *Twike III* gerechtfertigt erscheint.

Der Twike III, *ein Pilotprojekt der ETH Zürich. Leergewicht 230 kg, Höchstgeschwindigkeit 85 km/h, Verbrauch 6 kwh/100 km, Reichweite – je nach Treteinsatz – 50–100 km. Die Serienherstellung durch die* TWIKE *AG, CH-4460 Gelterkinden, ist inzwischen angelaufen. Preis 18 000 Franken.* Foto: Christian Bernhart, Bern

Ein Trimm-dich-Bus für Kurzstrecken

Zur Gruppe der Muskelkrafthybride würde auch ein Schwungrad-Kleinbus zählen, der durch das Strampeln der Fahrgäste auf Touren gebracht wird. Ein solches Gefährt würde von den Sitzplätzen aus mit Pedalen über eine hochtourige Zentrifuge angetrieben werden, wodurch seine Lenkung mit Hilfe der Corioliskraft durch Neigung erfolgen könnte anstatt durch die Verstellung der Räder über ein Steuerrad. Es wäre ideal geeignet für die typischen Kurzstrecken bei Tagungen und in Kurorten mit ihren – zum Strampeln nutzbaren – Wartezeiten an den Endstationen zwischen Hotel, Ausstellung, Kongreß, Messe oder Stadtbesichtigung. Die ganze Sache würde noch dazu für Spaß und Streßabbau sorgen und als Fitneßtraining mit einem Erfolgserlebnis gekrönt sein.

In München sind seit einigen Jahren versuchsweise zwei Schwungradbusse der Firma MAGNETMOTOR STARNBERG[219] – allerdings ohne Muskelkraftantrieb – im Einsatz. Sie verfügen nicht nur über einen Hybridantrieb, sondern auch über einen Hybridspeicher: eine Kombination aus einem Elektromotor, einem Schwungradspeicher, einem kleinen Batteriesatz und einem kleinen Verbrennungsmotor. Das Prinzip ist einfach: Hochleistung zum Beschleunigen, Minikraft zum Rollen. Bei konstanter Geschwindigkeit im Stadtverkehr mit geringem Energiebedarf genügt daher die Batterie völlig; zum Beschleunigen wird dann das Schwungrad dazugeschaltet. Die sonst verlorengehende Bremsenergie wird vom Elektromotor, der dann jeweils als Stromgenerator dient, absorbiert und auf das Schwungrad übertragen. Für höhere Geschwindigkeiten hingegen wird die Energie vom Verbrennungsmotor geliefert, der dabei zugleich die Batterien auflädt. Die Energieeinsparung gegenüber herkömmlichen Bussen beträgt 30 Prozent.

Solchen Elektro-Schwungrad-Hybriden fast ebenbürtig sind Magnetmotoren, die von derselben Starnberger Firma als Antriebssystem für Oberleitungsbusse entwickelt worden sind und ohne teuren Batteriespeicher auskommen. Auch hier wird ja eine Hochleistung nur während der Beschleunigung benötigt, während man beim Rollen mit einem winzigen Pkw-Diesel auskommt. Die Stadt Basel, wo der erste dieser Hybrid-*Trolleys* eine Zeitlang zur Probe lief, hat für 1995 bereits elf weitere Fahrzeuge nachbestellt.

Schwungradantrieb – nicht nur für Spielzeugautos

Die Idee, Fahrzeuge wie bei einem Spielzeugauto mit Schwungrädern anzutreiben, ist übrigens schon 45 Jahre alt. Im Schweizer Kanton Uri versorgte bereits 1950 ein – inzwischen stillgelegter – »GyroBus« der Maschinenfabrik Oerlikon die Strecken zwischen Brunnen und Flüelen. An den jeweiligen Endstationen wurde das Schwungrad – das seine Energie zwar nicht direkt an das Fahrwerk, sondern über einen Generator an einen Elektromotor abgab – jedesmal frisch auf Touren gebracht, was dann für die Rückfahrt völlig ausreichte.

Die zusätzliche Einschaltung einer Batterie dürfte auf jeden Fall interessant sein, da sie im Gegensatz zu einem Schwungrad gerade dann am wirtschaftlichsten arbeitet, wenn sie wenig Energie über einen langen Zeitraum zu liefern hat, während es für ein Schwungrad optimal ist, hohe Energie in kurzer Zeit abzugeben. Was für die Batterie gilt, trifft übrigens auch auf den menschlichen Organismus zu, so daß auch bei dem weiter oben beschriebenen, muskelkraftbetriebenen Schwungradbus die über längere Zeit im Körper eingespeiste »Bioenergie« beim Strampeln nach und nach auf das Schwungrad übertragen wird, aber von dort aus dann ohne weiteres kurzzeitig in hohe Beschleunigung umgesetzt und beim Bremsen teilweise sogar wieder zurückgewonnen werden kann. Auf diese Weise würde dann ein weniger ausgiebiges »Nachladen« des rotierenden Schwungrades genügen. Bei Schienenfahrzeugen – vor allem in der gebirgigen Schweiz – ist die Bremskraftrückgewinnung zur Verringerung des Strombedarfs ja schon lange selbstverständlich und inzwischen auch bei den meisten Elektroautos verwirklicht worden.

Ebenso wirksam wie Schwungradspeicher sind übrigens auch Druckluftspeicher – zum Beispiel nach dem schwedischen *Cumulo*-System. Sie sind dort beim Linienbusverkehr längst im Gebrauch und erreichen durch diese Speicherung der Bremsenergie nicht nur eine dreißigprozentige Kraftstoffersparnis, sondern erlauben auch ein besonders leises Anfahren.

Angesichts dieser unterschiedlichen Kombinationsmöglichkeiten sei noch einmal betont, daß eine Standardisierung bei der Entwicklung von Hybridfahrzeugen nur zu schlechten Kompromissen führen kann. Gerade im Hinblick auf die äußerst verschiedenen Antriebsarten solcher Fahrzeuge sollten Autofahrer und Hersteller von dem noch vielfach anzutreffenden »Standardisierungsfimmel« der klassischen Ingenieursausbildung abkommen. Man sollte sich von dem Gedanken lösen, daß ein Produkt – in diesem Fall ein Fahrzeug oder ein bestimmter Antrieb – für alle Anwender und alle Zwecke überall einsetzbar sein müsse. Wo das hinführt, zeigen gerade die Probleme mit dem gängigen Personenwagenkonzept, das für keinen Zweck richtig taugt, weil es die Grundbedingung des Prinzips der Mehrfachnutzung ignoriert, nämlich die Variabilität.

Das Ende des Explosionsmotors?

Fassen wir die in diesem Kapitel beschriebenen verschiedenen neuen Antriebsarten zusammen, so ergibt sich, daß sie im Vergleich zum heutigen Explosionsmotor eine Reihe von Vorteilen besitzen, die für unsere zukünftige Mobilität immer mehr an Bedeutung gewinnen dürften:

- Eine hohe Umweltfreundlichkeit mit gar keinen – wie bei der Solarenergie – oder nur minimalen Emissionen, da auch den Elektroantrieb speisende Verbrennungsmotoren wie der Stirling im optimalen Betriebsbereich laufen. Bei stationären Stirling-Energieboxen – zum Aufladen des Batteriesatzes – ergibt sich ein zusätzlicher Vorteil durch die bei der Kraft-Wärme-Kopplung fast vollständige Primärenergienutzung unter nochmaliger Emissionseinsparung.
- Keine Reibungsverluste beim Anfahren, weder beim Elektroantrieb noch beim Stirling, weshalb auch keine Kupplung benötigt wird, die als Verschleißteil ausgewechselt werden müßte.
- Bei Elektromotoren kein Energieverbrauch im Stand, bei Solarfahrzeugen im Tageslicht sogar kostenlose Speicheraufladung.
- Die mechanische Kraftübertragung mit Getriebe, Differential und Kardanwelle, die hohes Gewicht und Energieverluste verursacht, wird überflüssig.
- Bei Stirling- und Elektromotoren fallen Zündkerzen, Verteiler, Vergaser, Ventile und Auspuff weg, was größere Betriebssicherheit bedeutet.
- Beim Elektroantrieb äußerst einfache Bedienung: Vorwärts- und Rückwärtsfahrt können wie bei der Bahn oder einem Flugzeug mit einem einzigen Hebel und nicht wie heute mit zwei bis drei Pedalen und einem zusätzlichen Schalthebel gesteuert werden.
- Mit Stirlingmotoren ist ein leises, mit Elektromotoren – bei guter Einkapselung und abgesehen vom Rollgeräusch – sogar ein lautloses Fahren möglich.
- Bei Hybridantrieben mit Muskelkraft gesellen sich zu den obigen Vorteilen Streßabbau und verbesserte Fitneß durch Aufhebung des Bewegungsmangels.

Allerdings ist bei all diesen Fahrzeugen unabdingbar, daß die weiter oben dargestellten Kriterien einer neuen Autogeneration beachtet werden, unter anderem also Leistung und Reichweite relativ gering bleiben und das Fahrzeug ein Leichtgewicht sein muß. Vor allem aber muß man sich beim Abschied vom Explosionsmotor auch von den klassischen Proportionen der Karosserie lösen, nach denen ein Automobil nicht breiter als lang, nicht höher als breit sein und ausschließlich vier Räder haben darf, ein Gehäuse, in dem man neben- oder hintereinander aber sich nicht gegenüber sitzt und bei dem der Motor nicht in der Mitte oder gar an jedem Rad, sondern vorne oder hinten zu sein hat – was letztendlich alles immer noch an die alte Pferdekutsche erinnert und die Entwicklung zu einer durchschlagenden Innovation bis heute nachhaltig blockiert hat.

Der Siegeszug des Fahrrades

Neues Radeln in die Zukunft

Während das immer noch zunehmende Verkehrsaufkommen allein platzmäßig eine Reduktion des Verkehrsvolumens erfordert – und damit Transportmittel mit einer weit geringeren Raumbeanspruchung als das Auto –, gilt der Pkw-Absatz bei uns nach wie vor als die an erster Stelle rangierende volkswirtschaftliche Größe. Die inländische Interessenlobby hatte daher keine Schwierigkeiten, die Zulassung von immer mehr Autos auf unseren Straßen zu forcieren – eine Entwicklung, die sich irgendwann zwangsläufig selbst ad absurdum führen muß. Zumindest bei der städtischen Bevölkerung beginnt sich dieser bedingungslose Trend zum Auto hin, wie schon im Verkehrsteil beschrieben, allmählich umzukehren. Eine wachsende Zahl von Fahrradwegen trägt dieser Entwicklung Rechnung. Inzwischen haben sogar die Finanzämter nachgezogen; gefahrene Fahrradkilometer sind neuerdings von der Steuer absetzbar. Und die Fahrradhersteller erleben einen Boom wie nie zuvor.

Nicht nur bei uns, auch in fast allen anderen europäischen Ländern – das flache Holland war ja immer schon die Nummer Eins im »Fietsen«-Verkehr – entdeckt man endlich, daß dieses Transportmittel in der Stadt schneller und praktischer als ein Auto ist und darüber hinaus die Umwelt nicht schädigt. In Frankreich hat der Staat aus diesen Gründen dem »Vélo« durch eine Reihe von Maßnahmen wie Sonderspuren im Verkehr und erleichterten Transport mit der Bahn einen *nouvel élan* verordnet.[220] Die USA, Taiwan und Japan, die das Hightech-Fahrrad und komplette Systemlösungen wieder einmal vor den etwas verschlafenen Deutschen auf den Markt geworfen haben, sind damit von der Billig-Philosophie des Drahtesels abgerückt und haben nach dem Boom zu Anfang der neunziger Jahre für ein größeres Angebot auf dem Hochpreissegment gesorgt. Insgesamt hat nun auch in Deutschland die Zahl der Fahrräder mit 58 Millionen diejenige der Autos weit überholt, darunter solche mit extrem leichtem Kinder- und Gepäckanhänger, Zwillingsfahrräder und Transporträder wie der 1995 zum »Fahrrad des Jahres« gekürte *Lorri* von KEMPER. Allein 1992 sind 6,5 Millionen neuer Fahrräder ausgeliefert worden. Hinzu kommt inzwischen das sich rasch ausdehnende Gebiet der Elektrofahrräder, das sich – obwohl bei uns noch relativ schwach vertreten – seit Ende 1989 gerade in China mit einem Boom rund 50 Kilogramm schwerer *E-Bicycles* und *E-Tricycles* ankündigt. Diese besitzen Motoren mit einer Leistung von ein- bis zweihundert Watt, haben pro Ladung eine Reichweite zwischen 40 und 80 Kilometern und werden zur Zeit in mehr als 50 Fabriken produziert.[221]

Bei aller Automobilisierung der letzten Jahrzehnte vergißt man nur allzu leicht, daß der größte Teil der Personentransporte auf der Welt nach wie vor mit Muskelkraft erfolgt, die letztlich nichts anderes ist als eine indirekte Form der Solarenergie. Auch weltweit übertreffen die schätzungsweise 900 Millionen Fahrräder die Zahl der Autos immer noch um fast das Doppelte. Allein in Ostasien, wo sie seit jeher ein Gebrauchsmittel und nie ein Sportgerät waren, transportieren sie mehr Leute als sämtliche Autos der Welt zusammen. Während wir in dieser Richtung langsam »aufzuholen« beginnen, könnte es allerdings sein, daß man sich dort in Zukunft genau in die entgegengesetzte Richtung bewegt – nämlich hinein ins automobile Verkehrschaos.

Chinas Straßenverkehr am Scheideweg

Im Kapitel über Verkehr und Umwelt ist die anstehende Motorisierung Chinas bereits kurz gestreift worden. Diesen Prozeß mit herkömmlichen Fahrzeugen konventioneller Antriebsarten in Gang zu setzen, wie es von unseren Autokonzernen offenbar angestrebt wird, ist in der Tat eine Horrorvorstellung für jeden, der die derzeit noch funktionierende Infrastruktur Chinas sich damit selbst zerstören sieht, aber auch für jeden, der die immer prekärer werdende Situation auf unserem Erdball vor Augen hat. Auch für unsere eigene Wirtschaft könnte dies bedenkliche Folgen haben. Denn der dann in China noch einmal aufblühende Absatzmarkt für unsere längst nicht mehr zeitgemäßen

Straßenkreuzer dürfte die so dringend notwendige Evolution des Individualverkehrs auch bei uns wieder eine ganze Weile lang blockieren.

Da das Unvernünftige leider schon immer mehr Erfolg hatte als das Vernünftige, dürfte Chinas Weg in eine zwar freie – man müßte wohl eher sagen »wilde« –, aber leider kaum ökologisch-soziale Marktwirtschaft Wirklichkeit werden, und dies unter tatkräftiger Mithilfe internationaler Konzerne. Neben der auf einen Bankrott zusteuernden chinesischen Staatsindustrie mit mehreren hundert Millionen Arbeitslosen, die zur Zeit in einer Art Völkerwanderung in die Metropolen strömen, kündigt sich dort eine investitionswütige Zerstörung der Städte an. Die jährlichen Kosten der Umweltschäden liegen bereits heute bei umgerechnet 17 Milliarden Mark, was in China einen Anteil von 6,75 Prozent des Bruttosozialprodukts ausmacht. Bei uns entspräche das einem jährlichen Schaden von über 200 Milliarden Mark.

Eine Fahrradkultur, die es in sich hat, ist bedroht

Schon gibt es Pläne, die beneidenswerten, acht bis zehn Meter breiten Fahrradwege, auf denen die Chinesen ihre Bahnen ohne Hast ziehen – die hier heimischen Fahrradrowdies fehlen dort –, zugunsten von Autobahnen abzuschaffen, ja die Fahrräder von den Brennpunkten des Verkehrs ganz zu vertreiben. Verschwinden würden dann auch die Dreiräder und kleinen Anhängerkutschen, auf denen oft gewaltige Lasten wie etwa Baustoffe, Maschinen oder halbe Wohnungseinrichtungen transportiert werden. Davon betroffen wären natürlich auch so gemütliche, billige Transportmittel wie die überdachten Fahrradrikschas, die als Taxi fungieren. Verschwinden würden zugleich auch die vielen praktischen, am Straßenrand ausgebreiteten Reparaturwerkstätten, bei denen Pannen sozusagen an Ort und Stelle behoben werden, und ebenso die riesigen, alle paar Blocks vorhandenen und bewachten Walk-and-bike-Parkplätze, neben denen sich unsere vereinzelten Fahrradständer recht rückständig ausnehmen. Dieses Bild droht sich nun von Tag zu Tag zu verändern und einer wachsenden Flut von stinkenden, lärmenden Autos zu weichen, von denen jedes den Platz von fünf bis zehn Fahrrädern einnimmt.

Umweltfreundlicher Güternahtransport in China. Das Fahrrad bewältigt auch umfangreiche und schwere Lasten weit besser als allgemein vermutet.

Der Autor mit Professor Wang in Beijing.

Fotos: sbu München

Die unter kräftiger Unterstützung westlicher Autokonzerne vorangetriebene Motorisierung Chinas könnte, aus diesem Blickwinkel heraus betrachtet, auf ein Verbrechen an der Menschheit hinauslaufen. Für den VW-Konzern gilt es hingegen als Riesenerfolg, daß man zum Beispiel 1994 die Produktionskapazität für den *Santana* im Werk Shanghai auf 200 000 Fahrzeuge verdoppeln konnte und in Zukunft noch kräftig weiter zu steigern gedenkt. Aber damit nicht genug. Jetzt hat man auch die Marktnische Indien entdeckt und will sich dort einnisten. Alles unter dem Applaus von Politikern, ja oft sogar von diesen selbst eingefädelt. Wer aber übernimmt die Verantwortung für die klimatischen Folgen, wenn erst einmal die 400 Millionen Chinesen, die derzeit mit dem Fahrrad unterwegs sind, die Luft mit 400 Millionen Dieselfahrzeugen verpesten – und seien diese auch noch so sparsam im Verbrauch? Und wer übernimmt die Verantwortung dafür, daß mit dieser Entwicklung die kleinräumige Infrastruktur Chinas zerstört wird?

Wie in so vielen anderen Bereichen fehlt auch hier eine übergeordnete Instanz, sozusagen ein Umwelt-Sicherheitsrat mit einer Kontrollfunktion und einem Einspruchsrecht, die das Treiben allzu kurzsichtiger Interessenvertreter kontrolliert und in systemverträgliche Bahnen lenkt. Eine Instanz mit einer ähnlichen Orientierung wie das UNESCO-Programm *Man and the Biosphere*, das leider nur die Forschung koordiniert, oder wie der *Club of Rome*, der wiederum nur aufklären und empfehlen kann, aber wie man sie sich eigentlich von dem neu gegründeten *International Green Cross* unter der Präsidentschaft von Michail Gorbatschow versprochen hätte. Die Zeiten sind vorbei, in denen sich Firmen, Verbände und die ihnen hörigen Politiker nur um ihre Einzelprojekte zu kümmern brauchten. Doch leider gibt es erst wenige, die über den Tellerrand hinausschauen und sich für das Zusammenspiel mit dem betroffenen Lebensraum zuständig fühlen. Genauso wie im kleinen, finden wir auch im großen meist ein gefährliches »Profit-Center-Denken«, eine sektorielle Sichtweise, die jeder ganzheitlichen Planung Hohn spricht.

China als Schrittmacher?

Dabei könnte – richtig angepackt – eine ökologisch verantwortungsvolle Zusammenarbeit mit China gerade für die Automobilindustrie besonders fruchtbar sein. Dort ist bereits diejenige Infrastruktur vorhanden – ein ausgedehntes Radwegenetz und ein flächendeckender öffentlicher Verkehr –, die für eine neue Fahrzeuggeneration ohne Explosionsmotor ideal ist. Andererseits ist das Land noch nicht durch jene Infrastruktur verbaut – Autobahnen, Raffinerien, Pipelines, Tankstellennetz –, die es uns zusätzlich so schwer macht, vom Auto Abstand zu nehmen. Die heutigen Voraussetzungen in China bieten für westliche Investoren jedenfalls die auf der Welt einmalige Chance, die Einführung von systemverträglichen Individualfahrzeugen ohne eine große Umstrukturierung anzukurbeln, eine Produktpalette der Zukunft, die dort unter anderem auf mit regenerativer Energie betriebenen Leichtfahrzeugen aufbauen kann.

Erstaunlicherweise hat das amerikanische Verteidigungsministerium dies eher begriffen als unsere hiesigen Konzerne und Regierungsbehörden. Auf der ersten Sitzung der chinesisch-amerikanischen Konversions-Kommission, die im Oktober 1994 in Beijing stattgefunden hat und von US-Verteidungsminister William PERRY geleitet worden ist, hat dieser für die Umstellung der chinesischen Rüstungsindustrie auf neue Produkte plädiert. Dabei hat er als erstes die Herstellung von E-Mobilen und Flugsicherungsanlagen genannt und für diesen Zweck amerikanische Hilfe angeboten.[222]

Zusammen mit der in den letzten Jahren stark angewachsenen Zahl elektrisch betriebener Fahrräder würde sich dadurch zugleich ein riesiger Markt für Solartankstellen ergeben, die – was in China nicht ungewöhnlich wäre – die Sonnenenergie gar nicht über die teure Photovoltaik, sondern indirekt über den Einsatz von Biogasgeneratoren nutzen könnten. Eine Chance, die offenbar von niemandem erkannt wird – übrigens auch nicht in Indonesien, wo die Behörden entschlossen sind, die umweltfreundlichen »Becaks«, bunte dreirädrige Fahrradtaxis, gegen den zum Teil handgreiflichen Protest der Einwohner aus der Hauptstadt Jakarta zu verbannen, um Platz für ein paar weitere Autos zu schaffen.

Genau diese Kombination mit der Energieversorgung aber könnte der Autoindustrie auch jenen zweiten gewaltigen Markt erschließen, der im Bereich dezentraler Haustechnik derzeit noch weitgehend brachliegt. Mit der Konsequenz, daß der Gebrauch erneuerbarer Energien in großem Maße in Gang käme und die drei großen Abgasemittenten – der KFZ-Verkehr, die Wohnungsheizungen und die Stromerzeugung – auf die langfristig einzig mögliche Schiene geleitet würden. Jedenfalls wäre es fatal, wenn – wie schon die ersten Workshops von VW in China befürchten ließen – bei der »Motorisierung« Chinas einzig und allein von Verbrennungsmotoren die Rede ist. Über den Einsatz von Elektro- oder Solarmobilen war kaum ein Wort zu hören, ganz zu schweigen von den übrigen Möglichkeiten einer neuen umweltverträglichen Ära im Fahrzeugbau. Direkt beschämend war es, als MERCEDES und PORSCHE im November 1994 ihre Überlegungen zur Lösung des chinesischen Mobilitätsbedarfs auf dem Pekinger Familienauto-Kongreß vorstellten und nichts anderes als den Absatz ihrer Dinosaurier anzubieten hatten.[223]

Doch zurück zu unserer eigenen Fahrradkultur. Nicht nur aufgrund des Wegfalls der Luftverschmutzung mit Abgasen und wegen ihrer minimalen Raum- und Materialbeanspruchung werden moderne muskelgetriebene Verkehrsmittel wohl einmal mit zu den wichtigsten Fortbewegungsmitteln der Zukunft zählen. Darüber hinaus gibt es noch eine ganze Reihe anderer Gründe, die mich veranlassen, im folgenden einmal anhand eigener Erfahrungen ein Loblied auf dieses bei uns so lange verkannte Gefährt zu singen.

Mehr Freiheit ohne Auto – ein persönliches Streiflicht

Seitdem meine Frau und ich unser Auto abgeschafft haben und auf öffentliche Verkehrsmittel und das Fahrrad umgestiegen sind, hat sich unsere Mobilität in überraschender Weise verbessert. Geschah dieser Schritt ursprünglich noch aus reinen »Umweltgründen«, so haben wir nachträglich entdeckt, wie sehr das Autofahren zuvor unsere Mobilität in der Stadt einschränkt hatte. Früher war man wie mit einem unsichtbaren Gummiband an den irgendwo abgestellten Wagen gebunden und mußte vor der Entscheidung, ob und wie man irgendwohin gelangt, jeweils überlegen, ob man nun zurück zum Parkplatz geht und den Wagen mitnimmt, dann aber am Zielort womöglich keinen Parkplatz findet, oder ob man irgendwelche Pakete nun zum Auto schleppt oder später abholt – was alles beim Fahrrad völlig wegfällt.

Eine Reihe neuer Freiheiten ist entstanden. Man kann sich nun ohne weiteres für diesen oder jenen Weg und für diese oder jene Reihenfolge seiner Gänge, Besuche und Besorgungen entscheiden. Selbst der Transport von Paketen – ein oft angeführtes Argument für die Unverzichtbarkeit des Autos – ist mit dem Rad überraschenderweise weniger lästig. Man kann es unmittelbar vor der Tür des Geschäfts parken, in den vorne und hinten angebrachten Drahtkörben läßt sich eine Menge verstauen, was einem außerdem erlaubt, unnötige Emballagen gleich in den Geschäften zurückzulassen. Das mühsame Schleppen bis zum geparkten Auto – etwa von Lebensmitteln und Flaschen für unsere große Familie – gehört der Vergangenheit an. Und hat man einmal etwas ein paar Straßen weiter oder zu Hause vergessen, ist es mit dem Rad in Null-Komma-Nichts geholt – ohne die Angst, den Parkplatz zu verlieren. Die Bedeutung des Fahrrads als Nutzfahrzeug ist uns so erst richtig bewußt geworden.

Eine weitere Entdeckung: Regentage – und während dieser Regentage wirkliche Regenminuten – sind weitaus seltener, als man glaubt.

Vor allem die Enkel mögen es, in Großvaters »Kutsche« zu fahren. Der Autor mit Bruno und Sidney. Foto: sbu München

Daß man bei starkem Regen oder Schneematsch mit einem Schirm zu Fuß gehen muß, ist dabei eher eine Abwechslung. Wenn möglich, wartet man einfach das Ende eines Regengusses ab, entspannt sich und genießt die vom Smog befreite regenfrische Luft. Auf jeden Fall läßt einen Fahrradfahren wieder enger am Naturgeschehen teilhaben. Selbst winterliche Eiseskälte wird durch die Muskelbewegungen beim Fahren als Erfrischung erlebt. Kurz und gut: Fahrradfahren macht über seinen praktischen Wert hinaus einen riesigen Spaß und kann zudem bis ins hohe Alter praktiziert werden.

Erst mit dem Abschied vom Auto entdeckten wir auch, wieviele Möglichkeiten der öffentliche Verkehr bietet, zu welchen Zielen er hinführt, von denen man zuvor nichts gewußt hatte, weil man sie entweder nicht bemerkt hatte oder sie mit dem Auto nur umständlich zu erreichen sind. Eine neue Welt innerhalb des bekannten Lebensraumes tut sich auf. Die wenigen Taxifahrten oder Lieferungen per Autokurier, die dann noch übrig bleiben, machen vielleicht ein Prozent der Fahrten aus und sind somit eine eher vernachlässigbare Größe, wohingegen wir die Stadt und ihre Grünzonen nun auf völlig neue Weise erleben. Übrigens hatten wir uns schon überlegt, ob wir uns nicht einer der »Car-Sharing«-Organisationen anschließen sollten, was in unserem speziellen Fall jedoch nicht notwendig war. Die Idee des Gemeinschaftsautos entspricht natürlich prinzipiell unserer kybernetischen Betrachtungsweise, da sich – wie schon im Verkehrsteil dieses Buches erläutert wurde – auch dadurch ein neues Verhältnis zur Mobilität einstellt. Da das Fahrzeug nicht unmittelbar zur Hand ist, geht man weitaus bewußter damit um, wodurch eine Vielzahl von unüberlegten Autofahrten wegfällt und andere, oftmals viel praktikablere Verkehrsmittel oder auch das Zufußgehen überhaupt erst in Betracht gezogen werden. Das »Auto-Teilet«, wie es in der Schweiz heißt, sollte jedenfalls in Zukunft als weiterer Schritt zur Lösung unserer Mobilitätsprobleme eine zunehmende Rolle spielen und daher jede Förderung erfahren.

Ohne Anpassung keine Systemlösung, auch nicht fürs Fahrrad

Allerdings darf man nicht die neuen Gefahren übersehen, die *erstens* mit einer wachsenden Anzahl von *zweitens* immer schnelleren Rädern sowie *drittens* einem zunehmenden Eindringen in unberührte Naturgebiete (etwa durch Mountainbikes) unter Beeinträchtigung ihrer wichtigen Funktion als Regenerationsräume verbunden sind. Schon häufen sich nicht nur die Unfälle zwischen Autos und Fahrrädern, sondern auch von Fahrrädern untereinander in bedenklichem Maße. Nach einer Untersuchung der Universität Innsbruck werden vor allem die sportlichen Mountainbiker in immer mehr Unfälle verwickelt. Während die Zahl der aufgrund eines Unfalls behandelten Straßenradfahrer seit 1992 absinkt, zeigt sich bei den Geländefahrern eine umgekehrte Entwicklung. Genauso wie ein »Autosport« hat aber natürlich auch ein »Fahrradsport« auf unseren Verkehrswegen nichts zu suchen. Und da auch auf dem Sattel ähnlich wie hinter dem Lenkrad viele Unvernünftige und Hitzköpfe anzutreffen sind, die sich keinen Deut um die anderen Verkehrsteilnehmer scheren, muß hier wohl über kurz oder lang eine neue Reglementierung mit entsprechenden Strafmaßnahmen eingeführt werden. Schließlich darf es nicht soweit kommen, daß ausgerechnet die »sanften« Fahrer sich nicht mehr auf die Straße trauen.

Beginnende Kooperation mit den anderen Verkehrsträgern

Ein anderes Problem ist die Nutzung des Fahrrads, wenn längere Strecken zu überwinden sind. Denn es wäre unsinnig, allein mit Muskelkraft große Mengen über Berg und Tal zu transportieren oder über das eigene Stadtviertel hinaus stunden- oder tagelange Fahrradfahrten in Kauf zu nehmen. Hier ist man auf das Auto oder die Bahn angewiesen. Andererseits würde man nach der Ankunft für den neuen lokalen Bereich gerne wieder ein Fahrrad benutzen. Zwar kann man es inzwischen im oder auf dem Auto transportieren, und es besteht zudem die Möglichkeit, es zu bestimmten Tageszeiten in S- und U-Bahnen mitzunehmen, im Prinzip auch mit der Eisenbahn. Doch entspricht deren Logistik offenbar nicht dem Image, das sich die BAHN AG zu geben versucht. Die Berichte über beschädigt angekommene oder gar auf der Fahrt gänzlich verschwundene Fahrräder häufen sich. Der Verbund mit den öffentlichen Verkehrsträgern verlangt jedenfalls rasch nach weiterer Verbesserung, wenn er nicht sterben und die Fahrradfreunde von der Bahn zurück ins Auto treiben soll.

Unsere Technik dürfte außerdem längst in der Lage sein, Vorrichtungen zu schaffen, die es erlauben, ein Fahrrad in jeder Bahn mitzuführen, wie es bisher nur in den Interregio-Zügen möglich ist, und es auch ohne ein mühsames Auseinandernehmen oder An- und Abschrauben an jedem Auto unterzubringen. Doch dazu müßten nicht nur die Auto- und Waggonbauer fahrradfreundliche Wagen, sondern auch die Fahrradhersteller ein auto- und bahnfreundliches Fahrrad herstellen, für dessen Zusammenklappmechanismus man nicht erst einen Extra-Führerschein machen muß.

Angesichts der noch gewaltigen Reserven der westlichen Industrieländer bei der Mobilisierung einer neuen Fahrradkultur – die sich auch auf Drei- und Vierräder sowie überdachte und solarunterstützte »Human Powered Vehicles« (HPV) erstrecken könnte – und der damit verbundenen Herabsetzung von Luftbelastung, Treibstoffverbrauch und Raumbeanspruchung sieht auch das von der UNO unterstützte WORLD WATCH INSTITUTE eine gewaltige weitere Entwicklung von Verbundlösungen zwischen Fußgänger, Fahrrad, Auto und Massenverkehrsmittel auf uns zukommen. Das nächste Kapitel wird sich daher noch etwas ausführlicher mit einigen davon – und nicht nur solchen, die das Fahrrad einbeziehen – beschäftigen.

Nur Verbundsysteme haben Zukunft

Abschied von isolierten Lösungen

Im zweiten Teil dieses Buches haben wir – zwar stets vor dem Hintergrund einer Gesamtvernetzung – auch eine ganze Reihe von Einzellösungen zu Einzelproblemen kennengelernt. Dieses erschien mir nötig, um uns gelegentlich das weite Spektrum der Möglichkeiten, aus denen wir für eine neue Generation von Individualfahrzeugen schöpfen können, vor Augen zu halten. In der Tat zeigen die zuvor skizzierten gestalterischen und physikalisch-technischen Überlegungen zu einer schadstofffreien, verkehrsentlastenden neuen Autogeneration, daß, jeder Teilbereich für sich betrachtet, eigentlich schon alles vorhanden ist. Um so erstaunlicher, daß sich bislang kaum etwas davon durchgesetzt hat.

So gibt es leichte Autos, kurze Autos, hohe Autos, bequeme Autos, Solarautos, die ohne Treibstoff laufen, Autos mit Stirlingmotor, mit Hightech-Elektronik und neuen Orientierungshilfen, Mehrzweckautos und solche, die quer parken und in normale Eisenbahnwaggons einfahren können, und es gibt umweltfreundliche, praktische, schöne und leise Autos. Oft sind auch schon zwei oder drei dieser Eigenschaften miteinander kombiniert. Doch von dem, was wirklich rundherum systemgerecht wäre – von echten kybernetischen Kombinationslösungen, die die Bedürfnisse von Mensch, Natur, Verkehrsfunktion und Infrastruktur, von Wirtschaft und zukunftsträchtiger Entwicklung gleichermaßen berücksichtigen –, sind sie weit entfernt. Denn von wenigen Ausnahmen abgesehen, sind sie allesamt auf Einzellösungen aufgebaut – auf zwar in sich richtigen, aber isoliert angegangenen Teilkonzepten, bei denen man sich nicht um die übrigen, hier aufgezeigten Erfordernisse und Einflußgrößen gekümmert hat.

Fehlschläge mit Einzelvorstößen werden verständlich

Viele dieser Ansätze schlagen daher vor allem deshalb fehl, weil jeweils nur eine Komponente des Gesamtkonzeptes verändert worden ist. Der Ottomotor wurde durch einen Elektromotor und der Tank durch eine Batterie ersetzt, oder man kombinierte verschiedene Motoren, ohne daß sich etwas am sonstigen Fahrzeugkonzept oder an den Anforderungen an das Fahrzeug, geschweige denn an der Infrastruktur geändert hätte. Überholte Anforderungen – wie hohe Beschleunigung, große Reichweite und solide, schwere Bauart – benötigen dann natürlich einen derart starken Elektromotor und ein derart hohes Batteriegewicht, daß das gesamte Konzept von vornherein zum Scheitern verurteilt ist.

Die resultierenden Flops machen jedenfalls deutlich, wie schwer es ist, aus einem bestehenden Konzept auszubrechen, solange man nur eine Komponente ändert, selbst wenn man mit ihr bereits völlig richtig liegt. Dennoch birgt jede dieser Einzelverbesserungen eine große Chance für denjenigen Hersteller in sich, der sie als erster im Verbund mit anderen Einzellösungen aufgreift.

Was jedoch erst recht einen Durchbruch und damit eine Evolution im Fahrzeugbau bewirken könnte, wären Verbundlösungen mit anderen Verkehrsträgern wie der Eisenbahn oder den Stadtwerken und genauso im Verbund mit Maßnahmen des Gesetzgebers, als da sind: Ökosteuern, Entwicklungszuschüsse, Tempolimits, höhere Treibstoffpreise und weiteres. Nicht zu vergessen auch die Verbundlösungen mit einer neuen Haustechnik, wie sie weiter oben beschrieben worden sind. Denn gerade bei »Symbiosen« dieser Art mögen dann die oft versteckten Vorteile mancher Einzellösung selbsttätig ineinandergreifen und dem herkömmlichen Konzept dann auch ökonomisch den Rang ablaufen.

Auf jedem Bahnhof mit dem Stadtmobil in den Intercity

Noch ist von solchen profitablen Verbundlösungen erst wenig zu spüren. Wie schon im Kapitel »Symbiose statt Konkurrenz« ausgeführt worden ist, sehen sich die unterschiedlichen Verkehrsträger leider meist noch als Konkurrenten in einem »Nullsummenspiel« – was der andere mehr hat, hat man selbst weniger – und nicht im Sinne der siebten biokybernetischen Regel als Symbionten, die voneinander profitieren könnten. Das führt zu unnötigen Einschränkungen unseres Spielraums.

Oder ist es im Grunde genommen nicht etwa grotesk, daß man, will man sich den Streß und Stau von Fernreisen ersparen, nicht einfach mit seinem Fahrzeug an jedem Bahnhof über eine Rampe in geeignete Waggons einfahren kann? Die Autos müßten lediglich kürzer als 2,80 Meter sein, dann könnten sie – quer zur Fahrtrichtung stehend – an jeder Station problemlos jedes für sich hinein- und hinausfahren. Bei den derzeitigen Huckepack-Zügen hingegen muß stets der gesamte Pulk ein- oder ausgeladen werden, weshalb es in Europa nur wenige Terminals gibt. Bei entsprechend kurzen Fahrzeugen würde es schon genügen, wenn lediglich einige Waggons die Einfahrt durch ihre Seitenwände erlauben würden. Am Zielort angekommen, könnten die Fahrzeuge dann wieder als leise, abgasfreie Stadtfahrzeuge fungieren, mit denen auf diese Weise ein beträchtlicher Teil der Autobesitzer für seine Zwecke voll auskommen würde.

Laufender Wechsel zwischen Individual- und Massenverkehr – ohne Umsteigen

Damit wären wir bereits bei einem nahtlosen Übergang vom Individualfahrzeug zum Massenverkehrsmittel und wieder zurück zum Individualfahrzeug angelangt. Übrigens finden wir auch dafür wieder eine prinzipielle Vorlage in der Biologie: Moleküle durchdringen als »Individualfahrzeuge« die Zellmembran, gliedern sich in den »Massenverkehr« des Blutkreislaufs ein und wandern dann – wieder als »Individualfahrzeuge« – in irgendwelchen Organen weiter. Zum Teil werden sie dabei von anderen »Fahrzeugen« wie beispielsweise Blutkörperchen, zum Teil ohne diese transportiert – und dies alles natürlich nicht auf Rädern, sondern, wie schon im Kapitel »Organisatorische Bionik« betont, durch energiesparendes Gleiten, Vibrieren oder Saugen, oft mit Hilfe ohnehin vorhandener Kräfte wie der Schwerkraft, im Wechsel mit Kapillar- und Adhäsionskräften, Ionenströmen, Osmose und anderen die »Mobilität« unterstützenden Techniken.

Unter bionischen Gesichtspunkten dürfte daher auch in unseren Ballungsräumen ein Wechselspiel zwischen mehreren Formen ideal sein: indem privater Individualverkehr, öffentlicher Individualverkehr, privater Massenverkehr und öffentlicher Massenverkehr leichter ineinander übergehen. Effizientere und evolutionär sinnvolle Kombinationen wären die Folge.

Mit der Möglichkeit zur problemlosen Querverladung kurzer Citymobile könnte zum Beispiel schon eine zusätzliche Entlastung unserer Landstraßen und Autobahnen eingeleitet werden, und die Bahn käme ohne großen Aufwand zu zusätzlichen Einnahmen – allerdings unter bestimmten Einschränkungen, auf die ich noch zurückkommen werde. Eine interessante, wenngleich vorläufig leider nicht weiterverfolgte Entwicklung in dieser Richtung stammt von der Schweizer SCHINDLER WAGGON AG. Dieses Konzept basiert auf Doppelstockwaggons, deren untere Etage für acht bis zwölf querverladene kurze E-Mobile – oder auch für 50 bis 60 Fahrräder! – reserviert ist und so ein lästiges Gepäckumladen überflüssig macht. Während die Passagiere es sich in ihren darüberliegenden Abteilen gemütlich machen, »tankt« ihr Fahrzeug aus der auf dem Dach des Waggons angebrachten Solaranlage seine Batterien auf, wobei die Solarzellen, da sie vom Fahrtwind gekühlt werden, eine besonders gute Stromausbeute ergeben.

Die Waggonfirma SCHINDLER konzipierte aber nicht nur den Eisenbahnwagen, sondern zugleich auch noch einen Prototyp des dazugehörigen Individualfahrzeugs. Das im Juni 1988 fertiggestellte Citymobil wurde einen Monat später auf der *Tour de Sol* der Öffentlichkeit vorgestellt und begeisterte durch Chic und originelles Design. Leider scheiterte die weitere Realisierung des Konzepts wie üblich daran, daß kein Hersteller für eine Serienproduktion aufzutreiben war. Zudem war die SBB offenbar nicht bereit, die dazu notwendige minimale Infrastruktur auf den Bahnhöfen zu schaffen – man hätte nicht einmal eine Verladerampe, sondern lediglich eine Zufahrt auf den Bahnsteig benötigt. Denn erfolgreich wird ein solches Projekt natürlich erst dann sein, wenn die Zu- und Abfahrt auf jedem Bahnhof möglich wird und man nicht mehr an die wenigen bestehenden Autorereisezug-Terminals gebunden ist. Für den Genfer Automobilsalon 1994 hatte SCHINDLER ein Teilmodell seines Waggons in Originalgröße gebaut, der auf

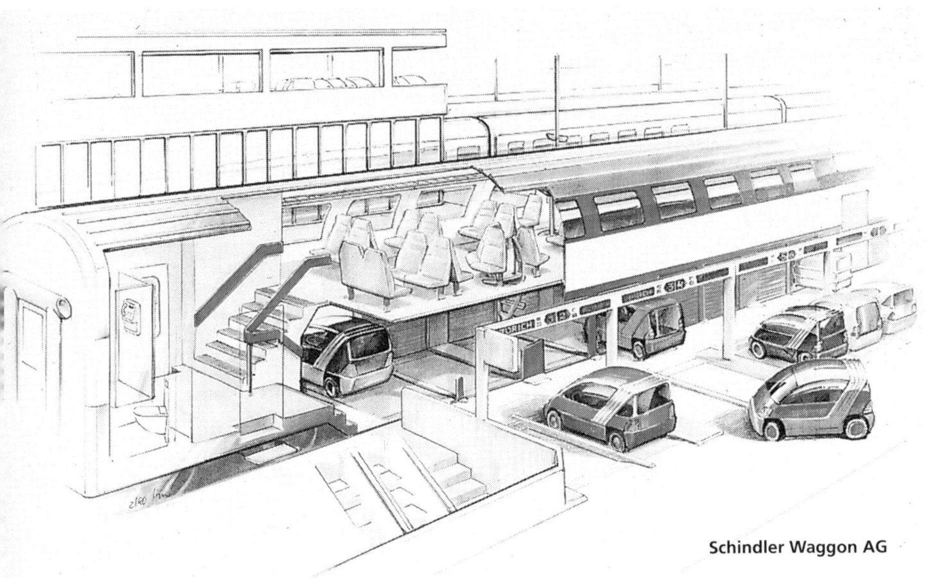

Entwurf der von der SCHINDLER WAGGON AG präsentierten Technik zur Querverladung von E-Mobilen auf der Bahn. Optimale Raumnutzung, einfachste Ein- und Ausfahrt auf normalen Bahnsteigen und Aufladung vom Solardach des Waggons während der Fahrt waren – neben dem Prototyp eines geeigneten Citymobils – die Vorgaben des Projekts.

unserer Abbildung mit einem Elektro-Leichtmobil von HORLACHER bestückt ist.[133]

Querverladung als motivierende Übergangslösung zum Wechselauto

Selbstverständlich ist auch eine solche Querverladung lediglich eine Optimierung des bislang so umständlichen Huckepackverkehrs und daher gewiß nicht mehr als eine Übergangslösung zu dem schon skizzierten weit konsequenteren Prinzip des »Wechselautos«, das an jeder Bahnstation mit Magnetkarte und ohne umständliches Ausfüllen von Formularen bestiegen werden kann. Denn auch bei der Querverladung in Doppelstockwaggons wird mit dem E-Mobil letztlich ja wieder

HORLACHER-Leichtmobil in einer Attrappe des SCHINDLER-Waggons zur Veranschaulichung des Querverladeprinzips auf dem Genfer Automobilsalon 1994.

Foto: Horlacher AG, Möhlin

nur Leergut, sozusagen die »Verpackung«, transportiert, was ökonomisch und ökologisch nicht gerade sinnvoll ist.

Dennoch können solche Übergangslösungen den Anstoß zur Überwindung der psychologischen Hemmschwelle geben, die einen davor abhält, sich für ein reines Citymobil mit kurzer Reichweite zu entscheiden und den Tourenwagen abzuschaffen, obwohl man dessen größeren Radius vielleicht nur ein- oder zweimal im Jahr nutzt. Denn hat man sich einmal für ein Citymobil entschieden, wird man auch eher einmal auf die Idee kommen, auf unnötige Reisen überhaupt zu verzichten und die Erholung wieder mehr in seiner Nähe zu suchen. Hier geht es also nicht zuletzt auch um den psychologischen Effekt: Mein Fahrzeug hat zwar nur eine Reichweite von 60 oder 80 Kilometern, aber wenn ich damit trotzdem einmal weiter weg will, steht dem nichts im Wege, dann nehme ich es eben per Bahn mit – wenn ich mich schon partout nicht von ihm trennen will!

Huckepack und Bahnverbund

Im Hinblick auf die skizzierten Verbundlösungen wäre die Verbesserung jeglicher Art von Übergangs- und Umsteigemöglichkeiten auf ein dem jeweiligen Transportgut und -zweck angemessenes Verkehrsmittel demnach grundsätzlich eine wichtige Konsequenz für einen zukunftsträchtigen Verkehr. Eigentlich ist es ein Unding, mit demselben Tourenwagen von einer Stadt in die andere, dort innerhalb des Stadtgebiets hin- und her und dann wieder zurück bis nach Hause in die Garage zu fahren. Ein solches Fahrzeug kann zwangsläufig für keine der jeweiligen Aufgaben optimal sein. Trotzdem wird es gebaut, da die öffentlichen Verkehrsmittel viele der ihnen eigentlich gemäßen Bereiche nicht abdecken, weshalb man ein Auto braucht, das auch diesen Part mit übernimmt. Denn hat man Gepäck bei sich, zwingen einen die umständlichen – und zum Teil fehlenden – Umlademöglichkeiten, auf den an und für sich weitaus sinnvolleren Wechsel auf öffentliche Verkehrsmittel zu verzichten. Man denke nur an die wachsende Zahl von Leserbriefen an die Tageszeitungen, in denen die nicht koordinierten Zugfolgen, der miserable Gepäckservice oder die bereits erwähnten beschwerlichen Transportmöglichkeiten von Fahrrädern mit öffentlichen Verkehrsmitteln angeprangert werden.

Abwegiges Marketing der Bahn?

Da hier – wir erinnern uns – das Angebot die Nachfrage regelt und nicht umgekehrt, fehlt bei der DEUTSCHEN BAHN AG noch sehr viel zu einem wirklich systemgerechten Marketing, nämlich ein Konzept, das die wachsende Bedeutung eines Verbundes aller Verkehrsträger zum Ziel hat und anstelle eines *Abbaus* der Überbrückungsmöglichkeiten deren *Ausbau* propagiert. Wie abwegig hier noch geplant wird, zeigt ja deutlich die Bevorzugung spektakulärer, aber letztlich wohl sinnloser Hochgeschwindigkeitsstrecken.

Und selbst wenn die Bahn einmal ihrerseits neuartige Huckepack-Techniken vorstellt, die mehr Autos auf die Schiene locken sollen, dann sind es solche, die schon gleich wieder einen gewaltigen Installations- und Verladeaufwand erfordern, nur weil man sich an den derzeit oft über vier Meter langen Tourenwagen orientiert. Anders als beim SCHINDLER-Konzept, schreckt man bei der DEUTSCHEN BAHN AG offenbar vor einer symbiotischen Entwicklung gemeinsam mit der Automobilindustrie zurück und entwickelt daher auch keine wirkliche Systemlösung. Denn die kann nur erreicht werden, wenn sich beide Komponenten, nämlich Bahn *und* Auto, einander anpassen – im Grunde genommen also dasselbe Dilemma wie schon beim Fahrrad.

Umsteigen ohne Umladen hat Priorität

Es dürfte außer Frage stehen, daß zumindest das System der heutigen, nur selten fahrenden Autoreisezüge durch die beschriebene einfache Querverladung auf jedem Bahnhof abgelöst werden muß, wenn eine Entzerrung des Pkw-Verkehrs durch einen Bahnverbund Erfolg haben soll. Das gleiche gilt für einen Verbund durch Umsteigen. Das Hauptproblem bei einem Wechsel des Verkehrsmittels, der beim Huckepackverfahren ja wegfällt, ist vor allem das Umladen und Umpacken von Gepäck, welches einen dann doch das Auto lieber gleich von Anfang an zum Zielort mitnehmen läßt – und das heißt eben heute noch immer auf der Straße. Andererseits ist es natürlich auch wieder absurd, ein ein bis zwei Tonnen schweres Fahrzeug durch ein anderes transportieren zu lassen – daher der Vorschlag, dies wenigstens nur mit leichten kurzen Citycars zu vollführen. Am absurdesten jedoch ist vermutlich der Autotransport mit dem Flugzeug, wie ihn die AIR FRANCE anbietet und mit dem neuerdings auch HAPAG-LLOYD wirbt. Hier scheint der Gipfel der Unvernunft erreicht.

Manche Leute lieben ihr Auto offenbar so sehr, daß sie auch im Fernurlaub nicht darauf verzichten wollen und lieber die Frau als ihr Fahrzeug zu Hause lassen.

Foto: Verkehrs-Rundschau 34/94

Trailer statt Container

Im Güterverkehr ist man beim Huckepackverfahren bereits einen Schritt weiter, indem längst nicht mehr der ganze Lkw transportiert werden muß. In den USA, in England und bei den norwegischen und neuseeländischen Eisenbahnen besteht der Waggon nur noch aus einem Schienendrehgestell, auf das der Auflieger – also der Trailer eines Sattelschleppers – direkt abgesetzt werden kann. Das ist selbst praktischer, billiger und schneller als das klassische Containerverfahren. Wenn der Sattelauflieger darüber hinaus mit speziellen Kupplungen ausgerüstet ist, können ganze Trailerzüge zusammengestellt werden und anschließend wieder per Sattelschlepper oder innerhalb von Güterzügen weiterbefördert werden.

Mit einem Lkw-Auflieger (RoadRailer) *geschieht der Umstieg von der Straße auf die Schiene in Minutenschnelle. Ein Trailerzug kann durch den Wegfall der Waggons zudem bis zu 40 Prozent mehr Fracht befördern, die Züge sind kürzer und brauchen wegen des geringeren Luftwiderstands weniger Energie.*

Foto: Wirtschaftswoche

Eine ganz ähnliche Technik wie der schon im ersten Teil des Buches erwähnte holländische Trailerzug *Translift* (siehe Seite 81) bietet der Schweizer *Kombi-Rail*, bei dem die Lkw-Auflieger ebenfalls in Minutenschnelle in Güterwagen umgewandelt werden können – und das ohne Kran oder Laderampe! So steigt die Attraktivität des Bahntransports auch für solche Fälle, in denen dieser lediglich für Teilstrecken in Frage kommt.[224] Das *Kombi-Rail*-Konzept wird zum Beispiel von der MIGROS AG favorisiert, die ohnehin schon 60 Prozent aller Warentransporte ihrer Schweizer Filialen per Bahn erledigt. Nach dem gleichen Prinzip der gekoppelten Fahrgestelle ist natürlich auch ein Schienen-Straßen-Bus für den Personentransport ohne Umsteigen vorstellbar.

Warum kein öffentlicher Individualverkehr?

Es ist eigenartig, daß wir dem *öffentlichen* Massenverkehr immer nur den *privaten* Individualverkehr gegenüberstellen, als würden »öffentlich« und »individuell« einander von vornherein ausschließen. Dabei würde uns allein die Vorstellung eines öffentlichen Individualverkehrs sehr rasch auf unkonventionelle Ideen bringen – ganz abgesehen davon, daß es diesen in einigen Bereichen längst gibt, ohne daß wir uns dessen bewußt sind. So ist zum Beispiel bereits ein Fahrstuhl ein – allerdings vertikales – öffentliches Individualfahrzeug. Er wird öffentlich betrieben, gehört mir also nicht allein, aber dennoch kann ich ihn individuell betätigen. Das gleiche gilt für anlaufgesteuerte Rolltreppen, ja selbst für die Einkaufswagen in Supermärkten und die Kofferkulis in Bahnhöfen und Flughäfen. In gewisser Weise gehört auch die nicht unbeträchtliche Zahl kommunaler Dienstleistungsfahrzeuge zu den öffentlichen Individualfahrzeugen sowie – als eine Art öffentlich-privater Zwitter – die Lieferservice-Wagen von Geschäften, die mit ihren täglichen Verkaufstouren ihre Kunden auf Abruf individuell mit Dingen des täglichen Bedarfs versorgen.

Die Umkehrung eines öffentlichen Individualverkehrs wäre ein privater Massenverkehr, also ein »offener« Zugang fremder Benutzer zu privaten Fahrzeugen. Nun, auch dieses Prinzip existiert bereits, und zwar bei jeder Mitfahrzentrale, selbst wenn sich hier die »Masse«, nämlich die ein bis drei Fahrgäste, die das Privatfahrzeug mitbenutzen, relativ klein ausnimmt. Beim »Car-Sharing« hingegen, bei dem sich zum Beispiel 100 Leute zehn Autos teilen, zu denen sie an bestimmten Parkstellen Zugang haben, liegt wieder eher eine Art öffentlicher Individualverkehr vor – ähnlich wie bei den erwähnten öffentlichen Wechselautos und dem Fahrradverleih an Bahnhöfen und erst recht natürlich bei den individuell abrufbaren fahrerlosen Kabinenbahnen, den »People-Movern«.

Mit diesen verschiedenen Mischformen wird sich nun unser letztes Kapitel etwas näher befassen. Denn für alle diese speziellen Funktionen sollte jeweils diejenige Fahrzeugform und -technik eingesetzt – vielleicht auch erst entwickelt – werden, die diese Transportvorgänge so optimiert, daß der Verkehr reduziert oder vermieden, die Umwelt entlastet und der Energieverbrauch gesenkt wird, und so unser Lebensraum wieder an Qualität gewinnt. Alles, was – an diesen hehren Forderungen gemessen – besser als das Bestehende ist, und sei es nur um weniges, sollte gefördert, und was dem widerspricht, sollte vermieden werden.

Erhöhte Transportleistung durch Mehrbesetzung

Wenn in den voranstehenden Kapiteln unter anderem so sehr für einen umweltfreundlichen Citycar plädiert worden ist, kann man natürlich mit Recht monieren, daß selbst mit dem Einsatz eines hundertprozentigen Ökomobils, etwa eines mit regenerativer Energie betriebenen Elektroautos, *ein* Problem der Verkehrsbelastung noch keineswegs gelöst ist; nämlich die enorme Flächenbeanspruchung, wie sie bei der derzeitigen Nutzung der Fahrzeuge mit durchschnittlich 1,28 Personen (beim individuellen Nahverkehr) und mit 1,78 Personen (beim individuellen Fernverkehr) gegeben ist. Diesem Problem würde man erst durch eine Mehrfachbelegung pro Fahrzeug wirksam zu Leibe rücken.

Von dieser Überlegung ausgehend, haben sich viele Initiativen gebildet, die eine solche Mehrbesetzung organisieren. Während hierzulande zum Beispiel an Flughäfen jedermann ein eigenes Taxi benutzt – obwohl anzunehmen ist, daß die Strecke bis zur Stadtmitte bei neun Zehnteln der Fahrgäste identisch ist – und man sich scheut, andere Wartende auf gemeinsame Benutzung hin anzusprechen, sind im Orient Sammeltaxis, in denen sich sechs bis acht Personen zusammenfinden, durchaus üblich. Vielleicht sollten auch wir versuchen, für unsere *so* nicht mehr lange durchzuhaltenden Transportvorgänge ein neues »Wir«-Gefühl zu entdecken. Die Vorteile sind eindeutig: Reduktion der nötigen Fahrten auf ein Drittel, geringere Kosten und dennoch keine Einbußen für die Taxibranche, da man sich leichter für die Taxifahrt entscheidet und öfter bereit sein wird, aufs eigene Auto zu verzichten.

Als eine besondere Form dieses Konzeptes haben zumindest die Anruf-Sammeltaxen (AST) nun auch bei uns immer mehr Verbreitung gefunden und sind dabei, die aufwendigen Fahrten mit – vor allem nach 20 Uhr – oft unterbesetzten Bussen zumindest teilweise zu ersetzen. In rund 200 meist mittelstädtischen Kommunen scheint das AST-Konzept Erfolg zu haben und die Kostenflut im öffentlichen Nahverkehr zu senken.[225]

Automatische Belohnung fürs Mitnehmen

Ein wiederum etwas anderer Weg zur Verkehrsentlastung sind die erwähnten Mitfahrzentralen, die jedoch meist nur aus Kostengründen – um die teurere Bahnreise zu sparen – in Anspruch genommen werden und daher im Nahbereich kaum eine Rolle spielen. Um eine Mehrfachbesetzung generell attraktiver zu machen, müßte also eine stärkere Belohnung her, sowohl für den Fahrzeugbesitzer wie auch für die Mitfahrer. Aus diesem Gedanken heraus wurde zum Beispiel von österreichischen Ingenieuren ein eigenes Verkehrs-Optimierungs-System mit einer elektronischen Registrierung der Insassen entwickelt. Nach dem Einbau eines nur 300 Mark teuren elektronischen Registriergeräts wird der Fahrzeughalter für jede Mehrfachbelegung entweder mit einem automatisch verbuchten Steuererlaß oder einem Bonus von einer privaten Organisation belohnt und so die Mitnahme von Fahrgästen finanziell attraktiv gemacht.[226] Ob dabei die Elektronik überlistet und »geschummelt« werden kann oder inwieweit mit solch einer elektronischen Erfassung – ganz abgesehen vom Abrechnungsaufwand – ein Eingriff in Persönlichkeitsrechte verbunden ist und Belange des Datenschutzes berührt werden, wird noch zu prüfen sein. Grundsätzlich jedoch führen Schritte dieser Art bereits in Richtung der allerdings noch weit höheren Effizienz eines Bustransports – nur eben keines öffentlichen, sondern eines privaten und im Rahmen des Individualverkehrs.

Ohne den Einsatz jeglicher Technik versuchte übrigens schon die Washingtoner Straßenbehörde auf clevere Weise, einen Anreiz zur

Mehrfachbesetzung der täglich ein- und ausströmenden Straßenkreuzer dadurch zu schaffen, daß man auf den für Busse und Taxis reservierten Sonderfahrspuren – vorbei an kilometerlangen Staus – allen mit drei oder mehr Personen besetzten Kraftfahrzeugen ein Benutzungsrecht einräumte. Ähnlich wie das oben vorgestellte Modell schaffen auch solche Maßnahmen einen besonderen Anreiz zur Bildung von Fahrgemeinschaften und lassen das Anhalterwesen wiederaufleben.[227]

Versandhaus contra Supermarkt

In eine ähnliche Richtung geht das im Verkehrsteil dieses Buches dargestellte Bestreben, den Strom der vielen Autos, die ständig zu irgendeinem individuellen Transportzweck unterwegs sind, dadurch zu verringern, daß man sie durch wenige Service-Fahrzeuge ersetzt. Das Ziel dabei ist es, die privaten Transportzwecke sozusagen zu sammeln und sie mit einem einzigen nicht-privaten Individualfahrzeug zu erledigen.

Gerade dieser Sektor einer neuen – und zugleich auch alten – Dienstleistung würde in Umkehr der derzeitigen Praxis einen Schlüssel zu weiterer Verkehrsvermeidung liefern – und das nicht nur ohne Komfort*verlust*, sondern sogar noch mit Komfort*gewinn*. Im selben Kapitel wurde im Zusammenhang mit dem Einsatz der für einen Stop-and-go-Betrieb idealen Elektrofahrzeuge auf zukünftige Entwicklungsmöglichkeiten hingewiesen, wie sie bei uns noch kaum genutzt werden: Anstatt daß *viele* Menschen mit *vielen* Fahrzeugen an *einen* bestimmten Ort fahren, so zum Beispiel zu einem Supermarkt, wo sie ja nicht dessen Standort, sondern lediglich dessen Funktion benötigen, kann die Funktion genausogut auch zu ihnen kommen: zum Aussuchen der Ware via Bildschirm und zur Auslieferung dann mit *einem* Fahrzeug zu *vielen* Menschen. Mit Elektrofahrzeugen lohnt es sich wieder, die aus der Mode gekommenen, in den USA aber nach wie vor sehr aktiven Hausbelieferungen und Verkaufswagendienste zu reaktivieren. Sozusagen das Versandhaus zeitlich und räumlich zu dezentralisieren, wie dies auch in der erwähnten »Musterstadt« Davis in Kalifornien der Fall ist, wo der Supermarkt als alles beherrschender Konsumtempel der Vergangenheit angehört. Eine solche Praxis wird weitere Verkehrsvermeidungen nach sich ziehen, wie ich sie im Kontext einer Verlagerung vom materiellen zum mehr und mehr materielosen Verkehr, etwa durch vermehrte »Jobs in den eigenen vier Wänden«, bereits angesprochen habe.

Individuelle Zubringerdienste im Aufwind

Ein Elektroantrieb ist nicht nur für die Fahrbedingungen eines individuellen Zubringerdienstes ideal, sondern zugleich für viele kommunale Dienstleistungsfahrzeuge, die mit ihren herkömmlichen Motoren in dem dafür typischen Kurzstrecken-Stop-and-go-Betrieb viel Lärm verursachen und die Luft verpesten.

In der Tat könnten fast sämtliche dieser öffentlichen Individualfahrzeuge mit Elektroantrieb funktionieren. So fahren in England rund 35 000 Zustellautos für Milch schon seit Jahren mit Elektromotoren, wobei es überrascht, daß damit ausgerechnet die Engländer an der Weltspitze liegen. Neben seiner Umweltfreundlichkeit in punkto Abgase ist der Elektroantrieb gerade auch in punkto Lärm ein Service für den Verbraucher, der nicht in aller Frühe durch einen lauten Motor, der vor seiner Tür an- und abgestellt wird, aufgeweckt werden will. Bei uns sind es die kleinen städtischen Kehrichtfahrzeuge, die im Morgengrauen ihren leisen Dienst tun. Und es sei hier noch einmal hervorgehoben, daß ein E-Fahrzeug während eines Zwischenstopps keinerlei Energie verbraucht, wohingegen ein Kraftfahrzeug selbst dann noch stinkt und Benzin schluckt!

An zweiter Stelle nach England dürften im Betreiben öffentlicher Elektromobile die Amerikaner rangieren. In den USA werden sowohl von der Regierung, als auch von Elektrizitätswerken und Instituten mehrere tausend Elektromobile eingesetzt. In Japan, wo man für den Privatsektor damit rechnet, daß ab dem Jahr 2000 jährlich über 100 000 Privatfahrzeuge mit einem E-Motor ausgerüstet werden[228], scheint nun auch der Boom der elektrischen *Dienst*fahrzeuge zu beginnen. Durch ein neues Leasingprogramm soll deren Anteil mit geplanten 10 000 Neuzugängen pro Jahr kräftig erhöht werden.

Charakteristisch und somit besonders empfehlenswert für den Einsatz solcher Dienstfahrzeuge sind regelmäßige, relativ geringe Reichweiten, niedrige Geschwindigkeiten und häufige Stopps. Genau das, wofür Elektrofahrzeuge in der Tat ideal sind. Daher ist es kaum verwunderlich, daß auch auf dem neuen Großflughafen *München II* inzwischen viele Dienstfahrzeuge mit Strom betrieben werden. So verfügen dort zum Beispiel rund 200 der insgesamt 600 Vorfeldfahrzeuge über einen Elektroantrieb. Bei der Gepäckabfertigung sind es mit den Elektroliftern sogar zwei Drittel der Fahrzeuge. Die Frage, ob die dadurch erreichte Abgas- und Lärmreduzierung angesichts des Fluglärms und der Jet-Abgase ausgerechnet auf einem Flughafen ins Gewicht fällt, dürfte allerdings verneint werden. Trotzdem ist diese Entwicklung, bei der der Münchner Flughafen offenbar in Europa an der Spitze liegt, in ihrer Grundtendenz richtig, wenn auch nur auf einem bescheidenen Nebenschauplatz. Allerdings sollte sie von den gewaltigen Umweltbelastungen des eigentlichen Flugverkehrs an sich nicht ablenken.

Öffentliche Wechselautos haben Zukunft

In der Vergangenheit hat es vor allem in Holland und Italien viele Versuche mit Münzautos und anderen öffentlichen Individualverkehrsmitteln gegeben, die zunächst sämtlich wieder aufgegeben wurden. Das Grundkonzept ist dennoch nach wie vor äußerst zukunftsträchtig – insbesondere, wenn man das absurde Verhältnis zwischen Stand- und Fahrzeit unserer *privaten* Individualfahrzeuge von rund 20:1 vor Augen hat. Mit dem Aufkommen der modernen Magnetkartensysteme, mit denen inzwischen an jedem automatischen Bankschalter, selbst im Ausland, Bargeld vom eigenen Konto abgehoben werden kann, dürfte auch die Einrichtung von City-Mobilen, die mit Magnetkarten in Betrieb zu setzen sind, kein Problem mehr sein. Denn hier würden Name und Adresse des Benutzers, wie auch das Vorhandensein seines Führerscheins und das zu belastende Konto ebenso gespeichert werden wie die Mietzeit und die Fahrtdauer, so daß selbst im Falle eines Unfalls niemand den Wagen ungeschoren stehen lassen könnte. Für die Betreiber wäre es also eine nicht weniger sichere Sache als jede Kreditkarte.

Die USA setzen auf den »People-Mover«

In den Vereinigten Staaten erreicht der öffentliche Individualverkehr inzwischen eine neue Dimension, denn die schon vor über zehn Jahren entwickelten »People-Mover« – fahrerlose Kabinenroller – beginnen sich als umweltfreundliche, spurgebundene Nahverkehrssysteme zu etablieren. Die AEG Westinghouse Transportation Systems Incorporated ist hier zum größten Anbieter geworden. In Miami, wo 1986 die ersten »Metro-Mover« aufgekommen sind, werden von diesen fast lautlos rollenden Fahrzeugen mittlerweile zwölf Stationen im Zwei-Minuten-Takt angefahren. Ähnliche Systeme sind auch in Seattle, Atlanta, Gatwick und Las Vegas installiert worden. Sie stellen eine ideale Kopplung von öffentlichem Angebot und gleichzeitig halb-individueller Fahrzeugnutzung dar, die in der Tat wie ein Fahrstuhl – nur eben horizontal – auf Knopfdruck funktioniert.[229] Mit dem gleichen vollautomatischen und fahrerlosen »People-Mover-System« hat die AEG-Tochter auch den neuen internationalen Flughafen von Denver[230] ausgestattet, hier allerdings mit einer unnötig übertechnisierten Elektronik versehen, die erst noch ihre Kinderkrankheiten überwinden muß.

Die unübertroffene Hängebahn

Noch weit einfachere Systeme basieren auf dem Prinzip einschieniger Hängebahnen. Während in den USA unkonventionelle Ideen ohne große Umstände umgesetzt werden, bastelt man hierzulande nach wie vor an Teststrecken herum, ohne jedoch wirklich überzeugende Pilotprojekte vorzeigen zu können. Dabei hatte man im Bereich der Bahntechnik mit der – seit ihrer Eröffnung im Jahre 1906 praktisch unfallfreien – Wuppertaler Schwebebahn schon gute Pionierarbeit geleistet, der nun in Dortmund eine ebenfalls hängende Magnetschwebebahn folgt. Auf der Stuttgarter Landesgartenschau '93 wurden die Besucher ebenfalls mit einer attraktiven fahrerlosen Stelzenbahn durch das Gelände transportiert, die nach Beendigung der Ausstellung inklusive der 4,2 Kilometer langen Strecke mit ihren fünf Bahnhöfen und 18 Zugeinheiten für je 60 Passagiere komplett für 32 Millionen Mark angeboten wurde. Insbesondere für Kurorte, die vom Autoverkehr belastet werden, wären solche preiswerten Strebenbahnen im Rahmen der dort so dringend notwendigen Verkehrsberuhigung ein ideales Transportmittel. Denn mit ihrer zwanzigprozentigen Steigfähigkeit laufen sie geräuschlos und emissionslos, benötigen keinen Fahrer, kommen auf Abruf, brauchen keine Trasse und schweben kreuzungsfrei über dem davon unberührten Straßenverkehr.

Fahrerlose, abrufgesteuerte »People-Mover« als Hängebahn bieten für die Zukunft die sicherste, billigste und am wenigsten Infrastruktur benötigende Lösung für einen öffentlichen Individualnahverkehr.
Foto: Verkehr und Technik

Die Wuppertaler Schwebebahn – legendärer Klassiker unter den Hängebahnen – fährt seit 1906 ihren leisen unfallfreien Trip, unberührt vom Straßenverkehr und diesen in jeder Weise entlastend. Foto: Wuppertaler Verkehrsunternehmen

Utopien, die keine mehr sind

Man ist immer wieder von neuem überrascht, wie groß das Informationsdefizit ist, sobald es um Verkehrslösungen geht, die vom gewohnten Schema abweichen. Einen Großteil der Schuld daran tragen die Medien, die uns mit einer übermächtigen Informationsflut aus den Werbeabteilungen der Automobilfirmen überrollen und uns einhämmern, daß praktisch nur das Bestehende zukunftsträchtig, wenn nicht überhaupt das einzig Machbare sei. Dies mag auch manche in diesem Buch aufgeführten Vorschläge utopisch anmuten lassen, obgleich sie längst umgesetzt worden sind und hier und dort nicht nur existieren, sondern in diesen Fällen auch bereits als selbstverständlich erachtet werden. Nur sind sie leider noch nicht ins allgemeine Bewußtsein gedrungen, das sich ohnehin allzu gerne gegen Ungewohntes sperrt.

So haben wir zum Beispiel einigen Allgäuer Ferienorten, die danach streben, autofrei zu werden, die attraktive Lösung einer Ringhängebahn empfohlen, was jedoch auf keine Resonanz stieß, ja als utopisch angesehen wurde. Man fragt sich unwillkürlich, wieso dann weit kostspieligere Bergbahnen, die sogar über steile Schrägen fahren, keineswegs utopisch sind! Dabei würde eine über schmale Stelzen geführte Hängebahn, abgesehen von den alle paar hundert Meter angebrachten Zusteigetreppen nicht einmal eine Trasse benötigen, den übrigen Verkehr in keiner Weise stören und inklusive Stelzen und Fundamenten mit acht Millionen Mark pro Kilometer preiswerter als eine Straßenbahn oder E-Busflotte sein. Inzwischen wurde die Stuttgarter Hängebahn nach Korea verkauft, und eine zweite, etwas größere Ausführung hat bereits in China Fuß gefaßt. Auch Paris, Mexico-City und Chicago zeigen an dem neuen, umweltfreundlichen und unaufwendigen Transportsystem Interesse.[231]

Der rollende Bürgersteig

Auch die insbesondere von großen Flughäfen her bekannten horizontalen Laufbänder sind inzwischen um eine Version bereichert worden: ein »Fließband-Trottoir«, das mit Sonnenenergie läuft und wohl auf der nächsten Hannover-Messe erstmals in Betrieb gehen wird. Für die Expo 2000 in Hannover sind sogar mehrere solcher »Fließband-Trottoirs« für die *ICE*-Fahrgäste geplant, die am Bahnhof Hannover-Laatzen aussteigen und auf den solargespeisten Laufbändern in fünf Meter Höhe über dem Messegelände – über Nebenbänder verzweigt – zu den einzelnen Hallen transportiert werden. Zu Fuß wären statt dessen immerhin insgesamt 32 Kilometer Hallenfronten abzulaufen! Der unpraktische Kopfbahnhof am Messegelände, der sich für die zehn Züge pro Messetag nicht lohnt, soll dann aufgelöst werden. Mit der Laufbandtrasse hofft man den sonst drohenden Neuverkehr zu vermeiden, für dessen Bewältigung man schon vorgehabt hatte, 20 000 neue Parkplätze zu bauen.[232]

Rollende Bürgersteige mit mehreren parallelen Laufbändern würden nach einem schon 1972 patentierten Verfahren von DUNLOP ein bequemes Überwechseln auf höhere Geschwindigkeitsstufen bis zur fünffachen Anfangsgeschwindigkeit erlauben.[233] Ein anderes, von der Firma DECCA RADAR INCORPORATED in England entwickeltes Bandsystem transportiert sogar Güter, ohne sich dabei selbst nur um einen Zentimeter zu bewegen. In der Oberfläche des festliegenden Transportbandes werden in einem piezoelektrischen Metallstreifen Ultraschall-Vibrationen von 70 000 Hertz erzeugt, die die verschiedensten Güter lautlos und ohne Reibung und ohne bewegliche Teile in einer Art »Mikrowellensurfing« in die vorgegebene Richtung schweben lassen. Eine solche Nutzung von Vibrationen nach dem Jiu-Jitsu-Prinzip ist übrigens nicht nur in der Natur, sondern schon seit langem in der Technologie alter Mühlen im Gebrauch, wo der Besen, der das Mehl aus den großen waagerechten Schüttel-Sieben kehrt, alleine durch das Rütteln – ohne sonstigen Antrieb – immer wieder langsam von einem Ende zum anderen wandert.

Während am Anfang unseres heutigen Verkehrs die Erfindung des Rades stand, das unsere Gesellschaft inzwischen überrollt, ja gar erdrückt, wird es sich in ferner Zukunft womöglich wieder in einen kleineren Bereich zurückziehen und das eine oder andere Feld dem wachsenden immateriellen Verkehr – der Datenautobahn – sowie neuartigen schwebenden oder gleitenden Transportmitteln überlassen. Die lautlose Vibrationsstraße, auf der sich Güter – und warum nicht auch bequeme Sessel? – vorwärtsbewegen, wäre eigentlich schon ein erster Schritt zu einem radlosen Transport, wie er in lebenden Systemen abläuft. Allerdings wäre er keineswegs der einzige. Denn jede Pipeline und jede Rohrpost kommt ohne Räder aus und dürfte eines Tages außer Erdöl, Gas und Schüttgut und außer Briefen, Schriftstücken und kleineren Gegenständen vielleicht auch größeres »Festgut« befördern.

Die Personen-Pipeline

Mit dem zunehmenden Einsatz von Pipelines nicht nur für den Transport von Flüssigkeiten und Gasen, sondern auch von festem Schüttgut wie Kohle, Eisenerz, Bauxit und Getreide tauchte in der Tat schon vor Jahren der Gedanke auf, in ähnlicher Weise auch gröbere Produkte und selbst Menschen zu verschicken. Diese bräuchten lediglich – ähnlich wie bei der klassischen Rohrpost – in große Kapseln eingeschlossen und bei einem leichten Überdruck von vielleicht 0,3 Atmosphären unter steigender Geschwindigkeit durch die Pipeline gepustet zu werden.

So gab es in den siebziger Jahren schon einmal Pläne für ein Rohrpostsystem zwischen London und Birmingham mit einem Durchmesser von drei Metern, das bei gleicher Kapazität die gleichen Baukosten wie eine sechsspurige Autobahn hätte, jedoch mit einem Bruchteil an Energie, Luftverschmutzung und Störung der Raumordnung arbeiten würde. Ein ähnliches System – jedoch aus doppelt evakuierten Röhren – wurde damals auch für eine völlig verkehrssichere und gegenüber dem Flugzeug fast energielose Blitzverbindung der beiden amerikanischen Küsten binnen nur drei Stunden vorgeschlagen.[234] Natürlich hat kein Verkehrsplaner solche Lösungen jemals ernsthaft erwogen, und so ist die Idee wieder in Vergessenheit geraten.

Um so mehr überrascht es, daß nun in Japan tatsächlich ein von der NKK Corporation entwickeltes Hightech-System dieser Art den Testbetrieb aufgenommen hat – zunächst noch in einer stark verkleinerten

Mini-Version. Ein 30 Zentimeter dickes und 80 Zentimeter langes »Torpedo« gleitet mit 40 Stundenkilometern durch eine 55 Meter lange Versuchsröhre und wird derzeit unter den unterschiedlichsten Betriebsbedingungen getestet. Die Anlage soll später bedeutend größer dimensioniert werden und zunächst zur Versorgung von Krankenhäusern, Bürogebäuden und Fabriken sowie als Transportmittel zwischen Frachtterminals dienen. Die Röhre selbst ist mit Spulen ausgekleidet, durch die ein elektrisches Feld wandert, das dann die mit Permanentmagneten ausgestatteten Kapseln, wie schon länger bei der japanischen Rohrpost üblich, durch das Rohr jagt. Die Hersteller hoffen, den Lkw-Verkehr in den großen Metropolen mit einem solchen System um 20 Prozent zu reduzieren – und anschließend vielleicht auch den Individualverkehr. Inzwischen finden sich auch die ersten Zukunftsvisionen in der Wirtschaftspresse, mit denen die »Reise im Rohr« auf der Basis realisierbarer Techniken weitergesponnen wurde.[235]

Zeit für eine neue Sicht der Dinge

Solche Gedankenspiele mögen uns angesichts des real stattfindenden Verkehrs vielleicht auch ein wenig dabei helfen, uns von den eingefahrenen Denkschablonen zu befreien und die durchaus greifbaren neuen Möglichkeiten eines ökonomisch und ökologisch vernünftigeren Einsatzes von Fahrzeugen mit der nötigen Innovationsbereitschaft zu verfolgen. Daß den heutigen Fahrzeugherstellern – falls sie sich doch noch zum Mitmachen entschließen sollten – dabei ein großer neuer Aufgabenbereich ins Haus steht, wurde ihnen schon in meinem Buch »Ausfahrt Zukunft« deutlich aufgezeigt. Es liegt an ihnen, diese Chance zu ergreifen. Und falls sie das nicht tun, falls sie also unbedingt im alten Trott weiter in die Sackgasse hineinmarschieren wollen, sollte ihnen der Staat dabei nicht auch noch mit Subventionen die Hand reichen, sondern ihnen diesen letztlich auch ökonomisch verheerenden Weg mit klaren Auflagen verwehren.

Ähnliches gilt für das öffentliche Bewußtsein, das längst bereit wäre, das Notwendige einzusehen, wenn ihm dies nur plausibel gemacht würde. Kein Diabetiker würde die Diagnose seines Arztes und die Auflage, Zucker künftig zu meiden, als Angriff auf seine Freiheit ansehen, sondern als Hilfe in einer nun einmal gegebenen Situation. Anders bei der Benutzung des Autos. Wer kennt nicht die wütenden Leserbriefe von Anwohnern verkehrsberuhigter Stadtteile, die sich ihrer Freiheit beraubt glauben, nur weil sie ihr Auto nicht ständig benutzen dürfen, wo und wann sie wollen. Man sollte dies nicht den Verkehrsplanern anlasten, die auf diese Weise ja nur versuchen, gegen die gröbsten Belastungen eines immer unerträglicheren Verkehrsgeschehens anzugehen – was wenig genug ist. Vielmehr sollten wir die Kurzsichtigkeit unserer Politiker und der in ihr Produkt verkrampften Automobilindustrie beklagen, die bis heute die unvermeidliche Evolution des Individualfahrzeugs und unseres Mobilitätsverhaltens systematisch sabotiert haben. Wer als Politiker von einer »Verteufelung des Autos« spricht und damit die Bemühungen meint, den Verkehr in umwelt- und menschenverträglichere Bahnen zu lenken, verhindert nicht nur die Metamorphose, er macht sich der Demagogie schuldig. Denn nur zu gerne fühlen sich diejenigen, die nicht selbst nachdenken möchten, durch solche bedenkenlosen Äußerungen in ihren Vorurteilen bestätigt. Der nötige Fortschritt wird so erst recht blockiert – zum Schaden aller.

Crashtest Mobilität

Unsere Mobilität steht derzeit auf dem Prüfstand ihrer Zukunftstauglichkeit. Wenn sie diesen Crashtest bestehen will, muß sie sich von Grund auf erneuern. Sonst wird sie unter den Beanspruchungen innerhalb des Spannungfeldes zwischen Gesellschaft, Umwelt und Wirtschaft kollabieren und dabei wie in einem Amoklauf vieles mit sich in den Abgrund reißen.

Durch meine langjährige Beschäftigung mit diesem Thema ist mir klar geworden, wie eng unser Verkehrsgeschehen durch die Art seiner Technik und Organisation sämtliche Bereiche unseres Lebens und Wirtschaftens durchdringt und daß es diese in demselben Maße pervertiert, in dem es sich selbst ins Absurde steigert. Doch ebenso ist mir klar geworden, daß eine Erneuerung unserer Mobilität – für die dieses Buch die Richtung vorgeben möchte – auch mit einem Schlag eine ganze Reihe wirtschaftlicher, sozialer und ökologischer Probleme lösen wird, an denen wir seit Jahren erfolglos herumdoktern.

Die vergangene Mobilität hat zur Krankheit des Systems geführt. Die zukünftige kann zu einem Stellhebel werden, der auch viele nicht direkt mit dem Verkehrsgeschehen zusammenhängende Leiden unserer Industriegesellschaft zu heilen vermag, ja durch den der Gesamtorganismus gesunden kann. Eine Utopie? Nun, wenn etwas utopisch ist, dann wohl der Glaube, daß es mit unserer Mobilität so weitergehen könne wie bisher: mit derselben Technik, derselben Organisation, denselben Kriterien – nur eben alles ein bißchen besser, ein bißchen effizienter. Im Gegenteil: Je länger wir auf diese Weise die längst fällige radikale Operation hinauszögern, um so mehr würde der kranke Zustand zementiert und die Agonie verlängert werden und eines Tages auch nicht mehr bezahlbar sein. So steht nicht nur die Mobilität im Crashtest, sondern sie wird selber zu einem Crashtest für unsere Politik und für das Gelingen der nötigen Neuorientierung unseres Wirtschaftens.

Die Sorge wächst, daß das nächste Jahrhundert in eine wirtschaftliche und menschliche Katastrophe mündet, an der der Verkehrssektor nicht unerheblich beteiligt wäre. Die Beobachtung, daß die politische Maschinerie nichts tut, um diesen Kurs zu bremsen – Gutachten und Expertisen werden zwar in Auftrag gegeben, aber nicht befolgt –, läßt eigentlich nur auf den allmählichen Widerstand in der Bevölkerung gegen dieses Laissez-faire hoffen. Das Anwachsen eines ökologischen Bewußtseins dürfte es dann den politischen Organen wie auch aufgeschlossenen Industriekreisen leichter machen, einem neuen Kurs zu folgen. Die Basis für einen wahren Fortschritt ist dabei nach wie vor Aufklärung und immer wieder Aufklärung über die Zusammenhänge, ohne Scheu vor unbequemen Fakten und Argumenten. Noch haben wir es in der Hand, die Weichen anders zu stellen.

Anmerkungen

1 Vester, F.: Ausfahrt Zukunft – Strategien für den Verkehr von morgen. Eine Systemuntersuchung. Heyne, München 1992; vgl. auch Berger, R. und Servatius, H.: Die Zukunft des Autos hat erst begonnen. Ökologisches Umsteuern als Chance. Piper, München 1994; Canzler, W. und Knie, A.: Das Ende des Automobils. Fakten und Trends zum Umbau der Automobilgesellschaft. Müller, Heidelberg 1994; Goeudevert, D.: Die Zukunft ruft (Management, Märkte, Motoren). Busse Seewald Verlag, Herfurt 1990

2 Vester, F.: Ballungsgebiete in der Krise. dtv, München 1994

3 Forschungsverband Lebensraum Stadt (Hrsg.): Mobilität und Kommunikation in den Agglomerationen von heute und morgen. Ernst & Sohn, Berlin 1994

4 Meier, E.: Neuverkehr in Folge Ausbaus und Veränderung des Verkehrssystems. ETH-Dissertation Nr. 8842, Zürich 1989

5 In einer Studie des World Wildlife Fund (WWF) versuchte P. Romann aufzuzeigen, daß der Vorschlag vieler Anlieger, den Gotthard-Tunnel wieder zuzumauern, ohne wirtschaftliche oder verkehrspolitische Nachteile realisierbar wäre. WWF-Schweiz 1994

6 Für die in Heidelberg geplanten 175 Park-and-Ride-Stellplätze wurde z. B. errechnet, daß diese den innerstädtischen Verkehr um nur 0,2% verringern würden, womit lediglich der Zuwachs des Autoverkehrs von ein bis zwei Monaten auf die Straßenbahn umgelagert würde. Auch die fast 15 000 P & R-Stellplätze Münchens, mit denen eine Fläche von 300 000 m^2 versiegelt wurde, sollen die Zahl der vom MVV beförderten Fahrgäste dadurch lediglich um 1,8% erhöht haben! Vgl. Umwelt- und Prognose-Institut (UPI), Heidelberg. Bericht Nr. 23, S. 14 (1992)

7 vgl. Haller, M., Maas, P.: Risiko-Dialog: Stiftungsbericht '94, St. Gallen 1994; Schweizer Rück: Risiko Klima, Zürich 1994; Münchener Rück: Sturm – Neue Schadendimensionen einer Naturgefahr, München 1990; Lehmann, A. u. Grünig, R.: Vernetztes Denken in der Assekuranz – Vom Schlagwort zur Umsetzung. *Schweiz. Versich. Ztschr.* (SVZ) Jg. 59, 179 (1991); Haller, M., Petin, J.: Geschäft mit dem Risiko – Brüche und Umbrüche in der Industrieversicherung. In: Schwebler, R. (Hrsg.): Dieter Farny und die Versicherungswirtschaft. Verlag Versicherungswirtschaft, Karlsruhe 1994. Zu *NERIS* vgl. Institut für Versicherungswirtschaft an der HSG (Hrsg.): Jahresbericht 1993/94 (insbes. S. 39 ff), St. Gallen 1994

8 Nach Gerhard Berz, dem Leiter der Forschungsgruppe Geowissenschaften der Münchener Rück muß durch die Zunahme klimabedingter Naturkatastrophen bis zum Jahr 2000 mit einer jährlichen Belastung von 50 Milliarden Dollar gerechnet werden. Danach verfügt die Versicherungswirtschaft wie kein

anderer Wirtschaftszweig über »Motivierungsinstrumente zur Risikoverminderung« (aus Berichten über das Internationale Allianz-Forum in München, Juni 1994); vgl. auch Anm. 116

9 Die Stadt Toronto, die als eine der ersten für 4 Millionen Dollar ein solches System installierte, erhöhte dadurch in dem betreffenden Distrikt die Straßenkapazität um 50 Prozent, was durch üblichen Straßenausbau ca. 40 Millionen Dollar gekostet hätte. Die Berechnung der Kompensation des erreichten Effekts durch die mit dem Fahrzeugdurchfluß erhöhte Umweltbelastung basiert auf einem Gutachten der STUDIENGRUPPE FÜR BIOLOGIE UND UMWELT: »Zur Einführung eines Computergesteuerten Feedbackverkehrsleitsystems« im Auftrag der Landeshauptstadt München, München 1973

10 WÖRL, V.: Das Wachstum heilt den Arbeitsmarkt nicht. *Südd. Ztg.* vom 8. 6. 1994

11 DAIMLER-BENZ STIFTUNG (Hrsg.): Interdisziplinärer Forschungsverbund Lebensraum Stadt. Vorab-Dokumentation: 15 Kurzberichte. Berlin 1993, s. S. 20

12 Eine Darstellung der verschiedenen Ideen findet sich in *auto, motor, sport,* Heft 21, 1991 und eine Gegenüberstellung meiner Argumente zu diesen Vorschlägen in der Podiumsdiskussion »Das Auto von heute setzt den Maßstab«, *auto, motor, sport*, Heft 1, 1992, S. 36 ff.

13 UMWELT- UND PROGNOSE-INSTITUT HEIDELBERG: Scheinlösungen im Verkehrsbereich, kontraproduktive und ineffiziente Konzepte der Verkehrspolitik. UPI-Bericht Nr. 23, April 1992

14 vgl. DAHLEM, P.: Wege aus dem Chaos. *HighTech* 1/90

15 Vgl. auch: Kein Anschluß ohne Auto. *fairkehr* Nr. 5, S. 22, 1992

16 Eine Studie zur neuen Stadtlogistik wurde Ende 1992 vom Stadtplanungsamt der Stadt Zürich vorgestellt, welches gemeinsam mit dem Bauamt der Stadt die Maßnahmen für einen stadtgerechten Güterverkehr festlegte.

17 DRUCKER, Peter F.: Stadtflucht. *Mensch & Büro* 3/94

18 Nach Untersuchungen des Arbeitskreises »Informationstechnik und Öffentlichkeit« der *Informationstechnischen Gesellschaft* (ITG) im VERBAND DEUTSCHER ELEKTROTECHNIKER (VDE)

19 BOLOGNA, S.: Teufelskreise, Gedanken nach der Alpeninitiative. Das Magazin, Beilage des *Tages-Anzeigers* (Zürich) vom 2. 4. 94

20 ATTESLANDER, P.: Hauptlager Landstraße. *Wirtschaftswoche* vom 28. 8. 1987

21 Die Japaner, von denen erst die USA, dann Europa das Just-in-time-Prinzip (Japanisch: Kanban) übernommen hatten, sind längst wieder davon abgekommen. Verkehrsstaus und Luftverschmutzung haben durch den Pendelverkehr der Lastwagen das ganze System scheitern lassen, so daß laut Aussagen japanischer Topmanager aus Gründen des Umweltschutzes »Kanban« auf Dauer nicht mehr zu verantworten sei. Eine besonders prekäre Situation entstand durch die fehlende Lagerhaltung nach dem großen Erdbeben in der Region Kobe.

22 Eine Entwicklung der Ulmer Spedition BOTZENHARDT & BOSCH GmbH & Co. KG

23 Vgl. IFO-INSTITUT: Studie über die zukünftige Entwicklung des öffentlichen Personennahverkehrs. Im Auftrag des Bundesministers für Verkehr, München 1989

24 Vgl.: Joghurt steigert den Verkehr. *Bild der Wissenschaft*, Jan. 1993, S. 108

25 Unter dem Subventionstitel »Transeuropäische Netze« will die EU bis 2002 über 130 Mrd. DM in neue Gütertransportstrecken investieren.

26 DEUTSCHES INSTITUT FÜR WIRTSCHAFTSFORSCHUNG (DIW): Wirtschaftliche Auswirkungen einer ökologischen Steuerreform. Greenpeace, Hamburg 1994. In Übereinstimmung mit der DIW-Studie plädierte auch Ulrich CARTELLIERI, Vorstandsmitglied der Deutschen Bank, auf dem Verkehrskongreß der DB in Frankfurt für eine Erhöhung der Mineralölsteuer als Anreiz zur Verlagerung von Industrieunternehmen, um »zunehmend unsinnige Transporte auf deutschen Straßen« zu beenden. Christoph BINSWANGER, St. Gallen, der Ende 1994 von der Brandenberg-Stiftung den höchstdotierten Schweizer Wirtschaftspreis erhielt, konnte nachweisen, daß die Wettbewerbsfähigkeit der Wirtschaft durch eine solche Steuerreform nur gestärkt würde. In dem Buch des neugegründeten Fördervereins dieser Reformpläne: »Der Weg zur ökologischen Steuerreform« (Olzog, München 1994) legt der Arbeitskreis um Ernst-Ulrich v. WEIZSÄCKER die Problematik und ihre verschiedenen Auswirkungen ausführlich dar.

27 Die beiden Basistunnel der NEAT (Abkürzung für Neue-Eisenbahn-Alpen-Transversale) durch den Gotthard und den Lötschberg werden auf insgesamt 32 Milliarden Mark veranschlagt. Der samt Zufahrten auf 25 Milliarden Mark kommende Brenner-Basistunnel (HOCH, A.: Kapital privater Investoren erforderlich. *Südd. Ztg.* vom 2. 8. 94), der bis auf die noch anstehende Umweltverträglichkeitsprüfung schon beschlossene Sache ist, wie auch die neue französische Transversale durch den Mont Cenis und die österreichische Strecke Wien–Graz werden zudem der NEAT gewaltige Konkurrenz machen.

28 Die Forderungen der *Internationalen Alpenschutz-Kommission* nach einem gemeinsamen Verkehrskonzept gingen an die sieben Alpenanlieger: Österreich, Schweiz, Liechtenstein, Italien, Frankreich, Slowenien und Deutschland und sind auf der CIPRA-Jahrestagung in Belluno (Oberitalien) im Oktober 1994 verabschiedet worden.

29 Derzeit überwiegen die nicht ausgelasteten Strecken und Bahnhöfe gegenüber den ausgelasteten etwa im Verhältnis 90:10. Eine Verschiebung zugunsten höherer Auslastung auf etwa 35:65 bei den Strecken und 50:50 bei den Bahnhöfen scheint möglich, wobei sich auch der Ertrag der Bahn von der Verlustzone in die Gewinnzone verschieben würde. Entsprechende Berechnungen finden sich in: KUNZ, Hans-Ulrich: Die Bahn kann die Straße DOCH entlasten. Innova, Basel 1990, S. 29

30 Errechnet aus den Anlageinvestitionen nach: »Verkehr in Zahlen 1993«. Bundesminister für Verkehr, Bonn 1993

31 Zu den Schädigungen des vegetativen Systems durch akustische Pollution vgl. VESTER, F.: Phänomen Streß. Kapitel »Technik, Lärm, Bewegung«. dtv, München 1978

32 Zu diesen zählen u. a. das »Züricher Modell« mit einer grundsätzlichen Bevorzugung des öffentlichen Personennahverkehrs, oder das »Karlsruher Modell«, wo die Stadtbahn auf den Gleisen der DB weiterfährt, oder auch ein Trambahn-Beschleunigungs-Projekt in München.

33 Lt. dem Bayerischen MdL Walter ENGELHARDT, zitiert im SPD-Pressedienst vom 19. 8. 1994

34 Dies ergibt sich aus der vertraulichen »Regionalisierungsberechnung« der Deutschen Bundesbahn, wonach der Status quo bereits ein Rückschritt ist und angesichts der leeren Haushaltskassen ohne Steuererhöhung kaum Änderung verspricht. Vgl. OTT, K.: Rasante Fahrt aufs Abstellgleis. *Südd. Ztg.* vom 13. 6. 92

35 Der gleiche Ruf nach Kostenwahrheit des Straßenverkehrs besteht in der Schweiz, wo vor allem die mächtige MIGROS versucht, die Bundesbahnen vermehrt einzuspannen.

36 Ansprechpartner für die Florianer Bahn ist Dipl. -Ing. Georg HILLBRAND, Postfach 8, A-4490 St. Florian bei Linz.

37 Vgl.: Auf Grün schalten. *Wirtschaftswoche* Nr. 26, vom 24. 6. 1994, S. 102

38 Betreiber der Bahn ist die OBERELBISCHE VERKEHRSGESELLSCHAFT mbH, D-01796 Pirna-Sebnitz.

39 Vgl. B. ZÄNGL: Immer schneller in die roten Zahlen. *Südd. Ztg.* vom 31. 10. 1992

40 Nach einer Umfrage von *Bild der Wissenschaft* zum Transrapid: Frappierendes Signal. *Bild der Wissenschaft*, Oktober 1993, S. 37

41 KREIBICH, Rolf: Flop statt Knüller. *Die Zeit* vom 22. 4. 1994

42 Lt. Aussagen des Vorsitzenden der Geschäftsleitung der Magnetschnellbahn, Hans-Georg RASCHBICHLER. Vgl. auch den Kommentar: »Unverkäufliche Wunderwerke« von Wolfram ENGELS in *WirtschaftsWoche* vom 17. 12. 1993

43 BÖLKE, P.: Arroganz der Macht. *Der Spiegel* vom 27. 6. 1994

44 Die letzte Prüfung steht allerdings noch aus. Nach Auskunft der Transrapid-Planungsgesellschaft wird die Strecke nicht gebaut, wenn die Wirtschaftlichkeitsberechnungen rote Zahlen ergeben sollten.

45 Der Energieverbrauch des *X 2000* pro hundert Kilometer und Passagier liegt je nach Auslastung auf Benzin umgerechnet zwischen 1,2 und 4,6 Litern, was auch dem Verbrauch des TGV mit durchschnittlich 3,3 Litern entspricht.

46 Immerhin hat nun BMW in einer Verkehrsstudie für Regensburg eine vollautomatische Mini-U-Bahn unter der Altstadt vorgeschlagen, wenngleich mit neuartigen Parkhäusern gekoppelt, um auf keinen Fall die Erreichbarkeit mit dem Pkw zu schmälern.

47 Projekt *Weserbus* des Bremer Umweltsenats. Die aus Faserverbundstoffen hergestellten Katamarane werden bei der HENZE-Werft in Bremerhaven gebaut.

48 Vgl. den Artikel: Ehrgeizige Pläne, *Verkehrsrundschau* Nr. 27, Juli 1994

49 Lt. einer Auflistung in der *Neuen Zürcher Zeitung* vom 17. 6. 1993: Abbau der SBB im Regionalverkehr.

50 Nach einem Bericht des Verkehrsplaners Eberhard OTTO in *fairkehr* 4/92, S. 48

51 So lehnt der Präsident der *Deutschen Straßenliga*, H.-J. KAYSER, jegliche weitere Mineralölsteuer ab und verlangt entgegen der so dringenden Internalisierung der Vollkosten die »Zweckbindung der vom Straßenverkehr aufgebrachten Mittel«. *Verkehrsrundschau* 17/94, S. 6

52 Siehe den Bericht über die Fachtagung der VESTRA im Januar 1993, *Neue Zürcher Zeitung* vom 4. 2. 1993, S. 21

53 Bock, D.: Integrierte Güterverkehrsstrategie der Hertie Waren- und Kaufhaus GmbH. In: Kreibich, R. und S. Behrendt: Die Mobilität von morgen. Beltz, Weinheim/ Basel 1994, S. 193 ff.

54 Das an der Universität der Bundeswehr München entwickelte »City-Logistik-Konzept« wurde im September 1994 bei der Pressekonferenz des Bayerischen Wirtschaftsministeriums den deutschen Spediteuren vorgestellt. Vgl. auch *Verkehrsrundschau* 40/94, S. 4, sowie die komplette Übersicht aller einschlägigen Projekte von Claudia Weinel: City-Logistik. *Verkehrsrundschau* 5/95, S. 12

55 *Neue Zürcher Zeitung* vom 19. 11. 1993

56 Umlandverband Frankfurt (UVF) (Hrsg.): Tangentialverkehr im Gebiet des Umlandverbandes Frankfurt. UVF, Frankfurt/M. 1992

57 Fruit: Unter Federführung der Arbeitsgruppe Albert Speer & Partner. Ergebnisbericht zum Gesamtprojekt. Frankfurt/M., Juli 1993. Das mit EG-Mitteln und durch das Land Hessen geförderte Projekt wurde im Rahmen Europäischer Forschungsprogramme und im Kontakt mit mehreren europäischen Städten durchgeführt.

58 »Die Informatik verändert die Stadtplanung«, *Weltwoche* vom 14. 9. 89. Inzwischen hat sich auch das *Eidgenössische Verkehrs- und Energiewirtschaftsdepartement* in seiner Broschüre vom Sept. '93: »Vernetztes bzw. ganzheitliches Denken bei Verkehrsvorhaben«, in der auch auf den Einsatz unseres Sensitivitätsmodells eingegangen wird, diese Denkweise zu eigen gemacht. Zu beziehen über SVI Sekretariat, Postfach 155, CH-8034 Zürich

59 Sensitivitätsmodell. Ein computerunterstütztes Planungsintrumentarium zur Erfassung und Bewertung komplexer Systeme. Auskunft bei: Studiengruppe für Biologie und Umwelt GmbH, Nußbaumstr. 14, D-80336 München

60 Urban System Consult GmbH (USC): Anwendung des Sensitivitätsmodells Prof. Vester bei der Stadtentwicklung von Jena/Thüringen. USC, Keithstr. 2–4, 10787 Berlin

61 Vester, F.: Mensch und Großtechnologie – Inadäquate Planung am Beispiel von München II. In: Vereinigte Bürgerinitiativen gegen den Großraumflughafen im Erdinger Moos (Hrsg.), Sonderdruck 5/1981

62 Braun, Manfred: Amerikanische Fluglinien machen die Fliege. Geldbringende Geschäftsflieger bleiben aus. *Südd. Ztg.* vom 8. 9. 1994

63 Drucker, Peter F.: Stadtflucht. *Mensch & Büro* 3/94, S. 30

64 Spiegel-Bericht: In Ruhe genießen. *Der Spiegel* vom 26. 9. 94, S. 68

65 Nach dem Projekt »Wohnen ohne eigenes Auto« des Münchner Planungsreferats, das im Sept. '94 im Planungsausschuß der Stadt – natürlich kontrovers – diskutiert wurde.

66 Koch, Hannes: Vision der autoarmen Stadt. *Grünstift* 6/94, S. 8

67 Über die Entwicklung in Davis ist auch ein Videofilm erhältlich: E. G. Wiegand: Ökostadt Davis. Inst. f. Film u. Bild GmbH, 82031 Grünwald (1987).

68 Dazu zählt das revolutionäre Verkehrskonzept von Greenpeace »Schwerin – Vision einer autofreien Stadt« des Berliner Chefplaners Hans-Joachim Rieseberg im großen (Hamburg 1994), ebenso wie im kleinen etwa das neue ganzheitliche »Leitbild« der Stadt Geldersheim in Bayern (*Gesellschaft für Information und Bildung* e. V.: Dorferneuerung Geldersheim. Schweinfurt

1991). Auch die ideenreichen und besonders attraktiven Stadtbus-Systeme der Stadtwerke Lindau und der *Stadtbus Lemgo Marketing* GmbH in Lemgo wären hier zu erwähnen.

69 HAHN, Ekhart (Hrsg.): Die »Platte«. Eine Herausforderung für den ökologischen Stadtumbau in den Neuen Bundesländern. Schriftenreihe der Landeshauptstadt Dresden. Dortmunder Vertrieb für Bau- und Planungsliteratur, Berlin 1994

70 Nach Entwicklungen von M. GRÄTZEL und B. O'REAGAN vom Institut für physikalische Chemie in Lausanne. *Nature,* 353, S. 737 (1991). Einen ähnlichen durchsichtigen Typ Solarzellen stellt die NUKEM GmbH her. Die ersten 0,05 mm dünnen Platten wurden in einem Verwaltungsgebäude in Alzenau, Bayern, eingebaut. Vgl. *Wirtschaftswoche* vom 22. 1. 1993, S. 58 ff.

71 Vgl. auch: MITSCHERLICH, A.: Die Unwirtlichkeit unserer Städte. Anstiftung zum Unfrieden. Suhrkamp Verlag, Frankfurt/M. 1965; THE PRINCE OF WALES: Die Zukunft unserer Städte. Heyne, München 1993; SPEER, A.: Die intelligente Stadt. DVA, Stuttgart 1993; VESTER, F.: Ballungsgebiete in der Krise. dtv, München 1994

72 In den USA kennt man noch weitere Varianten des CarSharing oder RideSharing, etwa die CarPool-Lanes, die für Autos mit mindestens zwei Insassen reserviert sind und selbst auf den Autobahnzufahrten Priorität haben. Pendlerdienste (Commuter Transportation Services), die mit professionellem Werbeaufwand in vielen Städten ihr Geschäft betreiben, und sogar staatliche Behörden beraten bis hin zum VanPooling, wo sich Pendlergruppen einen gemeinsamen Kleinbus anschaffen. Siehe auch FIEDLER, J.: Stop and Go. Wege aus dem Verkehrschaos. Köln 1992

73 Für Fahrradwege gibt München 3% seiner Straßenbaukosten aus, will aber im nächsten Jahrzehnt das Radwegenetz von derzeit 600 auf 900 km ausbauen. Immerhin ersparen schon jetzt die von den rund 100 000 Radlern (15% aller Verkehrsteilnehmer) dort jährlich gefahrenen 1,8 Millionen km den Münchnern gut 250 000 t Abgase, ganz abgesehen von der Straßenfläche, die die auf's Rad Umgestiegenen den verbliebenen Autofahrern freimachen.

74 Nach einem Testbericht der *Schweizer Sonntagszeitung* vom 15. 11. 92. Siehe auch die Vergleichsuntersuchung aus Münster in *Bild der Wissenschaft*, Mai 1980, S. 104 ff.

75 Im Herbst 1994 wurde auch die vor 34 Jahren abgeschaffte Straßburger Trambahn wiederbelebt, die nunmehr getreu dem Basler Vorbild in den Stoßzeiten im 4-Minuten-Takt verkehrt, schöner und komfortabler denn je. Schon 1973 hatte ein Verkehrsgutachten im Hinblick auf das zu erwartende Autochaos ihre Wiedereinführung empfohlen – die nunmehr zur Verkehrsentlastung unausweichlich wurde. Damit wurde auch das umstrittene kostspielige U-Bahnprojekt für die Europa-Stadt ad acta gelegt.

76 Siehe hierzu z. B. das Sonderheft »Automatische spurgeführte Verkehrssysteme« der Zeitschrift VT *(Verkehr und Technik)* vom Juni 1994 mit Beispielen von Schienentaxis, Peoplemovern, Spurbussen usw.

77 APEL, Dieter: Attraktivität statt Anpassung. *Innovatio* 7/91, S. 45 ff.

78 CRAMER, M. in: BEHRENDT, S. und R. KREIBICH (Hrsg.): Die Mobilität von Morgen. Beltz Verlag, Weinheim/Basel 1994

79 Zumindest in der Einführungsphase kann es dann z. B. heißen: »Mit dem Solarmobil fahren Sie am Stau vorbei«. Attraktiv wäre auch der Hinweis, daß Fußgängerzonen mit E-Mobilen länger angeliefert werden dürfen als mit Verbrennungsfahrzeugen.

80 AICHER, Otl: Kritik am Auto. Callwey Verlag, München 1984

81 HOLZAPFEL, H.: Richtung Schlagloch. *Die Zeit* vom 20. 11. 92; vgl. auch HOLZAPFEL, TRAUBE, ULLRICH: Autoverkehr 2000. Wege zu einem ökologisch und sozialverträglichen Straßenverkehr, Verlag C. F. Müller, Karlsruhe 1985

82 Nach Berechnungen der *Gesellschaft für Mathematik und Datenverarbeitung* (GMD) auf Grund der vom Flugzeug aus durchgeführten Messungen in 300 m Höhe über einem 700 Quadratkilometer großen Gebiet im Raum München im Sommer 1994 (durchgeführt im Rahmen der GREENPEACE-Studie: »Ozonsmog – Die Stadt als Ozonquelle«. Hamburg September 1994)

83 Zum Vergleich: Nach Messungen des Frankfurter ÖKO-TEST-INSTITUTS können in Innenstädten ohne Tempobeschränkung Benzolkonzentrationen bis zu 50 µg pro Kubikmeter Luft auftreten. *Natur* 2/1990. Nach einjähriger landesweiter Messung des Umweltministeriums Baden Württemberg lieferte der Verkehr in Stuttgart sogar monatliche Spitzenwerte von 62 µg. *Bild der Wissenschaft* 8/94

84 FROMME, F. K. in *Bunte* vom 11. 8. 94

85 Dies wird auch durch eine Studie des UMWELTINSTITUTS MÜNCHEN im Auftrag des »Naturland«-Verbandes (Präsident: Gerold HERRMANN) anhand einer Erhebung aus ca. 30 000 Daten bestätigt, wonach der Ozon-Smog beim Sommerweizen zu Ernteeinbußen bis zu 31% führt. München 1994

86 Nach einer Studie des Bonner Umweltministeriums (1994) beschert der Straßenlärm den Krankenkassen jährliche Kosten zwischen 900 Millionen und 3,6 Milliarden Mark, der Fluglärm weitere 200 Millionen.

87 APEL, D.: Grenzen verträglicher Verkehrsbelastungen in der Stadt. Vgl. Anm. 11, Seite 73 ff.

88 Vgl. DYLLICK, Th. (Hrsg.): Ökologische Lernprozesse in Unternehmungen. P. Haupt Verlag, Bern 1990; ELKINGTON, J. und BURKE, T.: Umweltkrise als Chance, Ökologische Herausforderung für die Industrie. Orell Füssli Verlag, Wiesbaden 1989; GORSLER, B.: Umsetzung ökologisch bewußten Denkens. Eine Studie zur Unternehmenskultur der Holzstoff AG. P. Haupt Verlag, Bern 1991; HOPFENBECK, W.: Umweltorientiertes Management und Marketing. Verlag Moderne Industrie, Landsberg 1990; MALIK, F.: Strategie des Managements komplexer Systeme. P. Haupt Verlag, Bern 1984; WINTER, G.: Das Umweltbewußte Unternehmen. Ein Handbuch der Betriebsökologie. C. H. Beck Verlag, München 1987 – u. v. a.

89 Nach einem im Juni 1994 veröffentlichten Gutachten des *Sachverständigenrats für Umweltfragen*, in dem u. a. gefordert wird, daß sich die ökologische Knappheit der Lebensgrundlagen in den Transportpreisen widerspiegeln müsse. Aus: Im Jahr 2010 drängen sich auf deutschen Straßen 50 Millionen Autos. *Südd. Ztg vom* 27. 6. 94

90 SAUER, H. D.: Fahrräder raus aus der Stadt. Chinas Verkehrsplaner setzen auf das Automobil. Zahl der tödlichen Unfälle nimmt rasant zu, *Südd. Ztg.* vom 9. 12. 93

91 Vgl. VESTER, F.: Neuland des Denkens, Kap. 16: Energielösungen – Vom Solarmotor zur kybernetischen Klimatisierung. dtv, München, 8. Aufl. 1993

92 Nach einem Grundkonzept von Prof. Dr. Helmut WEBER, Institut für Industrialisierung des Bauens, Technische Universität Hannover

93 Die Abkürzung kWp bezeichnet das maximale Leistungs-*Potential* einer Photovoltaikanlage, sozusagen die bei voller Sonneneinstrahlung mögliche Kilowattausbeute.

94 Über den Stand der Technik für Solarfassaden berichtet ausführlich die Zeitschrift *Sonnenenergie & Wärmetechnik* in Heft 1/1994, S. 24 ff.

95 Die Solar-Lärmschutzwand an der Autobahn N 13 im Kanton Graubünden liefert seit 1989 den Strom für 35 Haushalte. TNC-CONSULTING AG, Chur/Schweiz.

96 Solarzellen mit einer Gesamtleistung von 45 MW würden in den 4300 Tagesstunden eines Jahres rund 200 000 MWh liefern. Bereits die heutigen, noch nicht ausgereiften Elektromobile verbrauchen nur zwischen 10 und 20 kWh pro 100 km, die Superleichten vielleicht 5 kWh. Rechnen wir bei Elektromobilen mit einer Fahrstrecke von 6000 km pro Jahr, so kommen wir auf einen jährlichen Verbrauch von 1000 kWh pro Fahrzeug, woraus sich die berechneten 200 000 E-Mobile ergeben.

97 Vgl. u. a. LOVINS, A. B. et al.: Wirtschaftlicher Energieeinsatz: Lösung des CO_2-Problems. *Alternative Konzepte 42*, Verlag C. F. Müller, Karlsruhe 1983; weiterhin VESTER, F.: Bilanz einer Ver(w)irrung. Heyne Verlag, München 1986; ders. in: Nutzung der Solarenergie. Notwendigkeit und Chancen. Wissenschaftszentrum Nordrhein-Westfalen, Verlag TÜV Rheinland, 1990; ders.: Energiesysteme am Maßstab der Natur orientieren. In: *Sonnenenergie und Wärmepumpe* 4/1989. Nach Berechnungen des *Öko-Instituts*, Freiburg, wird schon allein bei der gesamten Prozeßkette (von den Uran-Tailings bis zur Zementherstellung für den Sicherheitsbehälter des Reaktors) mit jeder Kilowattstunde Atomstrom die Atmosphäre bereits mit dreimal soviel CO_2 belastet als wenn dieser Strom z. B. aus einem mit Gas betriebenen Blockheizkraftwerk stammt, ganz abgesehen davon, daß das freiwerdende Krypton 85 ein hochwirksames Treibhausgas ist.

98 ZUMKELLER, D. und NAKO, J.: Neues Leben für die Städte. In: *Bild der Wissenschaft*, Mai 1988

99 Nach einer Zusammenstellung von Peter NIEDNER über Rohstoffverbrauch und Abfälle eines Autos der ersten und zweiten Generation in seinem Artikel »Zukunft des Verkehrs, Entwicklung zum Chaos«, die bei einem heutigen Fahrzeug 58,3 kg pro 100 km, bei einem der zweiten Generation nur noch 9,7 kg pro 100 km beträgt. ING. BÜRO DR. P. NIEDNER, Bad Wiessee

100 ILGMANN, G. und MIETHNER, M.: Primärenergievergleich im Verkehr. Dr. Gottfried ILLGMANN & Dr. Manfred MIETHNER, Unternehmensberatung, Hamburg 1991

101 Um zu erfahren, was das Autofahren wirklich kostet, sei das vom UMWELT- UND PROGNOSEINSTITUT (UPI) in Heidelberg entwickelte Computerprogramm emp-

fohlen, das jedem, basierend auf den eigenen Daten und dem gefahrenen Fahrzeugtyp, eine recht interessante Rechnung aufmacht. PC-Programm »Mobilität«, Version 1. 4. UPI, Handschuhsheimer Landstr. 118a, 69121 Heidelberg. Siehe auch die Schrift: »ÖKO-Bilanzen von Fahrzeugen«. UPI, Heidelberg 1993

102 Die Lobby agierte bisher mit Erfolg, wie etwa die Abfuhr von Töpfers Energiesteuerplänen auf der Umweltministertagung '94 in Luxemburg zeigte. Insbesondere Frankreich lehnte wegen seines großen Atomstromangebotes eine stärkere Besteuerung von Strom ab.

103 Aus der Studie: »Risiko Klima« des Katastrophenexperten Christian Brauner, die die Schweizer Rück im August 1994 vorgelegt hat.

104 Nach Berichten des World Wildlife Fund (WWF) auf der Genfer Klimakonferenz im August 1994. Siehe auch *Nature,* Band *369,* 448 (1994)

105 Egli, R. A.: Flugverkehr und Klimagefährdung. Das politische Paradoxon: Der umweltschädlichste Verkehr wird am meisten gefördert. *Das Solarzeitalter* 4/92, S. 30 ff.

106 Vgl. den Bericht von P. Knöll »Jumbos am Pranger« über die Analysen der Deutschen Forschungsanstalt für Luft- und Raumfahrt e. V. in *HighTech*, Dez. 1990, S. 44 ff.

107 Swissair: Ökobilanz Swissair. Eine Querschnittsanalyse, Zürich-Kloten 1991. In einem neueren *Lufthansa Bordbuch* (Nr. 5/94) werden die Emissionsprobleme in einem Artikel von P. Pletschacher, »Eine brennende Frage«, bereits weit umfassender dargestellt.

108 Ute Linnert in einem Editorial in *fairkehr* Nr. 3/94

109 *World Watch Institute*: WWI-Report 1993 Washington 1994, S. 153

110 Vgl. z. B. den Bericht von Fritz Vorholz (*Die Zeit* vom 10. 6. 94) über das im Auftrag von Greenpeace erstellte Gutachten des *Deutschen Instituts für Wirtschaftsforschung* (DIW) zur Einführung einer Ökosteuer, wonach eine solche Reform nicht nur umweltfreundlich, sondern auch ökonomisch sinnvoll und sozialverträglich ist.

111 Eine Eurosolar-Studie über das Potential erneuerbarer Energien (im Auftrag der Kommission der Europäischen Union; Zusammenfassung siehe *Solarzeitalter* 1/94, S. 12 ff.) zeigt in einem detailliert durchgerechneten Szenario, daß und wie bis zum Jahr 2020 der Anteil erneuerbarer Energiequellen an der Energieversorgung der EU, der ohnehin je nach Land äußerst stark variiert (z. B. deckt Island 99%, Österreich 71%, Italien 22%, Frankreich 16%, Deutschland 4% seiner Stromerzeugung mit regenerativen Energien) von gegenwärtig im Mittel 6% ohne weiteres – und dies unter Schaffung von 1,2 Millionen zusätzlicher Arbeitsplätze – auf einen europäischen Durchschnitt von 50% gesteigert werden kann.

112 Vester, F.: Phänomen Streß, Kap. 5: Urlaub und Erholung. dtv, München 13. Aufl. 1993

113 ADAC (Hrsg.): Verkehr in Fremdenverkehrsgemeinden. Eine Planungshilfe für Ferienorte mit praktischen Beispielen. ADAC-Verlag, München 1993

114 Dennerlein, R. und Hofmann U.: Tourismus und Verkehr im Oberallgäu. BASYS GmbH, Augsburg 1993

115 Krippendorf, J.: Alpsegen, Alptraum. Für eine Tourismusbewegung im Einklang mit Mensch und Natur. Verlag Kümmerly und Frey, Bern 1986; ders.: Die Ferienmenschen. Für ein neues Verständnis von Freizeit und Reisen. dtv, München 1986; Zimmer, P.: Bausteine des Tourismus. *Südd. Ztg.* vom 9. 11. 1994; Zeier, R.: Wintersport Schweiz in vernetzter Sicht. Diss. Nr. 1461, Hochschule St. Gallen 1993

116 Nach Aussagen von Dr. H. Tiedemann (Schweizer Rück) in der Fernsehsendung »Die Natur rächt sich« von B. Dost, BR, 20. 1. 93; vgl. auch Brauner, C.: Risiko Klima. Eine Studie im Auftrag der Schweizer Rück, Zürich 1994, sowie Gesamtverband der Deutschen Versicherungswirtschaft (GDV): Assekuranz 1993 – Zahlen, Daten, Fakten, Bonn 1993. Siehe auch Anm. 8

117 Umlandverband Frankfurt: Generalverkehrsplan. Frankfurt/M. 1984

118 Vester, F., Harrer, G., Schlange, L. et al.: Neue Mobilität. Eine ganzheitliche Systemuntersuchung im Hinblick auf eine verkehrspolitische Neuorientierung Bayerischer Kur- und Fremdenverkehrsorte unter Einsatz des Sensitivitätsmodells. Teilstudie Berchtesgaden. Teilstudie Oberstdorf. Anhang zur Systemstudie. Bayerisches Staatsministerium für Landesentwicklung und Umweltfragen, München 1993

119 Wie sie z. B. durch das *Bayerische Staatsministerium für Landesentwicklung und Umweltschutz* inzwischen in mehreren Fremdenverkehrsorten unter Einbeziehung flankierender Maßnahmen gefördert wird, z. B. in Oberstdorf, Berchtesgaden (siehe auch Anm. 118), Bad Füssing, Bad Wörishofen, Bad Aibling, Bodenmais u. a.; vgl. auch Anm. 120

120 Interessengemeinschaft für autofreie Kur- und Fremdenverkehrsorte in Bayern e. V. (IAKF, gegr. Februar 1993), Vorsitzender Oberbürgermeister W. Heitmeier, Rathausplatz 8, 83435 Bad Reichenhall

121 Linser, J.: Unser Auto – eine geplante Fehlkonstruktion. Fischer Taschenbuch-Verlag, Frankfurt 1977

122 Aulock, W. v.: Plädoyer für ein vernünftiges Tempolimit. Wie die deutschen Straßen und Autobahnen besser ausgenutzt werden können. *Südd. Ztg.* vom 23. 7. 90; Castell, L.: Wenn die wilde Jagd beginnt. *Südd. Ztg.* vom 14./15. 5. 88; Schramm, G.: Wie hängt die Leistungsfähigkeit einer Straße von der Fahrgeschwindigkeit ab? *Der Güterverkehr* 7/1959 und *Straße und Autobahn* 9/1959

123 Auf Grund ähnlicher Berechnungen zwischen Sicherheit und akzeptabler Kapazitätsauslastung ergab sich das allgemeine Tempolimit auf den US-Highways von 55 Meilen (88 km/h). Vgl. auch Müller, A.: Tempolimit auf Autobahnen. *fairkehr* Nr. 4, S. 14 (1992)

124 Auch diese Selbsttäuschung über die Vorteile des Automobils wird recht überzeugend mit dem aufschlußreichen Computerprogramm »Mobil sein mit und ohne Auto« des UPI widerlegt, s. Anm. 101; vgl. auch das Teilszenario »Funktionskonflikte« in Vester, F.: Ausfahrt Zukunft. Heyne Verlag, München 5. Aufl. 1993

125 Hierbei handelte es sich um ein auf zwei Jahre (von 1989 bis 1991) befristetes Programm.

126 Information: Projektleiter Urs Schwegler, Brandholz, CH-9642 Ebnat-Kappel, siehe auch Anm. 131, S. 79 ff.

127 KYOCERA hält zur Zeit den Weltrekord in großflächigen Solarzellen eines neuen Typs (15 x 15 cm) mit einem Wirkungsgrad von 16 Prozent. KYOCERA EUROPE, 41460 Neuss

128 Vgl. WALZ, F.: Sicherheit von leichten Elektromobilen. *Europäisches Symposium Solar- u. Elektromobile*, Regensburg 1993

129 Lt. Kraftfahrzeug-Bundesamt, Stand 7/93

130 Vgl. den Artikel »E-Mobile – Durchbruch oder Flop« in der Zeitschrift *Mobil-E*, Aug. 1994

131 Vgl. OTTI-TECHNOLOGIE-KOLLEG (Hrsg.): *Zweites Europäisches Symposium Solar- und Elektromobile*. Regensburg 1994

132 Zu Geschwindigkeitsvergleichen von E-Mobilen siehe z. B. Anm. 131, S. 233

133 HORLACHER AG, Max Horlacher, Güterstrasse 9, CH-4313 Möhlin. Telefax: 0041-618513200; siehe auch LÖPFE, P.: Ein Elektrofloh macht Bill mobil. Ein Bericht über den HORLACHER aus dem militärischen Forschungszentrum McClellan Air Force Base. *Cash* (Schweiz) Nr. 27, vom 17. 6. 94

134 UMWELTBEHÖRDE HAMBURG (Hrsg.): E-Mobile in Hamburg. Erfahrungen der Halter der von der Umweltbehörde geförderten Elektroleichtmobile im Netzverbund. Hamburg, Juni 1994; ALBRECHT, T.: E-Mobile in Hamburg. (Zusammenfassender Bericht); siehe auch Anm. 131, S. 237 ff. sowie *Mobil-E*, August 1994, S. 12 ff.

135 Lt. Test-Report betr. ECE-Regulation 12, durchgeführt vom *Crash Laboratory* der TNO in Delft, Niederlande

136 ECO-DRIVE AG, Industriestr. 20, CH-8712 Stäfa

137 EMC ELEKTRO-MOBIL AG, Aliothstraße 20, CH-4142 Münhenstein 2

138 SOLEC SOLAR- & ELEKTROMOBIL AG, Industriestr. 15, CH-2553 Safern

139 AUTOTECHNIK WALTHER GmbH, Raiffeisenstr. 10, D-74906 Bad Rappenau

140 AUTOMOBILES ERAD, Rue Denfert-Rocherau; B. P. 109, F-59580 Aniche

141 Weitere Informationen zu diesen Fahrzeugen finden sich z. B. im Jahrbuch für Elektromobile 1994. *Mobil-E* Verlag, c/o VSE, Gerbergasse 5, CH-8023 Zürich oder in den *Solarmobil-Mitteilungen*, Erlangen, siehe auch Anm. 131

142 W. KLINGLER Fahrzeugtechnik AG, Suhrenmattstr. 34, CH-5035 Unterentfelden/Aarau

143 Fa. PFAU Kommunalgeräte, Alte Landstr. 15, D-31832 Springe

144 COLENTA ELEKTROMOBILE GmbH, Industriestr. 1–3, D-5439 Dreisbach

145 Es handelte sich um den Ford-*Escort* 1989.

146 Vorgesehen waren 4 kleine Asynchronmotoren an jedem Rad, ein sich automatisch zuschaltender 250-ccm-Benzinmotor zur Aufladung der Akkus und – bei 80 km/h – ein umgerechneter Treibstoffverbrauch von 2,63 l/100 km. Das Gewicht sollte zwischen 500 und 700 kg liegen.

147 Dieser Versuch, für den 60 Mio. DM bereit gestellt sind, läuft ab 1994 über 4 Jahre, siehe auch Anm. 134.

148 Mit diesem Projekt will das *Schweizer Bundesamt für Energiewirtschaft* die Markteinführung von schadstoffarmen Leicht-Elektromobilen (LEM) erproben und fördern. Förderprogramm »Leicht-Elektromobile« (Hrsg.): Leicht-Elektromobile im Alltag, Band 8. Verlag Ing. Büro MUNTWYLER, Postfach 512, CH-3052 Zollikofen. Siehe auch Anm. 131, S. 79 ff.

149 Vgl. die Mitteilung über die erste Zwischenbilanz in *Mobil-E*, August 1994

150 Elektrofahrzeugentwicklung in Japan. *Mobil-E*, August 1994, S. 20 ff.; sowie Mitteilung von Dr. G. Wulff, Fichtel und Sachs AG, Schweinfurt; außerdem: Takami, T., Matuso, T., Ishikawa, M. (JEVA): Current Status of electric vehicles in Japan. *Electric Vehicle Symposium* 11, 1992

151 Nach Auskunft von P. Tremerge, Verkehrsreferent der Stadt Paris. Beteiligen wollen sich u. a. die Firmen Microcar, Ligier, Erad, Renault und Peugeot

152 Ein Beispiel hierfür wäre der von Alan Cocconi (AC Propulsion Inc., San Dimas/ Calif.) entwickelte Asynchronmotor mit veränderlicher Drehzahl, dessen Drehstrom elektronisch aus Batterie-Gleichstrom erzeugt wird.

153 Nach einem Patent von Prof. Klaus Hofer, Fachhochschule Bielefeld

154 »Rollender Motorradtraum – Auf der neuen Harley Davidson fährt man voll auf Feeling ab«. *Abendzeitung* (München) vom 1. 8. 90.

155 C-T Bike AG, Hauptstr. 19, CH-3800 Unterseen

156 Perm Motor Company, 10 rue E. Schwoerer, Z. I. Nord, F-68000 Colmar

157 Erfahrungswerte der Halter von E-Fahrzeugen im Netzverbund, vgl. die Broschüre *E-Mobile in Hamburg*, S. 11. Freie und Hansestadt Hamburg 1994

158 Italdesign S. r. l., Via A. Grandi, I-10024 Moncalcieri (TO). Telefax: 0039-116470858

159 Der *XO-21*, ein Experimentalfahrzeug von Daihatsu, und der *AXV-IV*, ein ebensolches von Toyota (450 kg leicht), sind die ersten völlig ohne Stahl gebauten Alu-Autos. Der Honda *NSX* hat dagegen lediglich eine Alu-Karosserie. Der ökologische Gewinn (geringerer Treibstoffverbrauch und bessere Recyclingmöglichkeit) von Alu-Fahrzeugen wird aber durch die energie- und abfallaufwendige Aluminiumherstellung wahrscheinlich mehr als zunichtegemacht.

160 Dies will der Gesetzgeber durch eine neue Verordnung ändern, nach der auch die Leichtteile der 2,5 Millionen Altautos rezykliert werden müssen. In Zukunft muß, auch hierfür der Verwertungsnachweis vorgelegt werden, um aus der Steuer- und Versicherungspflicht entlassen zu werden.

161 Die Karosserie des 5sitzigen Cabrios besteht gänzlich aus Naturfasern und wurde von dem Physiker Al Quereshi in dem in Sao Jose dos Campos bei Sao Paulo gelegenen Institut aus 35 kg Bananenfasern konstruiert. Auch Mercedes-Benz will künftig verstärkt Autozubehör aus Kokosfasern, Jute, Naturgummi und anderen Naturprodukten in seine Autos einbauen und produziert so in Brasilien bereits Kopfstützen, Motorhauben, Fahrersitze. Vgl. *Bild der Wissenschaft* Okt. 1994

162 Angaben laut *Statistischem Jahrbuch* für die Bundesrepublik Deutschland 1994

163 Knoflacher, H.: Zur Harmonie von Stadt und Verkehr. Freiheit vom Zwang zum Autofahren. Böhlau Verlag, Wien 1993.

164 Zitiert aus seinem Artikel: Wie die Autos die Welt unterwerfen. *Südd. Ztg.* Nr. 88 vom 17./18. 4. 93. Knoflacher ist Professor für Verkehrsplanung und Verkehrstechnik an der Technischen Universität Wien. Siehe auch Anm. 163

165 Prof. Dr. U. Wesel lehrt Rechtsgeschichte und Zivilrecht an der Freien Universität Berlin.

166 Bayerische Rück (Hrsg.): Schadenverhütung im Straßenverkehr – tun wir genug? *Expertengespräch Nr. 10* vom 8. 12. 89. Bayerische Rück, München

1990; vgl. auch das Teilszenario Nr. 15: *Sicherheit* in VESTER, F.: Ausfahrt Zukunft, Heyne Verlag, München 1992

167 DEGER, Ch.: Wir geben auch den Kleinen eine Chance. *Auto Technik Zukunft*, Nr. 22 (1992)

168 UMWELTMINISTERIUM BADEN WÜRTTEMBERG (Hrsg.): Modellversuch Heilbronn/Neckarsulm. Erste Ergebnisse und Erfahrungen. Stuttgart 1993

169 UMWELTBUNDESAMT (Hrsg.): Umweltauswirkungen von Tempolimits. Berlin 1992

170 VERKEHRSCLUB DEUTSCHLAND e. V. (Hrsg.): VCD-Positionen Tempolimit. Tempo 100/80/30. Bonn, Sept. 1994

171 Vgl. MÜLLER, A.: Tempolimit auf Autobahnen. *fairkehr* Nr. 4, S. 14 (1992)

172 Nach Angaben des Italienischen Innenministeriums (ref. in *Südd. Ztg.* vom 5. 12. 88, S. 4)

173 Nach Angaben des Österreichischen Verkehrsministers STREICHER in einer Stellungnahme zur Kritik des ÖAMTC am Tempolimit (ref. in *Tiroler Tageszeitung* vom 31. 8. 91)

174 Lt. Mitteilung des schleswig-holsteinischen Innenministers Hans Peter BULL am 20. 8. 92

175 Zitiert aus einem Interview in der *Weltwoche* (Zürich) vom 10. 3. 94

176 NIEDNER, P.: Wann kommt endlich das Auto der zweiten Generation? *Bild der Wissenschaft* Nr. 7 (1987)

177 Vgl. den *Spiegel*-Bericht zur Luftfahrt »Schwarze Serie am Himmel«. *Der Spiegel* Nr. 33 vom 16. 8. 94.

178 PERROW, Ch.: Normale Katastrophen – Die unvermeidbaren Risiken der Großtechnik. Campus Verlag, Frankfurt/M. 1987

179 Beide Seiten der Betrachtung sind nachzulesen. Pro Verkehrsleittechnik: »Orientierung im Chaos«, *HighTech,* Mai 1991, S. 30 ff. Contra Verkehrsleittechnik: »Der Auto-Pilot« (Im Vertrauen auf die unfehlbare Elektronik riskieren allzu sorglose Autofahrer Kopf und Kragen). *Bild der Wissenschaft* Nr. 9 (1994), S. 31 ff.

180 Zitiert aus *Der Spiegel* 11/92, S. 120 ff.

181 BUNDESMINISTERIUM FÜR VERKEHR (Hrsg.): Verkehr in Zahlen. Bonn (jährlich)

182 HEINRICH, J.: Schweden bauen am Ökomobil. Hybrid Pkw nutzt Stirlingmotor und batteriegestützten Elektroantrieb. *VDI-Nachrichten* vom 21. 12. 90

183 Diese nach dem Dish/Stirling Prinzip konstruierten Anlagen liefern zwischen 5 und 50 kW Strom und werden außer in Spanien und Stuttgart auch in mehreren solarthermischen Kraftwerken in den USA und Saudi-Arabien eingesetzt. Eine Reihe von Motorbauern arbeiten an der Weiterentwicklung für dezentrale Blockheizkraftwerke wie als Automotor. Literatur siehe in »Stirling Motoren«. *Bine* Projekt Info-Service Nr. 17. BMFT, Bonn 1993; weitere Info: SCHLAICH-BERGERMANN UND PARTNER, Beratende Ingenieure im Bauwesen, Telefax 0711-6 48 71 66

184 SCHNEEKLOTH, R.: Die brandheiße Maschine. *Chancen* Mai 1987 S. 65 ff.; weitere Info auch über Prof. KRAUCH, GHK Kassel

185 Einen besonders schlechten Ruf als »Giftquelle« haben zum Beispiel die Zweitaktmotoren von Kettensägen, die schon in 2 Stunden Betriebszeit so viele

Kohlenwasserstoffe ausstoßen sollen wie ein Auto auf einer Strecke von rund 5000 km.

186 Entwickelt von Bruno Lehmann und Beat Frey in Trub (Schweiz). Die Prüfergebnisse stammen von der *Eidgenössischen Materialprüfungs- und Forschungsanstalt* (EMPA).

187 Erfinder: Ralph T. Sarich, Orbital Engine Company, Australien. Die Verknüpfung von Direkteinspritzung mit einer Luftzerstäubung reduziert die Gemischaufbereitung auf eine viertausendstel Sekunde. Dadurch ist es möglich, den Brennstoff erst nach Schließung des Auslasses zuzuführen, so daß kein Schmiermittel in den Brennraum eintritt, was die Schadstoffbilanz enorm verbessert. Im Gegensatz zu den deutschen Autobauern sind japanische und US-Firmen daran höchst interessiert.

188 Dokumentation zum *Philip Morris Forschungspreis* '94 für W. Heimberg und W. Hellmich: »Weniger Abgase, weniger Verbrauch: Ein Einspritzsystem für Zweitaktmotoren macht's möglich«

189 Vester, F.: Neuland des Denkens, Kap. 13: Kohlenstoff – ein Baustein verpufft. dtv, München 8. Aufl. 1993

190 Strohbücker, F. P.: Kampf dem Kaltstart. *HighTech* 7/90 S. 59

191 Vgl.: »Rapsdiesel – Wie geschmiert«. *Wirtschaftswoche* Nr. 33 vom 12. 8. 94

192 Alt, F.: Schilfgras statt Strom. Piper Verlag, München 1992; vgl. auch Weidelich, F.: Strom im Schilf. Energiepflanzen: Die Chancen schnellwachsender Exoten. *Wirtschaftswoche* Nr. 40 vom 25. 9. 92

193 Umweltbundesamt (Hrsg.): Ökobilanz Rapsöl. Berlin 1992

194 »A Cab Fleet That's Clean«. *National Geographic*, Juli 1994

195 Vester, F.: Neuland des Denkens. Kap. 9: Anbau – Vom Sündenfall zur Henkersmahlzeit. dtv, München 8. Aufl. 1993; ders.: Januskopf Landwirtschaft. Ein Fensterbuch. Kösel Verlag, München 1986

196 Vgl. »Wankel-Mut mit Wasserstoff«. *Auto Technik Zukunft«,* S. 4, Nr. 4/92,

197 Solar-Wasserstoff-Bayern GmbH (Hrsg.): Das Solar-Wasserstoff-Projekt. Prospekt zur Gewinnung von Wasserstoff aus Solarenergie, Speicherung, energetische Anwendung. Solar-Wasserstoff GmbH, München 1994

198 Nach einem ersten (aus eigener Elektrolyseanlage gewonnenen) wasserstoffversorgten Haus entstand z. B. in Provo, Utah/USA, eine ganze Testsiedlung, die ihren Wasserstoff durch Kohlevergasung bezieht.

199 Näheres siehe z. B. bei »Brennstoffzellen mit keramischen Festelektrolyten«. *Corporate Research Heidelberg* (ABB AG, D-6800 Mannheim) 1990; siehe auch eine ältere Bosch-Veröffentlichung in *Chimia* 34 Nr. 2 (1980). Über neuere Entwicklungen, vor allem bei den oxidkeramischen Brennstoffzellen, die sich außer für Wasserstoff auch für Erdgas und Flüssigbrennstoffe eignen, informierte 1994 das *First European Solid Oxide Fuel Cell Forum* in Luzern.

200 Vgl. auch den Bericht »Kalt verbrannt« über den NeCar von Daimler-Benz in *Verkehrs-Rundschau* Nr. 17, S. 22 (1994)

201 Nach Untersuchungen des *Worldwatch-Instituts* in Washington 1994 wird in den kommenden 25 Jahren der Einsatz von Kohle um 73%, der von Öl um 20% sinken und dafür dezentralen Energiearten Platz machen, z. B. in Form auftankbarer E-Fahrzeuge und in Massenproduktion hergestellter Wind und Solargeneratoren. China könnte sogar seinen gesamten Strombedarf durch

in der Xinjiang-Wüste installierte Sonnenkraftwerke decken. Vgl. auch die Untersuchungen zur ökologischen Steuerreform, Anm. 26

202 Auswertungen von Praxistests und Besprechung diverser Batterietypen siehe u. a. *Solarmobil Mitteilungen* Nr. 20 Juni '93 (S. 17) und Nr. 23 März '94 (S. 27) sowie in *Mobil-E* Aug. '94 (S. 10)

203 Z. B. bei der Natrium/Schwefel-Batterie von ABB, der Natrium/Nickelchlorid-Batterie *Zebra* von AEG, die beide auf 300° Celsius gehalten werden müssen, oder bei der 120° C benötigenden Zink/Brom-Batterie, die ursprünglich für den *Hotzenblitz* geplant war.

204 Auf der Hannover Messe '93 stellte z. B. die Hamburger Fa. SOLARIS SONNENENERGIE aufklebbare Solarmodule von 30 W Leistung aus, die voll begehbar sind und sich z. B. auch zum Aufkleben auf Bootsdecks eignen.

205 Lt. einer Liste des *Solarmobil Vereins Erlangen* e. V., Schillerstr. 54, 91054 Erlangen, 1994

206 Vgl. die Studie über »Einsatzpotentiale für Elektrostraßenfahrzeuge in Bayern – Anwendungsfelder, Bestandszahlen, Auswirkungen auf Energiewirtschaft und Umwelt im Jahr 2005« der Forschungsstelle für Energiewirtschaft. *Gesellschaft für praktische Energiekunde* e. V., Geschäftsf. Dr. Ing. U. WAGNER, Am Blütenanger 71, D-80995 München, 1992

207 Das Zink-Luft-System soll demnächst vom Postdienst der Deutschen Post AG erprobt werden, die dabei ist, ihre Stop-and-go-Flotte auf Elektroantrieb umzustellen und 1995 mit einem Flächentest beginnen will. Auch das weiter unten erwähnte Pilotprojekt im Oberallgäu wird in einigen E-Bussen die Zink-Luft-Batterie und eine dazugehörige Recyclingstation in den Test einbeziehen.

208 Das Projekt der Firma FLYWHEEL Inc. in Seattle wird von der US-Regierung unterstützt. Für die mit 150 000 bis 200 000 rpm rotierenden »Ultrazentrifugen« wird wegen der hohen Beanspruchung Material aus Karbonfasern verwendet.

209 Die vom *Fraunhofer Institut für solare Energiesysteme* in Freiburg hergestellten Solarzellen aus Galliumarsenid erzielen Wirkungsgrade über 22% und können durch Übereinanderlagern unter Ausnutzung verschiedener Bereiche des Sonnenspektrums Wirkungsgrade bis 37% erreichen. TEXAS INSTRUMENTS wiederum hat mit neuartigen kugelförmigen Solarzellen (850 Mikrokugeln pro cm^2) den üblichen Wirkungsgrad von 10% erreicht, dies jedoch technisch weniger aufwendig und damit weit billiger als bei anderen Dünnschichtzellen.

210 LUDWIG-BÖLKOW-SYSTEMTECHNIK (Hrsg.): Kosten-Degression Photovoltaic. Ludwig Bölkow-Stiftung, München 1988

211 Bisher existieren erst einige Prototypen. Info über Fa. AMAG, Technische Entwicklung, A-5282 Ranshofen

212 Das Prinzip von GRÄTZEL beruht auf der Verwendung von Titandioxid (TiO_2). Für die Massenherstellung rechnet man mit nur einem Zehntel des Preises heutiger Solarzellen. Vgl. FISCHER, A.: Die Farbstoff-Formel. Eine völlig neuartige Solarzelle beflügelt die Photovoltaik. *Bild der Wissenschaft* Sept. 1992, S. 30 ff.

213 KLEINWÄCHTER, J. und MITZEL, M.: Wasserstoff im Recycling und als Reaktionsmedium. *Eurosolar Journal* 1 (1990), S. 39

214 Ein ähnlicher Hybridbus der belgischen Firma VAN HOOL, bei dem der Diesel einen 100 kW-Motor speist, hat seinen Testbetrieb von 20 000 km in Brügge erfolgreich hinter sich gebracht. Information: Fa. MST, Hr. Rösch, Brunnstr. 3, 80331 München

215 Für das Projekt Bad Wörishofen: Büro LANG, KELLER & BURKHARD, München. Für das Projekt südl. Oberallgäu: Arbeitsgemeinschaft LANG, KELLER & BURKHARD, BASYS GmbH, Augsburg, STUDIENGRUPPE FÜR BIOLOGIE UND UMWELT GmbH, München

216 Info: Rolf DISCH. DISH-DESIGN, Wiesentalstr 19, D-79115 Freiburg

217 CARBIKE LEICHTFAHRZEUGE GmbH & Co. KG, Röntgenstr. 25, D-88131 Lindau

218 Vgl. »Twike III – eine Fahrt in die Zukunft«. *Mobil-E*, Dezember 1994. Info: Ralph SCHNYDER, TWIKE AG, Kirchrain 11, CH-4460 Geltenkinden

219 Fa. MAGNET-MOTOR GmbH, Petersbrunnerstr. 2, D-82319 Starnberg

220 Auf gemeinsame Anordnung des französischen Umweltministers Michel BARNIER und des Ministers für Transport und Tourismus, Bernard BOSSON, die in ihr umfangreiches Maßnahmenbündel von 1994 auch die öffentlichen Transportunternehmen SNCF und RATP einbezogen haben

221 SUN, Z. S. et al.: Electric Vehicle in China – Its Present Situation and Development. *10. Internat. electr. Vehicle Symposium*, Hongkong 3.–5. Dez. 1990

222 Auch der ehemalige russische Verteidigungsminister Alexei JABLOKOW ist sich der gewaltigen Umweltschäden und ihrer Folgen und damit neuer ziviler Aufgaben des Militärs offenbar weit mehr bewußt als die zivilen Behörden. So hat er damit begonnen, nicht nur die Konversion der Rüstungsindustrie, sondern auch des militärischen Einsatzes in Richtung Umweltschutz zu führen. (Aus einer Rede von JABLOKOW auf der Umwelttechnikmesse in Göteborg, Juli 1994)

223 »Mercedes und Porsche wollen Chinesen mobil machen«. *Südd. Ztg.* vom 18. 10. 94

224 Siehe HENKE, R.: »Trailerzüge ökologisch attraktiv«. In: *Wirtschaftswoche* vom 10. 12. 1993

225 Nach Aussage des Experten für öffentliche Verkehrs- und Transportsysteme J. FIEDLER (Gesamthochschule Wuppertal) ergibt sich aus dem von ihm vorgeschlagenen Konzept »ein bis zu 95 Prozent niedrigerer Treibstoffverbrauch bei gleichem Angebotsumfang von Bussen und Sammeltaxen«. Siehe auch FIEDLER, J.: Stop and Go. Wege aus dem Verkehrschaos. Köln 1992

226 VERKEHRS-OPTIMIERUNGS-SYSTEME, VOS GmbH, Dr. W. SONDEREGGER, A-6890 Lustenau, Rheinstr. 26–27

227 In der Zeitschrift *fairkehr* Nr. 1 (1992), S. 51, werden weitere Varianten wie VanPooling, CarPool-Lanes, RideSharing u. a. Formen eines »öffentlichen Individualverkehrs« diskutiert.

228 Die Schweinfurter Firma FICHTEL & SACHS, die in Lizenz der Starnberger MAGNET MOTOR GMBH (siehe Anm. 119) die derzeit besten E-Motoren baut, verhandelt – nicht zuletzt im Hinblick auf den asiatischen Markt – bereits mit GENERAL MOTORS über Lieferungen von mehreren hunderttausend Einheiten; vgl. auch *WirtschaftsWoche* Nr. 26, vom 24. 8. 94, S. 95

229 »Beinlose Käfer«, Bericht über *Peoplemover* in *Der Spiegel* vom 28. 3. 94, S. 202; vgl. auch das VT-Sonderheft »Automatische spurgeführte Verkehrssysteme« der Zeitschrift *Verkehr und Technik* von Juni 1994

230 Dieser hypermoderne Flughafen – obwohl seit 2 Jahren fertig – ist allerdings wegen seines übercomputerisierten und von nicht endenwollenden Pannen heimgesuchten Gepäckbeförderungssystems (durch die Luft gewirbelte Gepäckstücke, zerschnittene Koffer, über die ganze 48 km lange, verzweigte Förderstrecke verstreute Wäscheteile) noch nicht über die Testphase hinausgekommen und wird wohl erst 1996 den Betrieb aufnehmen.

231 Die Bahn wurde von der Fa. INTAMIN DEUTSCHLAND GmbH, D-5459 Rüscheid, zusammen mit Ausstellungsfachleuten der IGA entwickelt. Auch die Stadt Nürnberg ist an der vollautomatischen Hänge-Kabinenbahn von SIEMENS zur Verkehrsanbindung des Großklinikums Langwasser interessiert, die bis 1997 in Betrieb gehen könnte.

232 Lt. Mitteilung des INSTITUTS FÜR INDUSTRIELLES BAUEN, TU Hannover

233 EDWARDS, L. K.: High Speed Tube Transportation. *Scientific American* Bd. 213, Nr. 2 (1965), S. 30

234 Vgl. den Bericht »Rohrpost statt Lastwagen« in der *WirtschaftsWoche* Nr. 37 vom 9. 9. 94, S. 104

235 Vgl. z. B. den futuristischen Artikel über neue Verkehrssysteme »Reise im Rohr« in der *Wirtschaftswoche* Nr. 52 vom 22. 12. 94, S. 102

Literaturhinweise

Die wichtigste verwendete sowie weiterführende Literatur zum Thema

ALBRECHT, Thomas: Emobile in Hamburg. Umweltbehörde Freie und Hansestadt Hamburg, 1994

BERGER, Roland und Hans-Gerd SERVATIUS: Die Zukunft des Autos hat erst begonnen. Piper Verlag, München 1994

BUNDESMINISTER FÜR VERKEHR (Hrsg.): Verkehr in Zahlen. Bonn (jährlich)

CANZLER, Weert und Andreas KNIE: Das Ende des Automobils. Müller Verlag, Heidelberg 1994

EUROSOLAR (Hrsg.): Das Solarzeitalter. Heft 4/1993. Neckar Verlag, Villingen-Schwenningen, 1993

FIEDLER, Joachim: Stop and Go. Wege aus dem Verkehrschaos. Kiepenheuer & Witsch Verlag, Köln 1992

GÖRRES, A., H. EHRINGHAUS u. E. U. v. WEIZSÄCKER: Der Weg zur ökologischen Steuerreform. Olzog Verlag, München 1994

GOEUDEVERT, Daniel: Die Zukunft ruft. Verlag Busse + Seewald, Herford 1990

HALL, Peter: Great Planning Desasters. University of California Press, Los Angeles 1980

HESSE, Markus: Verkehrswende. Metropolis-Verlag, Marburg 1993

HILGERS, Micha: Total abgefahren – Psychoanalyse des Autofahrens. Herder Verlag, Freiburg 1992

ILS (Institut für Landes- und Stadtentwicklung des Landes Nordrhein-Westfalen) (Hrsg.): Wirksamkeit von Tempo 30. ILS, Dortmund 1988

INGENIEURBÜRO MUNTWYLER (Hrsg.): Leicht-Elektromobile im Alltag. Tagungsunterlagen zur Tagung ZÜSPA, Zürich 1994

KNOFLACHER, Hermann: Zur Harmonie von Stadt und Verkehr. Böhlau Verlag, Wien 1993

KNOLL, Michael und Rolf KREIBICH (Hrsg.): Modelle für den Klimaschutz. Beltz Verlag, Weinheim/Basel 1994

KREIBICH, Rolf und S. BEHRENDT (Hrsg.): Die Mobilität von morgen. Beltz Verlag, Weinheim/Basel 1994

KUNZ, Hans Ulrich: Die Bahn kann die Straße DOCH entlasten. Innova, Arlesheim/Basel, 1990

LÄPPLE, Dieter (Hrsg.): Güterverkehr, Logistik und Umwelt. Edition Sigma Bohn, Berlin 1993

LINSER, Jörg: Unser Auto – eine geplante Fehlkonstruktion. Fischer Taschenbuch Verlag, Frankfurt/M. 1978

Mayerhöfer, Claudius: Wirtschaftliche Perspektiven für Elektroleichtfahrzeuge im privaten Personennahverkehr. Verlag Solare Zukunft, Möhrendorf 1992

Oesterreicher, Marianne und Michael Trykowski: Sonne im Tank. Solarmobile – Technik, Typen, Möglichkeiten. S. Fischer Verlag, Frankfurt/M. 1987

Otti Technologie-Kolleg: Zweites Europäisches Symposium Solar- und Elektromobile. OTTI Technologie-Kolleg, Regensburg 1994

Perrow, Charles: Normale Katastrophen. Die unvermeidbaren Risiken der Großtechnik. Campus Verlag, Frankfurt/M. 1987

Reichholf, Josef H.: Erfolgsprinzip Fortbewegung. dtv, München 1992

Rosenthal, Bodo: Elektroleichtfahrzeuge für den Straßenverkehr. Verlag Solare Zukunft, Möhrendorf 1992

Scheer, Hermann: Sonnen-Strategie. Politik ohne Alternative. Piper Verlag, München 1993

Schönwiese, C.-D.: Klima: Grundlagen, Änderungen, menschliche Eingriffe. B. I.-Taschenbuchverlag, Mannheim 1994

Seifried, Dieter: Gute Argumente: Verkehr. Verlag C. H. Beck, München 1990

Solarmobil Verein Erlangen (Hrsg.): Solarmobil Mitteilungen, Nr. 22, Dezember 1993

Statistisches Bundesamt (Hrsg.): Statistisches Jahrbuch. Metzler Poeschel, Wiesbaden (jährlich)

Teufel, D. et al.: Umwelteinwirkungen von Finanzinstrumenten im Verkehrsbereich. UPI Bericht Nr. 21, Heidelberg 1994

Umweltbundesamt (Hrsg.): Daten zur Umwelt 1992/93. Erich Schmidt Verlag Berlin 1994

UPI: Gutachterliche Stellungnahme zu den Verkehrsemissionsprognosen 1992–2002 der UMEG GmbH für den Großraum Mannheim/Heidelberg. UPI, Heidelberg 1993

UVF (Umlandverband Frankfurt) (Hrsg.): Tangentialverkehr im Gebiet des Umlandverbandes Frankfurt. UVF, Frankfurt/M. 1992

VCD (Verkehrsclub Deutschland) (Hrsg.): *fairkehr.* Nr. 2, April/Mai 1994. fairkehr Verlagsgesellschaft, Bonn 1994

V+T. Verkehr und Technik. Heft 6, Juni 1994. Erich Schmidt Verlag, Berlin/Bielefeld/München 1994

Vester, F.: Ausfahrt Zukunft. Strategien für den Verkehr von morgen. Eine Systemuntersuchung. Heyne Verlag, München 5. Aufl. 1992

Vester, F.: Ausfahrt Zukunft. Methodisches Supplement. Studiengruppe für Biologie und Umwelt GmbH, Nußbaumstr. 14, 80336 München

Vester, F.: Phänomen Streß. dtv Sachbuch, München 14. Aufl. 1995

Vester, F.: Neuland des Denkens. Vom technokratischen zum kybernetischen Zeitalter. dtv Sachbuch, München 8. Aufl. 1993

Vester, F.: Unsere Welt – ein vernetztes System. dtv Sachbuch, München 8. Aufl. 1993

VSE (Verband Schweizerischer Elektrizitätswerke) (Hrsg.): MobilE. Sondernummer, September 1994. VSE, Zürich 1994

Wasservogel, François: L'auto immobile. Edition Denoel, Paris 1977

Worldwatch Institut (Hrsg.): Zur Lage der Welt. Daten für das Leben unseres Planeten. Fischer Taschenbuch Verlag, Frankfurt/M. (jährlich)

Stichwort- und Namensregister

A

ABB 135, 230
Abgase 113, 120
– Bahnverkehr 62
– Belastung in Wohngebieten 95
– Flugverkehr 123, 156
– Geschwindigkeitsbegrenzung und 116
– Reduzierung 30, 277, 281
– Straßenverkehr 146, 148
– Wirkungszusammenhänge 144 f.
Abgasgesetze
– USA 276, 283, 288, 293
– Deutschland 146
– Schweiz 146
Abgasreinigung, Autos mit 118
ABS 267
Abwrackprämie 251 f.
Acryllinsen 295
ADAC 102, 165
AEG 226, 290
– Bahnbau 70
– »People-Mover« 340
– Solartankstellen 136, 291
Aicher, Otl 115, 247
Airbag 267
Airbus 71, 158
Albrecht, Jörg 98
Allgemeiner Deutscher Fahrrad-Club 85
Allguth-Tankstelle (Starnberg) 141
Allradantrieb 267
Almeria, Testzentrum 272
»Alpeninitiative« 57
Alpenregion
– Tourismus 164, 257
– Transitverkehr 55–59, 84
Alusuisse-Lonza 306
Amoco 295
Ampelsteuerung
– Feedback- 25, 38
– Grüne Welle 38
Anruf-Sammeltaxis (AST) 336
Anschnallpflicht 255
– Auto 198 f., 200
– Elektroantrieb 289
– Hybridantriebe 173, 302–312
Antriebstechnologie 288
Apel, Dieter 108, 110
Arbeitsgemeinschaft Solartechnik (Kassel) 136
Ärmelkanal, Fährbetrieb und Tunnel 78
Artland 54
Asmo 239
Asynchronmotor siehe Motoren
AT & T Bell Laboratories 192
Atomenergie/Atomstrom 134, 229
– negative Auswirkungen 142 f.
Atteslander, Peter 50
Ausstellungen und Messen
– Genfer Automobilsalon 248
– Hannover Messe 136, 343
– Leipziger Messe 307
– Messeverlagerung München 94
– Mondial de L'Auto 237
– Pariser Autosalon 233
– Transport 94

Austria Metall AG (AMAG) 294
Auto
- Bequemlichkeit 191
- Design 113, 198
- durchschnittliche Auslastung 194 f.
- Fahrgeschwindigkeit 182
- Fahrzeugbau 183 f., 198
- Fahrzeughöhe 191
- Fertigungsstruktur 183
- Funktionen 27, 182 f., 193 f., 197
- Leichtbauweise 152 f., 200
- Leistung im Vergleich 128, 132
- Primärfunktionen 27
- Reichweite 199 f.
- Spitzengeschwindigkeit 200
- Statussymbol 27 f., 112, 197, 200
- Umweltfreundlichkeit 200
- Verkehrssystem 181–188
- Verschrottung 251 f.
Autobahnmaut 151
Autobahn-Solaranlage bei Chur 222
Autofreie Kurorte 138, 171 ff.
Automatisierung 267 f.
Automobilclub ÖAMTC 264
Automobilindustrie
- Entwicklung von Alternativen 226–232
- Forschung 241 f.
- Umwelt und 150
- Verkehrsleitsysteme 40
Autopilotsystem 269
Autoreisezüge 331 f.
»Auto-Teilet« 102, 321, siehe auch Wechselauto
Autotransport 50 f., 85
- mit Bahn 328 ff.
- mit Flugzeug 332
Autoverleiher 102
AVE 74

B

Bad Schandau 68
Bahn
- Containerzüge 60
- Doppelstockwaggons 82, 327, 328 f.
- Energieverbrauch 69, 86
- Eurostar (Ärmelkanal) 78
- Fahrradtransport 323, 330
- Flächendeckung 62 f.
- Flüsterzüge 62
- Hochgeschwindigkeitszüge 71
- Hotelzüge 73
- Huckepackzüge 36, 60, 82, 326
- ICE 64, 69, 70
- Industrie 67
- Kleinbahnen 66 f.
- Kleinstlokomotiven 81
- Nahverkehrsangebot 65 f.
- Nebenstrecken 63, 65 f.
- Neigezug 64 f., 69 f., 73, 74
- »Radeln mit der Bahn« 85
- Regionalisierung 65 f.
- Servicelogistik am Bahnhof 76 f.
- Superzüge 69 ff.
- Taktfahrplan 63 f.
- Talgo 73
- Trailerzüge 60, 81, 332 f.
- Waggon-Technologie 87 f.
- Zeitersparnis 77 f.
Bahnverbund 330
Balladur, Édouard 251
Barcelona 224
Basel 309
- Straßenbahn 63, 106
Batterien 287, 289, 290 f.
- Aufladung über Energieboxen 300, 302
- Elektroauto 205 f.
- Flywheel-Batterien 293
- Lithium-Ionen-Batterien 232
- Lithium–Swing-Batterie 290
- Natrium-Schwefel-Batterien 230

– Speicherbatterien 300
– Steckbatterien 205
– Zink-Luft-Batterien 205, 292 f.
Bayer Leverkusen 250
Bayern 84 f., 105, 119, 164, 280
– Solartankstellen 292
– Umweltministerium 139, 223, 224 f., 303
Bayernwerk AG 292
»Becaks« 318
Benz, Carl 235
Benzin
– Benzolgehalt 146, 279
– Biosprit 279 ff.
– bleifreies 31, 146, 279
– Verbrauch und Geschwindigkeitsbegrenzung 116
Benzinpreise 34, 151
– Folgen bei Erhöhung 152–155
Berchtesgaden 67 f., 171, 173, 223, 303
Berg, Claus 86
Bergbahnen 107, 342
Berlin 102, 106, 110, 181
Bern, Kanton 203
Berufspendler 96, 112, 164
Bevölkerungsdichte 14
Bewegungsarmut 111 f., 311
Bewußtseinswandel 125
Bike-and-Ride 36, 105, 133
Binnenschiffahrt 86
Binswanger, Christoph 159, 160
Biodiesel 280
Biogas 282
Biogasantrieb 302
Biogasgeneratoren 318
Biogas-Stirlingmotor siehe Motoren
Biokybernetik 18, 80, 180
Biomethanol 280
Bionik 129 f., 252, 288, 294 f.
Biosphäre 18, 120
Biosprit 279 ff.
BMW 43, 50, 146, 253, 266
– Elektro- und Ökoauto 230 f.
– Park-and-Ride-Terminals 39, 42
Böge, Stefanie 53
Bölke, Peter 73
Bölkow, Ludwig 143, 286, 294, 296, 297
Bologna, Sergio 50
Bomin-Solar, Firma 274
Bordcomputer (Elektronische Anzeigen) 266 f., 268
Brasilien 253, 280
Brauchwasserkreislauf 99
Bremen 96
Brennstoffe, fossile 151
Brennstoffzellen 271, 286, 287 f.
Bundesanstalt für Straßenwesen 256
Bundesverkehrsministerium 81, 87
Bundeswissenschaftsministerium 40
Bürgerinitiativen 30, 57, 98, 126
Bürgersteig, rollender 343
Busse
– Hybridbusse 173
– mit Magnetmotoren 309
– Niederflurbusse 205
– Rufbus 67
– Schwungrad-Kleinbusse 308
– Vorfahrtsspuren 75, 98

C

Calida 53
Canon 295
»Car-Sharing« 102, 321, 334, siehe auch Wechselauto
Carstens, Manfred 81
Charta von Athen 94, 163 f.
China 133, 314–319
Chinaschilf 281
Ciba-Geigy 226, 250
– Kunststoffentwicklung 216
Citroën 229
– 2 CV 206, 237 f., 253

Citycars / Citymobile 83, 138, 155, 164, 327, 330, 335
Clinton, Bill 242
Club of Rome 317
Colani, Luigi 203
Colenta 224
Computersteuerung 38, 266 f., 268
Concorde 71, 158
Container (-verfahren) 332 f.
Containerservice 36
Containerverladung 81, 82
Containerzüge 60
Coop 53
Cramer, Michael 109
Crashtests 259, 261, 270
Cumulo-System (Schweden) 310

D

Dachbegrünung 99
Daihatsu 224, 234
Daimler-Benz 236, 253, 288
– Solartankstellen 136
– Storm 39
Daimler-Benz-Stiftung 39, 110, 123 f.
Dänemark – Elektroautos 203, 205, 206, 217, 218
Danner, Max 270
DASA 158
Davis (Kalifornien), Ökomusterstadt 96 f., 99, 337
Decca Radar Incorporated 343
Deimer, Josef 65
Deutsche Bahn AG 60, 63, 64, 73, 74, 87 f., 331
Deutsche Forschungsanstalt für Luft- und Raumfahrt 116, 156
Deutsche Straßenliga 83
Deutscher Industrie- und Handelstag (DIHT) 160
Deutsches Institut für Wirtschaftsforschung (DIW) 55, 82, 127
Dieselfilter 124
Dieselmotor siehe Motoren
Disch-Design 306
Dispo-Speed (Logistik-Software) 52
Dortmunder Magnetschwebebahn 340
Dow-Chemical 226
»Dreiliterauto« 153
Dreiräder 307
Dresden 99, 214
Drucker, Peter F. 47, 95
Druckluftspeicher 310
Dunlop – Laufband-Entwicklung 343
Dünnschichtzellen 288, 291, 294
Dürener Kreisbahn 67
Dürr, Heinz 64, 73

E

Egli, Robert 156
Eidgenössisches Bundesamt für Energiewirtschaft 244
Einkaufsleitsystem 46
Electricité de France (EDF) 229
Elektro-Schwungrad-Hybrid 309
Elektroantrieb 220
– Fahrverhalten bei 229
Elektroauto 46, 83, 174, 202–207, 209, 249, 289–301, 318
– Akzeptanz 209 ff.
– Batterien 205 f.
– Busspuren für 110
– Cabrios 212, 219, 220
– Design 235 ff., 246 ff.
– Fahrzeugbau 246–254
– Führerschein 217
– Gewicht 215–222, 249 f.
– Karosserie 215–222, 246–254
– Kofferraum 206
– Konzeption 204
– Kybernetik 204–207
– Motoren 230, 234

– Pickups 224, 231
– Rabatt beim Kauf 203
– Räder und Reifen 206 f.
– Range Extender 274, 276
– Rezyklierbarkeit 207, 249 f.
– Sicherheit 261 f.
– Sitze 206
– Solarpaneele zum Auftanken 206
– Solarstrom 136, 140
– Stromverbrauch 243 f.
– Subventionspolitik 241–245
– Verschrottung 251
– Warenauslieferung 86
– Werkstoffe 246–254
Elektroauto-Modelle
– alto electric 232
– BC 7 234
– Biga (-Taxi) 224, 244, 248 f.
– CarBike 306
– Cedric 232
– city-two 216
– CityCom 217
– Co-Op 232
– Colenta-Minicab 224
– Duo-Audi 230
– ECC Swissmobil 220
– Eco-Drive Marbella 220
– Ecology Car 2007 272
– Elcat 223
– El-Sport 212
– Elektro-BMW 230
– Eltra 220
– Erad Spycia 220
– ERK City-Car II 220
– Esoro E 301 216
– EV 40 234
– »Evergreen« 220
– Hijet 224
– Hochtaxi 224, 248 f.
– Horlacher 204, 207, 229, 248 f., 261, 328
– Horlacher-Pickup 224
– Hotzenblitz 205 ff., 212, 213, 229, 254
– Kewet El-Jet 218
– Kyocera 206
– Libero V 232
– Microcar »light!« 220
– Mini-El (auch City-El) 205, 206, 216 f., 307
– Nutzfahrzeuge 223
– »Pop and Go« 220
– Puli-City 218 f.
– Riva Junior 220
– Rugger 234
– Skoda-Favorit 231
– Tavira 214, 221
– Town-Race 232
– Volta 224
Elektrobusse 173, 223, 224 f., 234, 303
Elektrofahrrad 314
Elektromobil siehe Elektroauto
Elektromotoren siehe Motoren
Elektroscooter 239 f.
Elektroscooter-Modelle
– City-Bike 239
– E-Scooter 239
– Kolibri-Roller 239
– Yellow 239
Emissionen siehe Abgase
»End-of-Pipe«-Techniken 17, 278
Energie, regenerative 134, 160
Energieaufwand 133
Energieboxen 300, 302, 311
Energieeffizienz 129
Energieerzeugung, dezentrale 300
Energiespeicher 293 f.
– Sonnen- 297 f.
– Wasserstoff als 285
Energiesteuer, progressive 34, 55, 58, 127, 160
Energieverbrauch und Wirtschaft 127 ff.
Energy Conversion Devices (USA) 295

England 343
– Elektroautos 338
– Verkehrspolitik 94
Entfernungen, durchschnittlich zurückgelegte mit Pkw 190
Erdgas 282 ff.
Erdöl 134, 278
Erholung und Verkehr 162–176
Erlangen – Solartankstelle 136
Europäische Union
– Kommission zur Umweltsituation in Städten 148
– Subvention für alternative Verkehrsmittel 241
– Energiesteuer 55
– Kohlendioxidemission 142
– Lkw-Verkehr 51 f.
Europcar 102
European Solar Challenge, Solarmobil-Rallye 211

F

Fabian, Peter 115
Fahrleitungsfehler, Erkennung 67
Fahrrad 179, 302, 304, 313–323
– China 314–319
– Lorri (Kemper) 314
– Radwege 97, 102–106
– Transport mit der Bahn 85, 323, 330
– Verleih 334
Fahrspurverbreiterung 25
Fahrweise und Sicherheitsempfinden 267, 270
Fahrzeugabstand und -dichte 191 f.
Fahrzeugherstellung und Rohstoffverbrauch 148
Fahrzeugtechnik 267
– Unfälle und 255 ff.
FCKW 123
Fernerholung 163
Ferntransporte 52
Fernverkehr 29, 162
Fiat
– Bahnbau 74
– Elektroauto 220
– »staufreundliches« Auto 28, 39
Flächenverbrauch 28
Fließband-Trottoir 343
Florianerbahn 66, 106
Flugverkehr 156–159
– unbesteuertes Benzin 157
– Autotransport 332
– Flughafen Denver 340
– Flughafen München II 94
Ford 51, 82, 86, 165, 273, 277
Ford-Studie 200, 204 f.
Frankfurt am Main 91 f.
– Fruit (Verkehrskonzept) 92
– Umlandverband Frankfurt 91
Frankfurter Aufbau AG (FAAG) 93
Frankreich
– Automobilindustrie, Entwicklung von Alternativen 232 f., 237 f.
– Bahn (SCNF) 62, 73, 74, 80, 82
– Elektroautos 224
– Elektroscooter 239
– Fahrrad 313
– Straßenbau 108
– TGV 73, 74, 80
Frey, René L. 89
Fromme, F. K. 119
Fußgängerzonen 30, 98, 175

G

GATT 52
Geldersheim 172
»Gemeinschaft Autofreier Touristenorte« (GAST) 174
General Electric 135
General Electric Plastics 250

General Motors 235
Gepäcktransport 304, 320
Geschwindigkeitsbegrenzung 31, 34, 152, 190 f.
- Abgasreduzierung 116
- Autobahnen 191
- bei hohem Ozonwert 114 ff.
- Benzinverbrauch 116
- Benzolwert 118
- Lärmpegel 118
- öffentliche Verkehrsmittel 118
- Sicherheit 262 ff.
Gesundheit und Verkehr 111–124
Gewerbegebiete 94, 95
Giugiaro, Giorgetto 248
Goeudevert, Daniel 9, 26 f.
Gore, Al 212
Grassl, Hartmut 156
Grätzel, Michael 296
Greenpeace 32, 53, 55, 96
Großversuche 118, 229, 242–245, siehe auch Projekte
Grünen, Die 30, 55
Grünzonen 175
Güter- und Personenverkehr, Effizienz 128 f.
Güterbahnhöfe, Schließung 81 f.
Güterverkehr
- auf der Straße 29, 36, 49–59, 87
- Güterverteilzentren 46
- mit der Bahn 36, 51, 55, 60–79, 332
- Verbundlösungen 80–88

H

Haefner, Klaus 267
Hahn, Eckart 99
Halliday, Johnny 239
Hamburg 119
- Großversuch mit E-Mobilen 242 ff., 292
Hängebahnen 107, 173, 340 f.
- Ringhängebahn 342
Hannover 136, 294, 343
- Solartankstellen 136
Harley Davidson 238 f.
Hausbelieferung 337
Haustechnik
- dezentrale 297 ff.
- ökologische 212
- regenerative 282
Hayek, Nikolaus 227 f., 236
Heading-Control-System 269
Hertz 102
Hesler, Alexander von 91
Hewlett Packard 47
Hinterhofgestaltung 175
»Hoffice« siehe Telearbeit
Holland
- Bahn 82
- Fahrrad 313
- Stadtzentren 109
- »Translift« (Verladelift) 81
- Wechselautos, öffentliche 339
Holzapfel, Helmut 114
Horlacher, Firma 224, 250
Horlacher, Max 205, 215
Hörnig, Rudolf 265
Hörseltalbahn 85
Hotzenblitz GmbH 212
Hubbert, Jörg 228
Huckepacktechniken 36, 330, 331, siehe auch Bahn
»Human Engineering« 113
»Human Powered Vehicles« (HPV) 302, 305, 323
Hybridantriebe 173, 302–312
Hybridspeicher 309
Hypobank München 47

I

I.A.T.A. (International Air Transport Association) 157

IBM 47, 226
Immobilität 24, 28, 111 f., 197
Individualfahrzeug-Wirkungsgefüge 184/185
Individualverkehr, öffentlicher 107, 334–341
Indonesien 318
Inntalbahn 62, 66
Institut für Industrielles Bauen (Hannover) 294
InterCityNight 73
Interessengemeinschaft »Autofreie Kur- und Fremdenverkehrsorte« (IAKF) 173
International Green Cross 317
Internationale Alpenschutzkommission (CIPRA) 59
Internationaler Verein der Stadt- und Regionalplaner 93
ISP Automobil GmbH 221
Isuzu 232
Italien
- autofreie Innenstädte 96
- Bahn 74
- Elektroautos 224, 248 f.
- Geschwindigkeitsbegrenzung 263
- Straßenbau 33
- Transporte 53 f.
- Wechselautos, öffentliche 339
ITT 226

J

Jahn, Klaus J. 100
Japan 159, 277, 344
- Automobilindustrie, Entwicklung von Alternativen 232, 234
- Elektroautos 206, 224, 249 f., 338
- Fahrrad 313
- Motorenentwicklung 274
- Solarauto 221 f.
- Solartechnik 134, 141
Jena-Stadtplanung 93
Just-in-time-Modus 51, 86
JVC 226

K

Kabinenbahnen 335
Kabinenroller, fahrerlose, siehe »People-Mover«
Kabinentaxis 36
Kabotagegenehmigung 87
Karlsruhe – Straßenbahn 67, 106
Karosserie 253, 302 f., 311
- Elektroautos 215–222, 246–254
- Sicherheit, äußere 253 f.
Kassel – Solartankstelle 136
Katalysator 17, 31, 124, 148, 202, 252
- Dreiwege- 278 f.
Keller, Mario 32
Kemper 314
Kernenergie 142
Kerosin 156
Kfz-Steuer 152
Kienbaum, Unternehmensberatung 209
Kirnitzschtalbahn 68
Kleinlieferwagen siehe Elektroauto, Pickups
Kleinwächter, Jürgen 297
Klimaverschiebung 31, 32, 33, 133, 150, 378
Klingler, Firma 222
Knoflacher, Hermann 256, 258, 262
Kohlendioxid (-ausstoß) 121, 142, 156, 278
Kohlenwasserstoffe 118, 120
Kombi-Rail 333
Kondensstreifen 156 f.
Königsseebahn 67 f., 171
Kraft-Wärme-Kopplung 99

– Solarstirling und 274
Kraftwerkstechnik (-bau) 135, siehe auch Solarkraftwerke
– Forschungsreaktor Garching 72
– Schneller Brüter 71
– Windkraftwerk Growian 71
Krauch, Helmut 274
Krause, Günther 70, 87
Kreibich, Rolf 70
KWU 135
Kybernetik 36 f., 162, 204–207
Kyocera 222

L

Ladenschlußzeiten 81
Lagerplatz, Straße als 50 ff.
Lambert, Charles 92
Lambsdorff, Otto Graf 269
Landschaft, Versiegelung der 33, 62, 165
Lärmbelastung 111, 257 f.
– Auto 200
– Bahnverkehr 62
– Herz-Kreislauf-Erkrankungen durch 123
– in Wohngebieten 95
– Minderung durch Elektroautos 338
Lärmschutzmaßnahmen 31
– Lärmschutzwand mit Solarzellen 140
Laufbandtrassen 343
Le Corbusier 94
Leasingsysteme 36
Lebensqualität, sinkende 31 f.
Leichtelektromobile (LEM) 203, 244 f.
Leitsysteme, elektronische 37
Lemgo 172
Lindau 172
Linser, Jörg 186
Lkw-Verkehr 49 ff., 55 f.
– Leerfahrten 51 f.
Logistik 36
London 95, 102, 110
Los Angeles – Straßenbau 108 f.
LOTEC C 1000 132
Lübeck 96
Luftbelastung 111, 146, siehe auch Abgase
Luftfahrtindustrie 158
Lufthansa 226
Luftverschmutzung 134
– Atemwegserkrankungen durch 123

M

Magnetmotor GmbH 205, 225, 308 f.
Magnetschwebebahnen 70–73, 134, 241, 340
MAN 82
Maschinenfabrik Oerlikon 309
Mautanlagen, elektronische 42
Max-Planck-Institut für Kohleforschung und Strahlenchemie 297
Max-Planck-Institut für Meteorologie 33, 156
Mazda 234, 285
MBB 143
Meeresspiegel-Anstieg 33
Meeresverseuchung 22
Mehrbesetzung pro Fahrzeug 335 f.
Meier, Eugen 26
Melbourne – Straßenbahn 106 f.
Mercedes-Benz 82, 146, 227, 237, 253, 265, 269, 273, 280, 319
– Elektrobusse 224
Methanverbrennung 284
»Metro-Mover« 340
Migros AG 226, 333
Mikroelektronik 267
Mikrofahrzeuge 220
Mineralölsteuer 65, 151

Mini-Cooper 220
Mitfahrzentralen 336
Mitscherlich, Alexander 99
Mitsubishi 232, 274
Mobilität als Bedürfnis 150
Modellprojekte 223 f.
Mofas 277
Motoren 189, 271–277
– Asynchronmotor 205, 220
– Biogas-Stirlingmotor 200
– Dieselmotor 124, 198, 279, 303
– Elektro-Diesel-Hybridmotor 227
– Elektrohybridmotor 236
– Elektromotor 225, 289–301, 303
– Elsbett-Motor 280
– Explosionsmotor 310 f.
– Hybridmotor 272
– Magnetmotoren 309
– Ottomotor 124, 198, 271, 273, 288
– Schadstofferzeugung 124
– Solarstirling 274
– stationäre 299 f.
– Stirling-Energieboxen 311
– Stirlingmotor 200, 202, 271 ff., 285, 300
– Wasserstoff-Wankelmotor 285
– Wasserstoffmotor 285 f.
– Zweitakter 276 f.
Motorleistung und Fahrverhalten 265
Mountainbikes 322
München
– autofreie Viertel 96
– Elektroautos 224
– Flughafen München II (Franz-Josef-Strauß) 94 f., 157, 224, 339
– Flughafengelände Riem 94
– Integriertes Verkehrskonzept 91
– Radwege 102
– Straßenbahn 106
– U-Bahn 43
– Untertunnelung 108
Münchener Rück 33, 258
Muntwyler, Schweizer Solarpionier 209 f., 211
Münzautos 339, siehe auch Wechselautos
Muskelkraft 302–312

N

Naherholung 95, 163, 176, 200
Nahverkehr 176
NEAT 57
Neoplan 225, 303
NERIS (Netzwerk Risiko im Sensitivitätsmodell) 32
Neue Bundesländer 27
Niedner, Peter 148, 150, 266
Nissan 232
NKK Corporation 344
Nürnberger Allgemeine Versicherung 47
Nutzfahrzeuge, abgasfreie 223 ff.

O

Oberstdorf 171, 173, 223, 303
– Solartankstelle 138
Ocean Technology Institute (Hawaii) 274
Öffentlicher Personennahverkehr (ÖPNV) 42 f., 91, 303 f.
– Ausbau 34
– kurze Fahrfolgen 98
– Vorfahrtsregelung 110
Ökoauto 165, 215
– Kriterien 202–208
Ökoauto-Modelle
– City-Stromer (VW) 230, 231
– E-1 und E-2 (BMW) 230 f.
– Golf TDI 231
– MB 100 (New Energy Car) 288

ökologischer Stadtumbau 97 ff., 100, 102
Ökomobil siehe Ökoauto
Ökomusterstadt Davis, Kalififornien 96 ff.
Ökosteuern 159
Ökosystem und Flughafenbau 157
Ölkrise 22, 159
Opel 53, 85, 273
ÖPNV siehe Öffentlicher Personennahverkehr
Österreich
– Bahn 67
– Geschwindigkeitsbegrenzung 264
– Transitverkehr 56 f.
Ottomotor siehe Motoren
Ozon
– Definition 119–123
– Flugverkehr und 156
– Geschwindigkeitsbegrenzung und 114 ff.
– Grenzwerte 113, 119, 120 f.
– stratosphärisches 122 f.
– Verhalten bei zu hohem Ozonwert 118 f.
– Zerstörung der Ozonschicht 22, 32, 278

P

Panasonic 226
Paris 108, 110, 166
Park-and-Ride 26, 36, 42 f., 105, 118, 138, 222
Parken und Tanken 291 f.
Parkgebühren 91
Parkplätze 25, 26
Pendlerverkehr, reduzierter 47
Pendolino (Zugtyp) 74
»People-Mover« 107, 335, 339 f.
Peroxiacylnitrate 120
Perrow, Charles 267
Perry, William 318
Peugeot 229
Pfau 223
Philips 273
Photooxidantien 121
Photovoltaik 135, 136, 139, 292, 295, 318
Photozellen 130, 294
Pischetsrieder, Bernd 266
Policy-Tests 267
Porsche 319
– High-Tech-Parkdecks 39, 42
Preussen Elektra – Solartankstellen 136
Produktions- und Vertriebsstruktur 57 f.
»Profit-Center-Denken« 65 f., 81, 317
Projekte
– Arbeitsgemeinschaft Solartechnik (Kassel) 136
– »Autofreie Kur- und Fremdenverkehrsorte« (Bayern) 138
– Convoi (VW) 40, 269
– E-Mobil-Förderprogramm (Großversuch Hamburg) 242 ff.
– Elektroauto-Versuchsprogramm (Rügen) 229
– Fahrverbot für nicht schadstoffarme Fahrzeuge (Neckarsulm/Heilbronn) 118
– Forschungsverbund Lebensraum Stadt 124
– Frankfurt Aufbau AG (FAAG) 93
– Großversuch Schweiz 244 f.
– Langzeitversuche mit Elektroautos 229
– Man and the Biosphere, Unesco-Programm 317
– NERIS (Netzwerk Risiko im Sensitivitätsmodell) 32
– Neue Mobilität 171, 173, 303
– Prognos-Studien 55, 82

– Prometheus, Forschungsprogramm 40 f.
– Risiko-Dialog 32
– Solardachprogramm Saarbücken 135
Propangas 282 f.

Q

Querverladung 326, 327, 328 ff., 331

R

Radialverkehr 92
Radwege 97, 102–106
»Range Extender« 274, 276
Rapsöl 280 f.
Raumfahrt 134
Raumplanung 28 ff.
Recycling 207, 249 f., 267, 302
Regenwassersammlung 99
Regionalplanung 89
Regionalverkehr, Abbau 82
Reizgas 115
Renault 236 f.
Rheinisch-Westfälische Wirtschaftsforschungsinstitut (RWI) 159
Rikscha 133, 155, 302, 304ff., 315f.
Ritter Sport 212
Rogers, Richard 102
Rohstoffe, nachwachsende 253, 279 ff.
Rohstoffverschwendung 22
Rügen – Elektroauto-Versuchsprogramm 229

S

Saab 250
Sachverständigenrat in Umweltfragen 150
Sacramento Municipal Utility District (SMUD) 216
Sammelfahrten 46
Sammeltaxis 36, 335
San Francisco – Schnellbahnsystem 108 f.
Sandia-National-Laboratories (USA) 296
Santana 317
Sanyo 290
Sarich-Konzept 277
Sattelauflieger 332
Schadstoffe
– Steuer 151
- Wirkungsnetz 144 f.
– Verursacher 147
Schatz, Oskar 279
Schenker, Spedition 84
Schienen, endlosgeschweißte 67
Schienentaxi 173
Schiffsverkehr 78
Schindler Waggon AG 327, 331
Schlaich 274
Schleswig-Holstein – Geschwindigkeitsbegrenzung 264
Schwebebahnen 70, 107, 340 f.
Schweden 310
– Bahn 74
– Elektroautos 272
Schweiz
– Abgasverordnung 146
– Autobahn-Solaranlage bei Chur 222
– autofreie Städte 174
– Automobilindustrie 203, 232
– »Auto-Teilet« 102
– Bahn 82
– Elektroauto 204, 205, 207, 220, 229, 244, 249
– Elektroscooter 239
– Frachtenbörse 52
– Güterverteilzentren 46
– Motorenentwicklung 276 f.
– Nahverkehrsnetz 110

– Radwege 105
– Solartankstellen 222, 300
– Solartechnik 139, 141
– Straßenbau 26, 56, 83
– Transitverkehr 56 f.
– Tretmobile 306
Schweizer Rückversicherung 33, 151, 169
Schweizerisches Bundesamt für Energiewirtschaft (BEW) 203
Schwungradantrieb 174, 304, 309 f.
Scooter 239, 277 siehe auch Elektroscooter
»Seehas« (Bahn für den touristischen Grenzverkehr am Bodensee) 64
Sensitivitätsmodell 32, 93, 169
Service-Fahrzeuge 337
Sicherheit 255–270
– effektive 259, 261
– passive 262, 270
– subjektive (psychologische) 259, 261, 267
Siemens 226
– Bahnbau 69, 70
– Euroscout 39
– Solartankstellen 136
Simson 239
Skianlagen 168
Skoda – Elektroauto 231
Smog 119, 121, 123, 278
Solar-City-Mobile 226 f., siehe auch Solarauto
Solar-Elektroantrieb 200
Solar-Kuppel-Kraftwerk 274
Solar-Wasserstoff-Bayern GmbH 286
Solarauto 173, 222, 226 f.
– Alltagstauglichkeit 211
– Autopilot 269
– Beschleunigungstest 211
– Gewicht 215–222
– Hochgeschwindigkeitstest 211
– Hybrid- 306
– Ralleys 135, 211
– Reichweitentest 211
– »Tour de Sol« 210 f., 215, 226, 327
– Veröffentlichungen 215
Solarauto-Modelle
– Baker-Mobil 296
– Koycera-Solar 221 f.
– Micro Compact Car 228
– Swatch-Mobil 227, 236 f.
Solarbusse 174
Solardach 135, 244, 289, 295
Solarenergie 134 ff., 138–142, 174, 272, 293–297
– Stadthäuser 99
Solarfassade 136, 139
Solarkraftwerke 68, 274, 286 f.
– Altamira, Kalifornien 135
Solarstirling siehe Motoren
Solarstromtechniken 292–297
– Kleinbahnen 68
Solartankstellen 142, 222, 244 f., 291, 292, 318
– China 318
– öffentliches Netz 135, 136, 138, 142
Solartechnik 134, 141
Solarzellen 130, 222, 291, 318
– farbstoffbeschichtete 296
– Mehrschicht- 295
Solec, Firma 220
Sonnen... siehe Solar...
Spanien – Bahn 74
Spielstraßen 98
Stadt
– autoarme, Europamodell Schwerin 96
– autofreie 31, 43, 89, 96, 99, 101 ff., 171 ff.
– »autogerechte« 43, 89, 108 f.,
– Begrünung 97
– Funktionsmischung 94 ff.
– Infrastrukturausbau 89

– Lärmdämpfung 108
– ökologischer Umbau 97 ff., 100, 102
– Radwege 102–106
– Untertunnelung 107 f.
– Verkehrsberuhigung 90
Stadtbahnen 106
Städtebau und Verkehr 89–110
Stadterholung 95, 98, 200
Stadtmobil – Kriterien 202 f.
Starnberg – Solartankstelle 141
Statussymbol
– Auto und Reisen als 27 f., 163, 197
– Geschwindigkeit als 265
Stau 27
– Vermeidung durch Verkehrsleitsysteme 40
Stelzenbahn 340
Steuerreform, ökologische 150
Steyr-Puch, Motorrad von 288
Stickoxide 118, 120, 124, 156, 285 f.
Stirling, Robert 271
Stirlingmotor siehe Motoren
Straßburg 173
Straßenbahnen 67, 91, 106 f.
– Fahrgastzahl und Frequenz- 63, 91
– Niederflurkonstruktion 106
– Vorfahrtsspuren 75, 98, 106
– Zweistromsysteme 106
Straßenbau 25, 27, 83, 164
– Alpen 257
– ohne Bordsteine 105
– Verkehrsdichte 89
– Zersiedlung 195
Strebenbahn 340
Streß (-abbau) 111, 162 f., 311
Stromgenerator, wartungsfreier 300
Studiengesellschaft Nahverkehr 43
Suhl 213
Suzuki 232
Swatch-Mobil siehe Solarauto-Modelle
Swissair 157
Symptombekämpfung 13, 17, 34, 39, 114, 169, 270
Systemmanagement 17

T

Taktfrequenz öffentlicher Verkehrsmittel 91
Talgo (Zugtyp) 73
Tangentialverkehr 92
Tanken und Parken 291 f.
Taxis 36, 102, 173, 190, 224, 248 f., 335, 336
Technische Anleitung (TA) Luft 116
Telearbeit 46 f., 93
Telekommunikation 46
Telematik-Systeme 91
Teleroute 52
TF Telefracht 52
Thyssen – Bahnbau 70
Toshiba 274
»Tour de Sol« 210 f., 215, 226, 327
Tourenwagen 189, 197 f., 331
Tourismus und Verkehr 162–176
Toyota 232, 234
Trailerzüge 60, 81, 332 f.
Trambahnen siehe Straßenbahnen
Transitverkehr 55–59, 84
»Translift« (Holland) 81, 333
Transport
– Effizienz 129
– Produktion und 50 ff.
– Subventionierung 54 f.
– Techniken 36
– Verhältnisse 129
– Verkehr und Benzinpreis 153 f.
– verquerer 53 f.
Transrapid, Magnetschwebebahn 70–73, 134, 241